AF356317

1816
Ge. 1.

TRAITÉ

ÉLÉMENTAIRE

DE MINÉRALOGIE.

TOME I.

AVIS AU RELIEUR.

La planche seule doit être jointe à ce volume, mais les dix-huit tableaux seront réunis au second.

Cette distribution, que la grosseur de ce volume a rendue nécessaire, aura cet avantage, que le lecteur ne sera pas toujours obligé, en lisant le second volume, de recourir au premier, relativement aux caractères extérieurs. Les *tableaux*, au moyen des exemples qui y sont joints, tiendront souvent lieu de l'*exposition*.

TRAITÉ

ÉLÉMENTAIRE

DE MINÉRALOGIE,

SUIVANT

LES PRINCIPES DU PROFESSEUR WERNER,
CONSEILLER DES MINES DE SAXE,

RÉDIGÉ d'après plusieurs ouvrages allemands, augmenté des découvertes les plus modernes, et accompagné de notes pour accorder sa nomenclature avec celle des autres minéralogistes français et étrangers ;

PAR A. J. M. BROCHANT,

INGÉNIEUR DES MINES.

" Mes pensées, dans les circonstances critiques où je me trouve ,
„ se portent principalement vers la Saxe , où je projetais de
„ voyager, *pour décider plusieurs questions minéralogiques , et pour*
„ *établir une concordance dans la nomenclature.....* „ (Lettre de
Dolomieu au conseil des mines , écrite du port de Messine au
moment de son emprisonnement.)

TOME PREMIER,

AVEC 18 TABLEAUX ET UNE PLANCHE.

A PARIS,

, Libraire, rue des Mathurins , n°. 396.

AN IX.

PRÉFACE.

L'INFLUENCE des découvertes chimiques sur la minéralogie, et le zèle avec lequel un grand nombre de savans se sont livrés depuis trente ans à l'étude de cette science tant négligée autrefois, lui ont fait faire des progrès rapides.

Les Allemands, et surtout les Saxons, qui trouvent dans les mines leur principale richesse commerciale, étaient naturellement plus intéressés que tous les autres peuples, à la connaissance des substances minérales ; aussi l'académie des mines établie à Freyberg a-t-elle toujours été le centre où sont venus se former les principaux minéralogistes de toute l'Allemagne.

M. Werner, qui y est depuis long-tems professeur de minéralogie, fit paraître, en 1774, un traité sur les caractères extérieurs des minéraux, qui depuis a été traduit en français par madame Picardet. Cette espèce de langue descriptive fut presque généralement approuvée par toute l'Allemagne, et acquit dès-lors à son auteur une très-grande réputation. Une traduction de la minéralogie de Cronstedt, que Werner publia en 1780, et dans laquelle il ajouta des descriptions faites suivant ses principes, acheva de les faire adopter par tous les minéralogistes allemands; il en fut de même de sa classification des minéraux, qu'il donna aussi dans le même ouvrage, et qui servit de modèle pour tous les traités de minéralogie publiés depuis en Allemagne (1). Cette classification parut de nouveau, avec beaucoup de changemens, dans le catalogue du cabinet de M. Pabst de Ohain, que Werner publia en 1792 (2). Depuis cette époque il l'a encore beau-

---

(1) Il faut en excepter néanmoins la description du cabinet de mademoiselle Eléonore de Raab, publiée par M. de Born.

(2) M. Karsten, savant minéralogiste allemand, avait déjà publié, en 1789, un catalogue du cabinet du professeur Leske, rangé suivant une nomenclature peu différente de celle de Werner : il est connu sous le nom de *Muscum Leskeanum*.

coup perfectionnée, quoiqu'il ne l'ait fait paraître dans aucun ouvrage ; mais elle a été connue avec tous les changemens successifs qu'il y a faits, par les traités de minéralogie que publient chaque année quelques-uns de ses élèves, qui suivent constamment, et ses principes, et sa nomenclature ; enfin ses leçons de minéralogie se sont tellement répandues, que l'on peut dire qu'elles sont aujourd'hui professées généralement par toute l'Allemagne, à quelques modifications près, qui toutes sont de peu d'importance.

L'étude de la minéralogie n'a pas eu en Angleterre et en Italie la même activité qu'en Allemagne ; cependant les principaux savans de ces deux pays ont aussi embrassé la doctrine de M. Werner. M. Kirwan, dans la nouvelle édition de sa Minéralogie, publiée en 1794, a entiérement adopté sa méthode descriptive : il s'écarte néanmoins de sa nomenclature, mais il se fait un devoir d'en citer exactement les dénominations ; et le chevalier Napione, dans ses

Élémens de Minéralogie, imprimés à Turin
en 1797, a suivi très-fidélement, et la méthode descriptive, et la nomenclature de
M. Werner, dont il a été lui-même prendre
des leçons (1). Les noms italiens qu'il
donne aux minéraux, sont presque tous
la traduction littérale des dénominations
allemandes.

Il paraît aussi que, dans tout le nord de
l'Europe, la Minéralogie de Werner a
obtenu la même approbation.

Mais si au contraire on vient à examiner l'effet qu'elle a produit en France,
on a lieu de s'étonner que cette doctrine
minéralogique, dont le mérite a été tant
apprécié par-tout ailleurs, y soit encore à
peine connue. La traduction du traité des
caractères extérieurs n'a paru qu'en 1790,
c'est-à-dire, seize ans après l'édition originale ; et malgré quelques additions dont
le traducteur l'a augmentée d'après des

---

(1) Il l'appelle dans sa préface, *Il nuovo Socrate della
Mineralogia.*

notes manuscrites reçues de Freyberg, cet ouvrage a été loin d'obtenir en France le succès qu'il avait eu en Allemagne. On s'est mépris sur le véritable but de M. Werner ; on a cherché, dans son traité, des caractères distinctifs, tandis qu'il n'avait prétendu indiquer que des caractères descriptifs (1) ; et c'est par suite de cette méprise que l'auteur d'un traité de Minéralogie, publié en 1792, dit dans son introduction, « que Werner compte pour » caractères distinctifs, la couleur, la frac- » ture ;... que sa méthode est si compliquée, » qu'elle ne peut être d'aucun usage ;..... » qu'en multipliant les caractères, bien » loin de répandre de la clarté, on aug- » mente l'obscurité que l'on cherchait à » dissiper.... » Un examen plus approfondi eût fait voir que M. Werner n'avait eu

---

(1) Werner avertit expressément dans sa préface, (pag. 16, trad. fr.) « qu'on ne doit point faire servir » ces caractères à établir une division systématique » des minéraux, mais seulement à déterminer l'idée « de leur apparence extérieure, et à fixer la méthode » de les décrire. »

d'autre but que d'établir une langue minéralogique, afin que les mêmes idées fussent
toujours attachées aux mêmes mots; que
son ouvrage était pour la minéralogie,
ce que la *Philosophia botanica* de Linnæus
avait été pour la botanique;..... mais ce
jugement a prévalu; et sans le grand nombre
d'espèces minérales nouvelles, dont la découverte est due à M. Werner, et qui ont
été dénommées et décrites par lui dans des
journaux savans, peut-être ne lui aurait-on
pas accordé en France un rang parmi les
plus fameux minéralogistes.

Quant à sa nomenclature, qui, adoptée
par tant de savans et professée dans plusieurs
écoles célèbres, aurait dû par cela seul obtenir plus de faveur, elle n'a été connue jusques
ici en France que par de simples tableaux,
souvent fautifs (1), qui n'ont encore été

(1) J'espère que les auteurs des *Annales de Chimie*
me pardonneront de relever ici plusieurs erreurs qui
se sont glissées dans le tableau publié dans leur nu-
méro du mois de fructidor an 7. Les noms allemands
y sont presque tous traduits; ce qui donne souvent
une idée très-fausse du minéral qu'ils désignent; je

accompagnés d'aucune description. De là il devait arriver nécessairement qu'il serait souvent impossible de deviner quels mi-

---

vais en citer quelques exemples. Le mot *bildstein*, entre autres, qui littéralement signifie pierre à sculpture, à image, a été traduit par *crayon*; or, tout Français croira naturellement que ce minéral est une espèce de crayon dont on se sert pour dessiner, tandis que le *bildstein* est un nom nouvellement donné par Klaproth à cette pierre rangée autrefois parmi les stéatites, et qui forme la masse de ces petites sculptures qui nous viennent de la Chine..... La seconde classe des roches, qui est appelée en allemand *übergang's-gebirgsarten*, ce qui signifie proprement *roches de transition*, y est appelée *roches secondaires*, dénomination qui en donne une idée fausse, puisque la pierre calcaire compacte, la craie, les grès, que nous regardons comme secondaires, ne sont pas dans cette seconde classe, mais dans la troisième, et que le mot *roches de transition* exprime très-bien l'idée de Werner, de ne comprendre dans cette classe que les roches qui forment le passage des roches primitives aux roches à couches, *flotz-gebirgsarten*, qui sont celles que nous nommons *secondaires*..... L'auteur de ce tableau s'est encore étonné de ce que Werner conservait le genre *Menak* parmi les genres métalliques, quoique l'on ait reconnu depuis long-tems que ce prétendu métal nouveau était le *Titanium* de Klaproth; mais il aurait dû voir que Werner a substitué entièrement le nom de *menak* à celui de *titanium*, puisque tous les minéraux

néraux étaient désignés sous telle ou telle dénomination, et que nous ne serions jamais bien assurés de nous entendre avec les minéralogistes allemands ; aussi a-t-on commis une foule de méprises (1). Sans

---

où Klaproth a reconnu ce dernier métal, sont rangés dans le genre menak, le *nadelstein* désignant le schorl rouge de Hongrie ou le titane oxidé, etc..... Je pourrais citer encore quelques inexactitudes ; sans doute elles sont excusables, puisque l'auteur n'a eu, pour faire ce tableau, d'autre ressource que le vocabulaire de Reuss, qui ne contient aucune description des minéraux ; mais elles fournissent aussi un nouvel exemple de l'insuffisance de ces tableaux minéralogiques sans description.

(1) Un exemple des plus marquans que l'on peut en citer, est ce qui est arrivé relativement aux minéraux connus en France sous les noms de *peridot* et de *chrysolithe*. Klaproth et Vauquelin avaient analysé tous deux le peridot, l'un sous le nom de *chrysolithe*, qu'il porte depuis long-tems en Allemagne ; l'autre sous celui de *peridot* : on ne s'était pas imaginé de comparer ces analyses qui étaient assez conformes, parce qu'on ignorait que la chrysolithe des Allemands fût notre peridot ; et il arriva même que Vauquelin, voulant vérifier l'analyse de la chrysolithe de Klaproth, prit pour cela une pierre connue en France sous ce nom, qu'il trouva avec étonnement composée de phosphate calcaire : c'était en effet cette espèce de phosphate cal-

doute il eût été facile de les rectifier, en consultant les traités de minéralogie qui ont paru en Allemagne depuis dix ans. Mais par une suite de ce défaut si justement reproché aux Français, de s'occuper trop peu des ouvrages publiés en d'autres pays, et surtout d'être si peu familiers avec les langues étrangères, aucun de ces traités de minéralogie n'a encore été traduit; à peine même s'en trouve-t-il en France deux ou trois exemplaires allemands, et quelques-uns n'y sont pas connus.

Plusieurs minéralogistes avaient senti depuis long-tems combien ce défaut de communication avec les étrangers, et cette ignorance presque absolue d'une méthode si accréditée, jetait de confusion dans la

---

caire que Werner distingue de l'apatite, sous le nom de *spargelstein* ou pierre d'asperge, et que Klaproth avait déjà analysée depuis long-tems, sans qu'on en ait eu connaissance en France.... Ce n'a été que long-tems après, et sur des recherches que le citoyen Dolomieu fit à ce sujet dans la minéralogie d'Emmerling, qu'on a enfin débrouillé cette confusion.

minéralogie, et nuisait à ses progrès (1) : c'est pour y remédier que j'ai entrepris de publier cet ouvrage, où les minéraux seront décrits suivant la méthode de M. Werner, rangés suivant sa nomenclature la plus récente, et indiqués par les mêmes dénominations qu'il emploie, en suivant fidélement ses leçons telles qu'elles sont exposées dans plusieurs ouvrages de ses élèves.

Je ne prétends point pour cela embrasser aveuglément les principes du professeur

____

(1) On peut citer principalement le citoyen Dolomieu, avec lequel j'ai eu l'avantage de parcourir les Alpes, et à qui je suis redevable de mes premières notions de géologie. Tous ceux qui ont conversé avec lui sur la minéralogie, lui ont entendu répéter qu'il serait infiniment utile de connaître les principes des minéralogistes saxons, afin de se mettre à portée de profiter de leurs observations, et d'établir un accord certain entre leur nomenclature et celle adoptée en France. Il renouvelle ce vœu dans une lettre qu'il écrivit au conseil des mines, au moment où il allait être retenu comme prisonnier à Messine, à la suite d'un voyage que son amour pour les sciences seul lui avait fait entreprendre, et dans lequel on lui a si calomnieusement prêté d'autres intentions.

de Freyberg, ni m'en établir le défenseur ;
mais je me garderai bien aussi d'en hasarder légérement la critique. On doit considérer que M. Werner est un des hommes
à qui la minéralogie est le plus redevable ;
qu'il a fait connaître un grand nombre de
substances minérales nouvelles ; que les
plus fameux minéralogistes (ceux de France
exceptés) ont été se former à son école,
et qu'enfin, lorsqu'une méthode a reçu,
comme la sienne, l'approbation de tant de
savans, on ne doit prononcer un jugement
contraire qu'après en avoir fait le plus
mûr examen. Je dirai plus ; c'est qu'après
avoir autrefois partagé l'opinion accréditée
en France, que la méthode de Werner
était impraticable, que ses descriptions ne
laissaient jamais qu'une idée vague d'une
substance minérale, j'ai reconnu depuis,
lorsque l'étude de la langue allemande m'a
mis à portée de consulter ses ouvrages et
ceux de ses élèves, que l'on aurait peut-
être moins critiqué Werner s'il eût été
mieux connu ; que si l'on n'avait pas goûté
ses descriptions, c'est qu'on ne les avait

pas bien entendues, les mots qu'il emploie ayant souvent une toute autre acception que celle du langage ordinaire.

Sans doute on ne peut disconvenir que Werner et tous les minéralogistes allemands ne nous soient un peu inférieurs pour la connaissance des formes cristallines des minéraux; je dis à nous, c'est-à-dire, à tous ceux qui ont suivi à l'école des mines de Paris les leçons du citoyen Haüy. Ses nombreuses découvertes en ce genre, et les résultats géométriques qu'il a obtenus en y appliquant le calcul et en ramenant toutes les formes secondaires d'un même minéral à une seule forme primitive, ont donné à la cristallographie une précision mathématique qu'elle n'avait pas encore atteint, et cette science fournit maintenant aux minéralogistes un caractère distinctif dont on ne peut récuser l'exactitude.

Mais on verra néanmoins que M. Werner a su apprécier l'importance des caractères tirés des formes cristallines, et que la manière dont il les décrit, qui au premier abord paraît présenter quelques mots bizarres, est cependant capable d'en donner des idées très-exactes, et que dans ses ouvrages et ceux de ses élèves on trouve, à quelques variétés près, une grande partie des cristaux que nous connaissons (1).

Au reste, j'ai déjà déclaré que je ne voulais point établir une comparaison entre les principes de minéralogie de M. Werner,

---

(1) On ne peut, d'après cela, se défendre d'être étonné que M. Kirwan, qui s'occupe depuis si long-tems de minéralogie, qui a eu connaissance des travaux de Romé Delille et du citoyen Haüy, qui a d'ailleurs à sa disposition la riche collection minéralogique de Leske, la même dont Karsten a publié le catalogue, et qui trouve dans cette collection de très-beaux morceaux cristallisés, très-bien décrits dans le catalogue; que M. Kirwan enfin, qui a adopté dans la nouvelle édition de son traité de minéralogie, publié en 1794, les principes de Werner, ait avancé (tome I, page 31), *qu'il croit devoir négliger de décrire les formes cristallines, parce qu'elles sont très-peu utiles*, et qu'il en ait usé ainsi dans tout le cours de son ouvrage.... on ne peut s'empêcher de relever une erreur aussi grave de la part d'un minéralogiste aussi distingué, parce qu'elle tend à anéantir tous les progrès de la minéralogie.

et ceux d'aucun autre minéralogiste. C'est au public à juger ce que les uns et les autres peuvent avoir de bon. Si le desir de les faire adopter eût été le motif qui m'eût fait entreprendre de les faire connaître, on aurait droit de s'étonner de me voir publier un traité de minéralogie, au moment où le citoyen Haüy, dont je m'honore d'être l'élève, se dispose à en faire paraître un. Mais je l'ai déjà dit, et je ne puis trop le répéter : le desir de faire connaître la méthode minéralogique de Werner, par cela seul qu'elle a acquis chez les étrangers une très-grande célébrité ; d'établir entre les minéralogistes français et ceux des autres pays, une synonymie exacte que l'on n'a pu avoir jusqu'ici, et qu'on ne peut obtenir que par la nomenclature qu'ils ont tous adoptée, est le seul motif qui m'a déterminé à faire paraître cet ouvrage, et qui a pu me persuader qu'il ne serait pas inutile aux progrès de la minéralogie.

Je vais rendre compte maintenant des

ressources que j'ai eues, et des précautions
que j'ai prises pour donner la minéralogie
de Werner sans aucune altération.

M. Werner n'ayant point fait paraître
de traité complet de minéralogie, il a
fallu m'en rapporter à ceux publiés d'après
lui par quelques Allemands : on verra ci-
après, dans une notice de tous les auteurs
que j'ai eus à ma disposition, quels sont
ceux qui m'ont été d'un plus grand secours.
J'avais d'abord eu dessein de choisir parmi
eux celui qui m'aurait paru le meilleur
et le plus entiérement conforme à Werner,
et d'en donner une traduction ; mais j'ai
bientôt renoncé à cette idée, parce que j'ai
vu que tous s'écartaient quelquefois de
Werner, dans la nomenclature ou dans les
dénominations. J'ai donc pris dans tous
à la fois ce qui m'a paru être évidemment de Werner, et il m'a été facile de
faire ce discernement, parce qu'ils ont toujours pris soin d'avertir des changemens
qu'ils ont cru devoir introduire dans sa
minéralogie, qui est toujours le fondement

de leurs ouvrages. J'ai retranché sans exception tous ces changemens, même ceux qui m'ont paru avantageux, ou du moins je les ai rejetés dans des notes avec le petit nombre d'observations que je me suis quelquefois permis de faire ; ou s'ils se trouvent intercalés dans le corps de l'ouvrage, ils sont imprimés en caractères plus petits. Il en est de même des descriptions d'espèces minérales nouvellement découvertes en France, et que j'ai pensé qu'il serait bon d'ajouter, afin de mettre ce traité de minéralogie au niveau des connaissances actuelles.

L'introduction qui le précède est destinée à exposer les principes généraux de la minéralogie de Werner, et à faire connaître la marche que j'ai suivie dans toutes les parties de cet ouvrage.

Peut-être dira-t-on que mon but eût été rempli par un simple mémoire, dans lequel les principes et la nomenclature minéralogique de Werner eussent été exposés succinctement, et accompagnés d'une synonymie.

synonymie.... J'en ai eu d'abord le projet ; mais plusieurs personnes m'ont fait sentir que cette méthode minéralogique ne serait pas plus connue par un semblable mémoire, qu'elle ne l'a été jusqu'ici par tous ceux de ce genre qui ont déjà paru en France, et que l'on ne s'entendrait pas à l'avenir avec les Allemands, plus qu'on ne l'a fait jusqu'à présent ; que cet ouvrage, pour être vraiment utile, devait renfermer les descriptions des minéraux, afin de mettre chacun à portée de vérifier facilement l'exactitude des synonymies : j'ai donc entrepris un traité complet ; je pense que les partisans de Werner le verront paraître avec plaisir ; et s'il réussit à fournir aux minéralogistes des moyens faciles de s'entendre entr'eux et à détruire la confusion qui retarde les progrès de la science, j'ose espérer que personne ne pourra m'accuser d'avoir employé mon tems inutilement.

Nota. Je ne doute pas que, malgré tous mes soins, il ne me soit échappé quelqu'inexactitude, et que si ce traité de minéralogie parvient jusqu'à M. Werner, il n'y trouve plusieurs choses à désavouer ; peut-être même a-t-il déjà fait à sa minéralogie plusieurs chan-

gemens nouveaux dont je n'ai pu avoir connaissance ;
mais j'ai fait connaître les ouvrages où j'ai puisé, et
je pense que l'on me permettra de m'excuser sur le
peu de ressources que j'ai eues, et sur les obstacles
qui m'ont empêché d'aller moi-même en Allemagne,
pour m'instruire plus à fond des principes de minéralogie de M. Werner, et des derniers perfectionnemens
qu'il a pu y faire depuis 1798, époque de l'impression
des ouvrages de minéralogie les plus modernes que
j'ai pu me procurer. Il y a d'ailleurs plusieurs espèces
minérales peu connues en France, dont j'aurais donné
la synonymie avec plus d'assurance si j'avais pu les voir
en Allemagne, soit dans la nature, soit dans les collections.....

Notice des ouvrages de Minéralogie dans lesquels on a puisé les principes de Werner, pour les exposer dans ce Traité.

NOMS des AUTEURS.	TITRES DES OUVRAGES.	ABRÉVIATIONS sous lesquelles ils sont désignés.
EMMERLING.	Lehrbuch der Mineralogie, *ou* Élémens de Minéralogie, 3 vol. *in*-8°. Giessen, 1793, 1796, 1797.	EM.
ESTNER (1).	Versuch der Mineralogie, *ou* Essai de Minéralogie, 3 vol. *in*-8°. Vienne, 1795 et 1797.	EST.
KARSTEN.	Museum Leskeanum, *ou* Description du cabinet minéralogique de M. Leske, 2 vol. *in*-8°. Leipsick, 1789.	M. L.
KLAPROTH.	Beytrage zur chemischen kenntniss der mineral Kœrper, *ou* Connaissance chimique des corps minéraux, 2 vol. *in*-8°. Berlin, 1795 et 1797.	KLAP.

(1) Malgré les demandes réitérées que j'ai fait faire de cet ouvrage en Allemagne, il m'a été impossible jusqu'ici de me le procurer, et je n'en connais aucun exemplaire à Paris : on m'a assuré que l'édition en était épuisée. Si je l'ai cité quelquefois, c'est d'après les extraits qui en sont donnés dans Emmerling et dans quelques autres ouvrages.

NOMS des AUTEURS.	TITRES DES OUVRAGES.	ABRÉVIATIONS sous lesquelles ils sont designes.
LENZ.	Versuch einer Wollstændiger anleitung zur kenntniss der Mineralogie , *ou* Essai d'un traité complet de Minéralien , 2 vol. *in*-8°. Leipsick , 1794.	L.
NAPIONE.	Elementi di Mineralogia , *ou* Élémens de Minéralogie , 1 vol. *in*-8°. Turin , 1797.	NAP.
REUSS.	Neues Mineralogisches Worterbuch , *ou* Dictionnaire de Minéralogie , 1 vol. *in*-8°. A Hoff, 1798.	R.
STRUVE et BERTHOUT.	Principes de Minéralogie , *ou* Exposition des caractères extérieurs des fossiles , d'après Werner. Paris , an 3.	STR.
SUCKOW.	Anfangsgründe der Mineralogie , *ou* Principes de Minéralogie. Leipsick , 1790.	SUCK.
GRÉGOIRE WAD.	*Tabula Synoptica terminorum systematis oryctognostici Werneriani , latine , danice et germanice. Hafnia , 1798.*	WAD.

NOMS des AUTEURS.	TITRES DES OUVRAGES.	ABRÉVIATIONS sous lesquelles ils sont désignés.
WERNER.	Traité des caractères extérieurs des fossiles, traduit en français par madame Picardet, 1 vol. *in*-12. Dijon, 1790.	W.
Idem.	Cronstedt's Versuch einer Mineralogie ubersetzt, *ou* Traduction de la Minéralogie de Cronstedt's avec des additions; 1 vol. *in*-8°. Leipsick, 1780.	W. C.
Idem.	Ausführliches und systematiches verzeichniss des Mineralien-kabinets des Pabst von Ohain, *ou* Catalogue raisonné et systématique du cabinet de Minéralogie de M. Pabst de Ohain, 2 vol. *in*-8°. Freyberg, 1791 et 1792.	W. P.
WIDEN-MANN.	Handbuch des oryctognostischen theils der Mineralogie, *ou* Manuel de la partie oryctognostique de la Minéralogie, 1 vol. *in*-8°. Leipsick, 1794.	WID.
	Bergmannisches Journal, *ou* Journal des Mines de Freyberg.	B. J.
	Crell's Chemische Annalen, *ou* Annales de Chimie de Crell.	C. CH. AN.

Il y a parmi ces ouvrages, 1°. trois traités des caractères extérieurs des minéraux, suivant la méthode de Werner, qui se trouve aussi exposée dans la plupart des ouvrages suivans ; 2°. huit traités complets de minéralogie et deux catalogues raisonnés que l'on peut aussi regarder comme tels ; 3°. enfin deux autres ouvrages, dont l'un, celui de Klaproth, contient la description de plusieurs espèces minérales qui ont été déterminées par les analyses de ce célèbre chimiste ; et l'autre, celui de Reuss, dans lequel se trouve un tableau systématique de la classification minéralogique la plus nouvelle de Werner (1798), à laquelle sont rapportées les dénominations usitées dans les ouvrages de tous les minéralogistes.

On peut juger par cette notice, si j'ai eu suffisamment de ressources pour donner dans ce traité les descriptions et la classification des minéraux, suivant la méthode de Werner.

Quelques notes manuscrites qui m'ont été communiquées, et surtout les éclaircissemens et les conseils qui m'ont été donnés de vive voix par M. Léopold de Buch, savant minéralogiste prussien, pendant son séjour à Paris, m'ont été aussi très-utiles ; je regrette bien que son départ précipité l'ait éloigné de nous si promptement, et m'ait empêché de lui soumettre mon ouvrage entièrement terminé ; mais des arrangemens pris antérieurement l'appelaient dans d'autres pays. Les voyages lointains qu'il se propose d'entreprendre seront sans doute, ainsi que ceux du courageux Humboldt, une source féconde de découvertes pour la minéralogie et la géologie.

(1) Il a eu la complaisance de me le communiquer, afin d'établir dès à présent une correspondance entre la méthode des minéralogistes étrangers et la sienne ; il s'occupe de le livrer à l'impression.

NOMS des AUTEURS.	TITRES DES OUVRAGES.	ABRÉVIATIONS sous lesquelles ils sont désignés.
KIRWAN.	Elements of Mineralogy, *ou* Élémens de Minéralogie. Londres, 1794.	KIR.
LAMÉTHERIE.	Théorie de la Terre, t. I et II. An 5 (1797.)	LAM.
REUSS.	Mineralogische Geographie von Böhmien, *ou* Géographie minéralogique de la Bohême, 2 vol. *in*-4°. Dresde, 1797.	M. G. R.
ROMÉ DELILLE.	Crystallographie, etc. Paris, 1783.	R. D. L.
WALLERIUS	Systema Mineralogicum. Vienne, 1778.	WALL.
	Journal de Physique, commencé par Rozier, et continué par Lametherie.	J. D. Ph.
	Journal des Mines, publié par le conseil des mines de France.	J. D. M.

INTRODUCTION.

1. LA *Minéralogie* comprenait autrefois tout ce qui est relatif directement ou indirectement aux minéraux, ainsi elle renfermait l'art d'exploiter les mines, la métallurgie, etc.; mais depuis on a restreint cette science à la connaissance pure et simple des minéraux. De la Minéralogie.

2. On entend ici par *minéraux*, toutes les substances que l'on trouve à la surface ou dans l'intérieur de la terre, qui n'ont aucune organisation, aucune vie, et qui ne prennent aucun accroissement, si ce n'est par juxtapposition. Cette idée des minéraux exclut nécessairement les végétaux et animaux pétrifiés ; leur connaissance appartient proprement à la botanique et à la zoologie ; ou si le minéralogiste s'en occupe quelquefois, c'est par rapport à la substance minérale dont ils sont pénétrés, ou parce que l'observation de leur gissement est intéressante pour l'histoire du globe terrestre (*la géognosie*), qui est, comme on va le voir, une partie de la minéralogie. Ce qu'on entend par minéraux.

On a préféré les mots *minéraux* et *substances minérales* à celui de *fossiles*, dont Werner se sert le plus ordinairement. Cet usage est assez reçu depuis quelques années parmi les minéralogistes français. Le mot *fossiles* est réservé pour désigner les végétaux et animaux minéralisés. On dit une dent fossile, une coquille fossile, etc.

Division de la
minéralogie.

5. Les minéraux peuvent être considérés et comparés entr'eux sous différens rapports qui forment autant de branches distinctes de la minéralogie. Werner la divise en cinq parties.

1°. L'oryctognosie (*fossilium cognitio*); elle a pour objet de décrire les minéraux, de leur donner des dénominations fixes, et de les ranger suivant un ordre systématique. C'est ce qu'on appelle plus particuliérement *la minéralogie.*

2°. La *minéralogie chimique;* elle comprend tout ce qui est relatif aux propriétés chimiques et aux parties constituantes des minéraux.

3°. La *géognosie* (*terræ cognitio*), en allemand, *geognosie* ou *gebirgskunde :* son objet est de connaître le gissement des minéraux ou la manière dont ils se rencontrent dans le sein de la terre, les mélanges qu'ils forment le plus ordinairement dans la nature, enfin généralement tout ce qui tient à la constitution minérale ou physique du globe terrestre. C'est ce que nous nommons ordinairement en France, *géologie.*

4°. La *minéralogie géographique;* elle s'occupe de connaître uniquement quels sont les minéraux particuliers à une contrée, et quelle est la constitution physique de chaque pays.

5°. La *minéralogie économique;* celle-ci ne considère les minéraux que sous le rapport des usages auxquels chacun d'eux peut être employé.

Werner a porté cette division de la minéralogie jusques dans les collections. Il en ajoute même une sixième qui fait partie de la collection oryctognostique ; c'est une suite d'échantillons qui servent de points de comparaison pour décrire les variétés des caractères extérieurs des minéraux : il l'appelle *collection caractéristique*. Le cabinet de M. Pabst de Ohain, qu'il a rangé lui-même, ne contient néanmoins que quatre de ces collections ; la collection *caractéristique*, l'*oryctognostique*, la *prognostique* et la *géographique*. Il annonce dans sa préface, que le cabinet de M. Pabst ne lui a pas fourni assez de morceaux pour composer sa collection *économique*, et que la collection *chimique*, exigeant beaucoup de préparations chimiques, est d'une entreprise longue et difficile, et qu'elle n'existe encore dans aucun cabinet.

4. L'*oryctognosie* est, comme on le voit, la partie principale de la minéralogie, puisqu'elle est nécessairement le fondement de toutes les autres. La première chose, en effet, avant tout, est de connaître les minéraux d'une manière précise ; c'est de cette partie dont Werner s'est le plus occupé, et c'est elle qui fait l'objet de ce traité. On verra néanmoins que les autres parties y sont aussi comprises, quoiqu'indirectement, la description oryctognostique de chaque minéral étant toujours accompagnée de courtes notices sur sa composition et ses propriétés chimiques, ses caractères géologiques, et sur les usages économiques auxquels il est employé.

L'oryctognosie seule est l'objet de cet ouvrage.

5. L'oryctognosie se divise en deux parties : dans

Division de l'oryctognosie.

la première on considère les minéraux *simples*, dans la seconde les minéraux *mélangés*. Le mot *simples* n'a pas ici la même acception qu'en chimie : on désigne par-là des minéraux qui peuvent être composés de plusieurs élémens, mais dans lesquels ces élémens ou ces parties constituantes sont dans un état de combinaison tel, qu'ils présentent à nos yeux une homogénéité de parties, une simplicité de composition mécanique parfaite ; ceux-là au contraire sont *mélangés*, qui ne présentent pas à nos yeux cette même homogénéité de parties, et qui sont au contraire composés de plusieurs minéraux simples.

Cette division des minéraux est dans tous les auteurs allemands qui ont écrit d'après Werner ; cependant il semble que les minéraux mélangés soient plutôt l'objet de la géognosie que de l'oryctognosie. (*Voyez* §. 31.)

Premiere partie des minéraux simples.

6. La connaissance des minéraux simples devant servir de base à la connaissance des minéraux mélangés, doit nécessairement être la première partie de l'oryctognosie : tout ce qui les concerne est compris dans leur *description* et leur *classification*. On va voir successivement quelle est la marche que suit Werner pour remplir ces deux objets.

De la description des minéraux simples.

7. La *description* des minéraux n'était pas autrefois assujettie à des règles fixes, aussi était-elle souvent très-imparfaite : on se contentait

d'indiquer l'aspect extérieur et quelques propriétés d'un minéral ; ce qui n'en donnait pas une
idée assez exacte pour qu'on pût le reconnaître.
Werner, ayant pensé que ce défaut de description
était un grand obstacle à l'avancement de la minéralogie, en ce qu'il en résultait beaucoup d'obscurité et de confusion, s'occupa de chercher une
méthode descriptive plus détaillée et plus précise,
et voici les fondemens sur lesquels il l'établit.

Tout ce qui suit est extrait de l'introduction que
Werner a mise à la tête de son *Traité des Caractères
extérieurs*.

8. Décrire un minéral, c'est indiquer tous les caractères qu'il présente ; Werner en distingue quatre sortes : les caractères *extérieurs*, les caractères *intérieurs* ou *chimiques*, les caractères *physiques* et les caractères *empiriques*. On va voir ce qu'il faut entendre par chacun d'eux, et quel emploi Werner en fait dans les descriptions des minéraux. *[Des caractères des minéraux simples.]*

9. Les caractères *extérieurs* (*aüssere kennzeichen*) sont ceux que l'on peut reconnaître dans les minéraux par le seul usage de nos sens, et sans détruire leur aggrégation ; tels sont la couleur, la cassure, la forme cristalline, la dureté, la pesanteur, la transparence, etc. *[Des caractères extérieurs.]*

10. Les caractères *intérieurs* ou *chimiques* (*innere ou chemische kennzeichen*) sont ceux que l'on tire de la composition chimique ou de quelque pro- *[Des caractères chimiques.]*

priété chimique des minéraux , et que l'on ne peut reconnaître que par des essais et des épreuves chimiques. La fusibilité , l'effet des acides sur un minéral, sont des caractères chimiques.

Des caractères physiques.

11. Les caractères *physiques* (*physikalische kenn-zeichen*) sont ceux que fournissent quelques minéraux en vertu de certaines propriétés physiques qu'ils possèdent, relativement aux autres corps. L'électricité et le magnétisme sont de ce genre.

Des caractères empiriques

12. Les caractères *empiriques* (*empirische kenn-zeichen*) sont ceux que l'on tire de quelque circonstance particulière que l'on observe ordinairement dans un minéral ; telle est la présence d'un autre minéral qui a coutume d'accompagner celui que l'on veut reconnaître, le lieu où on le rencontre communément, etc.; ils sont nommés *empiriques*, parce qu'ils sont employés principalement par ceux qui n'ont qu'une connaissance *empirique* des minéraux.

Comparaison des caractères entr'eux.

13. Werner reconnut qu'aucun de ces caractères n'était à négliger dans la description des minéraux ; mais il crut entrevoir que l'emploi des caractères extérieurs était infiniment préférable : pour s'en assurer, il les compara de nouveau entr'eux, en les examinant relativement aux cinq questions suivantes :

1°. *Quels sont les caractères qui se présentent à la fois dans toutes les espèces minérales en gé-*

néral , et dans chaque minéral en particulier , et
peuvent toujours y être déterminés ? Les caractères
extérieurs et les caractères chimiques ont tous deux
cet avantage , avec cette différence que la petitesse des morceaux empêche souvent de reconnaître les caractères chimiques , tandis que les premiers peuvent toujours être déterminés. Les deux
autres sortes de caractères ne se rencontrent que
dans quelques minéraux.

2°. *Quels sont ceux qui indiquent le plus cer-*
tainement une différence essentielle entre les miné-
raux ? Les caractères chimiques qui tiennent immédiatement à la composition des minéraux , ont
sans doute la préférence à cet égard ; mais Werner
observe que les caractères extérieurs doivent également indiquer dans les minéraux des différences
essentielles, en ce qu'ils sont le résultat de l'aggrégation qui doit varier en même tems que la composition. Quant aux autres caractères , les mêmes
caractères chimiques se rencontrent souvent dans
des minéraux essentiellement différens , et les caractères empiriques appartiennent souvent à presque tout un genre de minéraux ; ils ne peuvent
donc indiquer des différences essentielles.

3°. *Quels sont ceux que l'on peut reconnaître*
et déterminer le plus exactement ? Une observation attentive suffit pour déterminer exactement
les caractères extérieurs ; au contraire la plupart

des caractères physiques et chimiques étant l'effet de quelques propriétés internes dont on n'a pas encore bien pénétré les causes , on est quelquefois embarrassé pour prononcer sur le résultat des épreuves délicates qu'ils exigent , et beaucoup de caractères empiriques ne peuvent être bien constatés que sur les lieux mêmes où un minéral a été trouvé.

4°. *Quels sont ceux dont la recherche est la plus facile et exige le moins de tems ?* Les caractères extérieurs sont sans doute ceux qui présentent le plus cet avantage , puisqu'ils frappent nos sens immédiatement : on peut néanmoins en dire autant des caractères empiriques ; mais les caractères physiques et chimiques exigent l'emploi d'autres corps et des expériences que l'on n'est pas toujours à portée de faire : on ne peut donc les déterminer facilement et promptement.

5°. *Quels sont enfin les caractères que l'on peut découvrir sans décomposer le minéral dans lequel on veut les reconnaître?* La recherche des caractères extérieurs , des caractères physiques et empiriques n'entraîne aucune altération dans un minéral ; mais les caractères chimiques exigent toujours la décomposition au moins partielle du minéral dans lequel on veut les reconnaître.

Préférence accordée aux caractères extérieurs.

14. Il suit de tout ce qui précède, que les caractères extérieurs sont ceux qui réunissent le plus

plus grand nombre d'avantages, et qui paraissent devoir être employés le plus utilement dans la description des minéraux. On peut ajouter qu'ils sont les seuls qui donnent, de l'apparence ou de l'aspect extérieur d'un minéral, une idée assez exacte pour que, sans l'avoir vu, on puisse se le représenter ; ce qui a déterminé les chimistes eux-mêmes d'y avoir recours plutôt qu'aux caractères chimiques, lorsqu'ils veulent faire connaître un minéral qu'ils soumettent à l'analyse.

Lorsque Klaproth rend compte de l'analyse chimique de quelque substance minérale, il commence toujours par donner la description de ses caractères extérieurs, et on y retrouve le même ordre et les mêmes expressions que Werner a imaginées pour les indiquer.

15. Les caractères extérieurs des minéraux sont assez nombreux ; quelques-uns semblent se confondre avec d'autres, et il est arrivé souvent qu'un seul caractère a été partagé en plusieurs, ou que des caractères différens ont été réunis sous la même dénomination. Il était donc nécessaire de déterminer le nombre des caractères extérieurs, et en même tems de préciser ce que l'on devait entendre par chacun d'eux. Il fallait aussi tracer aux minéralogistes la marche la plus sûre à suivre dans l'examen des caractères extérieurs d'un minéral, afin qu'aucun ne fût oublié, et afin que toutes les descriptions eussent une uniformité qui en rendît l'intelligence

Nécessité d'une langue descriptive pour les indiquer.

Minéral. élém. Tom. I.　　　　C

plus facile. De plus, les modifications d'un même caractère étant très-variées, il fallait établir des points de comparaison auxquels on pût les rapporter, imaginer des termes pour les indiquer, afin d'éviter les périphrases presque toujours obscures; enfin, définir exactement la valeur de ces mots, afin que, cette espèce de langue descriptive une fois convenue, les minéralogistes fussent toujours assurés de s'entendre.

Exposition de celle imaginée par Werner.

16. C'est là le but que Werner s'est proposé de remplir dans son traité des caractères extérieurs : il y fait un examen approfondi de chaque caractère en particulier, et successivement de toutes les variétés et sous-variétés qu'il présente à l'observateur. Chacune d'elles étant exactement définie, il choisit, pour la désigner, un mot convenable, et y joint toujours l'exemple de quelques minéraux où il est facile de l'observer.

Cette méthode de décrire les caractères extérieurs des minéraux a été généralementt adoptée par tous les minéralogistes allemands, qui se servent toujours fidélement des mêmes termes que Werner, et l'on sent bien qu'il doit en être de même dans cet ouvrage.

Il reste maintenant à exposer en détail cette méthode imaginée par Werner, afin que le lecteur puisse, en l'étudiant, se mettre à portée d'entendre les descriptions des minéraux, et ce serait ici le lieu de le faire : néanmoins comme elle est fort

longue, il a paru qu'elle interromprait trop l'enchaî-
nement des principes généraux de minéralogie, qui
sont l'objet de cette introduction, et on en a fait un
article à part, que l'on trouvera immédiatement
après. On aurait pu sans doute renvoyer le lecteur
à la traduction française du traité de Werner, ou
à l'ouvrage publié sur le même sujet il y a six
ans par les citoyens Struve et Berthout; mais outre
que la méthode de Werner a subi quelques changemens depuis ce tems, ce traité de minéralogie
serait inintelligible pour la plupart des Français, s'ils
n'y trouvaient continuellement une prompte et facile
explication des termes nouveaux, souvent bizarres en
apparence, qui s'y rencontrent. Cette exposition des
caractères extérieurs a pourtant été abrégée autant
qu'il a été possible sans nuire à sa clarté, afin
de ne pas trop étendre les bornes de cet ouvrage.
Ceux qui desireraient de plus amples éclaircissemens, pourront consulter les deux ouvrages français
indiqués plus haut, ainsi que les traités allemands
de minéralogie de Wiedenmann et d'Emmerling.

17. Werner emploie également les caractères
chimiques dans la description des minéraux; mais
il n'a pas cru devoir s'en occuper d'une manière
particulière, ni tracer une méthode pour les décrire, leurs variations étant beaucoup moins nombreuses que celles des caractères extérieurs. Il a
pensé d'ailleurs que les épreuves qu'ils exigent étant

du ressort des chimistes, l'indication de leur résultat leur appartenait aussi, et qu'il n'avait pas le droit de leur tracer la marche qu'ils avaient à suivre.

Le principal caractère chimique est celui qui résulte de la décomposition d'un minéral, et de la nature et des proportions de ses parties constituantes. Les autres caractères chimiques que Werner cite le plus souvent, sont fournis par les épreuves suivantes.

1°. *La fusibilité, au moyen du chalumeau.* On examine si un minéral est fusible ou infusible, s'il change de couleur, s'il pétille, s'il s'exfolie, s'il se calcine; lorsqu'il se fond, on observe s'il donne un verre transparent ou opaque (Email); quelle est sa couleur, si ce verre est bulleux, s'il dégénère en scorie. Lorsque l'on obtient un globule métallique, on examine si ce globule est ductile, s'il est attirable à l'aimant, s'il se dégage pendant la fusion une odeur sulfureuse, bitumineuse, arsenicale, etc.; on a soin d'indiquer si l'on a traité le minéral sans addition, ou en y ajoutant différens fondans, tels que le borax, le carbonate de soude, etc.; si, pour l'exposer au feu, on l'a maintenu à l'extrémité d'une pince, ou sur un charbon ou dans une petite cuillere d'argent ou de platine, etc.

On suppose que le lecteur connaît l'usage que l'on

fait en minéralogie du chalumeau à souder, pour éprouver en petit l'action d'un feu très-vif sur les minéraux. On peut au reste consulter à cet égard *les Opuscules* de Bergman ou sa *Sciagraphie*, et les *Mémoires* de Saussure sur le même sujet.

2°. *L'épreuve par les acides*. Beaucoup de minéraux sont inaltérables aux acides, d'autres en sont attaqués. On détermine s'il se produit une effervescence, s'il y a dissolution complète, s'il se dépose une espèce de gelée, de quelle nature est le précipité que l'on obtient de cette dissolution par différens réactifs. Ce dernier caractère est surtout très-utile pour les substances métalliques.

Il y a encore plusieurs épreuves d'où l'on tire des caractères chimiques, mais on en fait usage plus rarement. La préférence que l'on donne à celles dont on vient de parler, est fondée sur ce qu'elles sont faciles à répéter, et qu'elles sont d'ailleurs applicables à beaucoup de minéraux.

18. Les seuls caractères physiques que Werner cite quelquefois dans ses descriptions, sont tirés des propriétés électriques et magnétiques, et de la phosphorescence : il n'y a qu'un très-petit nombre de minéraux dans lesquels on les observe.

On distingue si un minéral acquiert la propriété électrique par la chaleur ou par le frottement, si l'électricité qu'il acquiert est de même nature que celle de la résine ou que celle du verre,

ce que l'on désigne aussi sous les noms d'électricité négative et positive, ou s'il donne à la
fois des signes des deux électricités à deux points
contraires opposés (1).

On observe si un minéral est ou non attirable à l'aimant, ou s'il est lui-même un aimant,
c'est-à-dire, s'il a la propriété d'attirer et de re-
pousser successivement par un même point les deux
poles de l'aiguille émantée.

La propriété phosphorique se développe dans
un minéral, soit en le chauffant, soit lorsqu'on en
frotte deux morceaux l'un contre l'autre.

On n'indique point ici la manière de faire des expériences pour constater les propriétés physiques; on
renvoie le lecteur à ce qui en a été dit dans quelques
ouvrages de minéralogie , et surtout dans le *Journal
des Mines de France.* J'observerai que Werner n'a point
rangé la double réfraction parmi les caractères physiques; il la réunit avec la transparence, et il l'indique
par ces mots , *transparent à double image.*

Emploi
des caractères
empiriques.

19. Werner fait aussi quelquefois usage des
caractères empiriques ; ils sont souvent très-utiles
lorsque l'observation des caractères extérieurs laisse
du doute sur la connaissance d'un minéral. Ils ne
consistent souvent qu'à indiquer parmi les autres
caractères, celui qui est le plus constant dans une

---

(1) Cela n'a jamais lieu que dans le cas de l'électricité
par chaleur.

espèce minérale ; c'est ainsi que la couleur bleue ou verte pour les mines de cuivre , la couleur bleue pour les mines de fer, sont des caractères empiriques qui font soupçonner que des minéraux en renferment. Les autres caractères empiriques sont tirés des substances minérales qui accompagnent celle que l'on cherche, et de quelques autres circonstances géologiques qu'il est inutile de détailler ici , et pour la description desquelles Werner n'a point fait de méthode particulière.

20. Telles sont les bases sur lesquelles Werner établit sa méthode de décrire les minéraux simples , ce qui forme la première partie de leur connaissance oryctognostique ($.6); mais il a été annoncé plus haut ($. 4), que la description oryctognostique des minéraux dans cet ouvrage, serait accompagnée de quelques notices sur les rapports géologiques , économiques et autres , sous lesquels on peut les considérer. Il est bon de faire voir comment ce but a été rempli, et de faire connaître d'avance l'ordre que l'on a suivi pour réunir à la fois tous ces objets dans les descriptions des espèces minérales. Elles sont divisées en plusieurs parties sous les titres suivans :

Manière dont les minéraux sont décrits dans cet ouvrage.

1°. *Caractères extérieurs.* Sous ce titre sont indiqués tous les caractères extérieurs des minéraux, avec les mêmes termes que ceux que l'on trouve dans l'exposition et dans les tableaux qui l'accompagnent, en sorte qu'on pourra y chercher à chaque instant l'explication de ceux qu'on aurait quelque peine à entendre. Ces termes techniques sont imprimés en lettres italiques, afin qu'on puisse les distinguer des autres. Les caractères extérieurs se suivent aussi toujours dans le même ordre que celui de l'exposition, avec cette différence néanmoins que la forme extérieure, qui est le premier caractère extérieur particulier, et dont l'indication commence toujours par ces mots *on le trouve*, *il se trouve*, est placée immédiatement après la couleur, qui est le premier caractère universel, et que les autres caractères universels sont rejetés après tous les caractères particuliers qui suivent celui de la forme extérieure. Ceci est fondé sur ce que tous les caractères particuliers sont censés, comme on le verra, n'être que des modifications du caractère universel, *la cohésion*, qui vient après *la couleur*. L'ordre n'est donc changé qu'en apparence, puisque c'est le même dans lequel sont exposés les caractères universels.

On a toujours pris soin d'ajouter la pesanteur spécifique, prise par les moyens hydrostatiques, à l'estimation approchée qu'en donne Werner. Tous les minéralogistes allemands ont suivi cet usage.

2°. *Caractères chimiques*. Les résultats de quelques épreuves chimiques, surtout de celles indiquées plus haut, sont réunis sous ce titre.

3°. *Parties constituantes.* Cet article renferme uniquement sous chaque minéral, les résultats des analyses qui en ont été faites jusqu'ici : on a cru qu'ils ne devaient pas être confondus avec les autres caractères chimiques, qui sont bien moins importans.

4°. *Caractères physiques.* Les caractères physiques sont compris sous ce titre.

5°. *Usages.* On trouvera ici une courte indication des usages auxquels un minéral a été employé jusqu'ici ; ce qui remplit au moins en partie l'objet de la minéralogie économique.

6°. *Gissement et localités.* Ce titre renferme deux objets différens. Le *gissement* désigne l'indication de la nature des terrains ou des roches dans lesquelles un minéral se trouve ordinairement renfermé, des autres minéraux avec lesquels il est mélangé, et de beaucoup d'autres circonstances qu'il est intéressant de constater, soit pour l'art des mines, soit pour la théorie de la terre ; le mot *localités* désigne une notice des principaux lieux où ce minéral a été trouvé. Le gissement fait partie de la minéralogie géognostique, et les localités appartiennent à la minéralogie géographique.

On a cru devoir réunir ensemble ces deux objets, parce que chaque localité amène des observations particulières de gissement, qui en sont

inséparables. Cependant ils se trouvent aussi quelquefois partagés en deux articles différens.

Ce titre contient l'indication de quelques caractères empiriques. On y rencontrera quelques expressions nouvelles, traduites de l'allemand, qui
auront besoin d'éclaircissemens. Tels sont les mots
roches stratiformes, *formation trapéenne*, etc. On
en trouvera l'explication dans la seconde partie
de l'oryctognosie, qui traite des minéraux mélangés
ou des roches, et la table alphabétique y renverra
directement.

7°. Enfin sous le titre *remarques* sont réunies
beaucoup d'observations de différentes natures.
C'est là plus particuliérement où sont indiqués
les caractères empiriques. On y trouvera aussi,
pour chaque espèce minérale, l'histoire de sa
découverte, des rapports qu'elle a avec d'autres,
et des distinctions les plus marquées qui l'en
séparent. Ces remarques sont, pour la plupart,
tirées des minéralogistes allemands : il y en a
néanmoins beaucoup d'autres qui ont été ajoutées.
On y trouvera toutes les découvertes nouvelles
faites en France sur chaque espèce minérale depuis
quelques années, et qui n'ont pu encore être
connues des minéralogistes allemands, et quelques
autres observations particulières ; toutes ces additions seront distinguées des autres remarques par
un plus petit caractère.

Tel est le plan général des descriptions des minéraux simples dans cet ouvrage ; c'est à peu près le même que celui qui a été suivi par Emmerling dans son traité de minéralogie. On voit que, dans ces descriptions, chaque minéral est considéré sous tous les rapports possibles, et qu'en procédant ainsi, ce traité de l'oryctognosie renferme à la fois, au moins en abrégé, toutes les autres parties de la minéralogie. (*Voyez* les §§. 3 et 4.)

21. Après avoir exposé tout ce qui est relatif à la description des minéraux simples, il faut passer maintenant à leur classification. (*Voyez* §. 6.)

De la classification des minéraux simples.

Cette seconde partie de la connaissance des minéraux simples n'est pas moins importante que la première ; elle consiste à ranger les minéraux suivant un ordre quelconque, fondé sur quelques rapports entr'eux, et en même tems à choisir des noms convenables pour les désigner. Il faut faire connaître comment Werner a rempli ces deux objets, c'est-à-dire, exposer d'abord sa classification des minéraux simples, et indiquer ensuite les motifs qui l'ont guidé dans le choix de ses dénominations.

22. Toutes les classifications (ou systèmes) minéralogiques peuvent être partagées en deux espèces ; celles fondées sur les caractères extérieurs des minéraux, et celles qui ont pour base leur composition chimique.

Base de celle adoptée par Werner.

La classification adoptée par Werner appartient essentiellement à cette dernière espèce, puisque les minéraux y sont rangés d'après la nature de leurs parties constituantes. Mais il faut bien observer que Werner distingue parmi les principes chimiques d'un minéral, celui qui est *prédominant*, c'est-à-dire, qui est le plus abondant en quantité ; et celui qui est *caractéristique*, c'est-à-dire, qui a le plus d'influence sur ses caractères. Ce n'est pas que les minéraux composés conservent les caractères de leurs composans ; mais les mêmes composans donnent aux composés dans lesquels ils entrent, des caractères assez analogues ; et c'est sur quoi est fondée cette distinction de Werner, entre le principe prédominant et le principe caractéristique. Il est pourtant vrai de dire que généralement le principe *prédominant* est aussi *caractéristique* ; mais cela n'a pas toujours lieu.

Cette observation était nécessaire, parce que les minéralogistes, qui ont classé les minéraux d'après leurs principes chimiques, ont tous eu égard au principe prédominant, et que Werner, au contraire, n'a pas toujours suivi cet usage.

La raison de cette manière de procéder dans la classification des minéraux tient à ce que le but principal de Werner n'a pas été de faire une méthode chimique, mais une méthode naturelle, dans laquelle les minéraux qui ont le plus de rapports dans tout l'ensemble de leurs manières, fussent aussi les plus rapprochés ; et que s'il a choisi la composition chimique pour base de sa classification, c'est parce qu'il a vu que l'ordre qui en résultait, était le plus conforme à son but, mais qu'en même tems il s'est réservé le droit de s'en écarter lorsque cet ordre ne s'accorderait pas avec la méthode naturelle. Néanmoins il a cherché à justifier aux yeux des partisans de la classification purement chimique, ces irrégularités par la distinction énoncée plus haut.

23. Après avoir fait connaître les principes d'après lesquels Werner a classé les minéraux, il faut exposer en entier sa classification. On la trouvera sous forme de tableau, à la suite des caractères extérieurs ; mais il est bon d'en donner ici quelqu'explication. Tous les minéraux simples sont rangés en quatre classes. Chaque classe (*classe*) est partagée en genres (*geschlecht*), et chaque genre en espèces (*gattungen.*)

Plan de cette classification.

24. Les classes sont celle des *terres et pierres*, celle des *sels* (1), celle des *combustibles*, et enfin celle des *métaux*. Les minéraux de la première

De classes.

---

(1) Il faut observer que le mot *sels* n'a pas ici la même acception qu'en chimie, où l'on entend par-là tout composé d'un acide et d'une base. Sous ce nom de *sels* on ne désigne ici que les sels qui ont à la fois de la saveur et de la dissolubilité.

classe sont chimiquement composés de principes *terreux*; ceux de la seconde, de principes *salins*; ceux de la troisième, de principes *combustibles*; et ceux de la quatrième, de principes *métalliques*.

Des genres. 25. La première classe est partagée en autant de genres qu'il y a de sortes de terres, et de même les trois autres en autant de genres qu'il y a de sortes de sels, de combustibles et de métaux; chaque terre, chaque sel, chaque combustible et chaque métal donne son nom à un genre (1); et chaque genre ne renferme que des minéraux qui ont pour principe prédominant, ou tout au moins pour principe caractéristique, celui dont le genre porte le nom.

On s'étonnera sans doute de voir parmi les genres terreux, le genre *diamant*. Il paraît que Werner n'a pas encore ajouté foi aux expériences chimiques qui rangent le diamant parmi les combustibles; et c'est pour cela qu'il en a formé un genre à part dans la classe des pierres, en attendant que sa véritable place lui ait paru déterminée par de nouveaux essais.

Des espèces. 26. Chaque genre contient un certain nombre d'espèces. La distinction des espèces est peut-être ce qu'il y a de plus important dans une classification minéralogique. Werner s'explique clairement

---

(1) Il faut en excepter le 2ᵉ. et le 3ᵉ. genre de la classe des combustibles.

à cet égard, dans l'introduction de son traité des caractères extérieurs, lorsqu'il dit (pages 17 et 18 dans la note) que *tous les minéraux qui diffèrent essentiellement les uns des autres, dans leur composition chimique, doivent former des espèces différentes; et que ceux au contraire dont la composition chimique ne diffère pas essentiellement, appartiennent à la même espèce.* Peut-être trouvera-t-on que Werner n'a pas toujours suivi ce principe; mais les inexactitudes que l'on pourrait lui reprocher à cet égard, proviennent de ce que l'on n'a pas encore bien précisé ce que c'était qu'une différence essentielle dans les principes chimiques des corps, et que Werner s'est peut-être laissé aller trop facilement à considérer comme essentielles des différences qui ne sont qu'accidentelles. Au reste, on doit desirer que la chimie nous éclaire à cet égard plus qu'elle ne l'a fait jusqu'ici, et le perfectionnement des analyses et la découverte de plusieurs principes nouveaux, dont l'on n'avait pas encore soupçonné l'existence, doivent faire espérer que l'on parviendra peut-être un jour à reproduire par la synthèse les minéraux que l'on aura décomposés; ce qui est le seul moyen de bien distinguer quels sont leurs principes essentiels (1).

____

(1) Il y a cependant un moyen sûr de déterminer dans certains cas si ces différences chimiques sont ou non essen-

Les espèces du genre calcaire sont réunies en plusieurs groupes ou divisions principales, d'après la nature de l'acide qui s'y rencontre. Ainsi l'on trouve successivement les chaux carbonatées, les chaux phosphatées, fluatées, etc. C'est le seul genre qui soit ainsi partagé. Cette distribution excuse la trop grande division d'espèces qui s'y rencontrent, dont plusieurs n'ont pas de différences bien essentielles dans leur composition chimique; telles sont les deux espèces qui composent la division des chaux sulfatées, le gypse et la sélénite, et les onze espèces qui sont comprises dans la division des chaux carbonatées.

---

tielles; c'est, lorsque les minéraux sont cristallisés, d'examiner leur forme primitive, qui est bien certainement un caractère essentiel. C'est là le plus grand service que le citoyen Haüy ait rendu à la minéralogie; et c'est au moyen de cette observation de la forme primitive de quelques minéraux, qu'il a déjà fait parmi les espèces minérales plusieurs innovations, dont quelques-unes ont été depuis confirmées par les analyses chimiques; telles sont la réunion du béril et de l'émeraude, la division de l'espèce zéolithe en plusieurs espèces..... Mais M. Werner n'a pas encore eu connaissance des découvertes cristallographiques du citoyen Haüy, et il n'est pas douteux que, lorsqu'elles auront été publiées, il ne s'empresse d'adopter les résultats exacts qu'on en a obtenus, relativement à la classification des minéraux. Tous ces résultats seront indiqués dans les remarques à la suite de chaque espèce.

Une

Une partie des espèces des genres siliceux, argilleux et magnésien, dans la classe des pierres, sont réunies par des accolades portant l'indication *familles de*.... Ainsi l'on trouve *famille des grenats, famille des schorls,* etc. Cette réunion des minéraux en familles n'est pas essentielle à la classification; elle indique seulement qu'il y a plus de rapports entre les espèces minérales qu'elles renferment, qu'entre les autres du même genre.

27. Les espèces sont formées de la réunion des variétés, et il y a dans chaque espèce autant de variétés qu'il y a de différence dans les caractères de cette espèce : ces variétés ne sont point indiquées dans le tableau de la classification, et l'on verra plus bas que Werner ne les a pas décrites séparément, et ne les désigne pas par un nom particulier. Mais le passage des espèces aux variétés n'est pas toujours immédiat; et lorsque la variation d'un certain caractère est bien déterminée, ou qu'elle entraîne à la fois celle de plusieurs autres, et qu'il en résulte dans une espèce minérale des variétés principales ou des groupes de variétés assez bien distingués les uns des autres, Werner a soin de les indiquer et de les nommer. Ce sont ces sortes de divisions ou de coupures qu'il fait dans une espèce, qu'il désigne par le mot *art*, qui est traduit ici par le mot *sous-espèce*; ainsi il y a plusieurs espèces qui sont partagées en

sous-espèces, chacune de ces sous-espèces ayant ses variétés et étant pour cela décrite séparément. Le quartz, par exemple, comprend cinq sous-espèces; l'opale, quatre, etc.

28. Tel est le plan de la classification adoptée par Werner, pour ranger les minéraux simples : on pourra la consulter toute entière dans le tableau. Ce tableau est conforme à celui que M. Reuss a placé à la tête de son vocabulaire de minéralogie, et auquel il rapporte tous les noms donnés aux minéraux dans les principales langues de l'Europe. Il lui a été envoyé de Saxe, et renferme tous les perfectionnemens que Werner a faits à sa classification jusqu'en 1798, et M. Reuss ne s'est permis d'y faire aucun changement. Le tableau que M. Emmerling donne dans le troisième volume de sa minéralogie, diffère en quelques endroits de celui de Reuss (1), quoiqu'il prétende aussi suivre fidélement Werner, et que son ouvrage date de la même époque. Mais on a préféré de suivre celui de Reuss, parce qu'on s'est assuré par des renseignemens particuliers, qu'il était plus moderne et plus conforme aux leçons actuelles du professeur Werner : il s'y trouve quelques espèces nouvelles, dont la description n'est point donnée dans cet ouvrage, parce que le vocabulaire de

____

(1) Ces différences sont en petit nombre.

Reuss ne contient point de description, et qu'Emmerling, Wiedenmann et Lenz n'en ont point parlé.

On a découvert en France, depuis quelques années, plusieurs nouvelles espèces entiérement inconnues, et qui n'ont point encore de place dans la classification. On en trouvera la description en forme d'appendice, à la suite de la classe à laquelle elles semblent se rapporter ; et ces descriptions seront faites d'après les principes de Werner, afin qu'il soit plus facile de les comparer aux autres, et que ceux auxquels sa méthode descriptive est plus familière, puissent se former une idée de ces nouvelles espèces. On a jugé que ces additions étaient nécessaires, afin que ce traité de minéralogie pût faire connaître l'état actuel de cette science; mais elles seront, comme toutes les autres, soigneusement distinguées du reste de l'ouvrage.

29. On a vu plus haut (§§. 24 et 25) que les classes et les genres étaient indiqués par le nom du principe chimique, qui y est prédominant. Mais on n'a pas fait connaître la manière dont Werner indique les espèces minérales : on sent bien que leur dénomination ne pouvait pas dériver, comme celles des genres et des classes, de la nature de leur composition, qui souvent n'est pas connue, et dont les différences essentielles, comme il a été dit, ne sont pas toujours faciles à saisir.

Manière de nommer les espèces, sous-espèces et variétés.

Werner paraît s'être fait une loi de conserver

toujours, pour désigner une espèce minérale, le nom le plus ancien et le plus en usage, ou celui employé par les minéralogistes les plus célèbres ; ou bien à leur défaut, d'en imaginer un nouveau tiré de quelque caractère saillant, de l'espèce qu'il s'agit de nommer et qui fût propre à la faire distinguer.

Il donne toujours aux espèces minérales deux sortes de noms, les uns allemands, les autres latins. Les premiers sont choisis d'après les principes qui viennent d'être énoncés, et chaque espèce est indiquée par un seul mot, *quarz*, *granat*, *hornblende*, *malachit*. Mais les noms latins sont composés de deux mots, dont le premier est le nom du genre auquel appartient l'espèce, et le second est la traduction du nom allemand de cette espèce ; ainsi l'on dit *silex quarzum*, *silex granatus*, *argilla hornblenda*, *cuprum malachites*, parce que le quartz et le grenat sont des espèces du genre *siliceux*, la hornblende du genre *argilleux*, et la malachite du genre *cuivre*.

Tous les minéralogistes allemands, qui ont pris Werner pour guide, ont donné à la fois ces deux dénominations, et elles sont conservées dans cet ouvrage. Néanmoins les noms allemands sont les seuls en usage, et les noms latins paraissent n'avoir été imaginés que pour établir une nomenclature indépendante de la langue allemande, et par conséquent facile à comprendre, et susceptible d'être adoptée par les minéralogistes des autres pays.

Chaque nom: allemand est accompagné dans cet
ouvrage, de sa traduction littérale en français, mais
c'est uniquement pour en faire sentir l'étimologie,
et non pour la substituer en sa place, à moins qu'elle
ne rappelle d'une manière claire le nom allemand,
et qu'elle ne soit déjà usitée en français, comme
*katzenauge, l'œil de chat; glimmer, le mica; specks-
tein, la stéatite* ou *pierre de lard;* mais il y a beaucoup d'espèces minérales que l'on trouvera toujours
désignées par leur nom allemand, lorsqu'elles sont
citées ailleurs que dans leurs descriptions, parce
qu'il importe de faire connaître les noms employés
par Werner, et que, dans la traduction, ils sont
souvent si dénaturés, qu'ils se confondent l'un avec
l'autre; tels sont entr'autres les noms de *thonschiefer*
et de *schieferthon,* dont le premier signifie schiste
argilleux, et le second argille schisteuse. Les dénominations allemandes de ces deux espèces, étant
composées chacune d'un seul mot, ne présentent
aucune ambiguité, parce qu'elles sonnent différemment à l'oreille, au lieu qu'on est naturellement
porté à croire qu'un schiste argilleux et une argille
schisteuse sont la même espèce (1).

---

(1) D'après ce qui a été annoncé dans la préface, que
le but principal de cet ouvrage était de faire connaître la
minéralogie de Werner, et de nous mettre à portée de
correspondre avec les minéralogistes allemands, on sent

Les sous-espèces sont dénommées d'après les mêmes principes, c'est-à-dire, avec deux sortes de noms allemands et latins, qui sont composés du nom de l'espèce, avec l'addition d'un autre mot pour les distinguer. Cependant il y a cette différence que, pour désigner une sous-espèce par son nom latin, on répète toujours le nom de l'espèce, au lieu qu'on néglige quelquefois de le répéter quand on la nomme par son nom allemand; ainsi, pour désigner la première sous-espèce du quartz, qui est le quartz améthiste, on dit simplement l'améthyste ou *amethist*; mais en latin, *silex quarzum amethystus.*

Quant aux variétés, il a déjà été dit (§. 27) que Werner ne les décrivait pas séparément; aussi il ne leur donne pas de nom particulier. Si l'on a besoin quelquefois de les citer, on se sert pour cela des mêmes mots employés pour les désigner dans la description de l'espèce ou de la sous-espèce dont elles font partie, en ajoutant ce mot après le nom de cette espèce ou de cette sous-espèce. Ainsi l'on dit : *muschliger amethyst*, l'améthyste conchoïde; *schaaliger amethyst*, l'améthyste testacée, etc. pour désigner cette variété d'améthyste dont la cassure

---

bien qu'il était nécessaire de conserver les noms des espèces minérales dans leur langue originale.

est *conchoïde*, et celle qui est composée de pièces séparées, *testacées*.

30. Les dénominations données par Werner aux Synonymie. espèces minérales, n'étant presque point connues en France, jamais il ne fut plus nécessaire d'indiquer à la suite de chaque espèce minérale les noms qui lui ont été donnés par d'autres minéralogistes. Cet objet est un des plus importans de ce traité de minéralogie, pour remplir le principal but d'utilité qui l'a fait entreprendre.

On a vu dans la notice qui précède cette introduction, quels sont les ouvrages principaux dont on cite la synonymie dans ce traité, et les lettres abréviatives dont on s'est servi pour les indiquer. Mais afin que l'on ait plus de confiance dans cette synonymie, il est bon d'avertir qu'elle a pour base les citations synonymiques très-nombreuses qui accompagnent les dénominations de Werner dans quelques-uns des ouvrages allemands où sa nomenclature est suivie, et qui ont servi à faire ce traité. Ce sont principalement ceux de Karsten, de Reuss et d'Emmerling ; aussi a-t-on toujours eu soin de citer également ces ouvrages, quoique leurs dénominations soient celles de Werner, afin qu'on fût plus à portée de les consulter.

Il y a pourtant une partie de cette synonymie que l'on n'a pu trouver dans les auteurs allemands ; c'est la citation des noms adoptés par le citoyen Haüy.

dans ses leçons. Comme son traité de minéralogie n'a pas encore paru, et que le public ne le connaît que par l'extrait qui en a été donné dans le *Journal des mines* (n°. 27 à 34), il a fallu reconnaître parmi ses espèces minérales, quelles sont celles qui correspondent à celles de Werner. Mais outre qu'il en est beaucoup sur lesquelles il était impossible de se méprendre, on a trouvé un moyen pour se guider dans les phrases de Wallerius, que le citoyen Haüy a toujours citées, et qui le sont aussi dans les auteurs allemands. Cependant il est encore resté quelques espèces dont la synonymie n'est indiquée qu'avec un point de doute (?).

Cette citation des noms employés par le citoyen Haüy dans son traité, à la suite des espèces minérales de Werner, aura l'avantage d'établir une correspondance entre les deux méthodes minéralogiques les plus accréditées aujourd'hui, celle du citoyen Haüy en France, et celle de M. Werner en Allemagne; et cette correspondance sera d'autant plus assurée, que le citoyen Haüy a eu la complaisance de me communiquer ses manuscrits, et que de son côté il se propose aussi de citer, dans son traité de minéralogie, les dénominations de Werner, telles qu'elles sont données dans cet ouvrage.

Comme le citoyen Haüy a changé dans son traité plusieurs des dénominations d'espèces qu'il avait données dans son extrait, on aura soin d'indiquer les unes et les autres, en les distinguant par les lettres E, extrait, et T, traité; lorsqu'il ne se trouve aucune lettre, c'est qu'il n'y a point eu de changement.

3 1. Il a été dit dans le §. 5 , que l'oryctognosie se divisait en deux parties ; la connaissance des minéraux simples et celle des minéraux mélangés. On a vu dans tous les paragraphes précédens tout ce qui concerne les minéraux simples ; il reste maintenant à traiter des minéraux mélangés.

D'après l'idée qui en a été donnée, ce sont des minéraux composés de plusieurs minéraux simples : en ne les considérant que sous un rapport purement oryctognostique, leur étude consisterait uniquement à décrire les principaux mélanges de minéraux simples qui se rencontrent ordinairement au sein de la terre, c'est-à-dire, à indiquer dans chacun la nature et les proportions des minéraux simples dont il est composé.

3 2. Mais Werner a donné à cette seconde partie de l'oryctognosie un champ plus vaste ; il a reconnu que la connaissance oryctognostique pure et simple des minéraux mélangés était d'un faible intérêt si l'on n'y joignait les nombreuses considérations géognostiques ou géologiques qu'ils présentent ; que c'était là le principal point de vue sous lequel on devait les envisager, puisque l'on ne rencontre jamais à la surface et dans l'intérieur de la terre, presqu'aucune masse minérale un peu considérable qui ne soit un mélange, et que la plupart des minéraux simples ne se trouvent jamais isolément en grandes masses.

Sans doute cette manière de considérer les minéraux mélangés sort des bornes de l'oryctognosie,
et appartient plutôt à la géognosie, qui est, comme
on l'a vu (§. 3), la troisième partie de la minéralogie. Mais la géognosie comprenant beaucoup
d'autres connaissances qui ne sont pas à beaucoup
près aussi avancées que celles des minéraux mélangés, considérés comme masses minérales ou comme
formant des terrains un peu étendus, Werner a pensé
qu'il était permis de reporter dans l'oryctognosie
cette branche de la géognosie, jusqu'à ce que l'ensemble de cette dernière science ait été plus per-
fectionné qu'il ne l'est quant à présent, et qu'il
fût possible d'en faire un traité général.

Ce n'est donc pas proprement des minéraux mélangés dont il est question dans la seconde partie
de l'oryctognosie, mais des grandes masses minérales en général; ce qui comprend également et les
minéraux mélangés et quelques minéraux simples,
et qui exclut en même tems, parmi les mélanges
de minéraux, ceux qui ne sont qu'accidentels et
qui ne se trouvent jamais en grandes masses; aussi
Werner les désigne par le mot *gebirgsarten*, qui
veut dire littéralement *espèces de montagnes*, parce
que les montagnes sont de grandes masses minérales. Il est traduit dans cet ouvrage par le mot
roches, le seul qui ait paru y correspondre le moins
imparfaitement dans la langue française.

33. Cette seconde partie est donc un traité des roches, ce mot désignant toute masse minérale d'une grande étendue, constituant des montagnes ou des plaines à la surface ou dans l'intérieur de la terre. Tout ce qui les concerne peut être compris dans leur description et leur classification, de même que pour les minéraux simples.

Ce qu'on entend par roches.

Plusieurs minéralogistes français entendent communément le mot *roches* tout différemment et dans un sens bien moins étendu, puisqu'ils ne désignent par-là qu'une masse minérale mélangée et primitive. Aussi il est bien nécessaire de se familiariser avec l'idée attachée dans cet ouvrage à ce mot *roche*, afin de n'être pas choqué de certaines choses qui paraîtront bizarres, comme de voir le gypse, le fer argilleux, le charbon de terre parmi les roches ; ce qui indique seulement qu'ils se trouvent en grandes masses, et qu'ils constituent quelquefois à eux seuls des montagnes entières : il en est de même de cette expression *roche d'alluvion*, qui ne signifie autre chose que terrain formé par alluvion.

34. La description d'une roche doit comprendre tous les caractères qui peuvent la faire distinguer, et par conséquent les caractères extérieurs, physiques et chimiques des minéraux simples qui entrent dans sa composition. Mais ces caractères sont beaucoup moins importans pour la description des roches, que ceux qu'on peut tirer de l'observation de leurs rapports géologiques. Voici un abrégé des principes que Werner suit à cet égard.

Description des roches.

Les caractères dont on peut se servir pour décrire et distinguer les roches entr'elles, peuvent être tirées de leur composition, de leur contexture, de leur formation et de leur gissement.

Caractères de composition des roches.

35. On a vu plus haut (§§. 32 et 33) que les roches ne sont pas essentiellement composées, et qu'il doit y en avoir de simples. Mais il faut bien établir auparavant que cette idée de composition peut s'entendre de deux manières. On distingue les roches simples ou composées *en grand*, (*im grossen*) et les roches simples ou composées *en petit*, (*im kleinen.*)

Roches composées en grand.

36. La composition *en grand* s'entend d'une montagne ou d'une grande masse minérale entière, et par suite de la roche qui la constitue; ainsi une montagne est simple lorsqu'elle est entièrement formée d'un seul minéral ou d'un seul mélange homogène de minéraux; et la roche qui forme ainsi à elle seule la masse entière d'une montagne, est appelée simple. Le granit, par exemple, est une roche simple, parce qu'en général il constitue à lui seul de grandes masses sans être mélangé. Une montagne est au contraire composée *en grand* lorsqu'au milieu de la roche qui forme sa masse principale, et qui est la plus abondante, il se trouve quelques autres roches, mais en moins grande quantité. Ainsi, par exemple, une montagne de gneiss, dont les couches renferment çà et là

quelques couches de pierre calcaire grenue ou de hornblende schisteuse, est une montagne composée, et le gneiss est aussi sous ce rapport une roche *composée en grand.*

Presque toutes les roches sont ainsi plus ou moins *composées en grand*, et aucune n'est absolument *simple.*

37. Lorsque ces couches qui sont ainsi interposées au milieu d'une roche, et rompent son uniformité, ne s'y trouvent que rarement et comme par accident, on les désigne par le nom de *couches étrangères*, (fremdartige lager); mais lorsqu'elles y sont assez fréquentes et qu'elles se trouvent assez ordinairement dans cette espèce de roche, on les nomme *couches subordonnées*, (untergeordnete lager.) Ainsi, par exemple, on dit que le strahlstein se trouve en *couches étrangères* dans les roches de gneiss, et que la hornblende schisteuse s'y trouve au contraire *en couches subordonnées;* ce qui indique que le gneiss ne renferme que rarement du strahlstein, mais qu'il est le gissement qu'affecte le plus ordinairement la hornblende schisteuse (1).

Couches
étrangères
ou subordonnées.

---

(1) Le mot *lager*, qui est ici traduit par *couches*, signifie proprement *position*, *gissement*. Il y a beaucoup d'autres mots employés par les minéralogistes allemands pour indiquer des couches, des lits, des bancs de minéraux, mais dont ils ne se servent pourtant pas indistinctement. Il existe toujours entr'eux quelque différence d'acception très-diffi-

C'est à la composition *en grand* des roches que l'on doit rapporter les filons qui s'y rencontrent, c'est-à-dire, ces veines de minéraux qui les traversent quelquefois dans un sens opposé à leurs couches, et que Werner a démontré n'être que des fentes remplies postérieurement à la formation de la roche qui les renferme.

Roches composées en petit.

38. La composition d'une roche *en petit* indique les minéraux simples qu'elle renferme ; ainsi une roche est *simple* lorsqu'elle ne contient ordinairement qu'un seul minéral, ou qu'elle n'est mélangée que très-rarement et accidentellement ; elle est *composée* lorsqu'elle est formée de la réunion de plusieurs minéraux simples ; c'est alors qu'une roche est un *minéral mélangé*. Ainsi, par exemple, la pierre calcaire, le thonschiefer, et en général tous les minéraux simples qui se trouvent en grandes masses dans la nature, sont des *roches simples* ; au contraire le granit, le porphire, le grès, sont des *roches composées*.

Ces expressions de roches *simples* et *composées* doivent toujours s'entendre de la composition *en petit*, dont il est question bien plus souvent que de la composition *en grand*. Lorsqu'on veut indiquer celle-ci, on a toujours soin d'ajouter le mot *en grand*.

Parties constituantes es entielles et accidentelles.

39. Tous les minéraux simples qui entrent dans

cile à saisir, et qui peut-être n'aura pas toujours été bien rendue en français.

la composition d'une roche sont les *parties com-posantes* (*gemengtheile*) de cette roche. Les unes sont *essentielles* (*wesentliche*), c'est-à-dire, se rencontrent constamment dans toutes les parties d'une roche, ou du moins y manquent très-rarement ; les autres sont *accidentelles* (*züfallige*), c'est-à-dire, ne se trouvent qu'en quelques endroits de cette roche et comme par accident. Ainsi, par exemple, le feldpath, le quartz et le mica sont les *parties composantes essentielles* du granit, tandis que la hornblende, le grenat, la tourmaline n'en sont que des *parties composantes accidentelles ;* de même une roche simple, telle que la pierre calcaire primitive, n'a qu'une seule partie composante *essentielle ,* qui est la pierre calcaire grenue ; mais elle en a plusieurs *accidentelles ,* comme le mica, le quartz, etc.

40. Après avoir examiné si une roche est simple ou composée, il faut décrire avec soin chacune de ses parties composantes, celles surtout qui sont essentielles. C'est ici une description de minéraux simples, qui doit en général contenir tous les caractères extérieurs, chimiques et physiques de chaque partie composante. Néanmoins on se contente souvent d'indiquer les principaux caractères. Il faut surtout observer dans chaque partie composante, si elle offre des traces plus ou moins marquées de cristallisation, si sa surface extérieure

Leur nature et leurs proportions.

est anguleuse ou arrondie, comme seraient des fragmens ou des grains produits par quelque rupture ou quelque frottement.

Il faut aussi indiquer parmi les minéraux simples qui composent une roche, quel est celui qui s'y trouve ordinairement en plus grande proportion.

Il n'est pas moins essentiel d'indiquer les passages qui lient une roche à une autre par des variations dans la nature, et la proportion de ses parties composantes.

Mais indépendamment des minéraux simples, les roches renferment aussi quelquefois des débris de corps organisés, tels que des coquillages, des plantes : leur observation est très-importante pour la connaissance des roches, puisqu'elle établit une distinction essentielle entre celles qui en contiennent et celles qui n'en contiennent pas, et qu'il en résulte une connaissance exacte des époques relatives de leur formation.

Il est aussi très-utile de faire connaître si une roche est sujète à se décomposer, et quels sont les changemens qu'elle éprouve à sa surface par l'action réunie de l'air et de l'eau.

41. Les parties composantes qui forment une roche peuvent être réunies ensemble de plusieurs manières, en considérant les roches composées par rapport à leur mode d'agrégation : on en distingue deux espèces ; 1°. les roches dont les parties composantes

santes sont entrelacées également les unes dans les autres, et ont presque toujours des indices de cristallisation : tels sont le granit, le gneiss, la sienite, etc. ; 2°. les roches dont les parties composantes sont répandues au milieu d'une d'elles, qui leur sert de pâte ou de ciment, et qui forme la *masse principale (hauptmasse)* de la roche. Le porphyre, le mandelstein, le poudingue, sont de cette espèce.

42. La réunion des parties composantes d'une roche n'est pas tellement confuse, que l'on ne puisse y reconnaître si elles ont toutes été formées ensemble et en même tems que la roche qu'elles constituent, ou si elles ont existé auparavant ; ce qui a lieu dans certaines roches, comme dans les grès, le poudingue, les brèches, qui sont composées de fragmens d'autres roches antérieurement détruites, lesquels ont été réunis de nouveau par un ciment quelconque ; c'est en quoi le poudingue diffère essentiellement du porphyre et du mandelstein, dont toutes les parties composantes sont d'une formation contemporaine et non antérieure à celle de ces roches. La même différence se trouve entre le grès et le granit.

Préexistence des unes à l'égard des autres.

Il n'est rien de plus important, relativement à la connaissance d'une roche, que de déterminer dans lequel de ces deux cas elle se trouve : on y parvient facilement au moyen des observations

Minéral. élém. Tome I.   E

indiquées plus haut (§. 40), et par quelques autres circonstances particulières qui accompagnent ordinairement ces deux caractères, et qui en sont la preuve incontestable.

43. La contexture d'une roche fournit aussi des caractères pour la décrire. Les différences qu'elle présente devraient être aussi variées que celles que l'on observe dans leur cassure, qui est nécessairement le résultat de leur contexture : on n'en distingue néanmoins que trois espèces, qui sont la contexture grenue, la contexture schisteuse et la contexture irrégulière. L'idée que l'on peut se former des deux premières, est la même que celle que l'on donne dans les caractères extérieurs des minéraux simples, de la cassure grenue et de la cassure schisteuse; et la contexture irrégulière (*verworrenen*) paraît tenir le milieu entre l'une et l'autre, mais elle se rapproche beaucoup davantage de la contexture grenue. Le granit, la sienite, ont une contexture grenue; le gneiss, le thonschiefer, ont une contexture schisteuse, et la roche de topaze (*topasfels*) a une contexture irrégulière.

Les caractères tirés de la contexture d'une roche sont moins importans que ceux tirés de sa composition, l'observation ayant démontré que beaucoup de roches affectent également, dans différentes circonstances, l'une ou l'autre contexture.

44. Parmi tous les caractères que présente une

roche, il en est qui peuvent indiquer à un observateur attentif, la manière dont elle a pu être formée. On distingue deux modes de formation principaux, auxquels on peut attribuer la production de toutes les roches. Une partie est attribuée à l'eau, et l'autre au feu. Les systèmes dans lesquels on attribuait la formation de toutes les roches au feu des volcans, ou à un embrasement, une vitrification générale qu'aurait éprouvé le globe, n'ont plus aujourd'hui aucun partisan ; et les terrains journellement formés sous nos yeux par les feux volcaniques empêchent d'attribuer exclusivement à l'eau la production de toutes les roches.

45. On est donc parfaitement d'accord aujourd'hui, que les unes sont l'ouvrage des eaux, et les autres le produit du feu ; mais il s'en faut de beaucoup que l'on soit également d'accord sur le point de séparation que l'on doit établir entre ces deux classes. Cette question a été depuis vingt ans, et est encore aujourd'hui l'objet d'une foule de mémoires qui n'ont pu jusqu'ici l'éclaircir assez pour faire pencher d'un même côté la grande majorité des savans, qui sont à cet égard divisés en deux sectes, les *neptunistes*, qui veulent étendre beaucoup le nombre des roches attribuées aux eaux, et les *vulcanistes*, qui cherchent au contraire à reculer le domaine des feux souterrains. Les uns et les autres appuient leur opinion sur des observations très-fortes, et l'on

Roches formées par l'eau ou par le feu.

trouve dans chacun des deux partis, des savans également distingués.

Les roches qui font l'objet de la discussion, et dont la formation est attribuée par les uns aux eaux, et par les autres aux feux volcaniques, sont en petit nombre; les principales sont les basaltes, certains mandelsteins et quelques porphyres. Les vulcanistes ayant comparé les caractères de ces roches, et surtout la division du basalte en prismes verticaux, la forme conique des montagnes qui en sont formées, la porosité et la contexture cellulaire de quelques mandelsteins avec des caractères semblables, observés dans des roches formées de nos jours par des éruptions volcaniques, ont décidé que ces basaltes, ces mandelsteins, étaient aussi d'une origine volcanique. Les neptunistes au contraire ont tiré de la situation géologique de ces roches, des argumens contre leur vulcanicité, tels, par exemple, que leur recouvrement par des roches calcaires, évidemment produites par l'eau et autres.

Mais ce n'est pas ici le lieu de discuter cette grande question, sur laquelle on a déjà tant écrit. Quelques nouvelles observations géologiques recueillies par des voyageurs, la décideront sans doute un jour; et peut-être finira-t-on par reconnaître, comme l'a avancé le citoyen Dolomieu dans sa lettre sur le basalte, insérée dans le *Journal de Physique* de septembre 1790, que les volcans sont

capables de produire des roches entiérement semblables à celles que l'on attribue à l'eau, que par
conséquent il y a des basaltes et des mandelsteins
volcaniques, et qu'il y en a aussi de non volcaniques, dont la distinction ne peut être faite que
par des caractères de localité.

Il est seulement nécessaire d'observer que Werner, et la plupart des minéralogistes allemands,
ont adopté les idées des neptunistes, et qu'ils regardent presque toutes les roches comme formées
par la voie humide, que par conséquent cette opinion est nécessairement admise dans cet ouvrage.

On distingue parmi les roches formées par les
eaux, celles qui ont été précipitées d'un fluide où
elles étaient tenues en dissolution, et qui toutes
ont plus ou moins d'indices de cristallisation, et
celles qui ont été déposées par les eaux, sans y avoir
été auparavant dissoutes.

On distingue aussi parmi les roches volcaniques,
celles qui ont été rejetées hors de leur place ori-
ginaire par les feux souterrains, et celles qui ont
subi leur action sans être déplacées.

Telles sont les distinctions qui existent entre les
roches, relativement à leur formation. On verra
qu'elles servent beaucoup à leur classification ; et
les caractères auxquels on peut reconnaître le plus
sûrement ces différences de formation, seront indiqués à la tête de chaque classe.

46. Les caractères tirés du gissement des roches servent moins encore à leur description, qu'à établir entr'elles des distinctions géologiques très-marquées, et à les classer. Ils consistent à observer pour chaque roche quelles sont celles qui l'accompagnent le plus souvent, et surtout quelles sont celles qui la recouvrent ordinairement, et celles auxquelles elle est superposée. Il y a des roches d'ailleurs qui se trouvent quelquefois mélangées dans d'autres roches, comme couches subordonnées, etc. L'importance de ces caractères est fondée sur ce que toutes les roches ne sont pas placées au hasard dans la nature, et qu'il existe entr'elles un ordre assez constant pour que l'on puisse, en l'étudiant, déterminer leur ancienneté relative, en y joignant surtout les observations qui constatent pour chaque roche si elle contient ou non des débris de corps organisés. Par exemple, ce dernier caractère seul partage d'abord les roches en deux divisions, dont l'une, celle qui ne contient point de corps organisés, doit nécessairement être regardée comme plus ancienne que l'autre, surtout si l'on considère que ces mêmes roches sont toujours recouvertes par les autres, et ne les recouvrent jamais.

Mais il ne faut pas anticiper ici sur ce qui concerne la classification des roches ; il suffit d'avoir indiqué en quoi consiste l'observation de leur gissement, et d'avoir fait voir comment il peut servir à connaître leur ancienneté relative.

47. Tel est l'abrégé des principaux caractères de composition, de contexture, de formation et de gissement, dont on se sert pour décrire les roches. L'on entendra facilement les descriptions qui en sont données dans cet ouvrage, au moyen de cette exposition, quoique tous ces caractères n'y soient pas toujours exposés dans le même ordre.

On trouvera aussi à la suite de la description de chaque roche, une indication des usages économiques auxquels elle est employée, et des différens pays où elle est plus abondante. Et comme il est intéressant pour les mineurs, de connaître quelles sont les substances métalliques que renferme le plus ordinairement chaque roche, cette partie de leur composition est toujours exposée dans un article à part.

Ces additions sont semblables à celles faites aux descriptions des minéraux simples, et l'on voit que dans cette seconde partie, les roches sont aussi considérées sous tous les rapports qu'embrassent les cinq branches de la minéralogie. (*Voyez* §. 3.)

48. Il faut maintenant exposer quelle est la classification adoptée par Werner pour les roches ; elle se trouvera en entier à la suite du tableau de celle des minéraux simples. Voici quel en est le plan.

La base essentielle de cette classification est l'ancienneté relative des roches, dont la détermination est, comme on l'a vu, fondée sur l'observation de leur gissement, et sur quelques caractères de leur composition. En sorte que, d'après l'ordre qui y est établi, les roches de la première classe sont censées avoir été formées plus anciennement que celles de la seconde; celles-ci avant celles de la troisième, et ainsi de suite; et que dans chaque classe la roche qui est à la tête est aussi d'une formation antérieure à celles des roches qui la suivent. Ainsi, par exemple, le granit est réputé plus ancien que le gneiss, le gneiss que le *glimmerschiefer* ou schiste micacé, etc. Il ne faut pas néanmoins que cette antériorité soit prise ici dans un sens rigoureux, et que l'on doive en conclure que tous les gneiss soient plus anciens que tous les schistes micacés, et qu'il ne puisse au contraire se rencontrer des schistes micacés sous des gneiss; ce qui indique que ceux-ci sont postérieurs. Mais on veut dire par-là que la majeure partie des gneiss sont plus anciens que la majeure partie des schistes micacés, parce qu'il est beaucoup plus ordinaire de rencontrer des schistes micacés sur des gneiss, que des gneiss sur des schistes micacés.

Des classes.

49. Les roches sont partagées en cinq classes, et chaque classe en espèces immédiatement.

1°. *Roches primitives* (uranfanglichen gebirgsarten). Cette classe comprend des roches qui se distinguent des autres, en ce qu'elles ne renferment aucuns débris de corps organisés, et qu'elles sont par conséquent plus anciennes que toutes les autres qui en contiennent ; de là leur nom de *primitives*.

2°. *Roches de transition* (übergangs-gebirgsarten). Cette classe comprend des roches qui ne renferment encore aucuns débris de corps organisés, mais qui ont cependant beaucoup de rapports avec celles de la classe suivante ; elles forment le passage entre les roches de la première et celles de la troisième classe ; ce qui les a fait nommer roches de *transition*.

3°. *Roches stratiformes* (flœtz-gebirgsarten). Cette classe comprend des roches qui renferment des débris de corps organisés, mais qui néanmoins ont été formées dans une époque encore fort ancienne. Elles sont ordinairement composées de couches : de là leur nom de *stratiformes*, le mot *flœtz* étant un terme de mineur, qui signifie couche (1). Ce sont ces roches que l'on nomme plus communément *secondaires*.

4°. *Roches d'alluvion* (aufgeschwemmte gebirgsarten). Cette classe comprend des roches ou plutôt des terrains qui se sont formés à des époques très-modernes, et qui se forment encore de nos jours par alluvion.

____

(1) On a imaginé le mot *stratiformes*, qui signifie en forme de couche ; il a paru plus propre à rendre le mot allemand, que tous ceux usités jusqu'ici dans la langue française.

5°. *Roches volcaniques* (vulcanische gebirgsarten). Ce sont les roches qui ont subi l'action des
feux souterrains.

Telles sont les cinq classes de roches et les principaux caractères qui les distinguent ; ils seront exposés plus en détail dans le traité même.

50. La distinction des espèces est fondée sur des
différences dans les parties composantes des roches,
et dans la manière dont elles sont unies : il y en a
quelques-unes qui sont partagées en sous-espèces,
d'après des distinctions semblables. Mais le mot
espèce parmi les roches, est pris dans une acception
un peu différente de celle sous laquelle il est reçu
dans la première partie de l'oryctognosie ; il n'indique pas toujours une roche, mais quelquefois un
groupe, une famille de roches qui y sont comprises comme sous-espèces. Ainsi, par exemple,
la première espèce de la seconde classe, qui porte le
nom de *trapp formation*, (*formation trappéenne*) n'est
point une roche particulière, mais une famille de
roches qui comprend toutes celles qui ont été con-
fondues par les Suédois, sous le nom de *trapp*, et
qui appartiennent à une même époque de formation : de là le nom de *trapp formation* donné à
l'espèce sous laquelle elles sont réunies.

Les variétés des roches ne sont pas décrites séparément ; chaque roche a autant de variétés qu'il y
a de variations dans ses caractères.

51. Tout ce qui a été dit (§§. 29 et 30) relativement aux dénominations des minéraux simples et à leur synonymie, peut être appliqué aux dénominations et à la synonymie des roches.

Le principal et presque le seul ouvrage français que nous ayons sur les roches, étant les *Voyages dans les Alpes*, du célèbre Saussure, on doit penser que l'on n'a pas négligé de citer pour chaque roche le nom par lequel il la désigne.

52. Ce précis du traité des roches doit naturellement terminer cette introduction. On a vu (§. 1 à 4) quel est le but de l'oryctognosie, et comment elle envisage les minéraux; elle a été (§. 5) divisée en deux parties, celle qui traite des minéraux simples, et celle qui traite des minéraux mélangés ou des roches. On a indiqué (§. 6 à 30) les bases sur lesquelles est fondée la méthode adoptée par Werner, pour la description des minéraux simples et leur classification : on a exposé de même (§. 31 à 51) ses principes, relativement à la description et à la classification des roches; ce qui remplit complétement le but de l'oryctognosie.

Néanmoins cet ouvrage porte pour titre *Traité de Minéralogie*, quoique l'oryctognosie ne soit (§. 5) qu'une branche de la minéralogie ; ce titre est justifié par les additions dont il a été parlé (§§. 3, 20 et 47), qui ont été faites dans cet ouvrage aux descriptions oryctognostiques des minéraux, et dans lesquelles les minéraux sont considérés sous les différens points de vue qu'embrassent les autres branches de la minéralogie.

Il faut maintenant entrer en matière, et traiter en détail tous les objets dont le précis vient d'être donné dans cette Introduction. Voici l'ordre dans lequel ils se suivent.

1°. Exposition des caractères extérieurs des minéraux simples.

2°. Tableau de la classification des minéraux, adoptée par Werner.

3°. Première partie de l'oryctognosie; *des minéraux simples* : elle renferme les descriptions de toutes les espèces et sous-espèces de minéraux simples.

4°. Seconde partie de l'oryctognosie; *des minéraux mélangés* ou *des roches* : elle renferme les descriptions de toutes les espèces et sous-espèces de roches.

EXPOSITION

DES

CARACTÈRES EXTÉRIEURS

DES MINÉRAUX SIMPLES.

(Voyez les §§. 7 à 16 de l'introduction.)

LES caractères extérieurs (aüssere kennzeichen)
des substances minérales sont ceux que nous pou-
vons y reconnaître par le seul secours de nos orga-
nes : on les partage en deux divisions ; la première
comprend les caractères extérieurs universels (*),
et la seconde les caractères extérieurs particuliers
(**) (1).

---

(1) Cette exposition des caractères extérieurs se rapporte
exactement aux tableaux qui se trouvent à la fin de cet
ouvrage, chaque paragraphe portant en marge les mêmes
numéros et lettres indicatives sous lesquelles le caractère qui
y est traité se trouve rangé dans les tableaux, en sorte qu'on
peut aller facilement de l'un à l'autre.

Cette exposition ne renferme aucun exemple : ils sont tous
renvoyés aux tableaux, pour éviter les répétitions.

Ces tableaux ont paru nécessaires, afin qu'on pût mieux
sentir l'ensemble et la liaison de tous les caractères extérieurs ; ce qui est assez difficile dans l'exposition, où ils sont
entremêlés d'explications.

* *Caractères extérieurs universels.*

Ce sont les caractères qui sont fondés sur des propriétés qui existent dans toutes les substances minérales, *solides*, *friables* ou *fluides*. Il y en a sept espèces différentes (*) :

La *couleur* (I), la *cohésion* (II), l'*onctuosité* (III), le *froid* (IV), la *pesanteur* (V), l'*odeur* (VI) et la *saveur* (VII).

I. *La couleur.*

La *couleur* est le premier des caractères extérieurs universels. Chaque substance minérale peut présenter les choses suivantes à examiner, par rapport à sa couleur.

(A) L'*espèce* de couleur, (B) l'*intensité* de couleur, (C) les *couleurs superficielles*, (D) le *jeu des couleurs*, (E) la *mutabilité* des couleurs, (F) l'*altération* des couleurs, (G) le *dessin* des couleurs.

___

(*) On suit ici fidélement l'exposition donnée dans les ouvrages allemands ; mais il est bon d'observer que ce ne sont pas là des *caractères*, mais des propriétés qui fournissent des caractères ; aussi M. Werner les a-t-il appelés caractères *génériques*, pour les distinguer des vrais caractères qu'il appelle caractères *spéciaux*.

L'odeur et la saveur, qui n'appartiennent qu'à très-peu de minéraux, sont peut-être placées à tort parmi les caractères extérieurs universels. Probablement ces propriétés y sont rangées, parce qu'elles se rencontrent également dans quelques minéraux solides, dans quelques minéraux friables et dans quelques minéraux fluides.

I. A.

 Espèce de couleur. On rapporte les couleurs des minéraux à huit couleurs principales, qui sont : (1) le *blanc*, (2) le *gris*, (3) le *noir*, (4) le *bleu*, (5) le *vert*, (6) le *jaune*, (7) le *rouge*, (8) le *brun*. Chacune de ces espèces de couleurs principales se partage en plusieurs variétés qui sont exposées dans le tableau, avec des exemples, et qui n'ont pas besoin de plus ample explication.

B. *L'intensité de couleur.* L'*intensité* ou la *force* des couleurs a quatre degrés différens ; ainsi on dit qu'une couleur est *foncée* ou *claire*, *vive* ou *pâle*. Ces mots n'ont point ici d'autre acception que celle qu'ils ont dans le langage ordinaire (*).

C. Les *couleurs superficielles.* On désigne par-là les couleurs qu'une substance minérale présente à sa surface lorsqu'elles diffèrent de celles qu'elle offre à l'intérieur. Elles sont presque toujours l'effet de quelqu'altération.

 On les distingue par rapport à leur *origine* (1), et par leur *espèce* (2).

. . I ..... L'*origine ;* ces couleurs superficielles
. . . *a.* sont (*a*) *natives*, lorsqu'elles existaient

(*) Lorsque la couleur d'un minéral est très-claire, et qu'en même tems ce minéral est transparent, on dit communément qu'il est *incolore* ou sans couleur. Mais Werner n'admet pas cette dénomination ; il pense que tous ces minéraux prétendus incolores ne le sont point, qu'ils ont tous leurs couleurs particulières, à la vérité très-claires ; ce dont on peut s'assurer, dit-il, en les comparant ensemble . . . . . (??)

I. C. 1. *a.*

. . . *b.* avant l'extraction du minéral ; *(b)* *non natives*, lorsqu'elles sont postérieures et qu'elles ont été produites depuis son exposition à l'air.

. . 2......   *L'espèce*. Elles sont ou *simples* (*a*) ou *bigarées* (*b*).

. . . *a.*   *Simples*, lorsque c'est une seule teinte. Ceci renvoie naturellement au tableau des espèces de couleur (*Voyez* I, A). Néanmoins les principales qui se sont rencontrées jusqu'ici, sont le *gris*, le *noir*, le *brun*, le *jaunâtre*, le *rougeâtre*.

. . . *b.*   *Bigarées* ou autrement *panachées* ; c'est lorsque plusieurs couleurs sont mélangées ensemble. On les compare alors à celles de la *queue du paon* ou de l'*arc-en-ciel* (*irisées*), ou de la *gorge de pigeon*, ou à celles de l'*acier trempé*. (*Voyez* les exemples.)

. D.   Le *jeu des couleurs*. On désigne par-là la propriété qu'ont certains minéraux de présenter les couleurs du prisme lorsqu'ils sont exposés à la lumière. (*Voyez* les exemples.)

. E.   La *mutabilité des couleurs*. C'est ce qu'on désigne sous le nom de *chatoiement* : il diffère du jeu de couleur, en ce que celui-ci indique un mélange de couleur, mobile à la vérité, mais qui reste le même à tous les points d'un minéral, au lieu que le chatoiement indique qu'en variant la position d'un minéral, on voit paraître des couleurs qu'on ne voyait pas auparavant, et que les premières disparaissent souvent pour reparaître

de

I. E.

de nouveau dans une autre direction; ces couleurs se présentent ou à la surface ou dans
l'intérieur d'un minéral, d'où l'on dit que le
chatoiement peut être *extérieur* ou *intérieur*. (*Voy.*
les exemples.)

. F. *L'altération des couleurs.*

On désigne par-là les différens changemens
qu'éprouvent les couleurs des minéraux, non
pas seulement à leur surface, ce qui a été compris sous le nom de *couleurs superficielles non
natives* (I, C, 1, *b.*), mais aussi à l'intérieur.
Cette altération peut être *totale*, c'est-à-dire,
que la couleur est alors entiérement changée;
ou *partielle*, c'est-à-dire, que la couleur est seulement devenue ou plus pâle ou plus foncée.

. G. *Le dessin des couleurs.*

Ceci ne s'applique qu'aux minéraux qui ont
plusieurs couleurs, dont le mélange forme différens dessins : ainsi l'on distingue les dessins
pointillé, *tacheté*, *nuagé*, *flambé*, *rubané*, *zonaire*
(ce sont des bandes circulaires concentriques),
dendritique, *ruiniforme* et *veiné.*

II. *La cohésion.*

C'est le second des caractères extérieurs universels. On désigne par ce mot, la force avec laquelle
toutes les parties d'une substance minérale sont réunies. On distingue les minéraux sous ce point de
vue, en *solides*, *friables* et *fluides.*

Minéral. élém. Tome I. F

II.

On ne suit point ici cette distinction générale dans tous les caractères qui en dépendent, mais on verra qu'elle sert de fondement à la division des caractères extérieurs particuliers.

III......   *L'onctuosité.*

C'est le troisième des caractères universels : il indique la propriété qu'ont quelques minéraux de présenter un toucher *gras* ou *onctueux*, et le mot allemand *fettigkeit*, en latin *pinguitudo*, désigne proprement le toucher de la graisse, *fett ;* sous ce rapport, on dit qu'un minéral est :

. A.   *Maigre*, lorsqu'il est rude au toucher et n'a point d'onctuosité ;

. B.   *Peu gras ;*

. C.   *Gras*, et enfin,

. D.   *Très - gras*, lorsqu'il possède cette propriété onctueuse, et suivant qu'elle est plus ou moins forte.

IV.   *Le froid.*

C'est le quatrième des caractères universels : on désigne par-là la sensation plus ou moins froide que fait éprouver une substance minérale lorsqu'on la touche avec la main : on en distingue les différens degrés relatifs, par *froid*, *assez froid*, *peu froid :* on en voit des exemples au tableau.

V.   *La pesanteur spécifique.*

C'est le cinquième des caractères universels : on entend par-là le poids d'un corps d'après un volume connu, et relativement à d'autres corps sous le même

V.

volume. Ordinairement on la détermine en pesant successivement un corps dans l'air et dans l'eau, et on obtient pour résultat le rapport entre celle du corps éprouvé et celle de l'eau ; mais cette expérience demandant un appareil que l'on n'a pas toujours à sa disposition, et exigeant d'ailleurs beaucoup de précision, M. Werner suppose qu'on ne cherche à connaître qu'à peu près la pesanteur d'un corps en le pesant dans sa main, épreuve qu'un peu d'habitude rend assez facile, et dont le résultat, quoique vague, suffit presque toujours (*). C'est ainsi qu'il détermine la pesanteur spécifique du corps ; et voici les limites qu'il a posées, auxquelles on la rapporte : on dit qu'un minéral est :

- A.   *Surnageant*, lorsqu'il est plus léger que l'eau.
- B.   *Léger*, lorsque l'eau étant supposée peser 1,000, il ne pèse pas plus de 2,000, à égalité de volume.
- C.   *Médiocrement pesant*, lorsqu'il pèse de 2,000 à 4,000.
- D.   *Pesant*, lorsqu'il pèse de 4,000 à 6,000.
- E.   *Très-pesant*, 6,000 et au-dessus.

VI.   *L'odeur.*

C'est le sixième des caractères extérieurs universels. La plupart des minéraux sont sans odeur ; quelques-uns cependant en donnent une très-marquée ; elle est *spontanée* (A), ou *développée par l'expiration* (B) ou *par le frottement* (C).

(*) Cette détermination approchée a pourtant donné lieu à quelques erreurs, de la part de ceux qui n'y étaient pas très-exercés.

VI:.........

. A......   *Spontanée*, c'est-à-dire, se développant
            d'elle-même, sans y porter la vapeur de l'ha-
            leine, ou sans aucun frottement : on distingue
            alors si elle est :

. . 1.   *Bitumineuse*,

. . 2.   *Un peu sulfureuse*,

. . 3.   *Un peu amère*,

. . 4.   *Argileuse*. (*Voyez* les exemples.)

. B.....   *Développée par l'expiration*, c'est-à-dire,
            en y portant la vapeur de l'haleine : l'*odeur
            argileuse* est seule de cette espèce.

. C.....   *Développée par le frottement* ; ce sont :

. . 1.   L'odeur *urineuse*,

. . 2.   L'odeur d'*ail*,

. . 3.   L'odeur *sulfureuse*,

. . 4.   L'odeur *empyreumatique*.

VII.   *La saveur.*

C'est le septième et dernier des caractères extérieurs universels ; il appartient proprement aux sels.
Les différentes saveurs exposées dans le tableau ne
peuvent guère être définies que par les exemples qui
les accompagnent.

** *Caractères extérieurs particuliers.*

On les divise en trois classes : 1°. ceux des minéraux *solides* (**+) ; 2°. ceux des minéraux *friables* (**++) ; 3°. ceux des minéraux *fluides* (**+++), en prenant pour base les distinctions relatives à *la cohésion.* (*Voyez* * II.)

**+ *Caractères extérieurs particuliers des minéraux solides.*

On en compte seize espèces (*) :
(I) la *forme extérieure*, (II) la *surface extérieure*, (III) l'*éclat extérieur*, (IV) l'*éclat intérieur*, (V) la *cassure*, (VI) la *forme des fragmens*, (VII) les *pièces séparées*, (VIII) la *transparence*, (IX) la *raclure*, (X) la *tachure*, (XI) la *dureté*, (XII) la *ductilité*, (XIII) la *tenacité*, (XIV) la *flexibilité*, (XV) le *happement à la langue*, (XVI) le *son*.

I....   *La forme extérieure.*

On en distingue quatre espèces : (A) *les formes extérieures communes ;* (B) *les formes extérieures imitatives ;* (C) *les formes extérieures régulières ;* (D) *les formes extérieures figurées.*

(*) Il faut encore entendre ici *caractères*, de même que dans les caractères extérieurs universels, c'est-à-dire, que ce sont des propriétés ou plutôt des sources de caractères, et non des caractères proprement dits.

I. A.......   *Des formes extérieures communes.*

On appelle ainsi les formes qui ne sont point régulières, qui n'ont aucune ressemblance déterminée avec celles d'autres corps (naturels ou formés par l'art), et qui ne sont point moulées ou modelées sur aucun d'eux. Ainsi, pour décrire la forme extérieure d'un minéral, on dit qu'il se trouve :

(1) *en masse ;* (2) *disséminé ;* (3) *en fragmens* ou *morceaux anguleux ;* (4) *en grains ;* (5) *en lames* ou *en plaques ;* (6) *en couche superficielle.*

1. *En masse :* on veut dire par-là qu'un minéral se trouve en morceaux, soit d'un volume indéterminé, soit d'un volume déterminé, enveloppés entiérement dans d'autres minéraux, et gros comme une noisette et au-dessus.

2. *Disséminé :* on indique par-là qu'un minéral se trouve en morceaux enveloppés entiérement dans d'autres minéraux, et plus petits qu'une noisette.

3. 4. *En morceaux anguleux* et *en grains :* ils sont ou entiérement isolés, ou seulement adhérens à d'autres minéraux ; ce qui les distingue des nos. 1 et 2. Les *grains* sont plus petits qu'une noisette ; les *morceaux anguleux* sont au-dessus (*).

______

(*) On dit aussi qu'un minéral se trouve *en morceaux arrondis ;* ce que les Allemands indiquent par *im geschieben,* ce sont principalement les minéraux roulés

I. A. 4.

$\left.\begin{array}{c}5.\\6.\end{array}\right\}$ *En lames* ou *en plaques* et *en couches super-ficielles* : on désigne par-là des minéraux de forme très-applatie, adhérens à d'autres mi-néraux. Les *lames* sont un peu épaisses, les *couches superficielles* sont très-minces.

Les variations de chacune de ces formes extérieures communes sont exposées dans le tableau, et s'entendent d'elles-mêmes au moyen des exemples.

B........ *Des formes extérieures imitatives* (*).

Ce sont des formes assez régulières ou du moins assez symmétriques, que l'on désigne par la ressemblance qu'elles peuvent avoir avec d'autres corps connus. On range toutes ces formes sous les cinq divisions suivantes : formes imitatives *alongées* (1), form. im. *rondes* (2), form. im. *plates* (3), form. im. *creuses* (4), form. im. *rameuses* (5).

1... *Alongées* : on dit d'un minéral, qu'il est *dentiforme* (a), *filiforme* (b), *capillaire* (c), *tricoté* (d), *dendritiforme* (e), *coralliforme* (f), *stalactiforme* (g), *cylindrique* (h), *tubiforme* ou *cylindrique creux* (i), *en buissons* (k), *claviforme* ou *en forme de massue* (l). (*Voyez* les exempl.) Toutes ces formes imitatives sont *alongées*.

(*) J'ai traduit ainsi le mot allemand *besondere, particulières*, qui est mis par opposition à *gemeine, commune*, parce qu'il m'a semblé que le mot *imitative* rendait mieux l'idée de l'auteur. On en jugera d'ailleurs par la nature des différens caractères qui sont compris sous ce titre.

I. B. 2......   *Rondes.* Par exemple, on dit d'un mi-
· · · *a.*   néral, qu'il est *globuleux;* ce qui comprend *sphérique*, *ovoïde* ou *elliptique*, *amigdali-forme*, *sphéroïdal* ou *sphérique applati*, et *sphérique imparfait.*

· · · *b.*   *Uviforme* ou en forme de grapes.

· · · *c.*   *Réniforme*, c'est-à-dire, en forme de rognons ou mameloné.

· · · *d.*   *Bulbeux* ou *tuberculeux.* Ces trois der-nières formes diffèrent en ce que la pre-mière désigne des éminences globuleuses très-convexes, mais pressées l'une contre l'autre. Que dans la seconde, elles sont beaucoup plus applaties, et que dans la troisième elles sont isolées et séparées par des cavités.

· · · *e.*   *Coulée*, c'est-à-dire, présentant une surface semblable à celle d'une masse métallique, fondue ou *coulée* (*).

· · 3......   *Plates.* Par exemple, on dit qu'un mi-néral est,

· · · *a.*   *Spéculaire*, c'est-à-dire, ayant des faces très-unies, semblables à un miroir.

· · · *b.*   *En feuilles* ou *en bractées*, c'est-à-dire, en plaques très-minces qui ressemblent aux *bractées* dans les plantes.

· · · *c.*   *Pectiné*, c'est-à-dire, portant la trace des dents d'un peigne.

(*) J'aurais desiré trouver un mot pius convenable pour rendre cette idée en français. Au reste, cette forme exté-rieure est très-rare.

I. B. 4............ *Creuses.* Par exemple, on dit qu'un minéral est *cellulaire* (*a*), ou *creux par empreintes* (*b*), ou *criblé* (*c*), ou *carié* (*d*), ou *informe* (*e*), ou enfin *bulleux* (*f*).

. . . *a*...... *Cellulaire*, c'est-à-dire, composé de petites lames minces qui, réunies transversalement, forment de petites cellules : on distingue ceux qui ont des *cellules anguleuses* (a^1), et ceux qui ont des *cellules rondes* (b^1).

. . . . . a^1. *A cellules anguleuses;* elles sont *hexagones* ou *polygones*.

. . . . . b^1. *A cellules rondes;* elles sont ou *cylindriques* ou *spongiformes*, c'est-à-dire, semblables à celles d'une éponge; ou *indéterminées* ou *doubles*, lorsque de plus grandes sont séparées par de plus petites; ou enfin *veniformes*, c'est-à-dire, remplies par une autre substance; ce qui les fait ressembler à des veines.

. . . *b*....... *Creux par empreintes.* Un minéral est creux par empreinte, lorsque d'autres minéraux qui se sont appliqués et moulés sur lui précédemment, ont été ensuite détruits, et y ont laissé leurs empreintes. On dit que les empreintes sont *cubiques*, *pyramidales*, *coniques*, *tabuliformes* ou *arrondies*.

. . . *c*........ *Criblé.* Un minéral est *criblé* lorsqu'il est percé de beaucoup de trous ronds et étroits, semblables à ceux d'un crible.

I. B. 4......

.   .   . *d.*   *Carié* , lorsque ce sont des trous très-petits et très-serrés, semblables à ceux d'un ver.

'. .   . *e.*   *Informe :* ceci indique qu'un minéral présente des cavités de forme indéterminée, dont les cloisons ressemblent à des excroissances végétales ou animales.

.   .   . *f.*   *Bulleux*, lorsque ce sont de petites cavités *sphériques*, semblables à des bulles d'air au milieu de l'eau.

.   . *ſ*......   *Rameuses :* on dit qu'un minéral est sous une forme imitative *rameuse* ou qu'il est *rameux*, lorsqu'il est formé de filamens mêlés les uns avec les autres. On désigne aussi quelquefois cette forme par le mot *embrouillée.* (Verworren.)

.   C...........   *Des formes extérieures régulières , ou des cristallisations.*

Tout ce qui concerne la cristallisation peut être compris sous les titres suivans : (1) l'*essentialité* de la cristallisation; (2) la *forme* des cristaux; (3) l'*adhérence* des cristaux; (4) la *grandeur* des cristaux.

.   . I.......   L'*essentialité* de la cristallisation. Ceci s'applique à la distinction qu'on fait des cristaux en *cristaux vrais* et *pseudo-cristaux.* Les premiers sont des formes qu'affecte habituellement une même substance minérale, et qui lui sont propres; et les seconds sont des formes étrangères et absolument accidentelles, qui proviennent

I. C. 1..............

uniquement de ce qu'un minéral s'est
moulé sur un autre, et en a pris la
forme.

. . 2..............   *Forme des cristaux.*

Pour bien décrire la forme d'un
cristal, il faut indiquer sa *forme principale* ou *dominante* (*a*), les *altérations*
qui la modifient (*b*), et enfin ses *propriétés particulières* (*c*).

. . . . *a*...........   La *forme principale* ou *dominante* :
on considère, comme étant la forme
principale ou *dominante* d'un cristal,
la forme géométrique dont il se rapproche le plus. On observe et on détermine dans la forme principale ses
parties (*a¹*), son *espèce* (*b¹*), ses *variations* (*c¹*).

. . . . . *a¹*.......   *Partie de la forme principale* : elle est
composée de *faces* (*a²*), de *bords* (*b²*),
et d'*angles* (*c²*).

. . . . . . *a²*....   Les *faces* sont, ou *terminales* (*a³*),
ou *latérales* (*b³*).

. . . . *a³*.   Les *faces terminales* sont pour les
prismes leur *base* (P et P', *fig.* 3, 5, 6) :
on les appelle quelquefois les extrémités ou les *bases* (enden). Dans les
tables au contraire, ce sont celles qui
entourent entièrement les deux plus
grandes faces, telles sont P, P, P', P',
fig. 8, et P, P, P, P', P', P', *fig.* 9.

. . . . *b³*.   Les *faces latérales* sont les faces

I. C. 2. *a*. *a*¹. *a*². *b*³.

M, M, M′, M′, (*fig.* 3, 5, 6.) et les faces M, M′ (*fig.* 8 et 9.) et de même les faces M, M, M, etc. (*fig.* 7, 10, 11 et 12.)

. . . . . *b*² ..... Les *bords* ou *côtés* : ils sont ou *terminaux* (*a*³), ou *latéraux* (*b*³).

. . . . *a*³ Les *bords terminaux* sont ceux qui entourent les faces *terminales ;* tels que *ab*, *ac*, *cd*, etc. (*fig.* 3, 5, 6.) dans les prismes, c'est-à-dire, les bords de leur base. Dans les tables, ce sont au contraire les bords qui mesurent l'épaisseur ; tels sont *ae*, *bf*, (*fig.* 8.) et *ag*, *bh*, (*fig.* 9.)

. . . . *b*³. Les bords *latéraux* sont dans les prismes ceux qui séparent deux faces latérales ; tels sont les bords *ae*, *cf*, (*fig.* 3 et 5.) *ag*, *bh*, *ci*, etc. (*fig.* 6.) Dans les tables, ce sont au contraire tous les bords du contour de la face latérale ; tels sont *ab*, *bc*. (*fig.* 8 et 9.). Il y en a 8 dans la table à quatre faces, 12 dans celle à six faces, etc. Dans les pyramides, les bords latéraux sont ceux qui se réunissent au sommet.

. . . . . . *c*²..... Les *angles* (*) : (il s'agit des angles

---

(*) On applique aux bords latéraux les dénominations qui appartiennent aux angles qui se forment sur eux, et l'on dit bords *latéraux aigus*, *obtus*, au lieu d'angles *aigus*, *obtus*, sur les bords latéraux.

I. C. 2. *a. a*^{1}. *c*^{2}.

solides) ; dans les prismes et les tables ils n'ont pas besoin de distinction, puisque chaque angle est à la fois *terminal* et *latéral*. Mais dans les pyramides, on distingue les *angles de la base* d'avec l'*angle au sommet*, qu'on nomme aussi le *sommet*.

. . . . . *b*^{1}......　*Espèces de formes principales.*

Il y en a sept, qui sont l'*isocaèdre* (a^2), le *dodécaèdre* (b^2), l'*hexaèdre* (c^2), le *prisme* (d^2), la *pyramide* (e^2), la *table* (f^2), la *lentille* (g^2).

. . . . . *a*^{2}.　L'*isocaèdre* ou solide à vingt faces triangulaires. (Le C^n. Haüy a démontré qu'il n'était pas régulier comme celui de la géométrie, mais seulement symmétrique.) (*Voyez fig.* 1.)

. . . . . *b*^{2}.　Le *dodécaèdre* ou solide a douze faces. Il n'est question ici que de celui à faces pentagonales. Celui à faces rhomboïdales est considéré autrement. (Le C^n. Haüy a démontré aussi qu'il n'était pas régulier, mais symmétrique). (*Voyez fig.* 2.) On ne distingue point dans ces deux formes, de faces ou de côtés latéraux ou terminaux.

. . . . . *c*^{2}.　L'*hexaèdre* ou solide a six faces ; ce qui comprend le cube (*fig.* 3.), et le rhomboïde (*f.* 4.) ; celui-ci est quelquefois considéré comme une pyramide double, dont les deux parties se réunissent bord contre face.

. . . . . . *a².* Le *prisme :* c'est un solide ayant deux faces égales et parallèles, et dont toutes les autres sont disposées à l'entour des deux premières, et sont des parallélogrammes. (*Voyez* fig. 5 et 6.)

. . . . . . *e².* La *pyramide :* c'est un solide composé de plusieurs faces, dont l'une, qui est la *base*, est un polygone quelconque, et les autres sont des triangles qui ont pour base un côté du polygone, et se réunissent par leur sommet en un même point, qu'on appelle le *sommet* de la pyramide. (*Voyez* fig. 7.)

. . . . . . *f².* La *table :* ce n'est autre chose qu'un prisme très-raccourci. (*Voyez* fig. 8 et 9.) Il faut bien observer que les parties de la table ne sont pas dénommées comme celles du prisme, mais d'une manière inverse. (*Voyez* I. C. 2. *a. a¹.*)

. . . . . . *g².* La *lentille :* c'est un solide à faces courbes, semblable à une lentille.

. . . . . *c¹.....* *Variations de la forme principale.*

On détermine dans la forme principale, sa *simplicité* (*a²*), sa *disposition* (*b²*), le *nombre des faces* (*c²*), la *grandeur relative* des faces (*d²*),

I. C. 2. *a*. *c*¹........

les *angles des faces entr'elles* (e^2),
la *direction des faces latérales* (f^2),
la *plénitude des cristaux* (g^2).

. . . . . . *a*².   La *simplicité* de la forme principale ne peut s'entendre que de la pyramide, qui peut être,

. . . . . . *a*³....   *Simple* (*fig.* 7.), ou

. . . . . . *b*³....   *Double*, c'est-à-dire, lorsque ce sont deux pyramides jointes ensemble. (*fig.* 10, 11 et 12.) Dans ces pyramides doubles, on détermine si elles se joignent *face contre face* ou *bord contre face.*

. . . . *a*⁴.   *Face contre face*, comme on le voit (*fig.* 10, 11 et 12). Cette réunion peut avoir lieu à *jointure droite* (a^5), ou à *jointure oblique* (b^5).

a^5. A *jointure droite ;* telles sont les *fig.* 10 et 11, dans lesquelles les bords de la jointure sont dans un même plan.

b^5. A *jointure oblique ;* telle est la *fig.* 12, dans laquelle les bords de jointure sont en zigzag.

. . . . *b*⁴.   *Bord contre face ;* telle est la *fig.* 4, qui n'est autre chose qu'un rhomboïde, considéré différemment, comme il a été dit plus haut. (*Voyez* I. C. 2. *a*. *b*¹. *c*².)

. . . . . . *b*².......   La *disposition* de la forme principale : ceci s'applique encore aux pyramides, qui sont ordinairement

. . . . *a*³....   *droites*, c'est-à-dire, engagées par

I. C. 2. a. c^1. b^2. a^3.....

                            leur base, et présentant le sommet en haut, mais dont quelques-unes

. . . . b^3 ..... sont *renversées*, c'est-à-dire, se trouvent engagées par le sommet.

. . . . c^2 .... Le *nombre* des faces : ceci n'a pas besoin d'explication. (*Voyez* le tableau.)

. . . . a^2 .... La *grandeur relative* des faces, on dit qu'elles sont :

. . . . a^3 ...... *Egales*, ou

. . . . b^3 ...... *Inégales*, ce qui peut arriver.

. . . . a^4. *Irrégulièrement*, ou

. . . . b^4. *Régulièrement*; *savoir* : 1°. lorsqu'elles sont alternativement *larges et étroites*; 2°. lorsqu'il y en a *deux plus larges opposées*; 3°. lorsqu'il y en a *deux plus étroites opposées*, etc.

. . . . c^2 .... Les *angles* des faces : on distingue ceux *sur les bords latéraux*;

. . . . a^3 ...... ce sont les angles des faces latérales entr'elles. Ils peuvent être *droits* ou *égaux* ou *obliques* ou *inégaux*. On dit aussi qu'un cristal est *équiangle*, *rectangle* ou *obliquangle*.

. . . . b^3 ...... Ceux *sur les bords terminaux* : ce sont les angles des faces latérales avec les faces terminales. Ils peuvent être *droits* ou *obliques*, *obliques parallèles*, ou *obliques alternans*; enfin,

. . . . c^3 ...... Les *angles du sommet* : on les indique par leur mesure; savoir :

Très-

I. C. 2. *a. c¹. e². c³.*

Très-obtus, plus de 120.°; *obtus*, plus de 100 à 120.°; *un peu obtus*, plus de 90 à 100.°; *droit*, plus de 90.°; *aigu*, plus de 45 à 90.°; *aigu*, plus de 45.°; *très-aigu*, moins de 45.° (*).

. . . . . . *f²*.... La *direction* de faces latérales *:* on devrait peut-être dire plutôt la *forme* des faces latérales ; car ceci sert à désigner la courbure convexe ou concave qu'ont les faces de quelques cristaux ; ainsi l'on dit que les faces sont :

. . . . *a³.* *Planes*, ce qui est l'ordinaire, ou

. . . . *b³.* *Courbes :* on décrit alors , 1°. le *sens* de la courbure, qui est ou *concave* ou *convexe*, ou *concave* et *convexe* à la fois ; 2°. l'*espèce* de courbure, qui est *sphérique, cylindrique* ou *conique.*

. . . . . . *g²*.... La *plénitude des cristaux :* on trouve, quoique rarement , certains cristaux qui sont creux : on distingue sous ce rapport si un cristal est, 1°. *plein* , 2°. *creux à l'extrémité* , 3°. *creux* entièrement.

____

(*) Cette détermination des angles du sommet s'applique également aux autres angles ; il arrive aussi souvent que l'on emploie ces dénominations en les joignant au nom du solide. Ainsi l'on dit une pyramide *très-obtuse*, au lieu de dire une pyramide à sommet très-obtus. On dit aussi un bord *obtus* ou *aigu*, pour désigner qu'il sépare deux faces qui se joignent sur un angle *obtus* ou *aigu*.

Minéral. élém. Tom. I. G

I. C. 2. *b*........... *Altérations que reçoit la forme*
principale.

Les différentes faces qui altèrent
souvent la forme principale, proviennent d'une *troncature* (a^1), d'un
bisellement (b^1), ou enfin d'un *poin-*
tement (c^1).

. . . . . a^1.....   *Troncature.*

C'est un retranchement fait par un
plan dans la forme principale : la
partie retranchée se trouve remplacée par une petite face ; telles sont
les faces *t*, *t*, *fig.* 13 et 14. On détermine ses *parties* (a^2), sa *place* (b^2),
sa *grandeur* (c^2), sa *position* (d^2), sa
direction (e^2).

. . . . . . a^2.   Ses *parties*; savoir : la *face* qui en
résulte, ses *bords* et ses *angles*.

. . . . . . b^2.   Sa *place*; — sur un *bord* (*fig.* 13),
ou sur un *angle* (*fig.* 14.)

. . . . . . c^2.   Sa *grandeur*; la troncature est *forte*
ou *légère*, en proportion de la forme
principale (*).

. . . . . . a^2.   *Sa position :* elle est *droite*, lorsque
le plan qui la forme est également
incliné sur toutes les faces adjacentes
de la forme principale; *oblique*, lorsque

(*) On dit aussi qu'un prisme ou une pyramide est tronqué *fortement*, *légèrement*, *obliquement*, etc.

I. C. 2. *b. a¹. a²*.

            ce plan n'est pas incliné également sur les faces adjacentes.

. . . . . . *e²*. La *direction* (*Voy*. I. C. 2. *a. c¹. f²*,); elle est *plane* ou *courbe*.

. . . . . *b¹*..... *Bisellement*.

            C'est un retranchement fait dans la forme principale par deux plans, la partie retranchée se trouvant alors remplacée par deux faces en *biseau*. On détermine dans un biseau ses *parties* ($a²$), sa *place* ($b²$), sa *grandeur* ($c²$), *l'angle du biseau* ($a²$), sa *position* ($e²$).

. . . . . . *a²*. Les *parties* du bisellement sont, 1°. ses *faces* (*s, s*, et *t, t*, fig. 15, 16 et 17); 2°. ses *bords*; savoir : le *bord propre* du biseau, ou celui qui sépare ses deux faces (*a, b, fig*. 15, 16 et 17), et les *bords* qui le séparent d'avec les faces de la forme principale; 3°. ses *angles*.

. . . . . . *b²*. Sa *place* : il peut être situé, 1°. sur les *faces terminales* (*fig*. 15); 2°. sur les *bords terminaux* (*fig*. 16); 3°. sur les *bords latéraux* (*fig*. 17.)

. . . . . . *c²*. Sa *grandeur* : le bisellement peut être *fort* ou *léger*, en proportion de la forme principale.

. . . . . . *a²*. L'*angle du biseau* : il peut être obtus, *droit* ou *aigu*, ou enfin *rompu*; ce qui veut dire que chacune de ses

I. C. 2. *b. b*[1]. *d*[2].

deux faces est formée de la réunion de plusieurs faces sous un angle très-obtus : on dit alors *une fois, deux fois rompu*, etc. La *fig.* 18 représente un biseau *une fois rompu.*

. . . . . . *e*[2].   Sa *position ;* savoir : celle du *bord* propre du biseau qui peut être *droit* ou *oblique*, et celle des *faces* du biseau qui peuvent être placées sur les *faces latérales* (N. *fig.* 15), ou sur les *bords latéraux* (M. *fig.* 15.)

. . . . . *c*[1].....   *Pointement.*

C'est un retranchement qui se fait dans la forme principale par plus de deux plans ; la partie retranchée se trouvant alors remplacée par plus de deux faces qui vont toutes se réunir, soit au même point, soit sur une même ligne. (*Voyez fig.* 19, 20, 21, 22, 23, 24.)

On détermine ses *parties* (*a*[2]), sa *place* (*b*[2]), ses *faces* (*c*[2]), sa *terminaison* (*d*[2]), son *angle terminal* (*e*[2]), sa *grandeur* (*f*[2].)

. . . . . . *a*[2].   Ses *parties ;* savoir : 1°. ses *faces*, 2°. ses *bords*, 3°. ses *angles :* on distingue 1°. les bords *latéraux* ou les bords *propres*, c'est-à-dire, ceux *entre les faces du pointement ;* tels sont *a b, a c* (*fig.* 19, 20, 21, 22, 23); 2°. les *bords* entre ces mêmes faces et les faces de

I. C. 2. *b. c¹. a².*

    la forme principale, et enfin, 3°. le *bord terminal* (quand il y en a) ; tel est le bord *a. a¹.* (*fig.* 23.) On voit que le pointement n'est pas toujours une pyramide, mais seulement une réunion de faces conniventes, soit au même point, soit sur une même ligne, comme il a été dit plus haut.

. . . . . . *b².* Sa *place*, sur un *angle* (*fig.* 24) ; ou sur une *face terminale* (*fig.* 19, 20, 21, 22, 23.)

. . . . . . *c².* Ses *faces* : il faut connaître leur *nombre* (on dit un pointement à trois, à quatre faces, etc.), leur *grandeur relative*, leur *contour régulier* ou *irrégulier*, enfin leur *position* correspondante à des *faces latérales* (*fig.* 19, 20, 23), ou à des *bords latéraux* de la forme principale (*fig.* 21, 22, 24.) (*).

. . . . . . *d².* Sa *terminaison* en un *point* (*fig.* 19, 20, etc.), ou en *une ligne* (*fig.* 23.)

---

(1) Les figures 21 et 22 sont, l'une, un prisme à quatre faces, terminé aux deux extrémités par un pointement à quatre faces placées sur les bords latéraux, et l'autre un prisme à six faces, terminé par un pointement obtus à trois faces placées sur trois bords latéraux en alternans. Toutes deux ne sont autre chose que le dodécaèdre à faces rhombes, considéré d'une manière un peu différente.

On dit aussi un pointement à trois, quatre, six faces, qui sont *placées* sur les bords latéraux ou terminaux.

I. C. 2. *b*. *c*¹.....

. . . . . . *e*². Son *angle* terminal : il est *obtus*, *droit* ou *aigu*.

. . . . . . *f*². Sa *grandeur*, relativement à la forme principale. Il est *fort* ou *faible*.

. . . *c*........... *Propriétés particulières des formes des cristaux.*

On a désigné sous ce nom (peut-être assez impropre) différentes observations que Werner indique à faire sur les cristaux, et qui ne peuvent être comprises sous les divisions précédentes; dans les ouvrages allemands elles sont placées ici comme par appendice (*).

Il faut observer, (*a*¹) *ce qui détermine le choix de la forme principale ;* (*b*¹) *les passages d'une forme à une autre ;* (*c*¹) *les obstacles qui s'opposent à l'entière description d'un cristal ;*

. . . . . *a*¹..... *Ce qui doit déterminer le choix de la forme principale.* On considère pour cela celle qui a :

. . . . . . *a*². *Les plus grandes faces.*

. . . . . . *b*². *La plus grande régularité.*

. . . . . . *c*². *Celle qui est la plus habituelle aux cristaux d'un même minéral.*

(*) Il me semble que cet article ne devrait point trouver sa place dans une exposition succincte des termes techniques adoptés pour indiquer les caractères extérieurs, mais plutôt dans un traité général des méthodes descriptives des minéraux et des règles que l'on doit y observer.

I. C. 2. *c. a*^{1}.....

. . . . . . *a*^{2}.   *Celle qui a le plus de rapport avec toutes les autres formes du même minéral (*).*

. . . . . . *e*^{2}.   *Celle qui s'accorde le mieux avec les altérations.*

. . . . . . *f*^{2}.   *Celle qui est la plus simple.*

. . . . . *b*^{1}......   *Les passages d'une forme à l'autre :* ces passages sont déterminés :

. . . . . . *a*^{2}.   *Par l'accroissement des faces provenantes des altérations, et par la diminution ou même la disparition entière des faces de la forme principale.*

. . . . . . *b*^{2}.   *Par les changemens dans la grandeur relative des faces.*

. . . . . . *c*^{2}.   *Par les altérations qui arrivent aux angles par troncature ou pointement.*

. . . . . . *d*^{2}.   *Par la convexité des faces.*

. . . . . . *e*^{2}.   *Par l'agrégation de plusieurs cristaux.*

. . . . . *c*^{1}......   *Les obstacles qui empêchent de décrire un cristal,* sont :

. . . . . . *a*^{2}.   *La grande obliquité des angles et des faces.*

. . . . . . *b*^{2}.   *La réunion confuse de beaucoup de cristaux.*

(*) Cette comparaison avec les autres formes connues d'un même minéral, doit toujours être faite lorsqu'on s'occupe de décrire une de ses formes; c'est ce qu'on appelle la description *dérivative*, pour la distinguer de la description *représentative*, dans laquelle on n'a point d'égard aux autres formes.

I. C. 2. *c. c*¹......

. . . . . . *c*².   *Le recouvrement par un autre minéral,* dans lequel le cristal est incorporé.

. . . . . . *d*².   *La rupture.*

. . . . . . *e*².   *La trop grande petitesse.*

. . 3............   *L'adhérence des cristaux.*

On désigne par-là la manière dont ils sont attachés à la roche dans laquelle ils se trouvent. On dit qu'un cristal est, ou *séparé* (*a*), ou *groupé* avec d'autres (*b*).

. . . *a*..........   *Séparé :* on distingue alors s'il est

. . . . *a*¹..... *isolé*, lorsqu'il est tout-à-fait libre, ou tout au moins lorsqu'on peut le retirer intact.

. . . . *b*¹.....   *Implanté*, lorsqu'il est attaché à un autre minéral par un de ses deux bouts.

. . . . *c*¹.....   *Superposé*, lorsqu'il est appliqué sur un autre minéral par une de ses faces latérales.

. . . *b*..........   *Groupé* avec d'autres cristaux : on distingue alors, (*a*¹) des *groupes réguliers ;* (*b*¹) des *groupes irréguliers simples ;* (*c*¹) des *groupes irréguliers doubles.*

. . . . *a*¹.....   *Groupes réguliers.* Werner désigne par-là les réunions de cristaux que les minéralogistes français appellent *macles :* il y en a de *doubles* et de *triples.*

. . . . *b*¹.....   *Groupes irréguliers simples :* ceci

I. C. 3. *b*. *b*¹.

indique une réunion de cristaux groupés dans un seul sens. On dit qu'ils sont : (a^2) *les uns sur les autres*, (b^2) *à côté les uns des autres* ou *accolés*, (c^2) *les uns au travers des autres* ou *entrelacés*.

. . . . . *c*¹. *Groupes irréguliers doubles* : ceci indique des cristaux groupés dans tous les sens ; ce qui produit différentes formes imitatives auxquelles on donne des noms ; ainsi l'on dit des cristaux groupés en *faisceaux*, en *gerbes*, en *barres*, par *rangs*, en *boutons*, en *boules*, en *amandes*, en *pyramides*, en *rose*. (*Voyez* les exemples au tableau.)

. . 4.......... *La grandeur des cristaux.*

On doit déterminer, (*a*) la *grandeur absolue* d'un cristal, et (*b*) sa *grandeur relative*.

. . . . *a*..... La *grandeur absolue* désigne la mesure du cristal suivant sa longueur, ou plutôt suivant sa dimension principale. Ainsi l'on dit :

. . . . . *a*¹. *Extrêmement grand*, c'est-à-dire, une aune et plus de longueur.

. . . . . *b*¹. *Très-grand*, entre 1 aune et $\frac{1}{4}$ d'aune.

. . . . . *c*¹. *Grand*, entre $\frac{1}{4}$ d'aune et 2 pouces.

. . . . . *d*¹. *De moyenne grandeur*, depuis $\frac{1}{2}$ pouce jusqu'à 2 pouces.

. . . . . *e*¹. *Petit*, depuis $\frac{1}{8}$ de pouce jusqu'à $\frac{1}{2}$ pouce.

I. C. 4. *a*......

. . . . . *f*[1]. *Très-petit*, au-dessous de $\frac{1}{2}$ de pouce, mais reconnaissable à l'œil nu.

. . . . . *g*[1]. *Extrêmement petit*, indistinct à l'œil nu, et seulement à la loupe.

. . . *b*...... *La grandeur relative* d'un cristal désigne *sa grandeur*, eu égard à l'extension plus grande d'une de ses dimensions relativement aux autres. Les exemples seuls suffisent pour expliquer cette idée. L'on dit, sous ce rapport, qu'un cristal est :

. . . . . *a*[1]. *Court* ou *long*.

. . . . . *b*[1]. *Large* ou *un peu alongé*.

. . . . . *c*[1]. *Epais* ou *mince*.

. . . . . *d*[1]. *Aciculaire*, c'est-à-dire, en aiguille ou *capillaire*.

. . . . . *e*[1]. *Subulé*, c'est-à-dire, en forme d'*alène*.

. . . . . *f*[1]. *Globuleux* ou *tessulaire*, c'est-à-dire, en forme de *dez*.

. D............ *Des formes extérieures figurées.*

On désigne par-là les formes accidentelles que des minéraux prennent lorsqu'ils sont infiltrés dans des substances végétales ou animales enfouies dans le sein de la terre, et qu'ils constituent ce qu'on appelle des *pétrifications*.

Comme on n'indique les différentes variétés de pétrification que par le nom de la substance végétale ou animale dont elles ont la forme, il s'agirait ici, pour tracer la méthode de les décrire, de donner une nomenclature particulière

I. D............

de celles qui se rencontrent le plus fréquemment : c'est ce qui a été fait par plusieurs minéralogistes allemands. Mais, comme la description des pétrifications n'entre point dans l'objet de cet ouvrage, on supprime ici tout ce qui y est relatif. M. Werner d'ailleurs n'en a point parlé dans son Traité des caractères extérieurs.

II............... *La surface extérieure.*

C'est le second des caractères extérieurs particuliers. La surface peut être :

A............ *Inégale*, c'est-à-dire, couverte de petites inégalités peu régulières.

B............ *Grenue*, lorsque ces inégalités sont arrondies.

C............ *Drusique*, lorsqu'elle est couverte de cristaux très-petits, réunis en *druses*.

D............ *Rude*, lorsqu'elle présente des aspérités très-petites et serrées.

E............ *Ecailleuse*, lorsqu'elle est formée de petites inégalités qui se recouvrent en forme d'*écaille*.

F............ *Lisse*, lorsqu'elle ne présente aucune inégalité ni aspérité.

G............ *Striée*, lorsqu'elle a de très-petites élévations qui se prolongent en ligne droite et parallélement. On détermine si la surface est striée (1) *simplement* ou (2) *doublement.*

I....... *Simplement*, c'est-à-dire, à *stries simples* ; ce qui peut être, (a) *en travers*, (b) *en longueur*, (c) *en diagonale*, (d) à *stries alternantes* ; ce qui indique que les

II. G. 1........

stries sont en longueur, mais changent de direction à chaque face.

. . 2........ *Doublement* ou *à stries doubles*, lorsque les stries se croisent dans différentes directions. Dans les stries doubles on distingue :

. . . *a.* Celles *en barbe de plumes* ; ce qui a lieu lorsque d'une strie principale partent des stries latérales, et

. . . *b.* Celles *en réseau*, c'est-à-dire, *entrelacées :* on dit alors qu'un minéral est *tricoté.*

III............. *L'éclat extérieur.*

C'est le troisième des caractères extérieurs particuliers des minéraux solides. On désigne par-là la manière dont un minéral réfléchit la lumière. Il faut connaître la *force de l'éclat* (A) et l'*espèce de* l'éclat (B).

. A........... La *force de l'éclat*. Elle ne peut être que relative : on a adopté pour cela cinq termes de comparaison. Ainsi l'on dit d'un minéral, qu'il est (1) *très-éclatant*, (2) *éclatant*, (3) *peu éclatant*, (4) *brillant* ou *tremblotant*; ce qui désigne qu'il n'y a que certaines parties qui ont de l'éclat; et enfin, (5) *mat*, c'est-à-dire, sans éclat. (*Voyez* les exemples.)

. B........... L'*espèce de l'éclat*. On distingue l'éclat *ordinaire* (1) et l'éclat *métallique* (2).

. . 1........ L'*éclat ordinaire* n'est dit que par opposition à l'*éclat métallique* ; il comprend

III. B. 1....

(a) l'éclat *vitreux*, (b) l'éclat de *cire* ou l'éclat *gras*, (c) l'éclat de *soie*, (d) l'éclat de *nacre*, (e) l'éclat de *diamant*, (f) l'éclat *demi-métallique*. (*Voyez* les exemples.)

. . 2.... L'éclat *métallique* : ceci n'a pas besoin d'explication (*Voy.* aussi les exempl.) (*).

IV.............   *L'éclat intérieur.*

C'est le quatrième des caractères extérieurs particuliers des minéraux solides : on désigne par-là l'éclat que présente un minéral récemment cassé ; son observation est bien plus caractéristique que celle de l'éclat extérieur, parce qu'on est bien plus certain qu'il n'a pas été modifié par quelque cause accidentelle. Au reste, ses variétés de *force* et d'*espèce* sont les mêmes que pour l'éclat intérieur. (*Voy.* plus haut III. A et B.)

V.............   *La cassure.*

C'est le cinquième des caractères extérieurs particuliers des minéraux solides. On désigne par-là l'aspect que présente

___

(*) Ici finissent les trois premiers caractères extérieurs qui font partie de ce que Werner appelle l'*aspect extérieur*. Ceux qui suivent font partie de l'*aspect intérieur* des minéraux. Werner et quelques auteurs d'après lui, suivent cette distinction, qui a été supprimée ici comme ayant paru peu essentielle. C'est ce qui l'a conduit à faire deux articles de l'*éclat*; savoir : l'éclat *intérieur* et l'éclat *extérieur*, quoique leurs variétés soient les mêmes.

V..............

la surface intérieure d'un minéral à l'endroit où il a été cassé, pourvu qu'il l'ait été dans un endroit solide et non dans les jointures des *pièces séparées* (*Voyez* VII) s'il en est composé.

Les différens caractères que présente *la cassure*, tiennent, comme on le voit, à la structure ou à la contexture intérieure du minéral ; aussi quelques minéralogistes ont quelquefois désigné la cassure par un de ces deux noms. On distingue les cinq variétés de cassure suivantes : (A) la *compacte*, (B) la *fibreuse*, (C) la *rayonnée*, (D) la *lamelleuse* ou *feuilletée*, (E) la *schisteuse*.

. A...........   *La cassure compacte.*

On dit qu'un minéral a une cassure *compacte*, lorsque toutes les parties de sa surface intérieure forment entr'elles continuité. Il s'y rencontre néanmoins de petites inégalités qui donnent lieu aux distinctions suivantes : (1) cassure *écailleuse*, (2) *unie*, (3) *conchoïde*, (4) *inégale*, (5) *terreuse*, (6) *crochue*.

.   .   1.... *Ecailleuse*, lorsqu'il y a sur la surface de la cassure des petites inégalités qui se recouvrent et se détachent par *écailles :* on détermine si c'est à *grandes écailles* (a), ou à *petites écailles* (b) (*).

―――――――――――――――――――――

(*) On dit aussi quelquefois *esquilleuse* au lieu d'*écailleuse.* (*Voyez* VI. B. 2 , l'explication de ce mot.)

V. A ....

. . 2......   *Unie*, lorsqu'il n'y a point sur la surface de la cassure d'inégalités sensibles.

. . 3......   *Conchoïde :* on dit que la cassure est *conchoïde*, lorsque la surface présente une suite de cavités arrondies qui ressemblent à des empreintes de coquilles : on détermine dans cette espèce de cassure :

. . . a.   *L'étendue des cavités :* on dit alors conchoïde à *grandes cavités* ou à *petites cavités.*

. . . b.   La *perfection* plus ou moins grande de ce caractère; ainsi l'on dit : *parfaitement* ou *imparfaitement* conchoïde.

Quelques auteurs distinguent encore la cassure conchoïde d'après la profondeur des cavités, et l'on dit cassure conchoïde *profonde*, ou cassure conchoïde *applatie.*

. . 4......   *Inégale*, lorsque la surface intérieure est couverte d'inégalités anguleuses irrégulières, que l'on peut regarder comme des grains; ainsi l'on distingue, inégale à *gros grains*, à *petits grains*, à *grains fins.*

. . 5......   *Terreuse*, lorsque la surface de la cassure ressemble à de la terre desséchée.

. . 6......   *Crochue* ou *hamiforme* ; c'est la cassure propre aux métaux. Ce mot désigne les petites aspérités pointues et contournées, dont la surface de leur cassure est couverte. Le mot allemand *hakig* veut dire proprement *en forme d'hameçon*, *hamosus.*

. B...........   *La cassure fibreuse.*

On désigne par-là la ressemblance que

V. B............

quelques minéraux ont dans leur cassure avec des filamens réunis en paquets : on distingue les variétés de cette sorte de cassure par la *grosseur* (1), la *direction* (2) et la *position* (3) des fibres.

. . 1...... La *grosseur* des fibres : en général leur épaisseur n'est pas mesurable, et c'est là ce qui distingue la cassure *fibreuse* de la *rayonnée* ; néanmoins, relativement, on détermine si les fibres sont *grosses*, *minces* ou *capillaires*.

. . 2...... La *direction* des fibres : elles sont, ou *droites*, ou *courbes*.

. . 3...... La *position* des fibres : elles peuvent être, ou

. . . *a.* *Parallèles*, ou

. . . *b.* *Divergentes* : on distingue alors si elles sont en *étoiles* ou en *faisceaux*. Dans le premier cas, les fibres divergent dans tous les sens comme les rayons d'une étoile ; dans le second, elles sont réunies par leur extrémité ; ou enfin,

. . . *c.* *Entrelacées*, c'est-à-dire, se coupant dans divers sens et en plusieurs points.

. C............ *La cassure rayonnée.*

On entend par-là cette cassure qui présente, non pas des petits filamens réunis, mais des espèces de *rayons* rassemblés à côté l'un de l'autre ; ce n'est autre chose, si l'on veut, que la cassure *fibreuse* à fibres *épaisses*, c'est-à-dire, à fibres ayant une étendue

V. C.........

étendue en largeur mesurable : on pourrait peut-être l'appeler la cassure *cannelée* (*).

On détermine la *largeur* (1), la *direction* (2), la *position* (3), la *longueur* (4), des *rayons* ou *cannelures* dont cette cassure est formée.

.   . 1......   La *largeur* des rayons : ils sont *très-larges*, *larges* ou *étroits*.

.   . 2......   La *direction* des rayons : ils sont *droits* ou *courbes*.

.   . 3......   La *position* des rayons : ils sont, ou

.   .   . *a*.   *Parallèles*, ou

.   .   . *b*.   *Divergens* en *étoiles*, ou en *faisceaux*, ou

.   .   . *c*.   *Entrelacés* : ces dénominations ont la même acception que pour la cassure fibreuse. (*Voyez* plus haut V. B. 3.)

.   . 4......   La *longueur* des rayons : ils sont, ou *longs*, ou *courts*.

. D...........   La cassure *lamelleuse* ou *feuilletée* : c'est cette cassure dont la surface est unie comme celle d'une face cristallisée naturelle ; elle n'a lieu que dans les minéraux qui sont composés de lames parallèles

---

(*) Quant au mot *striée*, par lequel elle est désignée dans la traduction française de l'ouvrage de Werner, sur les caractères extérieurs, je crois qu'il ne convient point ici, le mot *striée* désignant des traces faibles qui sont plus déliées que ce qu'on entend par *fibres* ; ce qui devrait être le contraire.

Minéral. élém. Tom. I.   H

V. D...........

séparables (*); elle diffère de la *schisteuse*, en ce que les lames de celle-ci ne peuvent pas se séparer aussi facilement, et jamais sous une aussi petite épaisseur.

On détermine dans cette espèce de cassure, (1) la *grandeur* des lames, (2) leur plus ou moins de *perfection*, (3) la *direction* de la surface des lames, (4) le *sens* des lames ou *clivage*.

. . 1...... La *grandeur* des lames : c'est la grandeur de celles qu'on peut en séparer; elles sont *grandes*, *petites* ou *écailleuses*, *très-petites* ou *grenues*.

. . 2...... La *perfection* des lames : on dit que la cassure lamelleuse est :

. . . *a.* *Parfaite*, lorsque dans tous les sens on peut obtenir des lames très-nettes ;

. . . *b.* *Imparfaite*, lorsque les lames sont peu nettes et ne s'obtiennent pas très-facilement : on dit aussi *parfaitement* ou *imparfaitement* lamelleuse.

. . . *c.* *Peu déterminée* ou *douteuse* : on dit que la cassure est telle, lorsqu'il est douteux si elle est réellement lamelleuse, et que sous beaucoup de sens on n'obtient qu'une cassure compacte.

. . 3...... La *direction* de la surface des lames : elles sont :

. . . *a.* *Plattes* ou *droites ;*

. . . *b.* *Courbes :* on distingue alors lames *sphé-*

(*) Elle est surtout propre aux minéraux cristallisés.

V. D. 3. *b.*

riques, ondulées, floriformes, indéterminées.

Le mot *floriformes* indique des lames se réunissant vers un même point, comme les pétales d'une fleur.

. . 4...... Le *sens des lames* ou le *clivage* : on détermine le nombre des sens où la cassure donne des lames, et l'on dit : *clivage simple, double, triple, quadruple* et *sextuple.*

Le clivage *triple* est, ou *cubique*, ou *rhomboïdal*, ou en *prisme droit rhomboïdal.*

Le mot *clivage* est emprunté de l'art du diamantaire, dans lequel il sert à indiquer l'opération de la fente du diamant (*).

. E............ La cassure *schisteuse :* elle tient le milieu entre la cassure lamelleuse et la cassure *compacte*, et forme le passage de l'une à l'autre ; les feuillets que l'on peut en séparer, sont plus épais que les lames de la cassure lamelleuse, et ne peuvent pas, comme elles, être subdivisés de nouveau. Il n'y a d'ailleurs jamais qu'un seul sens

______

(*) Il est fâcheux que M. Werner, ayant pris pour un de ses caractères extérieurs le *sens* des *lames* ou le clivage, n'ait pas trouvé important de déterminer les angles que forment entr'elles les différentes lames que l'on peut obtenir, surtout dans les cristaux ; ce qui aurait donné plus d'exactitude aux descriptions des cristaux, et aurait évité plusieurs erreurs où sont tombés les auteurs qui ont écrit d'après lui.

V. E............

de feuillets. Cette sorte de cassure est surtout particulière à ce qu'on a nommé *roches feuilletées* ou *schistes*, tandis que la cassure *lamelleuse* est celle des minéraux cristallisés, ou du moins qui ont un commencement de cristallisation. La surface des feuillets, dans la première, a toujours moins d'éclat que celle des lames dans la seconde.

On détermine (1) l'*épaisseur*, et (2) la *direction* des feuillets.

. . 1...... L'*épaisseur* des feuillets : ils sont *épais* ou *minces*.

. . 2...... La *direction* des feuillets : ils sont

. . . *a.* *Plats* ou *droits*, c'est-à-dire, ayant une surface plane.

. . . *b.* *Courbes*, c'est-à-dire, ayant une surface courbe : ils sont alors *ondulés* ou à courbure ondulée, *indéterminés* ou à courbure indéterminée.

VI.............   *La forme des fragmens.*

C'est le sixième des caractères extérieurs particuliers des minéraux solides. On entend par-là la forme des petits éclats ou *fragmens* qui se détachent d'un minéral lorsqu'on le casse. Ils sont, ou *réguliers* (A), ou *irréguliers* (B).

. A............ Fragmens *réguliers* : ce sont ceux qui ont une forme géométrique régulière ; ils proviennent presque toujours de la rupture de substances cristallisées, et sont

VI. A....

par conséquent assez généralement le produit de la cassure lamelleuse : on les distingue, d'après leur forme, en fragmens

. . 1.   *Cubiques*, lorsque leur forme est un prisme à quatre faces, rectangulaire ;

. . 2.   *Rhomboïdaux :* Werner entend par-là, non pas seulement un véritable rhomboïde, mais aussi tout prisme à quatre faces obliquangle. On a soin de remarquer si toutes les faces ont de l'éclat, ou si quelques - unes sont mates. On désigne les faces qui ont de l'éclat par le mot *miroitantes :* ce mot, quoique peu usité dans notre langue, est le seul qui corresponde au mot allemand *spiegelnd ;* aussi l'on dit : (*a*) *toutes les faces miroitantes*, (*b*) *quatre faces miroitantes*, (*c*) *deux faces miroitantes.*

. . 3.   *Trapézoïdaux.*

. . 4.   *Tétraèdres*, ou en pyramides à trois faces.

. . 5.   *Octaèdres.*

. . 6.   *Dodécaèdres.*

. B......   *Fragmens irréguliers.*

Ce sont ceux qui n'ont point une forme géométrique : on les distingue en (1) *cunéiformes*, (2) *esquilleux*, (3) *en plaques*, (4) *indéterminés ;*

. . 1.   *Cunéiformes*, en forme de coin.

. . 2.   *Esquilleux :* ce mot désigne de petits éclats alongés, semblables à ceux qui se sont détachés d'un os fracturé, et que les chirurgiens nomment *esquilles.*

VI. B. 2.

. . 3. En *plaques* ou *orbiculaire :* le mot allemand signifie en forme de plat ou d'assiette. Ceci désigne des fragmens plats , arrondis et amincis par les bords.

. . 4. *Indéterminés :* ceci désigne des fragmens *anguleux* non réguliers. On distingue ceux à *bords très-aigus , aigus , peu aigus , obtus.*

VII........ *Les pièces séparées.*

La considération des *pièces séparées* forme le septième des caractères extérieurs particuliers des minéraux solides. Il ne s'agit pas ici de la forme des parties ou fragmens que l'on peut séparer d'un minéral, ce qui vient d'être désigné plus haut (VI), mais de ces parties que l'on observe dans un minéral entier et non brisé , et qui y paraissent séparées l'une de l'autre , quoique réellement réunies ; ainsi on dit qu'un minéral est composé de *pièces séparées ,* lorsqu'il est formé d'une réunion de parties ou de pièces dont chacune a son contour particulier, et n'est séparée des autres que par de petites fentes souvent imperceptibles , ou y est seulement appliquée.

Chacune d'elles a souvent une direction de fibres ou de lames , différente de celles qui l'avoisinent ; elles peuvent quelquefois se séparer facilement. La plupart des minéraux ne sont point formés de *pièces séparées.*

On considère , par rapport aux pièces séparées , (A) leur *forme* , (B) leur *surface* , et (C) leur *éclat.*

VII...................

. A.............. La *forme* des pièces *séparées* : elles sont (1) *grenues*, (2) *testacées* , (3) *scapiformes* ou (4) *pyramidales*.

. . 1............ *Grenues*, c'est-à-dire, semblables à des grains : on désigne la *forme* (*a*) et la *grosseur* (*b*) des grains.

. . . *a*....... La *forme* des grains : ils sont *arrondis* (a^1) ou *anguleux* (b^1).

. . . . a^1. *Arrondis*, c'est-à-dire, *sphériques* ou *lenticulaires*, ou *dactyliformes*, c'est-à-dire, en forme de doigt : on dit aussi *alongés*.

. . . . b^1. *Anguleux :* on distingue grains anguleux *ordinaires* et grains anguleux *alongés*, c'est-à-dire, ayant ou n'ayant pas à peu près les mêmes dimensions en tous sens.

. . . *b*...... La *grosseur* des grains : ils sont:

. . . . a^1. *Gros*, au-delà de $\frac{1}{2}$ pouce de grosseur.

. . . . b^1. *Assez gros*, de $\frac{1}{4}$ à $\frac{1}{2}$ pouce.

. . . . c^1. *Petits*, d'une ligne à $\frac{1}{4}$ de pouce.

. . . . a^1. *Fins*, au-dessous d'une ligne, et souvent imperceptibles.

. . 2............ *Testacées*, c'est-à-dire, applaties et ayant peu d'épaisseur : ce ne sont pour ainsi dire que des lames, mais qui sont plus distinctes et plus isolées que celles que donne la cassure lamelleuse. On observe dans les *pièces séparées testacées* leur *direction* (*a*), et leur *épaisseur* (*b*).

VII.A. 2..........

. . . *a*......   Leur *direction* : ceci s'entend de la forme de leur surface ; elles sont *plates* (a^1) ou *courbes* (b^1).

. . . . a^1.   *Plates* : on distingue si elles sont *entiérement plates* ou *en zigzag*.

. . . . b^1.   *Courbes* : on distingue si la courbure est *indéterminée* ou *réniforme*, ou enfin *concentrique*, qui peut être, ou *sphérique*, ou *conique*.

. . . *b*......   *L'épaisseur* : les parties séparées testacées peuvent être :

. . . . a^1.   *Très-épaisses*, c'est - à - dire, ayant plus d'un demi-pouce d'épaisseur.

. . . . b^1.   *Epaisses*, c'est - à - dire, plus d'un quart de pouce.

. . . . c^1.   *Minces*, c'est - à - dire, plus d'une ligne.

. . . . d^1.   *Très-minces*, c'est-à-dire, au-dessous d'une ligne.

. . 3..........   *Scapiformes*, c'est-à-dire, étant plus étendues en longueur qu'en largeur et en épaisseur; ce qui leur donne quelque ressemblance avec une baguette (*scapus*), comme l'indique le mot allemand *stanglich*.

J'aurais desiré trouver un mot français qui pût le traduire mieux que celui que j'ai emprunté du latin même de Werner (*).

(*) Le mot *colonnaire*, employé par Struve et Berthout, m'a paru donner une idée inexacte de cette sorte de *pièces séparées*, puisqu'on ne peut pas dire que le schorl noir, le

VII. A. 3...........

Les pièces séparées *scapiformes* se distinguent entr'elles par leur *direction* (*a*), leur *épaisseur* (*b*), leur forme (*c*), leur *position relative* (*d*).

. . . *a*......   Leur *direction :* elles sont, ou *droites*, ou *courbes.*

. . . *b*......   Leur *épaisseur :* elles peuvent être :

. . . . *a*¹.   *Très-épaisses* ou *prismatiques ;* ce qui indique plus de 2 pouces d'épaisseur.

. . . . *b*¹.   *Epaisses,* plus d'un quart de pouce.

. . . . *c*¹.   *Minces,* plus d'une ligne.

. . . . *a*¹.   *Très-minces,* au-dessous d'une ligne.

. . . *c*......   Leur *forme,* suivant que leur épaisseur augmente ou diminue à différentes hauteurs, ou reste la même. Elles sont :

. . . . *a*¹.   *Parfaitement* scapiformes ;

. . . . *b*¹.   *Imparfaitement* scapiformes ;

. . . . *c*¹.   *Cunéiformes* ou en forme de coin.

. . . *d*......   Leur *position relative :* les pièces séparées scapiformes peuvent être disposées de manière à être *parallèles* l'une à l'autre, ou *entrelacées.*

---

béril schorliforme, soient en pièces séparées *colonnaires :* cette expression tranche trop avec celle d'*aiguilles,* adoptée dans les ouvrages de minéralogie française, pour désigner des modifications semblables. On dit : du schorl noir *en aiguilles,* etc. Mais je n'ai pu néanmoins adopter cette expression d'*aiguilles,* parce qu'elle ne convient point à tout ce que Werner entend par le mot *stanglich* ou scapiforme. En effet, on ne peut pas dire du basalte *en aiguilles,* etc.

VII. A.....

 •   •   4.   *Pyramidales.*

 •   B...... La *surface* des pièces *séparées :* les caractères de leur surface présentent les mêmes variations que la *surface extérieure* en général des minéraux solides. (*Voyez* II.)

 °   C...... L'*éclat* des pièces *séparées :* il présente aussi les mêmes variations que l'*éclat extérieur* des minéraux solides en général. (*Voy.* III.)

VIII.........   *La transparence.*

C'est le huitième caractère extérieur particulier des minéraux solides : on dit qu'un minéral est :

 •   A...... *Diaphane ,* lorsqu'on voit distinctement les objets au travers : on détermine alors si l'image des objets est *simple* ou si elle est *double ;* ainsi l'on dit: *diaphane à simple image,* et *diaphane à double image ;* ce qui indique si un minéral possède cette propriété de doubler les objets plus connus sous le nom de *double réfraction* (*).

 •   B...... *Demi-diaphane ,* lorsqu'on voit les objets au travers , mais peu distinctement , et seulement dans les morceaux qui n'ont pas grande épaisseur.

(*) Un minéral diaphane peut avoir toute espèce de couleur. Il en est aussi qui paraissent sans couleur, et qu'on a désignés sous le nom d'incolores ; mais Werner n'admet pas cette dénomination ; il les regarde comme étant très-faiblement colorés. (*Voyez* ci-dessus , * I. B.)

VIII.....

. C. *Translucide*, lorsqu'on ne peut distinguer les objets à travers un minéral, mais qu'il donne néanmoins un peu passage à la lumière.

. D. *Translucide sur les bords*, lorsque les bords seuls, comme plus minces, donnent passage à un peu de lumière, tandis que le milieu est opaque.

. E. *Opaque*, lorsqu'on ne peut apercevoir à travers aucune clarté.

IX........ ## *La raclure.*

C'est le neuvième des caractères extérieurs particuliers des minéraux solides. On désigne par-là le caractère que présente un minéral lorsqu'il est rayé ou raclé avec la pointe d'un couteau. On distingue :

. A. La *raclure de même couleur*, lorsque la poussière qui en résulte est de même couleur que le minéral lui-même, et par opposition :

. B. *La raclure de couleur différente.*

. C. *La raclure qui donne de l'éclat*, lorsqu'un minéral mat (*Voyez* III. A. 5) *prend de l'éclat par la raclure.*

X......... ## *La tachure.*

C'est le dixième des caractères extérieurs particuliers des minéraux solides. On désigne par ce mot, les traces ou *taches* qu'un minéral laisse sur un papier sur lequel on le frotte. Tous les minéraux n'ont pas cette propriété ; aussi l'on distingue, relativement à un minéral, s'il est :

. A. *Non tachant*, ou

X...........

. B.....   *Tachant :* on détermine s'il tache *fortement*
ou *faiblement ;* on dit aussi qu'un minéral *tachant* est *écrivant* ou *non écrivant* et *salissant,*
lorsque la tachure est ou n'est pas assez nette
pour pouvoir en former des caractères d'écri-
ture.

XI.........   *La dureté.*

C'est le onzième des caractères extérieurs
particuliers des minéraux solides. On désigne
par ce mot la résistance qu'un corps oppose
lorsqu'on veut le rayer par un autre. La *dureté*
diffère de la *tenacité* (*Voyez* XIII), en ce que
celle-ci désigne au contraire la résistance de
la masse à être rompue ou cassée par un
marteau ou un choc quelconque : on distingue les différens degrés de dureté, ainsi qu'il
suit :

A.....   *Dur,* lorsqu'un minéral ne se laisse pas entamer par le couteau, et donne du feu avec
l'acier : on distingue encore parmi les minéraux
durs, ceux qui sont :

. . 1.   *Résistant à la lime* ou *extrêmement durs ;*

. . 2.   *Cédant un peu à la lime* ou *très-durs ;*

. . 3.   *Cédant à la lime* ou *assez durs.*

. B.....   *Demi-durs,* lorsqu'un minéral se laisse entamer par le couteau, quoique très-difficilement, et ne fait plus feu avec l'acier.

. C.....   *Tendre,* lorsqu'un minéral se laisse facilement entamer et tailler par le couteau, mais ne
reçoit pas l'empreinte de l'ongle.

. D.....   *Très-tendre,* lorsqu'un minéral se laisse très-

XI.   D.

aisément tailler avec le couteau , et prend
aussi facilement l'empreinte de l'ongle (*).

XII....... *La ductilité.*

C'est le douzième des caractères extérieurs
particuliers des minéraux solides. On a choisi
ce mot pour rendre le mot allemand *festigkeit*,
qui veut dire proprement *solilité*, parce que
Werner ne veut désigner proprement par ce
mot que les caractères qui tiennent à la ductilité , c'est-à-dire , à cette propriété qu'ont les
parties d'un minéral de se laisser mouvoir plus
ou moins facilement les unes sur les autres
sans se séparer. D'ailleurs on y a été autorisé
par les tableaux de Grégoire Wad, qui le traduit
en latin par *ductilitas*, et par Widenmann , qui
substitue le mot *geschmeidigkeit*, qui veut dire
proprement *ductilité*, à celui de *festigkeit* employé par Werner.

On détermine la *ductilité* ou la *non - ductilité*
d'un minéral , en disant qu'il est :

A.   *Aigre*, c'est-à-dire , nullement ductile , ou

B.   *Semi-ductile* ou *doux*, c'est-à-dire , lorsqu'il
se laisse couper sans pouvoir néanmoins s'é-
tendre , sinon très-peu.

C.   *Ductilité*, lorsqu'il se laisse étendre , soit
sous le marteau , comme les métaux , soit entre
les doigts , comme les argiles mouillées.

(*) Il s'agit ici seulement des minéraux *solides* ; et lorsqu'ils sont *très-tendres*, ils se rapprochent beaucoup des
minéraux friables. (*Voyez* * II.)

XIII...... *La tenacité.*

C'est le treizième des caractères extérieurs particuliers des minéraux solides. On entend par-là la résistance que les minéraux opposent lorsqu'on veut les rompre avec un marteau. M. Werner distingue ses différens degrés, ainsi qu'il suit : (A) *extrêmement tenace*, (B) *très - tenace*, (C) *tenace*, (D) *cassant facilement*, (E) *fragile*.

On dit aussi quelquefois *difficile à casser*, *facile à casser*, etc. (*Voyez* les exemples.)

XIV...... *La flexibilité.*

C'est le quatorzième des caractères extérieurs particuliers des minéraux solides. Ce mot désigne la propriété qu'ont quelques minéraux de se laisser plier sans se casser : on dit qu'un minéral est *flexible* (A), ou *non flexible* (B).

A.   *Flexible :* on détermine à cet égard si la flexibilité est ou non accompagnée d'élasticité, c'est-à-dire, si la partie infléchie revient ou non à sa première place ; ainsi l'on dit : (1) *élastique*, (2) *non élastique*.

B.   *Non flexible* ou *inflexible*.

XV....... *Le happement à la langue.*

C'est le quinzième des caractères extérieurs particuliers des minéraux solides. On désigne par-là cette adhésion de quelques minéraux lorsqu'on les porte sur la langue ; ce qui dépend de la rapidité avec laquelle ils absorbent

XV....... l'humidité. On distingue différens degrés de force dans le happement à la langue, et l'on dit qu'il est: (A) *très-fort*, (B) *médiocre*, (C) *faible*, (D) *très-faible*; ou qu'un minéral happe à la langue *très-fortement*, *médiocrement*, *faiblement*, etc.

XVI...... ## *Le son.*

C'est le seizième et dernier des caractères extérieurs particuliers des minéraux solides. M. Werner a voulu décrire le bruit que rendent certains minéraux lorsqu'on les frappe ou lorsqu'on veut les plier. Il n'est pas facile d'exprimer en français ces deux sortes de sons qu'il désigne, l'un par *klang*, et l'autre par *knirschen*; ils sont ici traduits, le premier par *son* proprement dit, et le second par *cri*; les exemples qui sont joints au tableau, déterminent leur acception véritable : ce caractère n'est d'ailleurs applicable qu'à un très-petit nombre de substances minérales.

** ┼ ┼. *Caractères extérieurs particuliers des minéraux friables.*

Il y en a huit espèces, savoir : (I) la *forme extérieure*, (II) l'*éclat*, (III) l'*aspect des parties*, (IV) la *tachure*, (V) la *friabilité*, (VI) le *happement à la langue*, (VII) la *raclure*, (VIII) le *son*.

I.......   *La forme extérieure.*

C'est la forme sous laquelle un minéral friable se présente ; ce qui correspond à ce qui a été désigné par la *forme extérieure commune* des minéraux solides. (*Voy.* ** I. A.) On dit de même qu'un minéral friable se trouve :

. A.   *En masse.*   } *Voy.* l'explication de ces deux ca-
. B.   *Disséminé.*   } ractères, relativement aux minéraux
                        } solides. (I. A. 1 et 2.)
. C,   *En couches* ou *croûtes superficielles* à un autre minéral.
. D.   *Spumiformes* ou en forme d'écume.
. E.   *En dendrites.*
. F.   *Réniforme* ou en forme de reins.

II......   *L'éclat.*

C'est le second des caractères extérieurs particuliers des minéraux friables. Il semble que M. Werner aurait pu regarder l'*éclat* comme un caractère universel, et qu'il n'aurait pas dû en faire un article séparé dans chacune des trois sections des caractères particuliers, puisqu'il n'admet partout que les mêmes modifications d'éclat.

II......

d'éclat. Il est replacé parmi les caractères exté-rieurs universels dans le tableau de M. Grégoire Wad.

On renvoie donc, pour les modifications de l'éclat des minéraux *friables*, à ce qui a été dit pour l'éclat des minéraux solides. (*V.* ** + III.)

III..... *L'aspect des parties.*

C'est le troisième des caractères extérieurs particuliers des minéraux friables. Werner dé-signe par - là la figure des petites parties qui proviennent de la désagrégation d'un minéral friable : on les distingue en (A) *pulvérulentes*, (B) *écailleuses*, (C) *granuleuses;* ce qui s'entend très-bien, au moyen des exemples.

IV..... *La tachure.*

C'est le quatrième des caractères extérieurs particuliers des minéraux friables. Il est appli-cable à tous, et il présente les mêmes variations que la tachure des minéraux solides. (*Voy.* ** + X.)

V...... *La friabilité.*

C'est le cinquième des caractères extérieurs particuliers des minéraux friables. On désigne par - là le plus ou moins d'adhérence de leurs parties ; ainsi l'on dit qu'un minéral friable est :

A. *Cohérent* ou *agglutiné*, lorsque toutes ses par-ties sont unies ensemble ;

B. *Incohérent* ou *pulvérulent*, lorsque ses parties ne sont point réunies et se détachent très-facile-ment l'une de l'autre.

Minéral. élém. Tome I. I

VI.   *Le happement à la langue.*

C'est le sixième des caractères extérieurs particuliers des minéraux friables. Il est assez ordinaire à ceux qui sont *cohérens*. (*Voyez* V. A.) Ses variations sont les mêmes que pour les minéraux solides. (*Voyez* ** + XV.)

VII.   *La raclure.*

Ce caractère n'est applicable qu'aux minéraux friables un peu *cohérens*. (*Voyez* ** + IX.)

VIII.   *Le son* ou plutôt *le cri.*

(*Voyez* ** + XV.)

✱✱ + + + *Caractères extérieurs particuliers des minéraux fluides.*

Il y en a trois ; savoir : l'*éclat* (I), la *transparence* (II) et la *fluidité* (III).

I.   *L'éclat.*

C'est le premier des caractères extérieurs particuliers des minéraux fluides. (*Voyez*, pour ses variations, celles de l'*éclat* des minéraux solides, ✱✱ **+** III , et la remarque faite à l'égard de l'éclat des minéraux friables, ✱✱ **+ +** II).

II.   *La transparence.*

C'est le second caractère extérieur particulier des minéraux fluides. On dit sous ce rapport, qu'un minéral est : (A) *diaphane*, (B) *trouble*, (C) *opaque*; distinctions qui trouvent leur explication dans les exemples. (*Voyez* le tableau.)

III.   *La fluidité.*

C'est le troisième caractère extérieur particulier des minéraux fluides. Cette propriété qui les caractérise et les fait distinguer d'avec les minéraux solides ou friables, peut avoir différens degrés, que l'on désigne par (A) *parfaitement fluide*, et (B) *visqueux*. (*Voyez* les exemples.)

———————

TABLEAU

DE LA

CLASSIFICATION DES MINERAUX

DU PROFESSEUR WERNER.

PREMIERE PARTIE.

Classification des minéraux simples.

PREMIÈRE CLASSE.

Noms allemands.	Noms français (*).
Erden und Steinen.	*Terres et Pierres.*

1. GENRE DIAMANT.

Diamant.	Diamant.

2. GENRE ZIRCONIEN.

Hyacinth.	Hyacinthe.
Zircon.	Zircon.

(*) Ces noms français sont ceux par lesquels on a remplacé les noms allemands dans cet ouvrage. (*Voyez* le paragraphe 19 de l'Introduction.)

3. GENRE SILICEUX.

	Chrysoberil.	Chrysobéril.
	Chrysolith.	Chrysolithe.
	Olivin.	Olivine.
	Augit.	Augite.
Famille des grenats.	Vesuvian.	Vésuvienne.
	Leucit.	Leucite.
	Melanit.	Mélanite.
	Granat.	Grenat.
	Edler granat.	Grenat noble.
	Gemeiner granat.	Grenat commun.
Famille des rubis.	Spinell.	Spinel.
	Saphir.	Saphir.
	Topas.	Topaze.
	Smaragd.	Emeraude.
	Beryll.	Béril.
Famille des schorls.	Edler beryll.	Béril noble.
	Schorlartiger beryll.	Béril schorliforme.
	Schorl.	Schorl.
	Schwarzer schorl.	Schorl noir.
	Electrischer schorl.	Schorl électrique.
	Thumerstein.	Thumerstein.
	Eisenkiesel.	Eisenkiesel.
	Quarz.	Quartz.
	Amethyst.	Améthyste.
	Bergkrystall.	Cristal de roche.
	Milch quarz.	Quartz laiteux.
	Gemeiner quarz.	Quartz commun.
	Prasem.	Prase.
Famille des quartz.	Hornstein.	Hornstein.
	Splittricher hornstein.	Hornstein écailleux.
	Muschliger hornstein.	Hornstein conchoïde.

Holzstein.	Holztein.	Famille des quartz.
Feuerstein.	Pierre à fusil.	
Chalcedon.	Calcédoine.	
Gemeiner chalcedon.	Calcédoine commune.	
Carneol.	Cornaline.	
Heliotrop.	Héliotrope.	
Plasma.	Plasma.	
Chrysopras.	Chrysoprase.	
Kieselschiefer (*).	Kieselschiefer.	
Gemeiner kieselschiefer.	Kieselschiefer commun.	
Lydischerstein.	Pierre de Lydie.	
Obsidian.	Obsidienne.	Famille des zéolithes.
Katzenauge.	Œil de chat.	
Prehnit.	Prehnite.	
Zeolith.	Zéolithe.	
Mehlzeolith.	Zéolithe farineuse.	
Fasriger zeolith.	Zéolithe fibreuse.	
Strahliger zeolith.	Zéolithe rayonnée.	
Blattriger zeolith.	Zéolithe lamelleuse.	
Würfel zeolith.	Zéolithe cubique.	
Kreutzstein.	Pierre cruciforme.	
Lazurstein.	Pierre d'azur.	
Lazulit.	Lazulite.	

4. GENRE ARGILEUX.

Reine thonerde.	Alumine pure.
Porcellanerde.	Terre à porcelaine.
Gemeiner thon.	Argile commune.
Tœpfer thon.	Argile à potier.
Verhærteter thon.	Argile endurcie.

(*) Ce nom et tous les autres, terminés par *schiefer*, et que j'ai conservés par les raisons énoncées dans l'Introduction, paragraphe 29, doivent être prononcés comme *chifre*.

Schieferthon.	Schieferthon.
Cimolit.	Cimolithe.
Jaspis.	Jaspe.
Ægyptischer jaspis.	Jaspe égyptien.
Bandjaspis.	Jaspe rubané.
Porcellanjaspis.	Jaspe porcelaine.
Gemeiner jaspis.	Jaspe commun.
Opal.	Opale.
Edler opal.	Opale noble.
Gemeiner opal.	Opale commune.
Halbopal.	Demi-opale.
Holzopal.	Opale ligniforme.
Perlstein.	Perlstein.
Pechstein.	Pechstein.
Demantspath.	Spath adamantin.
Feldspath.	Feldspath.
Dichter feldspath.	Feldspath compacte.
Gemeiner feldspath.	Feldspath commun.
Frischer.	Non décomposé.
Aufgelœseter.	Décomposé.
Adular.	Adulaire.
Labradorstein.	Pierre de Labrador.
Polierschiefer.	Polierschiefer.
Tripol.	Tripoli.
Alaunstein.	Pierre alumineuse.
Alaunerde.	Terre alumineuse.
Alaunschiefer.	Schiste alumineux.
Gemeiner alaunschiefer.	Schiste alumin. commun.
Glanzender alaunschiefer.	Schiste alumin. éclatant.
Brandschiefer.	Schiste bitumineux.
Zeichenschiefer.	Zeichenschiefer.
Wetzschiefer.	Wetzschiefer.
Thonschiefer.	Thonschiefer.

Famille des Thonschiefer.

Lepidolith.	Lepidolithe.	
Glimmer.	Mica.	
Topfstein.	Pierre ollaire.	Famille de micas.
Chlorit.	Chlorite.	
Chloriterde.	Chlorite terreuse.	
Gemeiner chlorit.	Chlorite commune.	
Blattriger chlorit.	Chlorite lamelleuse.	
Chloritschiefer.	Chlorite schisteuse.	
Hornblende.	Hornblende.	
Gemeiner hornblende.	Hornblende commune.	
Basaltische hornblende.	Hornblende basaltique.	
Labradorische hornblende.	Hornblende du Labrador.	Famille des trapps.
Hornblendschiefer.	Hornblende schisteuse.	
Basalt.	Basalte.	
Wacke.	Wacke.	
Klingstein.	Klingstein.	
Lava.	Lave.	
Bimstein.	Pierre-ponce.	
Grunerde.	Terre verte.	
Steinmark.	Lithomarge.	
Zerreibliches steinmark.	Lithomarge friable.	Famille des lithomarges.
Verhærtetes steinmark.	Lithomarge endurcie.	
Bildstein.	Bildstein.	
Bergseife.	Savon de montagne.	
Gelberde.	Terre jaune.	

5. GENRE MAGNÉSIEN.

Bol.	Bol.	Famille des pierres savoneuses.
Meerschaum.	Ecume de mer.	
Walkerde.	Terre à foulon.	
Nephrit.	Néphrite.	Famille des talcs.
Gemeiner nephrit.	Néphrite commun.	
Beilstein.	Beilstein.	

Speckstein.	Stéatite.
Serpentinstein.	Serpentine.
Gemeiner serpentinstein.	Serpentine commune.
Edler serpentinstein.	Serpentine noble.
Talk.	Talc.
Erdiger talk.	Talc terreux.
Gemeiner talk.	Talc commun.
Verhærteter talk.	Talc endurci.
Asbest.	Asbeste.
Bergkork.	Liége de montagne.
Amianth.	Amianthe.
Gemeiner asbest.	Asbeste commune.
Bergholz.	Bois de montagne.

Famille des talcs.

Cianit.	Cyanite.
Strahlstein.	Rayonnante.
Asbestartiger strahlstein.	Rayonnante asbestiforme.
Gemeiner strahlstein.	Rayonnante commune.
Glasiger strahlstein.	Rayonnante vitreuse.
Tremolith.	Trémolite.
Asbestartiger tremolith.	Trémolite asbestiforme.
Gemeiner tremolith.	Trémolite commun.
Glasiger tremolith.	Trémolite vitreuse.

6. GENRE CALCAIRE.

A. *Kohlensaure kalkgattungen.*	A. *Chaux carbonatées.*
Bergmilch.	Agaric minéral.
Kreide.	Craie.
Kalkstein.	Pierre calcaire.
Dichter kalkstein.	Pierre calc. compacte.
Gemeiner dicht. kalkst.	P. calc. c. commune.
Roogenstein.	Oolite.
Blattriger kalkstein.	Pierre calc. lamelleuse.
Kœrniger kalkstein.	Pierre calc. grenue.

Kalkspath.	Spath calcaire.
Fasriger kalkstein.	Pierre calc. fibreuse.
Erbsenstein.	Pisolite.
Schaumerde.	Ecume de terre.
Schieferspath.	Schieferspath.
Bitterspath.	Bitterspath.
Braunspath.	Braunspath.
Stinkstein.	Pierre puante.
Mergel.	Marne.
Mergelerde.	Marne terreuse.
Verhærteter mergel.	Marne endurcie.
Bituminœser mergelschiefer.	Schiste marneux bitumineux.
Arragon.	Arragonite.
B. *Phosphorsaure kalkgatt.*	B. *Chaux phosphatées.*
Apatit.	Apatite.
Spargelstein.	Pierre d'asperge.
C. *Boraxsaure kalkgattung.*	C. *Chaux boratées.*
Boracit.	Boracite.
D. *Fluss-saure kalkgattungen.*	D. *Chaux fluatée.*
Fluss.	Fluor.
Fluss erde.	Fluor terreux.
Dichter fluss.	Fluor compacte.
Flussfpath.	Spath fluor.
E. *Schwefelsaure kalkgattung.*	E. *Chaux sulfatées.*
Gyps.	Gypse.
Gypserde.	Gypse terreux.
Dichter gyps.	Gypse compacte.
Blattriger gyps.	Gypse lamelleux.
Fasriger gyps.	Gypse fibreux.
Fraueneis.	Sélénite.

7. GENRE BARITIQUE.

Witherit.	Witherite.
Schwerspath.	Spath pesant.
Schwerspatherde.	Spath pesant terreux.
Dichter schwerspath.	Spath pesant compacte.
Kœrniger schwerspath.	Spath pesant grenu.
Krummschaaliger schw.	Spath pesant lamelleux.
Geradschaaliger schwersp.	Spath pesant commun.
Frischer ger. schwersp.	— — non décomposé.
Mulmiger ger. schw.	— — décomposé.
Stangenspath.	Spath pesant en barres.
Fasriger schwerspath.	Spath pesant fibreux.
Bologneser spath.	Spath de Bologne.

8. GENRE STRONTIANIEN.

Strontianit.	Strontianite.
Cælestin.	Cælestine.

SECONDE CLASSE.

Salze.	*Sels.*

1. GENRE DES SULFATES.

Natürlicher vitriol.	Vitriol natif.
Natürlicher alaun.	Alun natif.
Haarsalz.	Sel capillaire.
Bergbutter.	Bergbutter.
Natürliches bitter salz.	Sel d'epsom natif.
Natürliches glauber salz.	Sel de glauber natif.

2. GENRE DES NITRATES.

Naturlicher salpeter.	Nitre natif.

3. GENRE DES MURIATES.

Natürliches kochsalz.	Muriate de soude natif.

Steinsalz.	Sel gemme.
Blattriges steinsalz.	Sel gemme lamelleux.
Fasriges.	Sel gemme fibreux.
Seesalz.	Sel de mer.
Natürliches salmiak.	Sel ammoniac natif.

4. GENRE DES CARBONATES.

Natürliches mineral alkali.	Alkali minéral natif.

TROISIÈME CLASSE.

Brennliche fossilien.	*Combustibles.*

1. GENRE SOUFRE.

Natürlicher schwefel.	Soufre natif.
Gemeiner natürl. schw.	Soufre natif commun.
Vulcanischer nat. schw.	Soufre natif volcanique.

2. GENRE DES BITUMES.

Bituminœses holz.	Bois bitumineux.
Steinkohle.	Charbon de terre.
Braunkohle.	Braunkohle.
Moorkohle.	Moorkohle.
Pechkohle.	Pechkohle.
Glanzkohle.	Glanzkohle.
Stangenkohle.	Stangenkohle.
Schieferkohle.	Schieferkohle.
Kennelkohle.	Kennelkohle.
Blatterkohle.	Blatterkohle.
Grobkohle.	Grobkohle.
Erdœl.	Huile minérale.
Erdpech.	Poix minérale.
Elastiches erdpech.	Poix minérale élastique.
Erdiges erdpech.	Poix minérale terreuse.
Schlackiger erdpech.	Poix minérale scoriacée.

Bernstein.	Succin.
Weisser bernstein.	Succin blanc.
Gelber bernstein.	Succin jaune.
Honigstein.	Pierre de miel.

3. GENRE GRAPHITE.

Graphit.	Graphite.
Kohlenblende.	Kohlenblende.

QUATRIÈME CLASSE.

Metalle.   *Métaux.*

1. GENRE PLATINE.

Gediegen platin.	Platine natif.

2. GENRE OR.

Gediegenes gold.	Or natif.
Goldgelbes gedieg. gold.	Or natif jaune d'or.
Messinggelbes ged. gold.	Or natif jaune laiton.
Graugelbes gedieg. gold.	Or natif jaune grisâtre.
Nagiagerz.	Or de Nagyag.
Schrifterz.	Or graphique.

3. GENRE MERCURE.

Gediegenes quecksilber.	Mercure natif.
Natürliches amalgam.	Amalgame natif.
Quecksilber hornerz.	Mercure corné.
Quecksilber lebererz.	Mercure hépatique.
Dichter quecksilber leb.	Mercure hép. compacte.
Schiefriger quecksilb. leb.	Mercure hép. schisteux.
Cinnober.	Cinnabre.
Dunkel rother cinnober.	Cinnabre commun.
Hoch rother cinnober.	Cinnabre fibreux.

4. GENRE ARGENT.

Gediegenes silber.	Argent natif.
Arseniksilber.	Argent arsenical.
Spiesglassilber.	Argent antimonial.
Wismuthisches silber.	Argent bismuthifère.
Hornerz.	Argent corné.
Gemeines hornerz.	Argent corné commun.
Erdiges hornerz.	Argent corné terreux.
Silberschwarze.	Argent noir.
Silberglaserz.	Argent vitreux.
Sprœdglaserz.	Argent vitreux aigre.
Rothgültigerz.	Argent rouge.
Dunkles rothgültig.	Argent rouge foncé.
Lichtes rothgültig.	Argent rouge clair.
Weissgültigerz.	Weissgultigerz.
Graugültigerz.	Graugultigerz.
Schwarzgültigerz.	Schwarzgultigerz.

5. GENRE CUIVRE.

Gediegenkupfer.	Cuivre natif.
Kupferglas.	Cuivre vitreux.
Dichter kupferglas.	Cuivre vitreux compacte.
Blattriger kupferglas.	Cuivre vitreux lamelleux.
Buntkupfererz.	Mine de cuivre panachée.
Kupferkies.	Pyrite cuivreuse.
Weisskupfererz.	Weisskupfererz.
Fahlerz.	Cuivre gris.
Kupferschwarze.	Cuivre noir.
Rothkupfererz.	Cuivre rouge.
Dichtes rothkupfererz.	Cuivre rouge compacte.
Blattriges rothkupfererz.	Cuivre rouge lamelleux.
Haarformiges rothkupfer.	Cuivre rouge capillaire.

Ziegelerz.	Ziegelerz.
Erdiges ziegelerz.	Ziegelerz terreux.
Verhartetes ziegelerz.	Ziegelerz endurci.
Kupferlazur.	Azur de cuivre.
Erdige kupferlazur.	Azur de cuivre terreux.
Strahlige kupferlazur.	Azur de cuivre rayonné.
Malachit.	Malachite.
Fasriger malachit.	Malachite fibreuse.
Dichter malachit.	Malachite compacte.
Kupfergrün.	Verd de cuivre.
Eisenschüssiges kupferg.	Verd de cuiv. ferrugineux.
Erdiges eisensch. kupferg.	Verd de cuiv. ferr. terreux.
Schlackiges eisensc. kupf.	Verd de cuiv. fer. scoriacé.
Olivenerz.	Olivenerz.

6. GENRE FER.

Gediegenes eisen.	Fer natif.
Schwefelkies.	Pyrite martiale.
Gemeiner schwefelk.	Pyrite commune.
Strahlkies.	Pyrite rayonnée.
Haarkies.	Pyrite capillaire.
Leberkies.	Pyrite hépatique.
Magnetkies.	Pyrite magnétique.
Magnet-eisenstein.	Fer magnétique.
Gemeiner magnet-eisenst.	Fer magnétique commun.
Eisensand.	Fer magnétiq. sabloneux.
Eisenglanz.	Fer spéculaire.
Gemeiner eisenglanz.	Fer spéculaire commun.
Dichter gemein. eisengl.	Fer sp. com. compacte.
Blattriger gem. eisengl.	Fer sp. com. lamelleux.
Eisenglimmer.	Fer micacé.
Roth-eisenstein.	Mine de fer rouge.
Rother eisenrahm.	Eisenrahm rouge.

Dichter

Dichter rotheisenstein.	Mine de fer r. compacte.
Rother glaskopf.	Hématite rouge.
Rothe eisenokker.	Ocre de fer rouge.
Braun-eisenstein.	Mine de fer brune.
Brauner eisenrahm.	Eisenrahm brun.
Dichter braun-eisenstein.	Mine de fer b. compacte.
Brauner glaskopf.	Hématite brune.
Braune eisenokker.	Ocre de fer brune.
Spath-eisenstein.	Fer spathique.
Schwarz-eisenstein.	Mine de fer noire.
Dichter schwarz-eisenst.	Mine de fer n. compacte.
Schwarzer glaskopf.	Hématite noire.
Thon-eisenstein.	Fer argileux.
Rœthel.	Crayon rouge.
Stanglicher thon-eisenst.	Fer argileux scapiforme.
Kœrniger thon-eisenstein.	Fer argileux grenu.
Gemeiner thon-eisenstein.	Fer argileux commun.
Eisenniere.	Fer réniforme.
Bohnerz.	Fer pisiforme.
Rasen-eisenstein.	Fer limoneux.
Morasterz.	Morasterz.
Sumpferz.	Sumpferz.
Wiesenerz.	Wiesenerz.
Blaue eisenerde.	Fer terreux bleu.
Grün eisenerde.	Fer terreux verd.
Schmirgel.	Emeril.

GENRE PLOMB.

Bleyglanz.	Galène.
Gemeiner bleyglanz.	Galène commune.
Bleyschweif.	Galène compacte.
Blau-bleierz.	Mine de plomb bleue.
Braun-bleierz.	Mine de plomb brune.

Minéral. élém. Tome I.   K

Schwarz-bleierz.	Mine de plomb noire.
Weiss-bleierz.	Plomb blanc.
Grun-bleierz.	Plomb vert.
Roth-bleierz.	Plomb rouge.
Gelb-bleierz.	Plomb jaune.
Natürlicher bleivitriol.	Vitriol de plomb natif.
Blei-erde.	Plomb terreux.
Zerreibliche bleierde.	Plomb terreux friable.
Feste bleierde.	Plomb terreux endurci.

8. GENRE ÉTAIN.

Zinnkies.	Etain pyriteux.
Zinnstein.	Mine d'étain commune.
Kornisch-zinnerz.	Etain grenu.

9. GENRE BISMUTH.

Gediegener wismuth.	Bismuth natif.
Wismuthglanz.	Bismuth sulfuré.
Wismuth-okker.	Ocre de bismuth.

10. GENRE ZINC.

Blende.	Blende.
Gelbe blende.	Blende jaune.
Braune blende.	Blende brune.
Schwarze blende.	Blende noire.
Galmei.	Calamine.
Dichter galmei.	Calamine compacte.
Blattriger galmei.	Calamine lamelleuse.

11. GENRE ANTIMOINE.

Gediegen spiesglas.	Antimoine natif.
Grau-spiesglas-erz.	Antimoine gris.
Dichtes grau-spiesglas-erz.	Antimoine gris compacte.

Blattriges grau-spiesg.-erz.	Antimoine gris lamelleux.
Strahliges grau-spiegl.	Antimoine gris rayonné.
Feder-erz.	Antimoine gris en plumes.
Roth-spiesglas-erz.	Antimoine rouge.
Weiss-spiesglas-erz.	Antimoine blanc.
Spiesglas-okker.	Ocre d'antimoine.

12. GENRE GOBALT.

Weisser speiskobolt.	Cobalt blanc.
Grauer speiskobolt.	Cobalt gris.
Glanz-kobolt.	Cobalt éclatant.
Schwarzer erd-kobolt.	Cobalt terreux noir.
Schwarzer kobolt-mulm.	Cobalt terr. noir friable.
Verhærterer sch. erd-kob.	Cobalt terr. noir endurci.
Brauner erd-kobolt.	Cobalt terreux brun.
Gelber erd-kobolt.	Cobalt terreux jaune.
Rother erd-kobolt.	Cobalt terreux rouge.
Kobolt-beschlag.	Cob. terr. r. pulvérulent.
Kobolt-blüthe.	Cob. terr. r. rayonné.

13. GENRE NICKEL.

Kupfernickel.	Kupfernickel.
Nickel-okker.	Ocre de nickel.

14. GENRE MANGANÈSE.

Grau-braunstein-erz.	Manganèse gris.
Strahliges grau-braunst.	Mangan. gris rayonné.
Blattriges grau-braunst.	Mangan. gris lamelleux.
Dichtes grau-braunst.	Mangan. gris compact.
Erdiges grau-braunst.	Mangan. gris terreux.
Schwarz braunstein-erz.	Manganèse noir.
Roth braunstein-erz.	Manganèse rouge.
Granatformiges braunst.	Manganèse granatiforme.

15. GENRE MOLYBDÈNE.

Wasser-blei.   Molybdène sulfuré.

16. GENRE ARSENIC.

Gediegenes arsenik.	Arsenic natif.
Arsenik-kies.	Pyrite arsenicale.
Gemeiner arsenik-kies.	Pyrite arsenic, commune.
Weisserz.	Pyrite arsenic. argentifère.
Rauschgelb.	Réalgar.
Geibes rauschgelb.	Réalgar jaune.
Rothes rauschgelb.	Réalcar rouge.
Natürlicher arsenik-kalk.	Arsenic oxidé natif.

17. GENRE SCHÉELE *ou* SCHÉELIN.

Schwerstein.	Tungstêne.
Wolfram.	Wolfram.

18. GENRE URANITE.

Pecherz.	Pecherz.
Uranglimmer.	Uranite micacé.
Uranocher.	Ocre d'uranite.

19. GENRE MENAK *ou* TITANE.

Mænakan.	Menakanite.
Nadelstein.	Nadelstein.
Nigrin.	Nigrine.

SECONDE PARTIE.

Classification des Roches.

PREMIÈRE CLASSE.

Urgebirgsarten.	*Roches primitives.*
Granit.	Granite.
Gneiss.	Gneiss.
Glimmerschiefer.	Glimmerschiefer.
Thonschiefer.	Thonschiefer.
Gemeiner thonschiefer.	Thonschiefer commun.
Kieselschiefer.	Kieselchiefer.
Wetzschiefer.	Wetzchiefer.
Chloritschiefer.	Chlorite schisteuse.
Talkschiefer.	Talkschiefer.
Sienit.	Siénite.
Gemeiner sienit.	Siénite commune.
Sienitschiefer.	Siénite schisteuse.
Porphyr.	Porphyre.
Thonporphyr.	Porphyre argileux.
Graustein.	Graustein.
Hornsteinporphyr.	Porp. à base de hornstein.
Pechsteinporphyr.	Porp. à base de pechstein.
Quarzporphyr.	Porp. à base de quartz.
Obsidianporphyr.	Porp. à base d'obsidienne.
Felspathporphyr.	Porp. à base de feldspath.
Porphyrschiefer.	Porphyrschiefer.

Quarz.	Quartz.
Urkalkstein.	Pierre calcaire primitive.
Serpentinstein.	Serpentine.
Topasfels.	Roche de topaze.

SECONDE CLASSE.

Ubergangs-gebirgsarten.	*Roches de transition.*
Ubergangs-thonschiefer.	Thonschiefer de transition.
Grauwacke.	Grauwacke.
Grauwackenschiefer.	Grauwacke schisteuse.
Ubergangs-kalkstein.	Pierre calcaire de transition.
Hornblendeschiefer.	Hornblendeschiefer.
Grünstein.	Grunstein.
Mandelstein.	Mandelstein.

TROISIÈME CLASSE.

Flœtz gebirgsarten.	*Roches stratiformes.*
Trappformation.	Formation trapéenne.
Basalt.	Basalte.
Basaltporphyr.	Porphyre basaltique.
Graustein.	Graustein.
Basaltischer mandelstein.	Mandelstein basaltique.
Wacke.	Wacke.
Basalttuf.	Tuf basaltique.
Flœtzthonschiefer.	Thonschiefer stratiforme.
Gemeiner flœtzthonschief.	Th. stratiforme commun.
Alaunschiefer.	Schiste alumineux.
Flœtzkalkstein.	Pierre calcaire stratiforme.
Dichter kalkstein.	Pierre calcaire compacte.
Roogenstein.	Oolite.
Stinkstein.	Pierre puante.

Mergel. — Marne.

Bituminœser mergelschief. — Schiste marno-bitumineux.

Sandstein. — Grès.

  Gemeiner sandstein. — Grès commun.

    Kieseliger sandstein. — Grès siliceux.

    Thoniger. — Grès argileux.

    Mergelartiger. — Grès marneux.

    Eisenschüssiger. — Grès ferrugineux.

  Breccie. — Brêche.

Steinkohle. — Charbon de terre.

  Schieferthon. — Schieferthon.

  Steinkohle. — Charbon de terre.

  Brandschiefer. — Schiste bitumineux.

Kreide. — Craie.

Gyps. — Gypse.

Steinsalz. — Sel gemme.

Eisenthon. — Fer argileux.

Letten. — Argile.

QUATRIÈME CLASSE.

Aufgeschwemmte gebirgsarten. — *Roches d'alluvion.*

Sand. — Sable.

  Grusssand. — Gravier.

  Quicksand. — Sable fin.

  Flugsand. — Sable mouvant.

Laimen. — Limon.

Gemeiner thon. — Argile commune.

Bituminœses holz. — Bois bitumineux.

Gegrabenes holz. — Bois fossile.

Alaunerde. — Terre alumineuse.

Tuffstein. — Tuf.

CINQUIÈME CLASSE.

Vulcanische gebirgsarten.	*Roches volcaniques.*
A. Æcht-vulcanische.	A. Roches volcaniques, (proprement dites.)
Lava.	Lave.
Glasige lava.	Lave vitreuse.
Dichte lava.	Lave compacte.
Locherige lava.	Lave cellulaire.
Schlackige.	Lave scoriacée.
Schwammige.	Lave spongiforme.
Bimstein.	Pierre-ponce.
Vulcanische asche.	Cendres volcaniques.
Puzzolanerde.	Pozzolane.
Vulcanischer tuf.	Tuf volcanique.
Piperino.	Piperino.
Trass.	Trass.
B. Pseudo vulcanische.	B. Roches pseudo-volcaniq.
Lava ahnliche erdschlac-ken.	Scories terreuses lavifor-mes.
Porcellan jaspis.	Jaspe porcelaine.
Halb-gebrannt thon.	Argile demi-calcinée.
Stangliger thoneisenstein.	Fer argileux scapiforme.

PREMIÈRE PARTIE
DE L'ORYCTOGNOSIE.

DES MINÉRAUX SIMPLES.

PREMIÈRE CLASSE.
TERRES ET PIERRES.

PREMIER GENRE.
LE GENRE DIAMANT (*).

ESPÈCE UNIQUE.

DEMANT ou *DIAMANT*. — LE DIAMANT.

$D_{I\,A\,M\,A\,N\,T}$, de tous les minéralogistes français.
Adamas, de Pline et de tous les auteurs latins.
Diamond, des auteurs anglais.

Caractères extérieurs.

SES couleurs les plus ordinaires sont : *le blanc grisâtre* et *le blanc jaunâtre*, *le gris de fumée* et *le*

---

(1) Voyez la fin de l'article *caractères chimiques*.

DIAMANT. *gris jaunâtre*, le *brun de gérofle*, quelquefois *le verd de serin*, qui passe au *verd-pistache* et au *verd-pomme*. On en connaît aussi qui sont, *jaune de vin* et *jaune - citron*, quelquefois *bleu de Prusse clair*, et très-rarement *rouge de rose*.

Lorsqu'il est taillé, il présente un *jeu de couleurs* très-vif et plus ou moins varié, qui le caractérise.

On le trouve quelquefois en *grains arrondis* (ce sont probablement des cristaux dont les bords sont peu aigus) ; mais le plus souvent on le trouve *cristallisé :* voici ses formes les plus ordinaires.

a. Une *pyramide à* 4 *faces, double,* ou l'*octaèdre parfait.*

b. Un *cristal à* 24 *faces,* qui provient de la forme précédente par le remplacement de chacun de ses angles, *par* 4 *faces triangulaires,* ou ce qui est la même chose, *par un pointement obtus à* 4 *faces.*

c. Un *prisme à* 6 *faces, dont chaque base est terminée par un pointement à* 3 *faces placées alternativement sur* 3 *bords latéraux,* ou *le dodécaèdre rhomboïdal.*

d. Le cristal précédent, dont *les faces latérales sont convexes, et les angles alternans sont tronqués.*

e. Une *pyramide à* 3 *faces, régulière, tronquée sur tous ses angles.*

f. Une *pyramide à* 3 *faces, double, ayant ses faces convexes, portant en outre sur chaque angle de la base commune un pointement à* 4 *faces correspon-*

dantes aux faces de la pyramide, et ayant ses deux *sommets arrondis.*

g. Un *prisme à* 4 *faces* (rhomboïdal), *portant à ses deux bases un biseau obtus, dont les faces correspondent à ses bords latéraux aigus, qui sont tronqués* (*).

La surface des diamans octaèdres est le plus souvent *lisse;* celle des diamans (forme *f.*) est *grenue,* celle des autres est un peu *rude.*

A l'extérieur, le diamant est tantôt *très-éclatant,* tantôt *éclatant,* tantôt *peu éclatant,* quelquefois seulement *brillant;* mais ces différens degrés d'éclat extérieur sont plutôt accidentels qu'essentiels.

A l'intérieur, le diamant est *très-éclatant,* surtout quand il est taillé; il a une espèce particulière d'éclat qui le caractérise et qui porte son nom.

Sa cassure est *lamelleuse droite; le sens de ses lames,* ainsi que *la forme de ses fragmens,* sont encore *peu déterminés* (**).

Il est presque toujours *diaphane,* rarement *demidiaphane,* ou seulement *translucide.* Néanmoins il n'atteint jamais le degré de transparence du cristal de roche.

(*) Ce n'est autre chose qu'un octaèdre (*a*), dont le sommet *se termine en une ligne.*

(**) Le sens des lames est quadruple, parallélement aux faces de l'octaèdre.

 Il donne une raclure *grisâtre ;* — *il est extrême-ment dur ;* — *aigre ;* — *peu difficile à casser ;* — *très-froid ;* — *médiocrement pesant ,* s'approchant du *pesant.*

WERNER.   MUSCHENBROCK.   BRISSON.
Pes. spéc.... 3,600 .... 3,518 .... 3,531.

Caractères chimiques et Parties constituantes.

La nature chimique du diamant a été depuis un siècle l'objet de beaucoup de recherches de la part des chimistes : voici le précis de toutes leurs tentatives à cet égard.

En 1695, on exposa à Florence plusieurs diamans au foyer de la lentille de Tschirnausen; ils se dissipèrent entiérement. Des expériences faites depuis à Vienne et en France par Darcet, Macquer et Lavoisier, et dans lesquelles des diamans furent violemment chauffés dans des fourneaux , donnèrent le même résultat. Les diamans furent consumés en entier , sans laisser aucun résidu.

Toutes ces expériences semblaient indiquer que le diamant était un corps combustible d'une nature particulière.

En 1795 , M. Tennant fit en Angleterre de nouveaux essais sur le diamant. Il en fit brûler dans des tubes d'or , disposés de manière à recueillir les produits aériformes qui pourraient se dégager, et il n'obtint que de l'acide carbonique , d'où il conclut que le diamant était le carbone pur.

Le citoyen Guyton de Morveau a répété depuis les expériences de M. Tennant , et en a obtenu le même résultat ; ayant chauffé en outre des diamans avec du fer, les diamans ont été consumés, et le fer a été changé DIAMANT. en acier, qui, comme on sait, est du fer uni au carbone.

Il suit de toutes ces expériences, que le diamant, étant le carbone pur, devrait être rangé dans la classe des combustibles. C'est ce qu'a fait le citoyen Haüy dans sa Minéralogie : il ne paraît pas que M. Werner ait encore suivi cette disposition ; et en attendant que la nature du diamant ait été de nouveau confirmée, il en a fait un genre à part dans la classe des pierres.

Caractères physiques.

Il est électrique par frottement (*); il brille dans l'obscurité lorsqu'il a été long-tems exposé à la lumière du soleil. (?)

Usages.

On connaît assez l'usage que les jouailliers font du diamant, et le prix considérable qu'on lui donne dans le commerce lorsqu'il est, ou sans couleur, ou au moins d'une couleur pure. Ceux qui sont troubles et trop petits pour être employés en bijoux, se vendent pour servir à la taille des autres et pour couper le verre (**).

(*) C'est une électricité *vitrée* ou *positive.*

(**) Le diamant se vend à raison de son poids, que l'on estime par karats, chaque karat faisant quatre grains. Mais quand un diamant pèse au-delà de 4 ou 5 karats, sa valeur augmente dans une proportion bien plus rapide que son poids. L'empereur de Russie en possède un qui pèse, dit-on, 779 karats, c'est-à-dire, 5 onces 3 gros 20 grains.

Localités.

On trouve le diamant dans les royaumes de
Bengale et de Golconde, aux Indes orientales.
C'est de là que proviennent la plupart des diamans du commerce ; il en vient aussi du Brésil et
du Mexique.

Gissement.

On ne connaît pas trop bien ses caractères géologiques. Il paraît qu'il se trouve en cristaux isolés
au milieu d'un sable ferrugineux, d'où on le retire
par le lavage.

SECOND GENRE.

LE GENRE ZIRCONIEN.

PREMIÈRE ESPÈCE.

ZIRKON. — LE ZIRCON.

CIRCONIUS ZEYLANICUS.

Id. Emmerl. T. 1, p. 3. — Wid. p. 233. — Lenz. T. 1, p. 125. — Mus. Lesk. p. 52.

Topazius clarus hyalinus Jargon. Wall. T. 1, p. 252. — *Jargon de Ceylan.* Deborn. T. 1, p. 77. — *Id.* Romé d. L. p. 219. — *Jargon.* Kirw. T. 1, p. 257. — *Id.* Daub. — *Id.* Lam. T. 1, p. 104. — *Giargone.* Nap. p. 105.

Zircon. Haüy.

Caractères extérieurs.

LE zircon a plusieurs variétés de couleur, qui sont : le *blanc grisâtre*, le *blanc verdâtre* et le *blanc jaunâtre* ; le *gris verdâtre*, le *gris jaunâtre*, le *gris de fumée*, le *gris de perle* et rarement le *gris bleuâtre* ; le *verd de montagne*, le *verd-olive*, le *verd de poireau*, le *verd de pré clair* ; quelquefois le *bleu violet*, le *brun jaunâtre*, le *brun rougeâtre*, et le *jaune de vin* qui passe au *brun de gérofle*.

En général cependant sa couleur varie du verd au gris.

 Ces couleurs sont communément *pâles*, rarement *vives*, et presque jamais foncées.

Lorsque cette pierre est taillée, elle imite un
peu le jeu de couleurs du diamant, surtout dans
les variétés de couleurs pâles.

On le trouve, ou en *grains arrondis*, *anguleux*,
ou *applatis*, ou en *petits fragmens anguleux*, à
bords émoussés, ou enfin *cristallisé*. La forme la
plus ordinaire des cristaux est :

a. Un *prisme à 4 faces rectangulaires*, dont chaque base porte un *pointement à 4 faces placées sur
les 4 faces latérales*, qui se *termine* quelquefois en
une ligne, mais le plus souvent en *un point*.

b. Le précédent cristal, dans lequel les *bords latéraux opposés* du prisme sont tronqués.

c. Le cristal *a*, dans lequel les *bords des faces du
pointement* sont remplacés par un *biseau*.

d. Le cristal *a*, dans lequel tous les *bords latéraux
du prisme et le sommet du pointement* sont tronqués.

e. Le cristal *a*, dans lequel les angles qui se trouvent *entre le prisme et le pointement*, sont remplacés
par un *biseau*.

f. Un *prisme à 4 faces*, ayant *deux faces opposées plus étroites* et *deux plus larges*; chacune de ses
deux bases est remplacée par un *pointement aigu à
8 faces*, se réunissant deux à deux sous un angle fort
obtus *sur les faces latérales*; et sur le premier pointement en est placé un autre encore *assez aigu*,

ayant

ayant 4 *faces*, dont les réunions correspondent aux ZIRCON. angles obtus du premier. *Il se termine en une ligne.*

g. Une *pyramide double à* 4 *faces*, dont la base commune a ses bords tronqués.

h. L'*octaèdre parfait à angle obtus* (*). Les cristaux sont *petits* et *très-petits.*

La surface des cristaux est *lisse;* celle des fragmens anguleux est *rude*, et celle des grains est *inégale.*

A l'extérieur, les fragmens et les grains sont *peu éclatans;* les cristaux sont *éclatans* et *très-éclatans.*

L'*éclat intérieur* tient le milieu entre le *très-éclatant* et l'*éclatant.*

L'éclat est celui du *diamant*, s'approchant de l'*éclat vitreux.*

La cassure est *conchoïde imparfaite* ou *conchoïde applatie.*

Les fragmens sont *indéterminés*, à *bords aigus.*

Le zircon se présente quelquefois en *pièces séparées grenues*, à *petits grains.*

Il est *diaphane*, passant au *demi-diaphane* (**).

Il est *dur* au plus haut degré.

Il est *aigre.*

(*) Quelques auteurs indiquent aussi le *prisme à* 6 *faces*, comme une forme du zircon.....?

(**) Il possède éminemment la propriété de *la double image*, d'après l'observation du citoyen Haüy.

Minéral. élém. Tome I. L

ZIRCON.

Il est *facile à casser* sous le marteau.

Il est *froid* au toucher.

WERNER. KLAPROTH. BRISSON.

Pes. spéc..... 4,7000 ...... 4,615 ...... 4,416.

Parties constituantes.

Zircone.......... 68.
Silice........... 31.50
Oxide de fer..... 0.50

} Klaproth,
T. 1, p. 219.

Caractères chimiques.

Le zircon est infusible au chalumeau, sans addi-tion. Avec le borax, il donne un verd transparent et sans couleur.

Usage.

On travaille le zircon comme pierre précieuse. Les jouailliers l'emploient surtout dans les parures de deuil.

Localités.

On le trouve à Ceylan :

On en a apporté derniérement en France, qui venait de Fridischwern en Norwège. Les zircons étaient engagés dans une roche composée de feldspath et de hornblende.

R E M A R Q U E S.

Les anciens minéralogistes avaient regardé le zircon comme une variété du diamant, parce qu'en effet c'est une des pierres qui s'en rapproche le plus par sa dureté, aussi a-t-il été nommé quelquefois *diamant jaune;* il a été depuis rangé successivement avec la topaze, le saphir, le rubis. Romé de Lisle et Werner avaient soupçonné ZIRCON. depuis long-tems qu'il différait essentiellement de toutes ces pierres. L'analyse qu'en a faite Klaproth, qui y a reconnu l'existence d'une nouvelle terre (qui en a pris le nom de *zircone*), lui a assigné sa véritable place.

M. Werner soupçonne que le zircon est d'une formation stratiforme, et qu'il pourrait bien appartenir à celle des roches trapéennes.

Voyez, relativement à cette espèce, les remarques qui terminent la suivante.

SECONDE ESPÈCE.

HYAZINTH.—L'HYACINTHE.

CIRCONIUS HYACINTHUS.

Id. Emm. T. 1, p. 22; T. 3, p. 227. — Wid. p. 254.
— Lenz, T. 1, p. 138. —Wern. P. T. 1, p. 230.
Topazius flave rubens, hyacinthus. Wall. T. 1, p. 252.
— Hyacinthe. Romé d. L. T. 2, p. 281. — *Id.* Daub. —
Id. Lam. T. 1, p. 206. — *Hyacinth.* Kirw. T. 1, p. 257.
— *Giacinto.* Nap. p. 109.
Zircon. Haüy.

Caractères extérieurs.

SA couleur ordinaire est le *rouge ponceau*, dit *rouge hyacinthe*; elle passe quelquefois au *rouge de sang*, au *jaune de vin*, au *brun jaunâtre* et au *brun de gérofle*. On la trouve quelquefois en *grains arrondis*, mais le plus souvent en *cristaux*. Ses formes sont :

 a. Un *prisme à* 4 *faces, ayant ses deux bases rem-placées par un pointement un peu aigu, à* 4 *faces pla-cées sur les latéraux du prisme.*

b. Le précédent cristal *légérement tronqué sur ses bords latéraux.*

c. La *double pyramide à* 4 *faces, ou l'octaèdre très-obtus.* Cette variété est très-rare.

d. Le *prisme à* 6 *faces, dont chaque base est ter-minée par un pointement à* 3 *faces, placées alternati-vement sur* 3 *bords latéraux.* (Les faces du pointe-ment inférieur sont placées sur les 3 autres bords.) Cette forme est le *dodécaèdre rhomboïdal.*

Les cristaux sont communément *petits* et *très-petits.*

Leur surface est *lisse.*

A l'extérieur, l'hyacinthe est *éclatante* et *très-éclatante.*

A l'intérieur, *très - éclatante :* c'est un *éclat gras.*

La cassure est *parfaitement lamelleuse, à lames droites.* Le *clivage* ou le *sens des lames* est *double* et *rectangulaire.*

Les fragmens sont *indéterminés, à bords aigus.*

Elle est *diaphane* (*), quelquefois seulement *translucide.*

(*) Elle possède, comme le zircon, la propriété *de la double image* à un très-haut degré. Haüy, J. d. M.

Elle est *dure ;* — *aigre ;* — *facile à casser* sous le marteau. HYACINTHE.

Lorsqu'elle est taillée, elle est *un peu onctueuse au toucher ;* — elle est *froide ;* — *médiocrement pesante ,* et presque *pesante.*

KLAPROTH, hyac. de Ceylan. HAUY, hyac. d'Expailly. *Pes. spéc......* 4,545 et 4,620....... 4,385.

Parties constituantes.

Hyac. de Ceylan.   Hyac. d'Expailly.

	KLAPROTH.	VAUQUELIN.	VAUQUELIN.
	(T. 2, p. 231.)	(J. d. M. n.° 26, p. 106.)	
Zircone	70	64,5	66,
Silice	25	32,	31,
Oxide de fer	0,5	2,	2,
Perte	4,5	1,5	1,
	100.	100.	100.

Caractères chimiques.

Traitée au chalumeau, l'hyacinthe perd sa couleur, mais conserve sa transparence. Elle ne se fond point, si ce n'est seulement avec le borax, qui la change en un verre blanc transparent. (VAUQUELIN.)

Usage.

Elle prend un assez beau poli, et on la met au rang des pierres précieuses ; mais elle est peu estimée.

Localités.

Le Brésil, l'île de Ceylan ; Schelkowitz près
Bilin en Bohéme ; le Ruisseau d'Expailly, près le
Puy en Velay, en France ; les environs de Pise en
Italie, etc.

REMARQUES.

1°. Il est rare d'avoir des hyacinthes d'une certaine
grosseur et très-pures. Dans le commerce, on les trouve
ordinairement mêlées avec beaucoup de rubis, de chrysolithes, de saphirs et de sables ferrugineux magnétiques.

2°. La comparaison des résultats des analyses chimiques du zircon et de l'hyacinthe, a déterminé le
citoyen Haüy à n'en faire qu'une seule espèce, sous
le nom de zircon. Cette réunion a été pleinement confirmée par les analogies qu'il a remarquées entre leurs
formes cristallines, leur double réfraction et tous leurs
autres caractères. On peut consulter le mémoire qu'il a
donné à ce sujet. *Journ. d. M.* n°. 26, p. 83.

D'après la méthode de M. Werner, le zircon et
l'hyacinthe ne devraient former que deux sous-espèces
d'une même espèce.

TROISIÈME GENRE.

LE GENRE SILICEUX.

PREMIÈRE ESPÈCE.

KRISOBERIL. — LE CHRYSOBÉRIL.

SILEX CHRYSOBERYLLUS.

Id. Emm, T. 1, p. 19; T. 3, p. 233. — Wid. p. 246.
— Lenz. T. 1, p. 136. — Mus. Lesk. p. 51.
Chrysolithus colores reflectens varios , chrysoberyllus.
Wall. T. 1, p. 256. — *Chrysolithe du Brésil.* D. B. T. 1,
p. 69. — *Crisoberillo.* Nap. p. 134. — *Chrisoberill.* Kirw.
T. 1, p. 261. — *Chrysopale.* Lam. T. 1, p. 244.
Chrysolithe opalisante ou *chatoyante. Goldberil.....*
Cymophane. Haüy.

Caractères extérieurs.

S A couleur est le *verd d'asperge ,* passant tantôt
au *blanc verdâtre* et tantôt au *verd-olive ;* quelquefois le *brun clair* et le *brun jaunâtre,* passant au *gris
jaunâtre.*

Il présente un chatoiement faible de couleur
bleuâtre et *blanc de lait.*

On le trouve en *grains anguleux* ou *arrondis* qui
paraissent avoir été roulés, et en *cristaux ,* dont
voici les formes principales.

CHRYSOBÉRIL. *a.* Une *table à 6 faces, alongée,* plus ou moins *épaisse, tronquée sur les bords terminaux.*

b. Un *prisme à* 4 *faces rectangulaires.*

c. Un *prisme à 6 faces,* dont 4 *plus larges* et *deux plus étroites, opposées.*

Les *grains* sont *un peu rudes.* Les cristaux sont *striés en longueur sur leurs faces latérales ; les autres faces sont lisses.*

A l'extérieur, les *grains* sont *très-brillans,* presqu'*un peu éclatans ;* les cristaux sont *très-éclatans.*

A l'intérieur, le *chrysobéril* est *très - éclatant ;* l'*éclat* tient le milieu entre *celui du diamant* et l'*éclat vitreux.*

Sa cassure est, dans toutes les directions, *assez parfaitement conchoïde.*

Ses fragmens sont *indéterminés, à bords aigus.*

Il est *peu diaphane,* passant au *demi-diaphane.*

Il est *dur* en un degré assez considérable.

Il tient le milieu entre le *médiocrement pesant* et le *pesant.*

	WERNER.	KLAPROTH.	HAUY.
Pés. spéc…	3,698 à 3,719…	3,710…….	3,796.

Localités.

Le Brésil, l'île de Ceylan, Nertschink en Sibérie. (?)

Caractères chimiques.

Au chalumeau, il est infusible sans addition. (LELIÈVRE.)

Parties constituantes.

Alumine........... 71,5 ⎫
Silice............. 18, ⎪
Chaux............. 6, ⎬ D'après Klaproth,
Oxide de fer........ 1,5 ⎪ T. 1, p. 102.
Perte............. 3, ⎭
—————
100.

Usages.

Le chrysobéril est quelquefois employé comme pierre précieuse, à cause de son chatoiement et de sa dureté ; mais il n'a jamais un grand prix. Il est connu dans le commerce sous le nom de *chrysolithe chatoyante, opalisante* ou *orientale.*

REMARQUE.

Le chrysobéril de Pline ne doit pas être rapporté à cette espèce.

SECONDE ESPÈCE.

CHRYSOLITH ou *KRISOLITH.* LA CHRYSOLITHE.

SILEX CHRYSOLITHUS.

Id. Emm. T. 1, p. 26. — Wid. p. 264. — Lenz. T. 1, p. 144. — Mus. Lesk. p. 55.

Chrysolithus obscurè virescens. Wall. p. 256. — *Peridot.* Daub. — *Id.* Lam. p. 250. — *Chrysolith.* Kirw. p. 262. — *Chrisolito nobile.* Nap. p. 127.

Gelblich Grüner Topas ou *Topase d'un verd jaunâtre ; Goldstein* ou *Pierre dorée*, de quelques auteurs.

Peridot. Haüy.

Caractères extérieurs.

ORDINAIREMENT elle est d'un *verd - pistache vif*, qui passe au *verd-olive*, quelquefois d'un *verd d'asperge vif* ou d'un *verd de pré clair*. Il y a des variétés assez rares, dans lesquelles la couleur *verte* a une apparence de *brun de gérofle* et presque de *rouge-cerise*.

On la trouve en *fragmens anguleux*, *à bords peu émoussés* ou *en grains arrondis*, ou enfin *en cristaux*, qui sont le plus souvent rompus, et dont les angles et les bords sont toujours un peu émoussés. Voici la forme principale qu'ils affectent.

a. Un *large prisme à 4 faces, rectangulaire*, ayant sur ses *bords latéraux* une *troncature*, quelquefois

même un *bisellement*, et ayant à sa base un *pointe-*
ment à 6 faces, dont *deux opposées sont placées sur les petites faces latérales du prisme*, les 4 autres *sont placées sur les faces des troncatures latérales*, et sont par conséquent deux à deux. Elles forment entre elles un angle plus aigu que les deux premières.

b. La forme précédente, excepté qu'il y a deux faces de plus au pointement, qui sont placées sur les faces larges du prisme, et dont chacune se trouve par conséquent entre deux de celles placées sur les faces des troncatures.

c. Les cristaux *a* et *b*, dans lesquels *le sommet du pointement est tronqué par une face convexe cylindrique*, dont la courbure va d'une des petites faces latérales opposées du pointement vers l'autre.

d. Quelques cristaux (fort rares) sont si minces, que les petites faces latérales disparaissent presqu'entiérement, tandis que les deux plus larges prennent un peu de courbure ; ce qui leur donne entiérement l'apparence d'*une table*.

Les cristaux sont, pour la plupart, d'une *grandeur moyenne*, et paraissent se trouver *implantés*.

La surface extérieure des fragmens anguleux et des cristaux roulés, est *écailleuse* ou *esquilleuse*, à *écailles fines* ; caractère qui est très-distinctif pour la chrysolite, en ce qu'on ne le remarque dans aucune autre pierre.

Les cristaux intacts, au contraire, ont leurs faces

CHRYSOLITHE. latérales les plus larges, *fortement striées en longueur,* et souvent *convexes;* les plus petites faces latérales sont *lisses.*

A l'extérieur, la chrysolithe est *très-éclatante* lorsqu'elle est bien conservée, et *très-peu éclatante* lorsqu'elle est roulée.

A l'intérieur, *fortement éclatante;* son éclat est *l'éclat vitreux.*

Sa cassure est *parfaitement conchoïde* dans toutes les directions.

Ses fragmens sont *indéterminés, à bords très-aigus.*

Elle est presque toujours *diaphane* (*).

Elle est *dure,* mais moins que le quartz; aussi peut-on la rayer facilement.

Elle est *aigre;* — *facile à casser;* — *froide au toucher;* — *médiocrement pesante* et presque *pesante.*

	WERNER.	**HAUY.**
Pes. spéc.	3,340 à 3,420	3,428.

Caractères chimiques.

Au chalumeau, la chrysolithe ne fond point sans addition, ni avec le sel microcomique; elle se fond avec le borax sans effervescence, et donne un verd transparent de couleur verdâtre. (VAUQUELIN.)

(*) On y observe la propriété de *la double image,* d'une manière très-sensible.

Parties constituantes.

	C. cristallisée.	C. taillée.	C. cristallisée.
	KLAPROTH,		VAUQUELIN,
	(T. 1, p. 107 et 110.)		(J. d. M. n°. 24, p. 43.)
Silice........	38,	39,	38,
Magnésie....	39,5	43,5	50,5
Oxide de fer.	19,	19,	9,5
Perte........	3,5		2,
	100.	101,5.	100.

Usage.

La chrysolithe a été souvent employée comme pierre précieuse, en bagues et autres bijoux ; mais elle n'est pas très-estimée, à cause de son peu de dureté. (*Voyez* les remarques.)

Localités et gissement.

Cette pierre nous vient du Levant ; mais on ignore si elle y est apportée de l'Asie ou de l'Afrique : on en trouve aussi en Bohème, aux environs de Schelkowitz, dans un *Seifenwerk* près Schüttenhofen dans le cercle de Pilsen, ainsi qu'à Turnau dans le cercle de Bunzlau.

On ne connaît pas encore trop bien le gissement de la chrysolithe ; elle se rencontre ordinairement en fragmens roulés au milieu de substances terreuses.

On en a apporté de l'île de Bourbon, qui étaient en cristaux renfermés dans une espèce de lave.

REMARQUES.

De Born (Catalogue de Raab, T. 1, p. 69) cite des chrysolithes dans une serpentine de Leutschau en Hongrie. Klaproth paraît assez porté à croire que ce sont en effet des chrysolithes ; mais elles sont trop petites et trop difficiles à séparer, pour qu'on puisse s'en assurer. La terre magnésienne, qui domine dans la chrysolithe comme dans la serpentine, semble devoir confirmer cette présomption.

Beaucoup de substances très-différentes ont reçu successivement le nom de chrysolithe.

Il paraît que la *chrysolithe jaunâtre* des anciens est notre *topaze*, et que leur *topaze verte* est au contraire notre *chrysolithe*. (*Voyez* Plin. liv. 37, ch. 8.)

Romé de Lisle et de Born ont décrit, sous ce nom, des cristaux de *pierre d'asperge :* on a aussi donné le nom de *chrysolithe du Cap* à la *préhnite du Cap.*

Mais il n'est pas toujours facile de reconnaître dans les ouvrages de minéralogie, quelle pierre est désignée sous ce nom. Il paraît que beaucoup de pierres de couleur verte ont successivement été rangées sous le nom de *chrysolithe ;* c'est tantôt un béril, un chrysobéril, un zircon, une hyacinthe, une topaze ; tantôt un quartz, un spathfluor, etc. Les jouailliers surtout ont beaucoup contribué à cette confusion.

L'olivine a été aussi désignée sous le nom de *chrysolithe des volcans,* et cette manière de la nommer était assez fondée, puisque, comme on le verra plus bas, cette pierre a en effet beaucoup d'analogie avec la chrysolithe, et que la plupart des minéralogistes français les ont déjà réunies sous une même espèce.

TROISIÈME ESPÈCE.

OLIVIN. — L'OLIVINE.

SILEX OLIVINUS.

Id. Emm. T. 1, p. 35. — Wid. p. 261. — *Gemeiner olivin.* Lenz. p. 141.

Chrysolito commune. Nap. p. 131. — *Chrysolite en grains irréguliers.* D. B. T. 1, p. 70. — *Olivine.* Laméth. T. 2, p. 278.

Peridot granuliforme. Haüy.

Chrysolithe des volcans, de plusieurs minéralogistes.

Caractères extérieurs.

SA couleur la plus ordinaire est le *verd-olive clair,* ou rarement *foncé ;* mais elle passe tantôt au *verd-pomme,* tantôt au *verd-pistache* ou au *verd de montagne,* au *verd-poireau,* au *verd-serin,* et prend aussi le *jaune de vin,* le *jaune de miel* et le *jaune-orange,* ainsi que le *brun rougeâtre* et le *noir brunâtre ;* mais toutes ces dernières variétés sont rares.

On la trouve en *morceaux arrondis,* depuis la grosseur de la tête jusqu'à celle d'un grain de millet, la plupart *implantés,* rarement *isolés, disséminés* au milieu des basaltes (*).

(*) Le citoyen Haüy a aussi trouvé l'olivine *crystallisée.* (*Voyez* ci-après les remarques.)

OLIVINE.

A l'intérieur, l'olivine varie entre l'*éclatant* et le peu *éclatant* ; c'est un *éclat vitreux* qui, dans les variétés jaunes, passe à l'*éclat gras*.

Sa cassure est plus ou moins *parfaitement conchoïde*, quelquefois *inégale*.

Ses fragmens sont *indéterminés*, à *bords* plus ou moins *aigus.*

Les morceaux, arrondis d'une certaine grosseur, sont composés de *pièces séparées grenues*, à *petits grains.*

L'olivine varie depuis le *diaphane* jusqu'au *demi-diaphane* et au *translucide.*

Elle est *dure*, mais beaucoup moins que le quartz ; — elle est *aigre* ; — *facile à casser* ; — *médiocrement pesante* et presque pesante.

	WERNER.	KLAPROTH.
Pes. spéc.	3,225	3,265.

Parties constituantes.

		Olivine de Unkel.		Olivine de Karlsberg, un peu décomp.
Klaproth. T.1,p.112 et suiv.	Silice.....	48,	à 52,	— 52,
	Magnésie..	37,	à 38,5	— 37,75
	Chaux....	0,25	à 0,25	— 0,25
	Ox. de fer.	12,5	à 12,	— 10,75
	Perte....	2,25	à	—
		100.	— 100.	— 100,62.

Caractères

Caractères chimiques.

L'olivine est infusible au feu du chalumeau sans addition : elle perd sa couleur dans l'acide nitrique, et le colore en un verd pâle.

Gissement.

L'olivine a cela de particulier, qu'elle ne se rencontre jamais (*) que dans le *basalte* proprement dit, et qu'elle ne se trouve même pas dans les autres roches appartenantes, comme le basalte, à la *formation trapéenne.* Tous les basaltes néanmoins n'en contiennent pas. Elle y est en morceaux arrondis qui paraissent avoir rempli des espaces vides préexistans ; mais ces morceaux néanmoins ne sont pas d'une origine très-postérieure à celle du basalte : ils y ont été formés par des filtrations intérieures, opinion qui est une conséquence nécessaire de celle qui attribue l'origine des basaltes à la voie humide et non aux feux volcaniques. (*Voy.* Basalte.)

L'olivine est fort sujette à se décomposer, et les cavités qu'elle laisse vides, donnent au basalte

---

(*) Cette assertion est d'Emmerling ; elle est aussi confirmée par Reuss, dans sa *Géograp. miner. de la Bohéme.* Cependant on trouve de l'olivine en très-petits fragmens disséminés, avec des augites, dans le Peperino des environs de Rome.

Minéral. élém. Tom. I. **M**

 cette forme extérieure bulleuse et poreuse qui le caractérise.

Le dernier degré de décomposition réduit l'olivine en une ochre ferrugineuse d'un brun jaunâtre.

Localités.

Elle se trouve dans la plupart des pays basaltiques, en Bohême et en Saxe, en Vivarais, dans la Hesse (Karlsberg près Cassel), sur les bords du Rhin (Unkel…), en Hongrie (Kalvarienberg près Schemnitz). Cependant on trouve en Irlande et en Angleterre, en Suède, en Norwège et en Italie, beaucoup de basaltes qui n'en contiennent pas.

REMARQUES.

Le citoyen Haüy a réuni l'olivine à la chrysolithe, sous le nom de *Peridot ;* les olivines cristallisées qu'il a observées dans des minéraux volcaniques rapportées de l'île de Bourbon, lui ont présenté les mêmes formes que la chrysolithe. Les autres caractères de ces deux pierres sont d'ailleurs assez conformes.

L'olivine lamelleuse (*Blattriger olivin*) de M. Reuss (*Min. géogr.*) est une variété d'augite, comme on peut en juger par la description des cristaux dont l'un est évidemment la forme *a* de l'augite, et l'autre rentre dans la forme *c* du même minéral.

L'olivine a été ainsi nommée par M. Werner, à cause de la couleur verd-olive qui la distingue.

QUATRIÈME ESPÈCE.

AUGIT. — L'AUGITE.

SILEX AUGITES.

Nota. Il y a cinq ans que Werner a introduit ce nom dans sa Minéralogie ; il vient ordinairement du mot *augites*, rapporté par Pline (Liv. 37, paragr. 54), sans aucune désignation particulière. Wallerius a rangé l'*augites* de Pline parmi les émeraudes, sous le nom de *Smaragdus cæruleo viridescenti colore.*

Id. Emm. T. 3, p. 241. — Lenz. T. 1, p. 143.

Schorl noir en prisme octaèdre. R. d. L. T. 2, p. 398. — *Pyroxène.* Daub. p. 11. — *Basaltine octaèdre.* Kirw. T. 1, p. 219. — *Volcanite.* Lam. T. 2, p. 327.

Pyroxène. Haüy.

Caractères extérieurs.

SA couleur est un *verd-olive* ou un *verd-poireau* très-foncé, qui au premier abord paraît d'un *verd noirâtre.*

Elle se trouve quelquefois en *fragmens arrondis* et en *grains*, mais elle est le plus souvent *cristallisée.* Ses formes sont :

a. Un *prisme à 6 faces*, dont 4 plus étroites et 2 plus larges. Les *deux bases*, qui sont *obliques*, mais *parallèles*, portent *un biseau plus ou moins*

M 2

AUGITE. *obtus, dont les faces correspondent aux bords laté-*
raux qui séparent de chaque côté deux des plus petites
faces. Ces bords latéraux sont plus ou moins fortement tronqués (*), et les bords du biseau sont aussi
quelquefois faiblement tronqués.

b. Un *prisme à 6 faces,* dont 4 sont plus larges
et deux plus étroites. Les *deux bases* portent *un bi-*
seau comme dans le cristal a ; mais les faces du biseau
correspondent aux bords latéraux entre les deux plus
larges faces. Ces bords latéraux sont toujours tronqués, et quelquefois aussi les bords du biseau.

c. Le *prisme b, dont une des bases seulement porte*
le biseau indiqué, tandis que l'autre porte un pointe-
ment à 4 faces qui correspondent aux bords laté-
raux (**).

d. Un cristal double, composé de deux cristaux
tellement appliqués l'un contre l'autre par leur face
latérale, que les faces de leur biseau réunies forment
d'un côté un angle saillant, et de l'autre un angle
rentrant.

Quelquefois plusieurs cristaux de cette espèce
sont groupés par leurs faces latérales, soit ensemble, soit avec ceux *a* et *b,* au nombre de deux et
même trois, en sorte que l'on voit à la fois d'un
même côté des pointemens de cristaux différens :

(*) Ce qui donne le prisme à 8 faces.
(**) Le sommet du pointement est quelquefois tronqué.

on en voit aussi qui sont réunis en croix sous un augite. angle droit ou oblique.

Les cristaux sont communément *petits* et *très-petits,* rarement de *moyenne grandeur.*

Ils sont pour la plupart *implantés,* rarement *isolés.*

A l'intérieur, lorsque l'augite n'est nullement altérée, sa surface est *lisse* et *brillante,* quelquefois même *un peu éclatante;* elle devient *rude* lorsqu'elle commence à se décomposer.

A l'intérieur, l'augite est *éclatante* et presque *fortement éclatante.* C'est un éclat *gras.*

Sa cassure est *parfaitement lamelleuse,* à *lames planes.*

Elle présente un clivage triple, et conséquemment les fragmens qu'on en obtient sont cubiques (*).

Elle est communément *translucide sur les bords;* rarement l'est-elle entièrement, si ce n'est dans de petits éclats minces.

Elle est *dure,* plus dure que l'olivine; elle étincèle fortement avec l'acier et raie le verre; — elle est *aigre;* — *peu difficile à casser;* — *médiocrement pesante.*

Pes. spéc. d'après M. **Reuss,** 3,182 à 3,377.

(*) Ces fragmens ne sont pas de forme cubique, mais des parallélipipèdes rhomboïdaux, sous l'angle de 92° et 88°.

Caractères chimiques.

Je ne trouve point d'indications des caractères chimiques de l'augite dans aucun auteur allemand ; mais si, comme je n'en doute point, l'augite qui vient d'être décrite, est le *pyroxène* du citoyen Haüy, voici quels sont ses caractères chimiques et ses parties constituantes.

Le *pyroxène* est difficile à fondre au chalumeau. On y réussit néanmoins, en opérant sur de petits fragmens. Il se fritte et finit par donner un émail noir.

Parties constituantes.

D'après l'analyse de Vauquelin, (Journal des Mines, n°. 39, p. 176.) il contient :

Silice.	52.00
Chaux.	13.20
Alumine.	3.33
Magnésie.	10.00
Oxide de fer.	14.66
Oxide de manganèse.	2.00
Perte.	4.81
	100.00.

La pesanteur spécifique du pyroxène est, d'après le citoyen Haüy, 3,2265.

Gissement.

L'augite se trouve dans le basalte, dans le voisinage de l'olivine et de la hornblende : on en rencontre aussi assez fréquemment dans quelques mandelsteins (*).

(*) Le citoyen Dolomieu a observé des cristaux d'augite dans une roche des Pyrénées. (J. d. Ph. 1798, p. 307.)

Localités.

L'augite est très-commune en Bohême. (Reuss. *Géogr. min. de la Bohême.*) On en trouve aussi en Hongrie, en Transilvanie, dans la vallée de Fassa en Tirol, en Italie, dans la Hesse, etc.

REMARQUES.

L'augite résiste à la décomposition plus long-tems que l'olivine, mais pas autant que la hornblende basaltique : elle se réduit en une masse argileuse d'un *verd-serin*, et non, comme l'olivine, en une ochre ferrugineuse.

Cette pierre a beaucoup de rapport, d'un côté, avec l'olivine ; de l'autre, avec la hornblende basaltique.

L'augite est, comme on le voit, regardée par les Allemands, comme étant produite par la voie humide ; et en effet, il paraît que celle-là même que l'on a observée dans des laves rejetées par les volcans d'Italie, est réellement étrangère aux productions volcaniques, et qu'elle a été rejetée par les volcans dans l'état où elle existait dans les roches dont elle faisait partie, et sans avoir subi aucune altération : c'est pour cela que le citoyen Haüy l'a nommée *pyroxène*, qui veut dire *étranger au feu*.

La pierre nommée *virescite* par le cit. de Lamétherie, T. 2, p. 321, paraît devoir être réunie à l'augite.

CINQUIÈME ESPÈCE.

VESUVIAN. — LA VÉSUVIENNE.

SILEX VESUVIANUS.

Id. Emm. T. 3, p. 314. — *Vulkanischer schorl.* Wid. p. 290. — *Hyacinthe du Vésuve.* R. d. L. T. 2, p. 291. — *Hyacinthine.* Lam. T. 2, p. 323. — *Idocrase.* Daub. p. 10.

Hyacinthe brune des volcans.
Idocrase. Haüy.

Caractères extérieurs.

SA couleur est tantôt un *jaune* passant au *brun*, qui se rapproche souvent du *verd-olive* et du *verd-poireau*; tantôt le *brun de gérofle*, le *brun de soie* ou le *brun rougeâtre*, qui se change souvent en un *rouge de chair* ou un *rouge-hyacinthe.*

On la trouve *en masse* ou *disséminée*, ou enfin le plus ordinairement *cristallisée.* Ses formes sont :

a. Un *prisme à 4 faces, rectangulaire, tronqué sur tous ses bords.* Les bords des faces de troncature et les angles des bords terminaux sont aussi souvent tronqués.

Souvent ce prisme est très-court, alors il ressemble à un cube ; souvent au contraire il est très-mince, et prend l'aspect d'une table quadrilatère.

b. Un *prisme à 4 faces, rectangulaire, tronqué sur* VÉSUVIENNE.
ses bords latéraux (ce qui donne le prisme à 8 faces),
ayant sur ses bases un pointement à 4 faces égales,
correspondantes aux faces latérales et à sommet tron-
qué. Quelquefois aussi les bords des faces du pointement et les angles des bases sont aussi fortement
tronqués.

c. Un *prisme à 6 faces,* tronqué sur tous ses
bords, et même quelquefois sur les bords des faces
de troncature. (Il est quelquefois tellement tronqué
et surtronqué , qu'il devient presque cylindrique.
(EMMERLING.) (*)

Les cristaux sont, ou de *moyenne grandeur,* ou
petits et *très-petits,* tantôt *isolés,* tantôt *groupés,*
tantôt *réunis en druses.*

La surface des faces latérales est légérement *striée*
en longueur ; les autres sont *lisses.*

A l'extérieur, la vésuvienne est *très-éclatante,*
d'un *éclat vitreux.*

A l'intérieur, elle est *éclatante* ou *peu éclatante,*
d'un *éclat gras.*

La cassure est *imparfaitement conchoïde,* et passe
à la cassure *inégale à petits grains,* souvent même à
la cassure *lamelleuse.*

Ses fragmens sont *indéterminés,* à *bords peu aigus.*

(*) Est-ce bien là une vésuvienne ? Ne serait-ce pas plutôt
une tourmaline ?

 Lorsqu'elle est en masse, elle se présente souvent en *pièces séparées, grenues, anguleuses.*

Elle est assez communément *translucide* et presque *demi-diaphane*, quelquefois cependant *seulement translucide sur les bords.*

Elle est *dure; — aigre; — facile à casser; — médiocrement pesante.*

Pes. spéc. (du Vésuve) KLAPROTH. 3,420.
HAUY . . . . 3,407.
(de Sibérie) KLAPROTH. 3,365 à 3,390.

Caractères chimiques.

Au chalumeau la vésuvienne fond sans addition, en un verd jaunâtre.

Parties constituantes.

	V. du Vésuve.	V. de Sibérie.	
Silice.	35.50 . . .	42.	
Chaux.	33.	. . . . 34.	KLAPROTH,
Alumine.	22.25 . . .	16.25.	T. 2,
Oxide de fer.	7.5 . . .	5.50.	p. 32 et 38.
Oxide de magnésie.	0.25 . . .	un atome.	
	98.50 . . .	97.75.	

Gissement.

La vésuvienne, qui se trouve auprès des volcans, doit être considérée comme une substance minérale primitive, rejetée par les volcans (EMM.) (*).

____

(*) Dolomieu a énoncé la même opinion. (*Journal des Mines*, n°. 27, p. 181.)

Elle est accompagnée ordinairement de pierre cal- caire à petits grains, de feldspath, de mica, de hornblende, de spath calcaire, de zéolithe, de grenats, etc.

Celle de Sibérie se trouve dans une stéatite d'un *gris verdâtre pâle*, mélangée quelquefois de cristaux de fer magnétique.

Localités.

Les environs du Vésuve; le Kamtschatka, où elle a été découverte en 1790, par M. Laxmann.

Usages.

A Naples, on emploie la vésuvienne comme pierre précieuse.

REMARQUES.

Cette substance a été long-tems désignée sous le nom de *chrysolithe*, d'*hyacinthe brune*, de *schorl volcanique*, etc. M. Werner en a fait une espèce particulière, en lui donnant le nom du lieu où elle se trouve.

La vésuvienne (vesuvian) de Kirwan est la leucite.

SIXIÈME ESPÈCE.

LEUZIT. — LA LEUCITE.

SILEX LEUCITES.

Id. Emm. T. 1, p. 53, et T. 3, p. 249. — Wid. p. 292. — Lenz. p. 152.

Grenat d'un blanc cristallin et grenat décoloré. R. d. L. p. 330. — *Grenat d'un blanc mat à* 24 *facettes.* D. B. T. 1, p. 436. — *Vesuvian.* Kirw. T. 1, p. 285. — *Leucit.* Lam. T. 2, p. 259. — *Leucolite.* Nap. p. 162.

Leucite. Haüy. E. *Id. J.* d. M. n°. 26, p. 177 et suiv.

Amphigène. Haüy. T.

Caractères extérieurs.

LES couleurs sont : le *blanc grisâtre,* le *blanc jaunâtre, verdâtre* ou *rougeâtre* ; le *gris jaunâtre,* le *rouge de chair* et le *rouge de tuile.*

On la trouve très-rarement *en masse* ou en *grains.* Le plus souvent elle est *cristallisée.* Sa forme ordinaire est :

a. Une *double pyramide courte à* 8 *faces opposées base à base, dont chaque sommet est remplacé par un pointement obtus, à* 4 *faces qui correspondent à* 4 *bords latéraux de la pyramide, en alternant.* (En tout 24 faces ; savoir : 16 des pyramides et 8 des pointemens : elles sont trapézoïdales.) Cette forme appartient aussi au grenat (*Voyez* grenat, forme *c.*) ;

ce qui avait fait nommer d'abord la leucite, *grenat* LEUCITE.
blanc.

Les cristaux sont presque toujours *implantés*, rarement *isolés*; du reste, tantôt *petits* ou *très-petits*, tantôt de *moyenne grandeur.*

La surface extérieure est *rude* et *matte*, ou tout au plus *faiblement brillante.*

A l'intérieur, lorsque la leucite n'a pas été altérée par le feu des volcans ou autres causes de décomposition, elle est *éclatante* ou au moins *un peu éclatante*; dans le cas contraire, elle est *matte.* L'éclat est *gras.*

La cassure est ordinairement *lamelleuse*, quelquefois *conchoïde.*

Les fragmens sont *indéterminés*, à *bords* plus ou moins *aigus.*

Elle varie depuis le *demi-diaphane* jusqu'au *translucide*, et même à l'*opaque.*

Elle est *demi-dure*, et même presque *dure*; — *aigre*; — *facile à casser*; — *médiocrement pesante* et presque *légère.*

	BRISSON.	KLAPROTH.
Pes. spéc	2,463	2,455 à 2,490.

Caractères chimiques.

Au chalumeau, elle ne fond pas sans addition. Traitée avec le borax, elle donne un verre blanc transparent.

Parties constituantes.

D'après KLAPROTH.   D'après VAUQUELIN.
Analyse moyenne, T. 2, p. 50.

Silice................... 54...................		56.
Alumine........... 24...................		20.
Potasse........... 21...................		20.
Chaux.............................		2.
Perte............. 1.................		2.
100.		100.

C'est la première substance minérale où l'analyse chimique ait reconnu la présence de la potasse.

Gissement.

La leucite se trouve dans des basaltes et dans des laves. Dans les basaltes, elle est intacte et vitreuse; dans les laves, au contraire, elle est souvent terreuse; ce qui ne provient pas toujours de décomposition, puisqu'on en trouve de semblables au milieu des laves, qui ne sont nullement altérées. Les géologues sont partagés sur la manière dont la leucite peut avoir été formée. Dolomieu prétend qu'elle a été rejetée par les volcans, telle qu'elle est, avec ses formes cristallines; d'autres minéralogistes regardent au contraire comme démontré qu'elle a cristallisé au milieu de la pâte même des laves coulantes.

Localités.

Les laves du Vésuve et les basaltes d'Italie; les

basaltes et autres roches de la Bohème : on en a leucite.
trouvé aussi dans une roche granitique aux Pyrénées, au Mexique, etc.

REMARQUES.

Cette substance minérale avait été d'abord connue
sous le nom de grenat blanc. M. Werner lui a donné le
nom de leucite, d'un mot grec qui veut dire *blanc*.

La leucite résiste à la décomposition beaucoup plus
long-tems que les laves qui la contiennent ; aussi en
trouve-t-on souvent d'isolées. La route de Rome à Fres-
cati en est toute parsemée.

La leucite est divisible parallélement aux faces d'un
dodécaèdre rhomboïdal, et en même tems parallélement
à celles d'un cube ; de là le nom d'*amphigène*, que lui
a donné depuis peu le citoyen Haüy.

SEPTIÈME ESPÈCE.

MELANIT. — LA MÉLANITE.

Nota. Cette espèce a été introduite par Werner en
minéralogie, depuis peu de tems ; elle se trouve dans le
Tableau du Dictionnaire de Reuss. Le seul traité de
minéralogie où il en soit parlé, est celui d'Emmerling.
Voici ce qu'il dit de la mélanite dans les additions qui
terminent son troisième volume.

« Nous n'avons pas encore une description exacte des
» caractères extérieurs de ce minéral. Tout ce que nous
» savons, c'est qu'il est d'un *noir parfait* ou d'un *noir bru-*
» *nâtre ;* qu'il se trouve *cristallisé* en *prismes à six faces,*

MÉLANITE.

» courts, terminés à chaque extrémité par un pointement
» obtus à trois faces placées alternativement sur trois des
» bords latéraux. Ces prismes ont quelquefois des tronca-
» tures sur tous leurs bords, ou seulement sur les bords
» latéraux.

» La mélanite a été trouvée dans le voisinage du Vé-
» suve, accompagnée de feldspath, de vésuvienne et
» de hornblende basaltique.

» M. Reuss a découvert dans les basaltes de la Bohê-
» me, quelques minéraux qui paraissent devoir être aussi
•» rapportés à cette espèce.

» La mélanite a été jusqu'ici regardée comme un gre-
» nat noir. »

On voit par cette description, et surtout par la forme
cristalline de la mélanite, qu'elle a beaucoup de rapport avec le grenat. (*Voyez* le grenat, forme *a.*)

Cette pierre vient d'être analysée derniérement par
Klaproth et par Vauquelin; voici les résultats qu'ils ont
obtenus :

	KLAPROTH.	VAUQUELIN.
Silice	40,	35.
Alumine	28,5	6.
Chaux	3,5	32.
Magnésie	10,	0. (*)
Oxide de fer	16,5	} 25.
Oxide de manganèse	0,25	
	98,75.	98.

(*) Le citoyen Vauquelin a inutilement cherché à reconnaître dans cette substance, la présence de la magnésie an-
noncée par M. Klaproth.

HUITIÈME

HUITIÈME ESPÈCE.

GRANAT.   —   LE GRENAT.

SILEX GRANATUS.

Id. Emm. T. 1, p. 43. — Wid. p. 257. — Lenz, T. 1,
p. 147. — W. P. T. 1, p. 227. — M. L. p. 57.
Granatus, Wall. T. 1, p. 262. — *Grenat,* R. d. L. T. 2,
p. 316. — *Id.* D. B. T. 1, p. 147. — Lam. p. 262. — *Garnet,*
Kirw. T. 1, p. 258. — *Granato,* Nap. p. 140.
Grenat, Haüy.

Nota. M. Werner partage le grenat en deux sous-espèces.
(*Voyez* les remarques à la fin de cet article.)

Ire. SOUS-ESPÈCE.

EDLER GRANAT. — LE GRENAT NOBLE.

Silex granatus nobilis.

Emm. T. 3, p. 246. — Lenz. T. 1, p. 147.

Caractères extérieurs.

SA couleur principale est le *rouge,* dont les variétés sont le *rouge de sang,* le *rouge-cramoisi,* le
rouge-cerise, le *rouge-hyacinthe,* etc. Elles passent
souvent de l'une à l'autre, et tirent toujours au *brun*
et au *noir.*

Minéral. élém. Tom. I.   N

GRENAT.   Il est très-rare qu'on le trouve *en masse* ou *disséminé*. Quelquefois il est *en grains, arrondis, isolés
ou implantés*, mais le plus souvent il se trouve *cristallisé*. Ses formes sont :

a. Un *prisme à 6 faces, terminé sur chacun des
deux côtés par un pointement obtus à 3 faces, qui
correspondent alternativement, à 3 des bords latéraux
d'un côté ; et de l'autre, aux 3 autres bords latéraux ;*
ce qui donne 12 faces rhomboïdales ou le *dodécaèdre rhomboïdal.*

b. Le même cristal tronqué sur tous ses bords ;
ce qui donne en tout 36 faces. Les faces des troncatures sont des hexagones alongés.

c. Une *double pyramide courte, à 8 faces opposées
base à base, dont chacun des deux sommets est remplacé par un pointement obtus à 4 faces, qui correspondent à 4 bords latéraux d'une des pyramides, en
alternant ;* (ce qui donne 24 faces trapézoïdales,
assez égales entr'elles.)

d. La forme précédente *portant 12 troncatures ;
savoir : 8 sur les 8 angles aigus alternans des deux
pointemens, et 4 sur les angles obtus de la base commune des deux pyramides,* en tout 36 faces.

e. Une *pyramide à 4 faces, double, tronquée fortement sur tous ses bords.* Cette forme est rare (*).

(*) Wiedenmann , Emmerling , Lenz, citent tous cette
forme du grenat, d'après le muséum de Leske, où elle est

La surface est un peu *inégale* dans les grains, lisse dans les cristaux, et presque toujours *striée diagonalement*.

Son éclat varie depuis le *peu éclatant* jusqu'au *très-éclatant*. C'est un éclat *vitreux*.

La cassure est plus ou moins parfaitement *conchoïde*, tantôt *inégale* ou *esquilleuse*, et devient même quelquefois *lamelleuse*.

Les fragmens sont *indéterminés*, à bords plus ou moins *aigus*.

Le grenat noble compacte est composé de *pièces séparées grenues*, faciles à détacher, ordinairement à *petits grains*, rarement à *gros grains*.

Sa transparence varie depuis le *diaphane* jusqu'au *translucide*.

Il est *dur* beaucoup plus que le quartz, et il l'est

---

rapporté, p. 59, esp. 73, comme venant de Saïda en Saxe. Mais est-ce bien véritablement un grenat? cela n'est pas impossible; ce serait alors le dodécaèdre à faces rhomboïdales, tronqué sur tous ses bords, comme dans le cristal *a*, avec suppression néanmoins des 4 faces latérales (ce que je n'ai jamais observé); cependant il manquerait encore les troncatures sur les bords de la base commune......... Cette forme est trop identique avec celle du rubis, qui d'ailleurs a souvent, avec le grenat, conformité de couleur, pour qu'on ne soupçonne pas que c'est en effet un rubis. S'il était vrai que la couleur tirât vers le noir (ce qui n'est pas indiqué), je serais porté à croire que c'est une ceylanite du citoyen Haüy...??....

GRENAT. d'autant plus, qu'il est plus pur et plus transparent; — il est *aigre* ; — *facile à casser* ; — *médiocrement pesant* et *presque pesant*.

Pes. spéc.   Grenat oriental.   Grenat de Bohême.
Klaproth......... 4,085............. 3,718.
Werner.......... 4,230............. 3,941.
Brisson.......... 4,188.

Caractères chimiques.

Au chalumeau, il se fond facilement en un émail noir.

Parties constituantes.

	Grenat de Bohême.	Gr. dit oriental.	
Silice.......	40,	35,75.	
Argile......	28,50	27,25.	D'après
Magnésie...	10,		KLAPROTH,
Chaux......	3,50.		T. 2,
Oxide de fer.	16,50	36,00.	p. 21 et 26.
Ox. de mang.	,25	,25.	
Perte.....	1,25	,75.	
	100.	100.	

Gissement et Localités.

Les grenats nobles nous viennent de la Syrie ou de la Bohême. Ils se distinguent en ce que les grenats syriens ont une couleur rouge-cramoisi, tandis que ceux de Bohême sont plutôt d'un rouge de sang. On ne connaît pas trop bien le gissement des premiers ; mais M. Reuss nous a décrit avec détail le

gissement des autres (*). Il paraît qu'ils se trou- GRENAT.
vent isolés, tantôt presqu'à la surface de la terre,
tantôt à plus ou moins de profondeur, dans une
plaine qui est un terrain d'alluvion (aufgeschwemmte), formé principalement de débris de montagnes de basalte (**), de wacke, de serpentine :
on y trouve aussi des hyacinthes, des chrysolithes,
des saphirs, des émeraudes, du quartz, du fer magnétique : il s'y rencontre des coquilles pétrifiées.
C'est au sud-ouest de la chaîne du milieu (mittelgebirge), près de Méronitz et de Trziblitz, dans
le cercle de Leutmeritz, que sont situées ces mines
de grenat : on y a établi des fabriques pour le tailler
et le polir. Il y a aussi de semblables fabriques à
Fribourg en Brisgaw (***).

Usages.

Les gros grenats sont employés comme pierres

(*) Reuss, *Orographie der Nordwestl. Mittelgeb. in Bohmen*, p. 152 et suivantes.

(**) Il est composé de basaltes en boule, en plus ou moins grande quantité : les interstices qui les séparent, sont remplis d'une wacke argileuse ou d'une marne grise, au milieu de laquelle se trouvent les grenats et les autres pierres qui les accompagnent.

(***) Je n'ai pas voulu indiquer d'autre gissement du grenat noble : il y en a pourtant d'autres indiqués par les auteurs allemands, mais ils n'expliquent pas assez clairement si c'est véritablement le grenat noble ou le grenat commun.

GRENAT. précieuses, en bracelets et en colliers : on se sert des petits pour polir ; on les emploie aussi, comme fondans, dans le traitement des mines de fer, d'autant mieux qu'ils sont toujours très-ferrugineux.

REMARQUE.

Les grenats dits *non murs* (unreife) sont des grenats qui ont peu de ténacité, et qui sont si tendres, qu'ils tombent en poussière sous les doigts. REUSS.

IIᵉ. SOUS-ESPÈCE.

GEMEINER GRANAT. — LE GRENAT COMMUN.

Id. Emm. T. 3, p, 248. — Lenz. T. 1, p. 151.

Caractères extérieurs.

SES couleurs sont le *verd-olive*, le *verd-poireau*, le *verd de montagne*, le *verd-pistache*, le *verd d'asperge*, le *brun jaunâtre*, le *brun de foie*, le *brun rougeâtre*; quelquefois le *rouge-hyacinthe*, le *rouge brunâtre*, rarement le *jaune-orange*. Les couleurs *brunes* et *vertes* sont souvent si *foncées*, qu'elles passent au *noir*.

On le trouve *en masse* et *disséminé*, tantôt *en grains implantés* et *cristallisés*. Ses formes cristallines sont les mêmes que celles du grenat noble.

Il est *éclatant* ou *peu éclatant* à l'intérieur ; c'est un *éclat gras* qui passe à l'*éclat vitreux*.

La cassure est *inégale*, à *gros grains* ou à *petits* GRENAT.
grains, quelquefois *esquilleuse*.

Les fragmens sont *indéterminés*, à *bords aigus*.

Lorsqu'il se trouve en masse, il est souvent *composé de pièces séparées grenues*, à *grains de différentes grosseurs*.

Il n'est que rarement *diaphane*, quelquefois *translucide*; le plus souvent seulement *translucide sur les bords*.

Il est *dur*, mais bien moins que le grenat noble ; — *aigre* ; — *facile à casser* ; — *médiocrement pesant* et *presque pesant*.

Caractères chimiques.

(*Voyez* ceux du grenat noble.)

Parties constituantes.

Le grenat verd d'asperge de Teufelstein, près de Schwarzenberg en Saxe (*) , contient, d'après l'analyse de Wiegleb : silice, 36,45 ; chaux, 30,83 ; oxide de fer, 28,75 ; perte, 3,97.

Le citoyen Vauquelin a aussi analysé plusieurs sortes

(*) Je soupçonne que ce grenat est la même pierre que Saussure a trouvée au Saint-Gothard , qu'il a nommée granatite ou *grenatite*, et qui est la staurotide du citoyen Haüy. Cependant la pesanteur spécifique de ce grenat est, d'après Werner, de 3,754, et celle de la staurotide, d'après le citoyen Haüy, de 32,861.

GRENAT. de grenats, dont je rapporte ici les résultats, sans décider si ce sont des grenats nobles ou des grenats communs de Werner.

		Silice.	Alum.	Chaux	Ox. de fer.	TOTAL.
Grenat noir.	Du Pic d'Ereslids, J. d. M. n. 44, P. 573 et s.	43.	16.	20.	16.	95.
Gren. rouge.		52.	20.	7.7	17.	96.97
Gren. rouge.	transparens.	36.	22.	3.	41.	102.
Gr. jaunâtre.		38.	20.	31.	10.	99.
Grenat.		39.	20.5	32.	6.5	98.
Voici aussi une analyse de grenat rapportée par Achard.		48.	30.	11.	10.	99.

Gissement et Localités.

Les grenats communs sont ordinairement disséminés au milieu des glimmerschiefer, des gneiss, des thonschiefer, des serpentines et autres roches primitives : ils y forment quelquefois des couches subordonnées, dans lesquelles ils sont mélangés avec d'autres pierres.

On trouve des grenats dans tous les pays où se rencontrent les roches qui viennent d'être désignées ; en Saxe, en Bohème, en Suisse, en France, en Italie, en Suède, etc.

M. Reuss a observé des grenats renfermés dans

des cristaux de sélénite. (*Min. géogr. de la Bohême,*   GRENAT.
T. 1, p. 374.)

Usages.

Le grenat commun est peu estimé; il est employé, comme les petits grenats nobles, pour la fonte du fer et pour polir.

Remarques sur les deux sous-espèces de grenats.

Il paraît, d'après ces descriptions, que Werner appelle *grenat commun* tout grenat opaque ou peu transparent, et ayant un faible éclat; *grenat noble* tout grenat transparent, et ayant beaucoup d'éclat, et qu'il distingue celui-ci en *grenat oriental* (c'est le grenat rouge-cramoisi vif, souvent un peu bleuâtre, de quelque lieu qu'il vienne) ; et *grenat de Bohême* (c'est le grenat rouge de sang, tirant au brun et au noir)... Il est bon d'observer aussi que les grenats nobles de Bohême se trouvent dans des terrains d'alluvion, et que les grenats communs sont au contraire disséminés dans des roches primitives..... Lenz ajoute aussi que les grenats nobles se reconnaissent en ce qu'ils sont presque toujours impurs vers le centre.

Le citoyen Haüy a démontré, par le calcul, que la forme dodécaèdre du grenat était la même que celle de l'alvéole des abeilles, et que le grand angle de chaque rhombe était de 109° 28′ 16″; ce qui, à capacité égale, donnait la plus petite surface possible.

NEUVIÈME ESPÈCE.

SPINELL.   —   LE SPINEL (*).

SILEX SPINELLUS.

Id. Emm. T. 1, p. 56, et T. 3, p. 251. — Wid. p. 251.
— Lenz, p. 159. — *Rubin,* W. Cronst. p. 92. — *Id.* M.
L. p. 60. — *Id.* W. P. p. 225. — *Rubinus.... Balassus,* et
Rubinus... Spinellus, Wall. T. 1, p. 247. — *Rubis spinelle
octaèdre,* R. d. L. T. 2, p. 224. — *Id.* D. B. T. 1, p. 63.
— *Rubis balais octaèdre,* D. B. T. 1, p. 62 et 63. — *Rubis
balais* et *rubis spinelle,* Daub. p. 5. — *Spinell* et *balass
rubis,* Kirw. T. 1, p. 253. — *Rubis,* Lam. p. 224. —
Rubino spinello, Nap. p. 118.

Rubis, Haüy E; *Spinelle,* Haüy T.

Caractères extérieurs.

S A couleur principale, et la plus ordinaire, est
le *rouge,* dont les nuances sont le *rouge-carmin,* le

(*) Les auteurs allemands ne sont point tout-à-fait d'accord sur les substances minérales, qu'ils désignent sous les
noms de *spinelle de rubin* et de *saphir.* Karsten et Lenz comprennent le rubis oriental et le saphir sous le nom de *rubin,*
mais comme deux sous-espèces distinctes. Ils font du *spinell*
une espèce particulière ; c'est notre rubis ordinaire. Estner
au contraire désigne par *rubin,* non-seulement le rubis ordinaire, mais aussi le rubis oriental, qui néanmoins a les mêmes
formes que le saphir ; il conserve le nom et l'espèce de *saphir.*
Emmerling et Wiedenmann décrivent le rubis sous le nom de

rouge-hyacinthe, le *rouge-cochenille*, le *rouge-cerise*, SPINEL.
le *rouge de sang* et le *rouge de rose*. Ces couleurs sont
plus ou moins pures, communément un peu sales.
On a cité aussi des spinels *bleu d'indigo*; d'autres,
verd-poireau; d'autres, *blanc rougeâtre*; d'autres,
jaune-orange (*). Quelques variétés présentent à
leur surface les couleurs de l'opale.

On le trouve, ou *en fragmens émoussés*, ou *en
grains arrondis*, ou enfin *cristallisé*. Ses formes
sont :

a. Une *pyramide double à 4 faces, parfaite* (l'octaèdre).

Souvent l'octaèdre est alongé en un sens, de manière que
deux sommets opposés se terminent en une ligne. C'est cette
forme qu'on a désignée quelquefois comme un prisme rhom-

---

spinell, et le rubis oriental, ainsi que le saphir, sous le nom
de *saphir*. Cette opinion, la seule exacte, est confirmée par
Reuss, dans le Tableau minéralogique de son Vocabulaire,
qu'il donne comme venant de Werner; aussi l'ai-je suivie
entiérement, puisque d'ailleurs elle s'accorde si parfaitement avec l'observation des formes cristallines et avec les
nomenclatures minéralogiques françaises. J'ai adopté les descriptions des formes que donne Wiedenmann, en ce que je les
ai jugées plus simples et plus d'accord avec celles que nous
connaissons. Il m'a paru qu'Emmerling les avait considérées
d'une manière moins naturelle et moins intelligible. En
outre, je ne puis reconnaître le spinel dans ses cristaux 6,
7, 8 et 9, mais plutôt une tourmaline.

(*) Était-ce bien de vrais spinels?

SPINEL. boïdal, terminé des deux côtés par un biseau. C'est l'octaèdre cunéiforme du citoyen Haüy.

b. Le cristal précédent, *tronqué sur tous ses bords*
ou seulement sur ceux de la base commune des deux
pyramides.

c. Un cristal double, composé de deux octaèdres
a, souvent applatis et tabuliformes, et tellement
réunis ensemble par une de leurs faces les plus larges, que la réunion de deux de leurs autres faces
latérales forment sur les côtés 3 angles saillans et 3
angles rentrans en alternant.

Nota. Les variations dont l'octaèdre est susceptible par
l'alongement plus ou moins grand de quelques-unes de ses
faces relativement aux autres, a fait introduire par Emmerling et quelques autres auteurs, beaucoup de variétés de
formes qui toutes sont comprises dans les trois qui viennent
d'être décrites : si elles semblent en différer, cela ne provient
que de ce qu'on les a considérées autrement.

Les faces des octaèdres sont *lisses*, les faces de
troncature sont *striées* en longueur.

A l'intérieur comme à l'extérieur, le spinel est
très-éclatant, excepté ceux en grains, qui sont *peu
éclatans* : l'éclat est celui du *verre.*

La cassure est *conchoïde* en travers, mais *lamelleuse en longueur* (*).

Les fragmens sont *indéterminés*, presque en forme de *plaques.*

(*) C'est-à-dire, parallèlement aux faces de l'octaèdre.

Le spinel est quelquefois *diaphane* , plus souvent ꜱᴘɪɴᴇʟ.
demi-diaphane, ou seulement *translucide*.

Il est *très-dur* à un très-haut degré (*) ; — *très-*
froid au toucher ; — *médiocrement pesant* et *presque*
pesant.

	KLAPROTH.	HAUY.
Pes. spéc.	3,570	3,645.

Caractères chimiques.

Au chalumeau, le spinel est infusible et inaltérable sans addition : il se fond avec le borax, sans
bouillonnement.

Parties constituantes.

D'après KLAPROTH. T. 2, p. 10.		D'après VAUQUELIN. J. d. M. n°. 38, p. 89.	
Alumine.	74.50		
Silice.	15.50	Alumine.	82.47
Magnésie.	8.25	Magnésie.	8.78
Oxide de fer.	1.50	Acide chromique (**)	6.18
Chaux.	0.75	Perte.	2.57
	100.50		100.

Usages.

Le spinel ou le rubis est employé comme pierre
précieuse ; il est même très-estimé lorsqu'il est d'une

(*) Il se laisse cependant rayer par le saphir.

(**) Le chrome est un nouveau métal découvert pour
la première fois par Vauquelin, dans le plomb rouge de
Sibérie.

SPINEL. certaine grosseur. Dutens dit que quand il passe 6 karats, il est plus précieux qu'un diamant. Mais tout ceci doit probablement s'entendre du *rubis oriental*, qui, pour les minéralogistes, est un vrai saphir rouge.

Gissement et Localités.

On ne connaît pas trop le gissement du spinel : il nous vient des Indes orientales, du royaume de Pégu et de l'île de Ceylan.

REMARQUES.

Le spinel dont il s'agit ici, est proprement le *rubis* de quelques minéralogistes français : leur *rubis spinel* est le *spinel rouge-écarlate*, et leur *rubis-balais* est le *spinel-rose pâle*. Il a été substitué à celui de *rubis*, parce que celui-ci est sujet à beaucoup de confusion, étant donné indistinctement par les bijoutiers à des pierres rouges souvent d'espèce très-différente ; par exemple, les *rubis du Brésil* ne sont pas des spinels, mais des tourmalines ou des topazes qu'on a exposées au feu. Les *rubis de Hongrie* ou *de Bohême* sont des grenats nobles.

On a donné le nom d'*almandine* à des spinels d'un rouge de cochenille passant au violet. Ceux d'un rouge jaunâtre ont été nommés *rubicelle*.

Le nom de *carfunkel* ou *carbunkel* a servi à désigner des spinels d'un rouge-ponceau.

DIXIÈME ESPÈCE.

SAPHIR. — LE SAPHIR.

SAPHIRUS.

Id. Emm. T. 1, p. 67 ; et T. 3, p. 251. — Wid. p. 248. — W. P. 96. — M. L. p. 63. — *Saphir* et *Æchter rubin*, Lenz, p. 153 et 156. — *Saphirus*, Wall. T. 1, p. 248 ; *rubinus orientalis*, ibid. p. 247 ; *topazius orientalis*, ibid. p. 251. — *Rubis d'Orient*, R. d. L. T. 2, p. 212. — *Saphir*, D. B. T. 1, p. 65. — *Pierre orientale*, Daub. — *Oriental ruby*, *saphir* et *topas*. — Kirw. T. 1, p. 250. — *Saphir*, Lam. p. 220. — *Zaffiro* et *rubin-zaffiro*, Nap. p. 113 et 121. *Télésie*, Haüy.

Caractères extérieurs.

SA couleur principale est le *bleu*, qui varie entre le *bleu de Prusse* et le *bleu d'indigo* (c'est le saphir oriental des joailliers). Il passe aussi au *bleu violet foncé* (c'est l'améthyste orientale), ainsi qu'au *blanc bleuâtre* (luchsaphir).

Il y a aussi des saphirs *rouge*, *cramoisi*, *jaune* et *verd-pré clair*. Ce sont ces variétés de saphirs qui ont porté les noms de *rubis topaze* et *émeraude orientale* (*Voyez* les remarques).

On trouve des saphirs qui réunissent deux ou trois de ces couleurs, tantôt par bandes (*), tantôt

____

(*) Ce caractère a beaucoup servi à reconnaître que

saphir. par couches concentriques. Quelques saphirs ont un chatoiement très-vif et très-marqué (katzen-saphir *ou* saphir de chat). D'autres présentent dans leur intérieur une étoile à six rayons, dont le centre change en faisant varier la position de la pierre (Asterie saphir de Saussure. *Voyage*, T. 4, p. 70). Le saphir bleu foncé a été aussi nommé *saphir mâle*, et le saphir bleu clair *saphir femelle*.

On trouve le saphir *en fragmens* ou *en grains arrondis*, quelquefois néanmoins *cristallisé*. Ses formes sont :

a. Un *petit prisme à 6 faces*.

b. Une *pyramide à 6 faces, très-aiguë, double;* les deux pyramides *opposées base à base*.

c. Le même cristal avec le *sommet tronqué*.

d. Une *pyramide à 6 faces, aiguë, double ;* les deux pyramides *opposées base à base*. (Elles sont moins aiguës que celles de la forme *b*.)

La surface des cristaux est *lisse*, souvent *striée en travers*.

A l'extérieur, le saphir est *éclatant* ou *peu éclatant*, et même souvent seulement *brillant;* à l'intérieur au contraire, il est *fortement éclatant ;* c'est l'éclat du *verre*.

La cassure est en général *parfaitement conchoïde:*

___

toutes pierres dites orientales étaient une même espèce. (*Voyez* les remarques.)

quelques

quelques saphirs néanmoins ont une *cassure lamel-* SAPHIR.
leuse peu déterminée (perpendiculairement à l'axe
des cristaux).

Les fragmens sont *indéterminés , à bords aigus.*

Il est communément *diaphane* ou *demi-diaphane :*
quelquefois cependant il n'est que *translucide.*

Il est *dur* en un très-haut degré ; — *froid* au
toucher ; — *pesant.*

Pes. *spéc* BRISSON, (S. du Puy) 4,076. (S. orient.)
3,991. WERNER, 4,000 à 4,100. HAUY, 3,994 à 4,283.

Caractères chimiques.

Le saphir, traité au chalumeau sans addition, est
infusible ; il se fond avec le borax sans effervescence.

Parties constituantes.

D'après KLAPROTH, T. 1 , p. 88.   BERGMANN.

Silice.		35,
Alumine. 98,5		58,
Chaux. 0,5		5,
Oxide de fer... 1, ...		2,
	100.	100.

Usages.

Le saphir est, après le diamant, la pierre la plus
recherchée, comme pierre précieuse, puisque c'est
elle qui fournit la plupart des pierres que l'on a
appelées *pierres orientales.* (*Voyez* les remarques.)

Minéral. élém. Tome I.   O

Gissement et localités.

On ne connaît pas le gissement véritable des saphirs. Ils ont été trouvés jusqu'ici hors de place, dans des sables, des ruisseaux ou dans des terrains, de transport, avec des zircons, du fer magnétique, etc. comme en Bohême, auprès de Méronitz et de Bilin, dans les mines de grenat (*Voyez* l'article grenat) ; et en France, au ruisseau d'Expailly, près le Puy en Velay. Les plus beaux saphirs nous sont apportés des Indes orientales ; ils viennent du royaume de Pégu, de l'île de Ceylan.

R E M A R Q U E S.

Le mot *saphir* vient du grec σάπφειρος. Cependant il ne paraît pas que la pierre que les Grecs désignaient sous ce nom, soit la même que notre *saphir*.

Le *saphir bleu* est celui qui, depuis très-long-tems, est connu sous le nom de *saphir* par les minéralogistes et les joailliers. Sa couleur bleue était le principal caractère qu'on y observait : de là il est arrivé que beaucoup d'autres pierres bleues ont été aussi nommées *saphirs*. Cependant comme le vrai *saphir* était plus dur que tous les autres, et avait un éclat beaucoup plus vif, il était plus recherché, et on le distinguait des autres pierres bleues nommées aussi *saphirs*, en l'appelant *saphir oriental*, parce qu'en effet il venait de l'Orient.

La même distinction a eu lieu relativement à beaucoup d'autres pierres précieuses ; les jaunes étaient nommées *τοπαζος* ; les rouges, *rubis*, etc. ; mais on estimait davantage celles qui avaient plus de dureté, plus d'éclat ; et

comme elles venaient aussi de l'Orient , on les distin- SAPHIR.
guait des autres pierres de même couleur , sous les noms
de *topaze orientale* , *rubis oriental* , etc.

Cette épithète d'*orientale* a été aussi donnée à toutes
les pierres précieuses que leur transparence , leur éclat
et leur dureté faisaient distinguer de toutes les autres
de même couleur , quoique ces pierres ne vinssent pas
toujours de l'Orient ; ainsi l'on a eu l'*agathe orientale* ,
le *jade oriental* , etc. le mot *oriental* n'étant alors que
l'indice d'une plus grande perfection.

On a reconnu depuis qu'une seule pierre diversement
colorée fournissait la plupart de ces pierres dites orientales , et principalement les *saphir* , *rubis* et *topaze orientales*. M. Werner et beaucoup de minéralogistes ont
conservé à cette pierre le nom de *saphir* , parce que le
bleu , qui est la couleur du saphir , est plus ordinaire à
cette pierre que les autres couleurs.

Le citoyen Haüy (J. d. Ph. 1793 , T. 2 , p. 142) avait
réuni toutes ces pierres dites *orientales* , sous le nom
générique d'*orientale* ; il a depuis préféré le nom de
télésie , qui veut dire *parfaite*. (J. d. M. n° 16 , p. 256)

Le *girasol oriental* de Brisson paraît n'être qu'un saphir
bleu et jaune , chatoyant comme l'opale.

Le *grenat oriental* paraît être un véritable grenat , et
il ne paraît pas que ce nom ait jamais été donné à
aucun saphir.

ONZIÈME ESPÈCE.

TOPAS.   —   LA TOPAZE.

SILEX TOPAZIUS.

Id. Emm. T. 1, p. 73. — Wid. p. 267. — Lenz, p. 160.
— M. L. p. 65. — W. Cronst, p. 97. — W. P. p. 225.
Topazius octaedricus prismaticus, Wall. T. 1, p. 251 (*).
— *Topaze du Brésil*, R. d. L. T. 2, p. 230. — *Topaze de
Saxe, ibid.* p. 260. — *Id.* D. B. T. 1, p. 74. — *Topaze du
Brésil, de Saxe et de Sibérie*, Lam. T. 2, p. 235, 240 et
243. — *Occidental topas*, Kirw. T. 1, p. 254. — *Topazio*,
Nap. p. 136.

Topaze, Haüy.

Caractères extérieurs.

S A couleur la plus commune est le *jaune de vin*,
plus ou moins foncé, qui tantôt passe au *blanc de
lait*, au *blanc jaunâtre*, au *blanc bleuâtre* et au *bleu
de ciel pâle*; tantôt au *rouge de rose*, au *rouge fleur
de pêcher*, au *gris verdâtre* (**).

On la trouve tantôt *en masse*, tantôt *disséminée*, tantôt en *fragmens à bords émoussés* ou en
morceaux roulés, tantôt (ce qui est le plus ordinaire) *cristallisée*. Ses formes sont:

a. Un *prisme à 4 faces, rhomboïdal, portant sur*

(*) La plupart de ses autres topazes sont des pierres différentes.

(**) La topaze d'un *blanc de lait*, et presque sans couleur, est celle *de Sibérie*; celle *du Brésil* est *jaune foncé*;
celle *de Saxe* est *jaune pâle*. (*Voyez* les remarques.)

sa base un pointement à 4 *faces, qui correspondent* TOPAZE.
aux 4 *faces latérales.*

b. La même forme, *ayant de plus deux bords latéraux* (ceux qui sont aigus), *remplacés par un biseau,* et en outre *les bords entre le pointement et le prisme fortement tronqués.*

c. Un *prisme à* 4 *faces, rhomboïdal, terminé par un pointement à* 8 *faces.*

d. Le *prisme a, portant sur sa base un biseau, dont les faces correspondent aux deux bords latéraux, aigus, opposés; les angles terminaux, qui correspondent aux bords latéraux obtus, sont aussi tronqués ou plus souvent remplacés par un biseau.*

e. Un *prisme à* 8 *faces,* ou plutôt *le prisme a, à* 4 *faces, rhomboïdal,* dont chaque *face latérale* est *remplacée* par *un biseau très-obtus* (ce qui donne 8 faces); *les bords terminaux sont remplacés par une troncature* ou (le plus souvent) *par un bisellement,* et les deux angles *terminaux opposés, correspondans aux bords latéraux aigus, sont fortement tronqués.* (Quelquefois en outre, les 3 angles des 2 faces de cette dernière troncature sont fortement tronqués.) (*)

____

(*) J'ai adopté la description des formes, donnée par Widenmann, à très-peu de différence près. Emmerling m'a paru moins facile à entendre : il cite deux variétés qui sont des *cristaux doubles,* dont la première n'est qu'une réunion de deux cristaux semblables, latéralement accolés, et la seconde ne me paraît pas convenir à la topaze. Ce sont deux

TOPAZE. Les cristaux sont *de moyenne grandeur* ou *petits ;* *leurs faces latérales* sont quelquefois *convexes , cilindriques.*

La surface des faces latérales des prismes est *striée en longueur ;* celle des autres faces est *lisse.*

Les cristaux sont *très-éclatans* à l'intérieur et à l'extérieur ; rarement *peu éclatans ;* c'est *l'éclat du verre.*

La cassure *en travers* est *parfaitement lamelleuse, à lames droites ;* celle *en longueur* est *conchoïde.*

Les fragmens sont *indéterminés ,* quelquefois en *plaques.*

La topaze en masse se présente en *pièces séparées , grenues ,* à *gros grains* ou à *petits grains.*

Elle est le plus souvent *diaphane ,* quelquefois *demi-diaphane* et même *translucide* (*).

Elle est *dure* plus que le cristal de roche, moins que le spinel ; — *très-froide au toucher ;* — *médiocrement pesante.*

---

pyramides à 3 faces, tronquées sur leurs bords latéraux (ce qui fait 6 faces latérales) et sur les bords de leur base. Ils sont accolés par leurs bases ainsi tronquées , ce qui donne 3 angles rentrans.

Cette forme me paraît n'être qu'une manière de considérer la forme *c* du spinel , ou du moins la forme *c* un peu modifiée. Emmerling lui-même l'a décrite de cette manière (p. 60 , spinell , forme 16) ; ses deux descriptions sont presque littéralement conformes.

(*) La topaze possède la propriété de donner *une double image.* Haüy, J. d. M. n°. 18 , p. 287.

Pes. spéc. ....3,464 à 3,556...... 3,531 à 3,564.

Caractères chimiques.

Traitée au chalumeau sans addition, elle est infusible ; elle se fond avec le borax sans bouillonnement. La topaze du Brésil, chauffée dans un creuset, prend une couleur rouge de rose ; c'est ce que les joailliers appellent *rubis du Brésil.* La topaze de Saxe blanchit entiérement.

Parties constituantes.

Silice. . . , ... 31 ⎫ D'après Vauquelin,
Alumine. . . . . . 68 ⎬ J. d. M. n°. 24, p. 4.
Perte . . . . 1 ⎪ C'est la topaze blanche de
‾‾‾‾ ⎪ Saxe qu'il a analysée.
100 ⎭

Caractères physiques.

Les topazes du Brésil et de Sibérie sont électriques par la chaleur ; elles donnent d'un côté l'électricité vitrée, et de l'autre l'électricité résineuse. (Hauy, J. d. M. n°. 28.) Wiedenmann, p. 271, a observé ce fait sur des topazes de Mucla en Asie-Mineure.

Gissement et localités.

On trouve des topazes en Saxe, à Schneckenstein, Altenberg, Zinnwald, Eibenstock, Erenfriedersdorf, Geier ; en Bohême, à Schlackenwald, Heinrichsgrun ; en Sibérie, dans les monts Urals ; dans l'Asie-Mineure, etc.

La topaze paraît entrer dans la composition de

ᴛᴏᴘᴀᴢᴇ. certaines roches primitives : on en trouve dans le granit, près de Zinnwald ; dans le Erzgebirge en Saxe, mêlé avec de la mine d'étain. Les topazes de Schneckenstein en Saxe forment une roche particulière, qui est désignée par les Allemands sous le nom de *topasfels*. (*Voyez* topasfels, roches primitives). La topaze y est mêlée avec du quartz, du schorl noir, du mica, de la lithomarge ; les topazes de Schlakkenwald, en Bohême, sont mêlées de cristaux, d'étain et de mispikel. Celles de Sibérie proviennent de montagnes granitiques ; elles sont mélangées de béril, de quartz et de grenat. Les gissemens de celles du Brésil et de l'Asie-Mineure sont peu connus.

Usages.

Les topazes sont employées quelquefois comme pierre précieuse dans des bijoux, mais elles ont très-peu de prix. Les topazes dites *orientales*, qui sont de vrais saphirs (*Voyez* saphir), sont seules assez estimées.

R E M A R Q U E S.

La couleur jaune étant la plus ordinaire à la topaze, on a fait quelquefois passer sous ce nom plusieurs pierres très-différentes, à raison de leur couleur jaune : tels sont le saphir jaune, nommé *topaze orientale* ; le cristal de roche jaune, nommé *topaze de Bohême* ; la chrysolithe, etc. ; et réciproquement les variétés de topazes, dans lesquelles la couleur jaune n'était pas bien pro-

noncée, ont été rangées avec d'autres gemmes, et dé- TOPAZE.
signées par d'autres noms , l'*aiguemarine orientale* de
Brisson , le *saphir du Brésil* de Romé Delisle, la *chrisolite de Saxe* du même , les *rubis du Brésil* et la plupart
des *chrysolites* des joailliers , la *rubicelle* ou *rubacelle* de
quelques auteurs , sont des topazes.

DOUZIÈME ESPÈCE.

SMARAGD ou *SCHMARAGD*. — L'ÉMERAUDE.

SILEX SMARAGDUS.

Id. Emm. T. 1 , p. 80. — Wid. p. 271. — M. L. p. 69.
— W. Cronst. p. 102.

Gemma pellucidissima...Smaragdus, Wall. T. 1 , p. 253.
— *Emeraude du Pérou,* R. d. L. T. 2 , p. 245. — *Emeraude,*
D. B. T. 1 , p. 66. — *Id.* Daub. — *Id.* Lam. T. 2, p. 227.
— *Emerald,* Kirw. T. 1 , p. 247. — *Smeraldo,* N. p. p. 122.

Emeraude, Haüy. E. p. 257. — *Emeraude verte,* Haüy. T.

Caractères extérieurs.

S A couleur est un *verd* pur sans mélange d'autre
couleur, qui, à cause de la nuance qui lui est particulière, a reçu le nom de *verd d'émeraude;* ce
verd est plus ou moins *foncé,* et passe quelquefois au *verd de pré.*

L'émeraude se trouve ou *en morceaux roulés* ou
cristallisée. Ses formes sont :

a. Un *prisme* (régulier) *à 6 faces.*

1°. *Parfait;* — 2°. *tronqué sur ses bords latéraux;* — 3°. *tronqué sur ses bords terminaux;* —

ÉMERAUDE. 4°. *tronqué sur ses angles terminaux ;* — 5°. *portant un biseau sur ses bords terminaux.*

Plusieurs de ces modifications sont souvent réunies ensemble dans le même cristal (*).

Les cristaux sont de *moyenne grandeur* ou *petits.*

La surface des cristaux est *lisse* et *éclatante.*

A l'intérieur, l'émeraude est aussi *éclatante* et même *très-éclatante ;* c'est l'éclat du verre.

La cassure est *conchoïde* ou *inégale ;* elle est aussi quelquefois *lamelleuse* en *travers.*

Les fragmens sont *indéterminés , à bords aigus.*

L'émeraude est assez communément *diaphane ,* ou au moins *demi-diaphane :* il y a cependant des variétés qui ne sont que *translucides* (**).

Elle est *dure* un peu plus que le quartz ; — elle est *froide* au toucher ; — *médiocrement pesante.*

Pes. spéc. BRISSON, 2,775.

Caractères chimiques.

Elle est fusible au chalumeau , en verre blanc un peu écumant , mais difficilement ; elle se fond sans bouillonnement avec le borax.

(*) La variété 4 d'Emmerling est un cristal double qui me paraît évidemment être la forme *c* du rubis, les deux descriptions étant presqu'identiques ; du moins je ne vois pas comment on peut rapporter cette forme à celles connues de l'émeraude.

(**) L'émeraude a la propriété de *la double image.* (Haüy.) Kirwan l'a aussi observé, T. 1, p. 247.

Parties constituantes.

VAUQUELIN, J. d. M. n°. 38, p. 98.		KLAPROTH.	
Silice	64.50	Silice	69.
Alumine	16.	Alumine	15.
Glucine (*)	13.	Glucine	12.50
Oxide de chrome	3.25	Oxide de chrome	0.25
Chaux	1.60	Chaux	0.25
Eau	2.	Oxide de fer	1.
	100.35		97.90

Klaproth a, comme on le voit, confirmé l'analyse faite par Vauquelin. Il avait obtenu auparavant 66,25 de silice, 31,25 d'argile et 0,5 d'oxide de fer. T. 2, p. 15.

Usages.

L'émeraude est employée comme pierre précieuse : elle est fort estimée quand elle est pure; mais il est rare d'en rencontrer qui soient sans taches, et en même tems d'un certain volume.

Gissement et localités.

Les émeraudes nous viennent principalement du Pérou, où elles se trouvent en grande quantité : on en a rapporté aussi de l'Egypte et de l'Éthiopie.

Le citoyen Dolomieu a trouvé dans un granit de l'Elbe, une émeraude parfaitement diaphane et sans couleur.

(*) *Voyez* ci-après à l'article *Béril* et son analyse.

REMARQUE.

C'est à tort que l'on a attribué à l'émeraude la propriété de devenir phosphorescente lorsqu'elle a été chauffée ; il paraît que l'on avait pris un spathfluor verd pour une émeraude.

Voyez en outre les remarques sur le *béril noble*.

TREIZIÈME ESPÈCE.

### BERIL.	—	LE BÉRIL.

SILEX BERILLUS.

Werner partage l'espèce béril en **deux sous-espèces**, le *béril noble* et le *béril schorliforme*.

Ire. SOUS-ESPÈCE.

EDLER BERIL. — LE BÉRIL NOBLE.

Silex berillus nobilis.

Id. Emm. p. 85. — Wid. p. 274. — Lenz, T. 1 , p. 168. — M. L. p. 70. — W. Cronst. p. 100. — *Gemeiner berill*, W. P. p. 230.

Smaragdus. . . . Aquamarina et *Smaragdus. . . . Berillus*, Wall. T. 1 , p. 254. — *Aiguemarine de Sibérie*, R. d. L. T. 2 , p. 252. — *Aiguemarine*, D. B. T. 1 , p. 71. — *Id.* Daub. — *Id.* Lam. T. 2 , p. 232. — *Beryll*, Kirw. p. 248. — *Berillo* , Nap. p. 125. — *Béril* , Haüy. E. p. 257. — *Emeraude verd bleuâtre* et *Emer. jaunâtre* , Haüy. T.

Caractères extérieurs.

SA couleur ordinaire est le *verd de montagne*,

mais il prend souvent d'autres teintes de verd, bésil.
telles que le *verd d'asperge*, le *verd-céladon*, le
verd-pomme. Il passe souvent au *bleu de ciel* clair,
au *bleu d'azur* : il y a aussi des *bérils jaunes* ; ils
varient entre le *jaune de paille* et le *jaune de miel*.

On le trouve très-rarement *en masse*, quelquefois en *fragmens arrondis*, mais le plus souvent
cristallisé. Sa forme est :

a. Un *prisme à 6 faces* (régulier), qui présente
les altérations suivantes : 1°. *parfait* ; — 2°. *tron-*
qué plus ou moins sur ses bords latéraux ; — 3°. *tron-*
qué sur ses bords terminaux. (Lorsque cette troncà-
ture est forte, le cristal semble avoir un pointement
obtus à 6 faces).

On trouve des cristaux de tous les degrés de
grandeur.

Les faces latérales sont fortement *striées en lon-*
gueur ; ce qui arrondit souvent les prismes et
leur donne une forme cylindrique.

A l'extérieur, le béril est *éclatant*, passant au *peu*
éclatant ; à l'intérieur, il est *éclatant* et presque
très-éclatant ; c'est l'éclat *du verre.*

La cassure est *conchoïde*, souvent même *lamel-*
leuse, indéterminée. Les indices de lames que l'on
y observe font présumer qu'il doit avoir un *clivage*
quadruple ou quatre sens de lames ; savoir : trois
parallèlement aux faces latérales, et la quatrième
parallèle aux bases.

BÉRIL.   Les fragmens sont *indéterminés, à bords aigus.*

Il est souvent *diaphane;* quelquefois cependant il n'est que *demi-diaphane* ou même *translucide* (*).

Il est *dur* presqu'autant que la topaze; — il est *aigre;* — *froid au toucher;* — *médiocrement pesant.*

	BRISSON.	WERNER.
Pes. spéc...	2,683 à 2,722....	26,500 à 27,590.

Caractères chimiques.

Traité au chalumeau sans addition, il est fusible, quoique difficilement; il donne un verre blanc à peine translucide, un peu écumant (DOLOMIEU).

Parties constituantes.

D'après VAUQUELIN, J. d. M. n°. 43, p. 563.		M. ROSE.
Silice	68.	69.
Alumine. . . .	15.	14.
Glucine	14.	14.
Chaux.	2.	0.
Oxide de fer. .	1.	1.
	100.	98.

Cette terre nouvelle, découverte pour la première fois dans le béril, a été retrouvée depuis dans l'émeraude par Vauquelin; il lui a donné le nom de *glucine,* de γλυκυς, doux, à cause de la saveur douce de la plupart des sels qu'elle forme avec les acides.

(*) Il possède, quoique faiblement, la propriété de *la double image,* d'après l'observation du citoyen Haüy, J. d. M. 3ᵉ. année, p. 686.

Caractères physiques.

Le béril est très-électrique par le frottement.

Gissement et localités.

Les bérils nous sont apportés des Indes orientales : il en vient aussi du Brésil ; les plus beaux proviennent de la Daourie, sur les frontières de la Chine. Il en vient aussi de la Sibérie, mais ils sont moins purs ; ils sont communément accompagnés de quartz en masse, de feldspath, de grenats, de tourmalines, de mica, de spathfluor, etc. Il paraît qu'ils se trouvent dans les filons des montagnes primitives, plutôt que dans des roches mêmes. Ceux qu'on trouve isolés au milieu de terrains de transport, ont été détachés de leur lieu natal. On a trouvé aussi des bérils à Johann-Georgenstadt en Saxe.

Usages.

Le béril est employé comme pierre précieuse ; néanmoins il a peu de valeur, soit en raison de ce qu'il est plus commun, soit comme étant une des pierres précieuses les moins dures et les moins éclatantes.

REMARQUE.

Le *béril noble* de Werner ou l'ancienne *aiguemarine*, a été réuni depuis peu à l'émeraude par le citoyen Haüy, d'après la conformité parfaite de leur structure cristal-

BÉRIL. line et l'identité que Vauquelin a démontrée dans la proportion comme dans la nature de leurs parties constituantes.

IIe. SOUS-ESPÈCE.

SCHŒRLARTIGER BERIL. — LE BÉRIL SCHORLIFORME.

Silex berillus schorlaceus.

Id. Emm. T. 1, p. 92. — Wid. p. 276. — Lenz, T. 1, p. 173. — W. P. T. 1, p. 231. — *Stangenstein*, M. L. p. 79. — *Weisser stangenschœrl*, W. Cronst p. 169.

Schorl blanc prismatique, R. d. L. T. 2, p. 420. — *Leucolite*, Lam. T. 2, p. 274. — *Shorlite*, Kirwan, T. 1, p. 286. — *Sorlo bianco*, Nap. p. 152.

Leucolite, Haüy. E. p. 283. — *Pycnite*, Haüy. T.

Caractères extérieurs.

SA couleur principale est le *blanc jaunâtre* ou *verdâtre*, qui passe quelquefois au *jaune de soufre*, au *blanc rougeâtre* et au *rouge de chair*.

(On le trouve communément *cristallisé*, ou plutôt en pièces alongées, mélangé avec d'autres substances ; car la cristallisation est rarement bien déterminée). La forme est un *prisme à 6 faces, tronqué sur les bords terminaux.*

A l'intérieur comme à l'extérieur, le béril schorliforme varie entre l'*éclatant* et le *peu éclatant* ; c'est un éclat entre l'*éclat vitreux* et l'*éclat gras.*

La cassure est *imparfaitement lamelleuse.*

Les

Les fragmens sont *indéterminés, à bords peu aigus.* **bĖRIL.**

Lorsqu'il n'est pas cristallisé, il se présente en *pièces séparées, scapiformes, droites* et *minces, striées en longueur.*

Il varie entre le *dur* et le *demi-dur;* — il est *facile à casser;* — *froid au toucher;* — *médiocrement pesant.*

Pes. spéc. KLAPROTH, 3,530. HAUY, 3,514.

Caractères chimiques.

Traité au chalumeau, le béril schorliforme est entiérement infusible sans addition.

Parties constituantes.

KLAPROTH, ann. crell. 1788, T. 1, p. 390.	VAUQUELIN.
	Silice . . . . . . 36.8.
Silice . . . . 50.	Alumine . . . . 52.6.
Alumine . . . . . . 50.	Chaux . . . . . 3.3.
	Eau . . . . 1.5.
100.	94.2.

Gissement et localités.

On a trouvé le béril schorliforme, pour la première fois, à Altenberg en Saxe; aussi l'avait-on nommé schorl blanc d'Altenberg. Il s'y rencontre dans une couche assez puissante, dans laquelle il est mélangé avec du quartz blanc grisâtre et du mica gris noirâtre. M. Flurl en a aussi trouvé à

Minéral. élém. Tom. I.   P

BÉRIL. Rabenstein en Bavière (*), dans un granit en décomposition; il est plus nettement cristallisé que
celui d'Altenberg; les sommets ont des pointemens
à 6 faces. (Est-ce bien le béril schorliforme ?)

QUATORZIÈME ESPÈCE.

SCHŒRL.   —   LE SCHORL.

SILEX SCORLUS.

CETTE espèce se partage en deux sous-espèces.
(*Voyez* les remarques.)

Iʳᵉ. SOUS-ESPÈCE.

SCHWARZER SCHORL. — LE SCHORL NOIR.

Silex scorlus niger.

Id. Emm. T. 1, p. 95. — M. L. p. 74. — W. P. p. 231.
— *Schwarzer stangenschorl,* Wid. p. 279. — *Id.* Lenz, T. 1,
p. 174. — Une partie des *basaltes cristallisatus,* Wall, T. 1,
p. 333. — *Schorl cristallisé,* D. B. T. 1, p. 162. — *Shorl,*
Kirw. T. 1, p. 265. — *Sorlo nero,* Nap. p. 146. — *Tourma-*
line , Lam. T. 2, p. 295.
Tourmaline noire , Haüy.

Caractères extérieurs.

SA couleur est toujours le *noir parfait* ou le *noir*
grisâtre.

(*) Description de la Bavière, p. 252.

On le trouve tantôt en *masse*, tantôt *dissé-*
miné, tantôt *cristallisé*; ce qui est le plus ordinaire. Ses formes sont :

a. Un *prisme à 3 faces*, *dont les bords latéraux
sont ou tronqués ou remplacés par un biseau*. (Il a
presque toujours son sommet rompu : on en voit
cependant qui sont terminés par un pointement,
comme il suit).

b. Le même prisme, *ayant son sommet terminé*
par un *pointement obtus à 3 faces* correspondantes
aux bords latéraux.

1°. Les troncatures et bisellemens des bords latéraux
présentent des variations dans la grandeur des faces, qui
donnent des prismes à 6 et à 9 faces.
2°. Souvent les faces latérales du prisme à 3 faces sont
convexes.

La surface des faces latérales est *fortement striée
en longueur*.

A l'extérieur comme à l'intérieur, il varie entre
l'*éclatant* et le *peu éclatant*; c'est un éclat entre
celui *du verre* et l'*éclat gras*.

Le cassure est *conchoïde*, et tire à la *cassure
inégale*. (La cassure en travers est quelquefois convexe d'un côté, et concave de l'autre).

Le schorl noir en masse se présente en *pièces
séparées, scapiformes, minces* et *droites, parallèles*
ou *entrelacées, en étoiles* ou en *faisceaux*. *Les faces*

 des pièces séparées sont striées en longueur (*). On trouve aussi du schorl noir en *pièces séparées grenues.*

Les fragmens sont *indéterminés, à bords un peu aigus.*

Il est communément *opaque*, rarement *translucide* dans quelques cristaux minces; — il donne une raclure d'un *gris clair;* — il est *dur,* un peu moins que le quartz; — il est *froid au toucher;* — *médiocrement pesant.*

Pes. *spéc.* BRISSON, 3,092, 3,086, 3,054.

Caractères chimiques.

Traité au chalumeau sans addition, il se fond en bouillonnant, et se convertit en un émail d'un blanc-grisâtre.

Parties constituantes.

Silice . . . . 33,33.	
Alumine. . . . . 40,83.	
Fer . . . . 20,41.	WIEGLEB.
Manganèse . . . . 3,33.	
97,90.	

Caractères physiques.

Le schorl noir est *électrique* par la chaleur. Il présente d'un côté l'électricité dite *positive*, et de

---

(*) Ces pièces séparées sont un commencement de cristallisation.

l'autre l'électricité dite négative. Widenmann ajoute SCHORL.
que quand il commence à se refroidir, la nature
des électricités change tout-à-fait, et que le côté
positif devient négatif, et *vice versâ*.

Gissement et localités.

Le schorl noir se trouve communément dans les
granits, les gneiss et autres roches primitives. On
l'a rencontré dans des filons d'étain et de mine
de fer; il fait partie de la roche dite *topasfels* de
Schneckenstein en Saxe. On en trouve en beaucoup
d'endroits de la Saxe, de la Bavière, en Suisse, en
Espagne, dans le Zillerthal, en Hongrie, etc.

I Iᵉ. SOUS-ESPÈCE.

ELEKTRISCHER SCHŒRL. — LE SCHORL ÉLECTRIQUE.

Silex scorlus electricus.

Id. Emm. T. 1, p. 100. — W. P. p. 233. — *Brasilia-
nischer turmalin*, Wid. p. 284. — *Turmalin*, M. L p. 77.
— *Electrischer stangenschorl*, Lenz, p. 178.

Zeolites . . . Electricus turmalin, Wall. T 1, p. 329. —
Schorl transparent rhomboïdal, dit *Tourmaline* et *Periaot*, R.
d. L. T. 2, p. 344. — *Schorl cristallisé transparent électrique*, D. B T. 1, p. 169. — *Tourmalin*, Kirw. T. 1,
p. 271. — *Id.* Lam. T. 2, p. 295. — *Sorlo brasiliano*, Nap.
p. 150.

Tourmalines vertes et bleues, Haüy.

Caractères extérieurs.

SA couleur principale est le *verd*, qui varie entre

SCHORL. le *verd-olive foncé*, le *verd-pistache*, le *verd de pré* et le *verd-poireau*. Il passe tantôt au *brun de soie*, au *brun jaunâtre* et au *rouge d'hyacinthe*, et tantôt au *bleu d'indigo* et au *bleu de ciel*. (Ces dernières variétés sont rares.) Toutes ces couleurs sont très-foncées, et souvent au point qu'au premier coup-d'œil on les croit noires (*).

On le trouve *en masse*, quelquefois *en grains*, mais le plus souvent et presque toujours *cristallisé*. Ses formes sont :

a. Un *prisme à 3 faces* (régulier), *dont les bords latéraux sont ou tronqués, ou remplacés par un biseau.*

b. Un *prisme à 3 faces* (régulier); *les faces latérales sont convexes. Chacun des deux sommets est remplacé par un pointement obtus à 3 faces, avec cette différence que les faces d'un des pointemens correspondent aux faces latérales, et que celles de l'autre pointement correspondent aux bords latéraux.*

c. Une *pyramide à 3 faces, obtuse, double. Les faces de l'une correspondent aux bords de l'autre.* (C'est la forme *b*, dont le prisme est raccourci, et souvent n'existe pas).

d. Un *prisme à 6 faces, parfait, à angles égaux.*

e. Un *prisme à 6 faces, qui se réunissent deux à deux alternativement sous trois angles obtus.*

(*) On a trouvé dans le Valais, des schorls électriques *blancs.*

f. Un *prisme à 9 faces, ayant 3 angles latéraux* schorl. *aigus, et 6 obtus, alternans.* C'est la forme *a,* dont chacun des trois bords latéraux est remplacé par un biseau.

g. Le cristal précédent, dans lequel *les 3 bords latéraux aigus sont tronqués;* ce qui donne un prisme à 12 faces (*).

La surface des cristaux est presque toujours *striée dans la longueur,* quelquefois cependant elle est *lisse.*

A l'extérieur et à l'intérieur, le schorl électrique est *éclatant,* et même souvent *très-éclatant;* c'est l'éclat du verre.

La cassure est *conchoïde* en longueur; mais en

(*) Il faut ajouter à ces formes :

1°. Le prisme à 6 faces, équiangle, terminé par un pointement à 3 faces placées sur 3 bords latéraux, en alternant. Les bords latéraux du pointement, et souvent l'angle qui les termine, sont tronqués.

2°. Le prisme à 6 faces, équiangle, terminé par un pointement à 3 faces, comme dans le cristal précédent; mais le sommet du pointement est tronqué par une facette triangulaire.

Il faut observer aussi que les deux sommets sont toujours différens; ce qui cadre très-bien avec les différences des électricités. On trouvera de plus amples détails à cet égard dans le *Traité de Minéralogie* du citoyen Haüy, où sont aussi décrits d'autres cristaux de schorl électrique très-rares, qu'il a observés.

SCHORL. travers, elle tend souvent à la cassure *lamelleuse*; la direction des lames est inclinée à l'axe du prisme.

Ses fragmens sont *indéterminés, peu aigus.*

Les cristaux, vus de côté, sont presque toujours *opaques* et rarement *demi-diaphanes*; mais d'une base à l'autre, ils sont souvent *demi-diaphanes.*

Il est *dur* plus que le quartz; — *très-facile à casser*; — *froid au toucher*; — *médiocrement pesant.*

Pes. spéc. Sch. él. verd du Brésil, d'après WERNER, 3,086. BRISSON, 3,155.

Sch. él. bleu du Brésil, d'après WERNER, 3,155. BRISSON, 3,130.

Caractères chimiques.

Traité au chalumeau sans addition, le schorl électrique se fond en un émail d'un blanc grisâtre un peu bulleux.

Parties constituantes.

	D'après BERGMAN.	D'après VAUQUELIN.
Silice	57	40,
Alumine	39	39,
Chaux	15	3,84
Oxide de fer	9	12,50
Oxide de manganése		2,
	100	97,34 (*)

Caractères physiques.

Il est électrique par la chaleur, comme le schorl

(*) Journ. d. M. n°. 54, p. 479. C'est la tourmaline verte du Brésil, qu'il a analysée.

noir, et donne comme lui les deux électricités. schorl.
(Emmerling ajoute que le schorl électrique se
distingue du schorl noir et des autres substances
électriques par chaleur, en ce qu'il est le seul qui,
étant trop chauffé, perd sa propriété électrique.)

Gissement et localités.

Les cristaux de schorl électrique sont implantés
dans des gneiss, avec du mica, du talk, du quartz
et autres substances.

On en trouve au Brésil, à Ceylan, à Madagascar; en Saxe (Ehrenfriedersdorf, Annaberg,
Dorfschemnitz, Freiberg); en Suède; en Suisse,
(au Saint-Gothard); en Espagne (Castille); en
Tirol (le Greiner), etc. (*).

REMARQUE.

Il paraît, par les descriptions qui viennent d'être données des deux sous-espèces de schorl, que les tourmalines vertes et bleues, dites du Brésil, sont évidemment
comprises dans la seconde, avec quelques autres demi-
transparentes, et de couleurs autres que noires ; que la
première contient au contraire uniquement des variétés
noires, qu'elle comprend toutes les variétés non cristal-

(*) Toutes ces localités sont extraites d'Emmerling.
Widenmann dit qu'on ne trouve le schorl électrique qu'au
Brésil. Cependant Karsten, dans le catalogue de Lecke, et
Werner, dans celui de Pabst de Ohain, indiquent la plu-
part des localités d'Emmerling.

scHoRL. lisées et quelques-unes cristallisées , mais que la seconde
ne contient presque que des espèces cristallisées. Voilà
les distinctions les plus tranchées que j'ai pu remarquer
dans les ouvrages allemands, entre le *schorl noir* et le
schorl électrique.

APPENDICE.

On pourrait, je crois, placer ici la pierre nommée
daourite par Lamétherie (T. 2, p. 303), et *sibérite* par
Lermina (J. d. Ph. Brum. an 8). Sa propriété électrique, les indices de formes cristallines qu'elle présente,
et sa pesanteur spécifique de 3,000, la rapprochent beaucoup du schorl électrique; néanmoins elle en diffère, en
ce qu'elle est infusible au chalumeau. Voici les résultats
de deux analyses qui en ont été faites derniérement :

	GARIN et PÊCHEUR.	VAUQUELIN.
Alumine.	48	45,46
Silice.	36	47,27
Chaux.	3 ½	1,78
Oxide de manganèse.	9	5,49
	96 ½	100

On l'a donnée sous le nom de *schorl rouge de Sibérie.*

Kirwan (T. 1, p. 288) décrit aussi, sous le nom de *rubellite*, un prétendu schorl rouge de Sibérie, et plusieurs
minéralogistes français ont cru que c'était la même pierre
que la sibérite de Lermina. Cependant il paraît au contraire, d'après le dictionnaire de Reuss , qu'on a regardé
ce rubellite de Kirwan comme étant du *nadelstein* ou
titane oxidé.

Emmerling donne une description de ce prétendu
schorl rouge, qui éclaircit beaucoup cette confusion.
On voit clairement que la substance apportée de Sibé-

rie, nommée *daourite* et *sibérite* en France, et qu'on croit SCHORL. être une tourmaline ou un schorl électrique, a été confondue, sous une même espèce, avec le *nadelstein* ou le schorl rouge de Hongrie, lequel a été également trouvé en Sibérie. En effet, Emmerling cite, pour les formes régulières de son schorl rouge, *le prisme à 6 faces* et *le prisme à 3 faces, terminé par un pointement obtus à 3 faces*, qui sont évidemment des cristaux de *schorl électrique*, et en même tems il indique des *cristaux aciculaires*, tantôt *groupés en réseaux* à la surface de cristaux de roche, tantôt réunis *en faisceaux* dans son intérieur; ce qui est très-probablement du *nadelstein*. Emmerling rapporte aussi une analyse du schorl rouge, faite par Bindheim (Chem. ann. 1792, T. 2, p. 317), qui y a trouvé 57 de silice, 35 d'alumine, 0,5 de magnésie, et 5 d'oxide de fer (*). Il ajoute aussi que la pesanteur spécifique de ce schorl rouge analysé, était de 3,100; ce qui s'accorde très - bien avec celle du schorl électrique, et s'éloigne trop de celle 4,180, trouvée par Klaproth pour le nadelstein. Emmerling cite aussi du schorl rouge au Saint-Gothard.....

Je crois donc que deux minéraux très-différens ont été décrits sous le nom de *schorl rouge de Sibérie*, 1°. un *schorl électrique*; c'est la daourite de Lamétherie, la sibérite de Lermina, la rubellite de Kirwan, le schorl rouge de Bindheim, et 2°. un *nadelstein* ou titane oxidé, qui comprend les schorls rouges en cristaux aciculaires d'Emmerling et autres.

(*) Kirwan rapporte aussi cette analyse à sa rubellite.

QUINZIÈME ESPÈCE.

THUMERSTEIN. — LA PIERRE DE THUM ou LE THUMERSTEIN.

SILEX LAPIS THUMENSIS.

Id. Emm. T. 1, p. 108. — Lenz, T. 1, p. 183. — M. L. p. 80. — W. P. p. 230. — *Glasschorl* ou *Glastein*, Wid. p. 294. — *Glasstein*, Klap. T. 2, p. 118.

Schorl transparent lenticulaire, R. d. L. T. 2, p. 353. — *Id.* D. B. T. 1, p. 175. — *Tumite*, Nap. p. 158. — *Thumerstone*, Kirw. T. 1, p. 273. — *Yanolite*, Lam. T. 2, p. 316.

Axinite, Haüy.

Caractères extérieurs.

L A couleur principale est le *brun de gérofle*, qui tantôt passe au *bleu violet*, tantôt au *gris jaunâtre* et au *gris verdâtre*.

On le trouve *en masse*, *disséminé* et *cristallisé.* Ce sont des *cristaux rhomboïdaux très-obtus*, qui ont communément *leurs deux bords latéraux obtus, opposés, tronqués.*

Souvent ces cristaux sont presque tabuliformes; ils se réunissent *en groupes*, qui présentent une forme *cellulaire.*

Les faces des cristaux sont *striées en longueur*, excepté les faces de troncature, qui sont *lisses.*

A l'extérieur, les cristaux sont *très-éclatans*; à

l'intérieur, ils ne sont qu'*éclatans*, et même *peu* THUMERSTEIN.
éclatans ; c'est l'*éclat du verre*.

La cassure est *conchoïde*, *à petites cavités*, quelquefois *esquilleuse et inégale*, *à petits grains*.

Les fragmens sont *indéterminés*, *à bords aigus*.

Le thumerstein *en masse* est composé de *pièces séparées*, *testacées*, *minces* et *un peu courbes* ; leur surface est *lisse* et un peu *striée* irréguliérement.

Les cristaux sont le plus souvent *demi-diaphanes*, quelquefois *diaphanes* ; le thumerstein en masse n'est que *translucide*, souvent même il ne l'est que *sur les bords* ; il est *dur* à peu près comme le quartz ; — *aigre* ; — *très-facile à casser* ; — *médiocrement pesant*.

Pes. spéc. HAUY, 3,213 à 3,300.

Caractères chimiques.

Traité au chalumeau sans addition, il se fond en un verre blanc verdâtre demi-transparent. (LELIÈVRE).

Parties constituantes.

	D'après KLAPROTH, T. II, p. 126.	D'après VAUQUELIN, J. des M. n°. 23.
Silice	52,70	44.
Alumine	25,79	18.
Chaux	9,39	19.
Oxide de fer	8,63	14.
Oxide de manganèse	1,	4.
	97,51.	99.

Gissement et localités.

Le thumerstein se trouve dans des roches primitives ; il est communément accompagné d'asbeste,
de strahlstein, de cristal de roche, quelquefois de
spath calcaire, de soufre, de pyrites arsenicales
et de bismuth natif.

On l'a trouvé d'abord à Thum, près d'Ehrenfriedersdorf en Saxe, d'où lui est venu son nom.
Depuis il a été trouvé au bourg d'Oisans en
Dauphiné, à Kongsberg en Norwège ; en Savoie,
en Espagne, etc. Celui de Thum est souvent
en masse.

Le nom d'*axinite*, que le citoyen Haüy a donné à cette
substance, provient de ce que ses cristaux rhomboïdaux,
étant très-applatis, ressemblent à un fer de hache.

SEIZIÈME ESPÈCE.

EISENKIESEL. — LE CAILLOU FERRUGINEUX.

Cette substance est nouvellement introduite en minéralogie par quelques auteurs allemands. Emmerling dit (T. 3,
p. 321) qu'il ne l'a point vue ; Estner (T. 2, p. 445) assure
que M. Werner la regarde comme le pechstein cristallisé ;
Widenmann n'en parle point. Cependant Reuss place le
eisenkiesel dans le catalogue qui précède son vocabulaire, et
Emmerling dans celui qui termine son ouvrage. Ce dernier
rapporte une courte description de l'eisenkiesel, donnée par
Gerhard ; en voici la traduction :

SA couleur est le *brun*, le *rouge* ou le *jaune*.

On le trouve *cristallisé en prismes à 6 faces, por-* *tant un pointement à 3 faces.* La surface extérieure est *matte.* A l'intérieur, il est *éclatant,* d'un *éclat gras.* Sa cassure est *conchoïde.* Il est entiérement *opaque;* il est *dur,* un peu plus que le jaspe commun; *médiocrement pesant,* autant que le jaspe; il paraît *infusible.* Les cristaux sont engagés dans un minéral en masse, qui paraît de même nature. Sa cassure est *compacte, inégale* et *matte.*

CAILLOU FERRUGINEUX.

REMARQUE.

Je ne puis prononcer sur la nature de cette substance minérale, que je n'ai point vue; il serait possible que ce fût du quartz en pseudo-cristaux, moulé sur du spath calcaire. (?)

DIX-SEPTIÈME ESPÈCE.

QUARZ. — LE QUARTZ.

SILEX QUARZUM.

Werner partage l'espèce quartz en cinq sous-espèces, dont on va voir les descriptions. Widenmann n'en admet que deux, le cristal de roche et le quartz commun.

(*Voyez* la remarque à la fin de l'espèce.)

Ire. SOUS-ESPÈCE.

A M E T H Y S T. — L'AMÉTHYSTE.

Silex quarzum amethystus.

Id. Emm. T. 1, p. 111.—Lenz, T. 1, p. 286.—W. P. T. 1, p. 233. — Kirw. T. 1, p. 246. — *Violblaue quarz,* Wid. p. 297.

Crystallus colorata violacea, Wall. T. 1, p. 231. — *Améthyste*, R. d. L. T. 2, p. 115. — *Id.* D. B. T. 1, p. 16. — *Quartz violet*, Lam. p. 125. — *Quarzo violetto* ou *Amatista*, Nap. p. 171.

Quartz-hyalin violet, Haüy. T.

Caractères extérieurs.

SA couleur est ordinairement *le bleu violet*, de plus ou moins d'intensité ; il est quelquefois si *foncé*, qu'il passe au *brun de gérofle*, au *brun noirâtre ;* souvent aussi il est si *clair*, qu'il passe au *gris de perle*, au *blanc grisâtre* et au *blanc verdâtre.* On cite aussi des améthystes jaunâtres et rouge de rose. (M. L. n°s. 203 et 205.)

Elle se trouve *en masse, en morceaux arrondis* (geschieben) et *cristallisée.* Ses formes sont :

a. Un *prisme à 6 faces* (régulier) , *terminé par un pointement à 6 faces placées sur celles du prisme.*

b. La *double pyramide à 6 faces.*

On ne voit souvent que la pointe pyramidale des cristaux d'améthyste ; le prisme se trouve ordinairement engagé.

La surface des cristaux est *lisse.*

A

A l'extérieur, l'améthyste est *très-éclatante* ; à QUARTZ. l'intérieur, elle varie depuis le *très-éclatant* jusqu'au *peu éclatant* ; c'est *l'éclat du verre*, rarement *l'éclat gras*. (L'améthyste fibreuse.)

La cassure est *conchoïde*, rarement *esquilleuse* ou *fibreuse*, à grosses *fibres réunies en faisceaux*.

Les fragmens sont en général *indéterminés* ; ils sont *cunéiformes* dans l'améthyste fibreuse.

L'améthyste en masse est souvent composée *de pièces séparées* ; elles sont quelquefois *grenues*, le plus souvent *scapiformes*. (Ce sont des cristaux réunis ensemble.) Il arrive aussi que, dans un sens, elles sont *scapiformes*, et dans l'autre, *testacées, courbes, en zigzag*.

Elle varie depuis le *diaphane* jusqu'au *translucide*.

Elle est *dure* ; — *aigre* ; — *facile à casser* ; — *froide au toucher* ; — *médiocrement pesante*.

Pes. spéc. 26,535. — Améthyste verte de Silésie. WERNER, 2,750.

Caractères chimiques.

Entiérement infusible au chalumeau.

Parties constituantes.

Silice. 97.50		D'après
Alumine. 0.25		M.
Oxide de fer et de manganèse. . 0.50		ROSE.
————		
98.25		

Minéral. élém. Tom. I.   Q

Usages.

L'améthyste est employée comme pierre précieuse, en bagues : on en fait aussi des boîtes, comme avec les agathes. L'améthyste dite orientale n'est qu'un saphir bleu violet.

Gissement et localités.

On trouve l'améthyste en Catalogne, en Bohême, en Saxe, en Silésie, dans le Palatinat, en Suède, en Sibérie, en Hongrie, en Auvergne ; dans le comté de Glatz (*) en Silésie, et dans le Palatinat : elle se trouve en cristaux qui tapissent l'intérieur des géodes d'agathe. On ne connaît pas bien ses autres gissemens. Il paraît qu'elle forme souvent des filons particuliers. (*Voyez*, du reste, le cristal de roche.)

REMARQUES.

Werner distinguait autrefois deux sortes d'améthystes dont il donnait des descriptions séparées, *l'améthyste commune* et *l'améthyste fibreuse* : celle-ci était d'une couleur plus pâle, avait une cassure fibreuse et un éclat gras (*Voyez* plus haut les caractères extérieurs) ; mais il les a réunies depuis en une seule.

L'améthyste capillaire (haar-amethyst) est une variété d'améthyste en cristaux capillaires, mélangés de fer micacé : elle se trouve en Silésie.

(*) Les variétés verdâtres en proviennent : on les vend quelquefois pour des chrysolithes.

IIe. SOUS-ESPÈCE.

BERGKRISTALL — LE CRISTAL DE ROCHE.

Silex quarzum crystallus.

Id. Emm. T. 1, p. 217. — Wid. p. 296. — W. Cronst.
p. 111. — Lenz, T. 1, p. 190. — M. L. p. 85. — W. P.
p. 235.

Quarzum pellucidum cristallisatum, Wall. p. 226. —
Cristal de roche, R. d. L. T. 2, 'p. 70. — *Id.* D. B. T. 1,
p. 13. — *Mountain cristal*, Kirw. p. 241. — *Quartz*, Lam.
T. 2, p. 119. — *Quarzo*, Nap. p. 170.

Quartz-hyalin limpide, etc. Haüy. T.

Caractères extérieurs.

LES couleurs du cristal de roche sont le *blanc
grisâtre*, le *blanc jaunâtre*, le *gris de perle*, le *jaune
d'ochre*, le *jaune de vin*, le *jaune de miel*, le *brun
jaunâtre*, le *brun de gérofle*, le *brun noirâtre*, enfin
(quoique très-rarement) le *rouge de rose pâle.*

Il présente quelquefois à l'intérieur un *jeu de
couleurs irisées.*

Il se trouve rarement *en masse*, quelquefois en
morceaux arrondis (geschieben), mais presque
toujours *cristallisé.* Ses formes sont :

a. Un *prisme à 6 faces*, ayant une de ses bases,
ou toutes les deux, *remplacée par un pointement un
peu aigu à 6 faces correspondantes aux faces latérales
du prisme.*

C'est la forme principale du cristal de roche ; mais il pré-

QUARTZ. sente beaucoup de formes très-différentes en apparence, qui ne sont autre chose que celle-ci modifiée par l'agrandissement d'une ou de plusieurs faces, aux dépens des autres.

b. Une *pyramide double à 6 faces* (c'est la forme précédente raccourcie); elle est tantôt *parfaite*, tantôt *portant une troncature sur les bords de la base commune* ; quelquefois 3 faces alternantes dans chaque pyramide, sont plus grandes que les autres ; ce qui donne au cristal l'apparence d'un cube.

c. Une *pyramide simple, très-aiguë, à 6 faces*, ayant son sommet, et souvent aussi sa base, terminé par un pointement à 6 faces.

Ce n'est que la forme *a*, dont les faces du prisme sont un peu convergentes ; ce qui est plutôt une irrégularité de cristallisation qu'une forme nouvelle.

Il y a des cristaux de toutes les grandeurs, depuis l'*extrêmement grand* jusqu'au *très petit*.

La surface extérieure est *rude* dans les morceaux arrondis. Dans les cristaux, au contraire, celle des faces latérales du prisme (et de la pyramide simple *c*) est *striée en travers* ; celles des pointemens et des pyramides doubles sont *lisses* ; quelquefois les faces sont recouvertes d'une enveloppe *rude, translucide.*

A l'extérieur, et sur-tout à l'intérieur, il est *très-éclatant* ; c'est l'éclat *du verre.*

La cassure est assez *parfaitement conchoïde* ; elle paraît cependant quelquefois *lamelleuse.*

Les fragmens sont *indéterminés*, *à bords très-* QUARTZ.
aigus.

Il est *diaphane* ou *demi-diaphane* (*).

Il est *dur ; — aigre ; — facile à casser ; — mé-*
diocrement pesant.

Pesanteur spécifique, 2,650.

Caractères chimiques.

Il est entiérement infusible au chalumeau.

Parties constituantes.

Silice............... 93 $\left.\begin{array}{l}\ \\ \ \\ \ \end{array}\right\}$ D'après l'analyse
Argile.............   6 de Bergmann.
Chaux.............   1

Caractères physiques.

Deux cristaux de roche frottés l'un contre l'autre,
sont phosphorescens dans l'obscurité, et donnent
une odeur particulière, qui est un peu *empyreu-*
matique.

Usage.

Le cristal de roche, à cause de sa belle transparence et de son éclat, est employé en bijoux. Il
n'est pas d'un grand prix en comparaison des pierres
précieuses.

(*) En regardant à travers une des faces de la pyramide
et la face opposée du prisme, on observe une double image
très-marquée. (HAUY.)

Gissement et localités.

Les cristaux de roche se trouvent réunis en druses qui tapissent des cavités nommées *fours à cristaux*, dans les filons des roches primitives, et surtout dans le granit. Les montagnes de la Suisse, de la Bohême, de la Saxe, de la Hongrie, des Pyrénées, des Alpes, renferment des cristaux de roche. Les plus beaux nous sont venus de Madagascar.

REMARQUE.

Plusieurs substances se trouvent quelquefois engagées avec le cristal de roche, le schorl, l'amianthe, le strahl-stein, le mica, le fer spéculaire, le nadelstein, etc.....
On y a observé aussi des cavités contenant une goutte d'eau avec de l'air.

IIIᵉ. SOUS-ESPÈCE.

MILCHQUARZ — QUARTZ LAITEUX OU ROSEN ROTHER QUARZ. OU QUARTZ ROSE.

Silex quarzum roseum.

Id. Reuss. — *Rosenrother quarz*, Emm. T. 1, p. 136.
— *Id.* Lenz, T. 1, p. 195. — *Id.* Wid. p. 301. — *Quartz laiteux*, Lam. T. 2, p. 123. — *Rosy red quarz*, Kirw. T. 1, p. 245. — *Quartz-hyalin laiteux*, Haüy. T.

Caractères extérieurs.

SA couleur principale est le *rouge rose pâle*, qui

passe quelquefois au *blanc rougeâtre*, au *blanc gri-* QUARTZ.
sâtre et au *gris jaunâtre*.

Il se trouve toujours en masse.

Emmerling, dans son supplément, dit qu'on l'a trouvée aussi cristallisée à Rabenstein en Bavière. Ce sont de petites pyramides à 6 faces, portées par un prisme à 6 faces, qui est engagé dans la roche. Aucun autre auteur n'en parle.

A l'intérieur, le quartz laiteux est *peu éclatant*, très-rarement *éclatant* ; c'est *un éclat gras*.

Sa cassure est plus ou moins *parfaitement conchoïde*.

Ses fragmens sont *indéterminés*.

Il est quelquefois *composé de pièces séparées, testacées, épaisses*.

Il varie entre le *demi-diaphane* et le *translucide*.

Tous les autres caractères sont ceux du quartz.

Parties constituantes.

On soupçonne que le quartz laiteux est un mélange de silice et d'oxide de manganèse.

Usage.

Son beau poli, sa couleur et sa demi-transparence le font employer en bijouterie.

Gissement et localités.

On en trouve à Zwisel et Rabenstein en Bavière : on en trouve aussi en Finlande. A Rabenstein, il se trouve dans un granit à très-gros grains. (Flurls Beschreibung der Beiern, p. 247.)

IVe. SOUS-ESPÈCE.

GEMEINER QUARZ. — LE QUARTZ COMMUN.

Silex quarzum vulgare.

Id. Emm. T. 1, p. 125. — Wid. p. 300. — Lenz, T. 1, p. 196. — M. L. p. 95. — W. P. p. 241.

Quarzum rude, Wall. T. 1, p. 220. — *Quarz*, Kirw. T. 1, p. 242. — *Quarzo*, Nap. p. 170. — *Quartz*, R. d. L. — *Id.* D. B. — *Id.* Lam. p. 119.

Quartz-hyalin amorphe, Haüy. T.

Caractères extérieurs.

IL varie beaucoup dans ses couleurs : on peut citer le *blanc de lait*, le *blanc de neige*, les *blancs rougeâtre*, *jaunâtre* et *verdâtre* ; — le *gris de perle*, le *gris de fumée*, les *gris jaunâtre et bleuâtre* ; — le *verd-olive* ; — le *jaune de miel* ; — le *brun de gérofle*, les *bruns jaunâtre et noirâtre* ; — le *rouge de sang*, le *rouge de chair*, le *rouge cramoisi*, etc. (*).

Il varie presqu'encore davantage dans sa forme extérieure : on le trouve *en masse*, *disséminé*, *en morceaux arrondis* (cailloux quartzeux, quarz-

---

(*) Les collections de minéralogie en Allemagne, abondent en variétés de quartz de toute espèce : on peut en juger par celles de Lenke et de Pabst. Presque toutes celles de couleur et de formes indiquées ici, en sont extraites.

kiesel) *; en grains* (*quarzsand*) *; en lames :* il y a QUARTZ.
des quartz *stalactiforme , globuleux , réniforme ,*
tuberculeux, spéculaire , pectiné : on trouve souvent
des quartz *cellulaires , spongiformes , creux par*
empreintes (ce qui est très-fréquent); des quartz
criblés, cariés , informes : enfin on trouve du quartz
cristallisé. Ces cristaux sont des *cristaux vrais* ou
des pseudo-cristaux.

Les formes des cristaux vrais sont les mêmes
que celles *a , b , c* du cristal de roche. (*Voyez* plus
haut). Ils sont souvent réunis *en groupes réniformes,*
ou *en boules , ou en raies.*

Les formes des pseudo-cristaux les plus communes sont : la forme III du spath pesant ; — les
formes I et II du spath fluor; — la forme *a* de la
pyrite arsenicale ; — la forme II *b* du spath
calcaire. (*Voyez* ces espèces.)

Les faces des prismes sont *striées en travers ;* les
autres sont *lisses.*

Les pseudo-cristaux sont *rudes et mattes.* L'éclat
extérieur et intérieur varie également depuis
l'*éclatant* jusqu'au *peu éclatant ;* c'est l'*éclat du*
verre, quelquefois l'*éclat gras.*

La cassure varie ordinairement entre la cassure
conchoïde à petites cavités , et la cassure *écailleuse à*
grandes écailles. Dans quelques variétés, elle devient *imparfaitement lamelleuse ;* dans d'autres ,
fibreuse , à grosses fibres parallèles.

QUARTZ. Les fragmens sont *indéterminés*, *à bords assez aigus*, très-rarement *rhomboidaux*.

Il est rare qu'il se présente en *pièces séparées* ; elles sont *scapiformes* ou *grenues*, *à gros grains* ou *à grains fins*.

Il est communément *translucide*, rarement *demi-diaphane*. (Il passe alors presque toujours au cristal de roche.)

Il est *dur*; — *aigre* ; — *médiocrement pesant*.

Pesanteur spécifique, 26,404 à 26,546.

Caractères chimiques.

Sans addition il est infusible au chalumeau.

Quant aux parties constituantes, la terre siliceuse en forme probablement la majeure partie, comme dans le cristal de roche ; mais les différences qui existent entre des variétés nombreuses de quartz commun, doivent nécessairement apporter des variations dans leurs parties constituantes.

Usage.

On emploie le quartz commun au lieu de sable dans les verreries : on s'en sert dans les fabriques de Smalt ; on le mêle comme fondant avec les mines de f.. calcaires. Le quartz *aventuriné* (*Voyez* la remarque ci-après) est employé en bijouterie.

Gissement et localités.

Le quartz commun se trouve presque partout :

il est une des parties composantes principales des quartz.
roches primitives, souvent il y forme des couches
entières. Il y a aussi des roches et des montagnes
entièrement formées de *quartz* : il se trouve aussi
en grande quantité dans les filons ; ce sont eux qui
fournissent les variétés les plus belles.

Dans les roches stratiformes, il est aussi très-
commun : il y forme la base des grès. Dans les
roches d'alluvion, il s'y rencontre aussi en morceaux
arrondis et en sables.

Il est donc inutile de citer en particulier aucun
des endroits où on le trouve.

R E M A R Q U E S.

Le quartz aventuriné ou *aventurine* est un quartz
mélangé de parties brillantes qui lui donnent un jeu
de couleurs très - vif. On croit généralement que ce
sont des lames de mica ; cependant Romé de Lisle,
T. 2, p. 154, pense au contraire que cet effet est produit par les petites lames mêmes du quartz, qui réfrac-
tent la lumière comme l'opale ; ce qui les rend scintillans
comme des points métalliques.

On a donné aussi le nom d'*aventurine* à une variété de
feldspath.

V^e. SOUS-ESPÈCE.

PRASEM.   —   LA PRASE.

Silex quarzum prasius.

Id. Emm. T. 1, p. 133. — M. L. p. 107. — W. P.
T. 1, p 235 — Lenz, T. 1, p. 200. — W. Cronst. p. 116.
— *Lauchgrüner quarz*, Wid. p. 301. — *Prase*, Lam. T. 2,
p. 175 — *Id.* D. B. T. 1, p. 9. I. A. 6. 9. — *Prasium*,
Kirw. T. 1, p. 249. — *Quarzo verde di porro*, Nap. p. 171.
Quartz-hyalin verd obscur, Haüy. T.

Caractères extérieurs.

SA couleur la plus ordinaire est le *verd-poireau*,
quelquefois le *verd-olive* ou le *verd-pistache*.

Elle se trouve le plus souvent en masse, rarement
cristallisée. Ses formes cristallines sont :

a Un *prisme à 6 faces*, ayant à une extrémité
un pointement à *6 faces correspondantes aux faces
latérales* (*).

b. Des *tables à 6 faces rangées l'une sur l'autre*,
en sorte que leur réunion forme souvent un prisme
à 6 faces (**).

Les cristaux sont *de moyenne grandeur* ou *petits*.

La surface extérieure est *rude* et *peu éclatante*.
A l'intérieur, la prase *est éclatante*; c'est l'éclat du
verre.

(*) Berg. J. 1789, T. 1, p. 278.
(**) Berg. J. T. 2, p. 255.

La cassure est tantôt *conchoïde, imparfaite;* tantôt QUARTZ. écailleuse, *à grandes écailles.*

Les fragmens sont *indéterminés, à bords aigus.*

La prase en masse est souvent formée *de pièces séparées,* qui sont ou *grenues,* ou *scapiformes,* ou *cunéiformes;* leurs faces sont *striées en travers* et un peu *rudes.*

Elle n'est que *translucide.*

Pour tous les autres caractères, *voyez* les sous-espèces précédentes de quartz.

Usage.

La prase prend un très-beau poli : on la taille en plaques, et elle est employée dans la bijouterie.

Gissement et localités.

Celle de Breitenbrunn, près de Schwarzenberg en Saxe, se trouve dans une couche de mine (erzlager), accompagnée de pyrites magnétiques, sulfureuses, cuivreuses; de galène, de blende, de quartz, de spath calcaire et de strahlstein (*).

On en trouve aussi en Bohème (Mummelgrund), en Finlande, en Sibérie (au lac Onéga), etc.

REMARQUE.

Le *prasius* de Wallerius, T. 1, p. 192, paraît ne pas convenir ici, mais plutôt à la chrysoprase.

(*) Quelques minéralogistes la regardent comme un quartz commun, coloré par du strahlstein verd.

 Observation sur le quartz en général.

On voit, par les descriptions précédentes, que *l'améthyste* de Werner ne comprend presque que ces cristaux de quartz, le plus souvent bleus-violets, qui tapissent l'intérieur des géodes d'agathe ; que *le cristal de roche* de Werner est ce quartz cristallisé qui tapisse des espaces vides (dits fours à cristaux) qui sont si fréquens dans les filons des montagnes primitives ; que son *quartz commun* est surtout celui qui est une partie composante des roches, et quelques autres qui ne rentrent pas dans les espèces suivantes ; que *sa prase* est un quartz d'un beau verd, et son *quartz laiteux* un quartz d'un blanc de lait, et que tous deux n'ont presqu'aucun autre caractère saillant qui les distingue du *quartz commun.*

C'est d'après ces rapprochemens, que M. Widenmann a réuni les deux premières sous le nom de *cristal de roche,* et les trois dernières sous le nom de *quartz commun.*

DIX-HUITIÈME ESPÈCE.

HORNSTEIN. — LA PIERRE DE CORNE
ou LE HORNSTEIN.

SILEX CORNEUS.

Nota. Il ne faut pas confondre *la pierre de corne* ou *le hornstein* des Allemands, avec *la pierre* ou *roche de corne* des minéralogistes français, qui désigne la plupart des *corneus* de Wallerius, et qui dans cet ouvrage correspond à plusieurs variétés de thonschiefer, à la hornblende schisteuse, etc. (*Voyez* ci-après, la synonymie et les remarques sur l'espèce *hornstein.*)

Id. Emm. T. 1, p. 138. — Wid. p. 305. — Lenz, T. 1, p. 202. — W. P. T. 1, p. 247. — M. L. p. 108.

Petrosilex squamosus et *Petrosilex æquabilis*, Wall. T. 1 , HORNSTEIN.
p. 280 et 281. — *Hornstone*, Kirw. T. 1 , p. 303 , en excluant la seconde famille (*). — *Petroselce*, Nap. p. 177.
— *Petrosilex* (?) Lam. p. 180.

Petrosilex (?) Haüy. T. (*Voyez* les remarques.)

M. Werner partage l'espèce hornstein en trois sous-
espèces ; les deux premières ne diffèrent entr'elles que
par la cassure, et la troisième, qu'il nomme *holzstein*,
est un bois imprégné de hornstein. Il paraît que c'est
depuis peu qu'il a fait cette réunion du *holzstein* avec le
hornstein : elle est adoptée par Emmerling, Lenz et
Reuss. Estner, au contraire, renvoie le holzstein avec
les pétrifications. Nous verrons plus bas les raisons sur
lesquelles Werner a fondé son opinion.

Iʳᵉ. SOUS-ESPÈCE.

SPLITTRICHERHORNSTEIN. — LE HORNSTEIN ÉCAILLEUX.

Id. W. P. T. 1 , p. 247. — *Petrosilex squamosus*, Wall.
T. 1 , p. 280. — *Petrosilex écailleux* (?) Haüy. T.

Caractères extérieurs.

SES couleurs sont le *gris bleuâtre*, le *gris de
fumée*, le *gris de perle*, les *gris noirâtre*, *verdâtre*
et *jaunâtre*; rarement le *blanc grisâtre* et le *blanc
jaunâtre*; les *bruns jaunâtre*, *rougeâtre* et *noirâtre*;

(*) M. Kirwan , dans sa première édition de sa Miné-
rologie , avait décrit sous ce nom la hornblende de Werner,
par une méprise semblable à celle indiquée dans la note précédente.

 le *rouge de chair*, le *rouge brunâtre*. Le *verd-olive*, le *verd de pré*, le *verd de montagne*, sont très-rares. Souvent plusieurs de ces couleurs sont mélangées ensemble, et présentent des *dessins tachetés et rubanés*.

On le trouve en *masse* et en *morceaux arrondis* (*); il est toujours *mat*, excepté dans les passages au quartz, où il est un *peu brillant*.

La cassure est *écailleuse*, *à grandes* ou *petites écailles*.

Les fragmens sont *indéterminés*, *à bords aigus*.

Il est communément *translucide sur les bords*, très-rarement entièrement *translucide*.

Il est *dur*, mais moins que le quartz, et quelquefois passant presqu'au *demi-dur*; — *aigre*; — *facile à casser*; — *médiocrement pesant*.

Pes. spéc. GMELIN, 2,699. BLUMENBACH, 2,708.

Caractères chimiques.

Suivant Lenz et Emmerling, le hornstein écailleux est fusible au chalumeau sans addition. Suivant Widenmann, au contraire, il est infusible, si ce n'est avec le borax.

Kirwan rapporte qu'ayant essayé plusieurs va-

(*) M. Emmerling ajoute aussi qu'on en a trouvé en *pseudo-cristaux*, qui tous appartiennent au spath calcaire ; mais M. Reuss pense que ce sont des pseudo-cristaux de quartz commun, qu'on a crus composés de *hornstein*.

riétés

riétés de hornstein, prises dans la collection de HORNSTEIN.
Leske, à une température au-dessus de celle qu'on obtient par le chalumeau, il n'en a trouvé qu'une seule qui ait donné des signes de fusion (T. 1, pag. 303). Il a analysé un hornstein qui lui a donné 72 de silice, 22 d'alumine et 6 de carbonate de chaux (Id. p. 303).

Gissement et localités.

Le *hornstein écailleux* se trouve principalement en filons dans les montagnes primitives : on en trouve aussi en *morceaux arrondis* dans des montagnes d'alluvion. Il forme aussi la masse principale d'une espèce particulière de porphyre. (*Voyez* hornstein-porphyr).

On en trouve en Bohême (Wüsterndorf, près de Tœplitz), en Saxe (à Freyberg, Schneeberg, Johann-Georgenstadt, Gersdorf, etc.), en Suède (Dannemora, Garpenberg), en Tirol, etc. etc.

Werner, dans le catalogue de Pabst, cite un hornstein d'un gris blanc, accompagné d'améthyste, du Schneekopf, dans le Henneberg.

Karsten, dans le muséum de Leske, cite deux échantillons de hornstein, qui forment les passages de cette pierre au quartz et à la calcédoine. Emmerling cite aussi des passages à la pierre à fusil et au jaspe.

Minéral. élém. Tome I.   R

I I^e. SOUS-ESPÈCE.

MUSCHLICHER HORNSTEIN. LE HORNSTEIN CONCHOÏDE.

Id. W. P. T. 1, p. 250. — *Petrosilex aquabilis,* Wall. T. 1, p. 281. — *Petrosilex uni* (?) Haüy, T.

LE *hornstein conchoïde* a, suivant Emmerling et Lenz, absolument les mêmes caractères extérieurs que le *hornstein écailleux*, excepté la cassure qui est *conchoïde*. Aussi ils les réunissent tous deux en une seule description. Widenmann rejette même la distinction de Werner, et il pense (pag. 307) que la différence de cassure ne doit constituer que des variétés. Je ne puis donc donner de description particulière de cette sous-espèce de hornstein.

Werner, dans le catalogue de Pabst, cite un *hornstein conchoïde* d'un blanc grisâtre tacheté, accompagné de gneiss, du Goldberg en Saxe. Il cite aussi deux hornsteins écailleux, l'un de Dannemora en Suède, l'autre de Saxe, comme étant des passages au hornstein conchoïde.

IIIᵉ. SOUS-ESPÈCE.

HOLZSTEIN. — LE BOIS PÉTRIFIÉ *OU* LE HOLZSTEIN.

Silex lithoxilon.

Id. Emm. T. 1, p. 168. — Wid. p. 329. — Lenz, T. 1, p. 218. — M. L. p. 136. — W. P. p. 263. — *Woodstone*, Kirw. T. 1, p. 315.

Cette substance est comprise dans les *Quartz agathes xyloïdes*, Haüy. T.

Caractères extérieurs.

SES couleurs les plus ordinaires sont le *gris noirâtre*, passant quelquefois au *noir grisâtre*, le *gris de cendre*, passant quelquefois au *blanc grisâtre*, le *gris de fumée*, le *gris jaunâtre*, le *gris de perle*, qui passe souvent au *rouge de chair*, au *rouge de sang* et au *rouge de cochenille*. Quelques-uns sont aussi *bruns jaunâtres* et *bruns rougeâtres*. Les holzsteins *jaunes d'ochre* ou *verds de montagne* sont rares. Plusieurs couleurs se réunissent souvent dans le même morceau, et forment des *dessins tachetés*, ou *rubanés* ou *nuagés*.

On le trouve presque toujours sous forme ligneuse ; ce sont des branches ou des troncs d'arbres plus ou moins gros, souvent parsemés de nœuds, quelquefois de racines : on en trouve aussi en *morceaux arrondis*.

Sa surface est comme celle du bois, ou *rude*,

HORNSTEIN. ou *inégale*, ou *striée en longueur*, *à grosses stries*.

A l'intérieur il est *peu éclatant*, quelquefois même il n'est que *brillant* ou même *mat*; c'est l'éclat du verre.

Sa cassure présente le plus souvent la contexture des fibres du bois; elle est alors *schisteuse, à feuillets minces*; elle est aussi quelquefois *écailleuse* ou *conchoïde imparfaite*.

Les fragmens sont *indéterminés*, assez *aigus*, quelquefois *esquilleux*.

Il est le plus communément *translucide sur les bords*; cependant il est aussi, tantôt *entièrement translucide*, tantôt *opaque*. — Il est *dur*; — *facile à casser*; — *froid au toucher*; — *médiocrement pesant*.

Usages.

Le holzstein est susceptible d'un beau poli, et on en fait des plaques qui sont employées en bijouterie.

Gissement et localités.

(Les auteurs allemands n'indiquent pas dans quelles espèces de montagnes on trouve le holzstein, et quelles circonstances l'accompagnent.)

On en trouve en Bohême, en Hongrie, en Saxe (Chemnitz), à Kolywan, en Sibérie, etc.

REMARQUES.

Les minéralogistes français doivent sans doute être

étonnés de voir le *holʒstein* ou *bois pétrifié* occuper une HORNSTEIN.
place parmi les espèces oryctognostiques, dans la méthode de Werner.

Il ne faut pas croire néanmoins que tous les bois pétrifiés se rapportent à cette espèce : le holʒstein est sans doute un bois pétrifié ; mais tous les bois pétrifiés ne sont pas le *holʒstein.* Werner considère, dans toutes les pétrifications, la substance pierreuse qui sert de pâte, et les regarde alors comme des variétés de forme de cette substance pierreuse ; mais par le holzstein il désigne un bois pétrifié particulier, dont la pâte pierreuse lui paraît avoir été tellement modifiée par son union avec les parties ligneuses, qu'elle diffère essentiellement de toutes les espèces pierreuses simples. Il en avait d'abord fait une espèce particulière ; mais depuis il a reconnu qu'on pouvait l'adjoindre comme sous-espèce au hornstein, avec lequel il lui a trouvé beaucoup de rapports.

Remarque générale sur l'espèce hornstein.

On croit communément que les hornstein des Allemands sont des petrosilex des minéralogistes français ; mais je suis porté à croire que cette opinion n'est pas fondée. Le citoyen Dolomieu appelle *petrosilex* (géologiquement) certaines roches *primitives* (simples ou mélangées) qui se trouvent en grandes masses, qui sont *toujours fusibles au chalumeau en un émail blanc*, et qui, par leurs caractères extérieurs, se rapprochent beaucoup du feldspath en masse : il a même avancé qu'il pensait que les petrosilex sont au feldspath ce que les silex (c'est-à-dire toutes les pierres à fusil, jaspe, calcédoine, opale, etc.) sont au quartz ; et d'après cette idée, le citoyen Haüy a appelé *petrosilex* le minéral qui

HORNSTEIN. forme la base principale des roches, nommées *petrosilex* par le citoyen Dolomieu ; ainsi le *pechstein* des Allemands est pour lui un petrosilex résiniforme ; le néphrite, connu sous le nom de jade, est le petrosilex jadien, etc.

Comparons, d'après cela, le petrosilex avec le hornstein.

On a vu, dans les descriptions précédentes, que le hornstein de Werner était tantôt fusible, tantôt infusible ; que son gissement est le plus ordinairement dans des filons ou dans des terrains non primitifs ; que cependant il forme la masse principale d'un porphyre, qui est une roche primitive. On a vu aussi que le hornstein est lié par des passages, d'un côté au quartz, et de l'autre à la pierre à fusil et au jaspe. Les différences principales qui les distinguent, sont, qu'il est moins dur que toutes ces pierres, moins transparent que les deux premières, et que sa cassure est le plus souvent écailleuse et quelquefois conchoïde.....

Il est évident que tous ces caractères, surtout ceux de non-fusibilité et de gissement, ne peuvent être appliqués au petrosilex ; et le seul hornstein que l'on pourrait considérer comme petrosilex, est celui qui fait la base du hornstein-porphyr ; ce n'est pas que le caractère d'être primitif ou secondaire doive servir à distinguer les espèces minérales, mais il est impossible d'identifier deux espèces, dont l'une ne contient que des minéraux primitifs (le petrosilex), et l'autre (le hornstein) qui renferme principalement des substances de formation très-secondaires, parce qu'à coup-sûr les minéralogistes qui ont décrit ces deux espèces, n'ont pas observé les mêmes minéraux.

Les caractères du hornstein de Werner avaient été très-bien sentis par de Saussure, lorsqu'il dit (*Voyage*

des Alpes, §. 1194) qu'il croit devoir distinguer deux ꞁoꞁꞧsꞇeiꞁ.
espèces de petrosilex, le *néopètre* ou petrosilex secondaire, qui est le hornstein de Werner, et le *palaiopètre*
ou petrosilex primitif, qu'il croit correspondre à ce minéral, qui fait la base du *porphyrschiefer* de Werner, et
qui dans cet ouvrage est le *klingstein*. (*Voyez* porphyrschiefer et klingstein.)

Je pense donc que le hornstein de Werner comprend
à la vérité quelques-uns de nos petrosilex, mais qu'il
désigne le plus souvent certaines variétés de nos silex
ou des quartz-agathes et quartz-jaspes du citoyen Haüy.

Le *chert* des Anglais est un hornstein.

DIX-NEUVIÈME ESPÈCE.

FEUERSTEIN. — LA PIERRE A FEU
ou PIERRE A FUSIL.

SILEX PYROMACHUS.

Id. Emm. T. 1, p. 143. — Wid. p. 308. — Lenz, p. 205.
— M. L. p. 111. — W. P. T. 1, p. 250. — *Silex igniarius*,
Wall. T. 1, p. 275. — *Flint*, Kirw. T. 1, p. 301.

Silex ou *Pierre à fusil*, Lam. T. 1, p. 137. — *Pietra
focaia*, Nap. p. 180.

Quartz-agathe pyromaque, Haüy. T.

Caractères extérieurs.

SA couleur principale est le *gris*, comme dans
le hornstein ; ses variétés sont le *gris de fumée*,
quelquefois si foncé qu'il passe au *noir grisâtre* et
au *noir parfait* ; le *gris jaunâtre*, qui passe au *blanc*

PIERRE A FUSIL. *jaunâtre*, au *jaune de vin*, au *jaune d'ochre* : on en trouve aussi quelquefois de *gris bleuâtre*, de *brun jaunâtre* et *rougeâtre*.

Le mélange de plusieurs de ces couleurs est assez fréquent ; elles présentent des *dessins pointillés*, *tachetés*, *rubanés*, *nuagés*.

On la trouve en *masse*, *disséminée*, en *fragmens anguleux*, en *grains*, en *masses globuleuses*, *tuberculeuses*, *criblées* et *informes* ; souvent aussi on la trouve en *pseudo-cristaux*, qui tous appartiennent au spath calcaire ; elle forme aussi la pâte de beaucoup de pétrifications, surtout de coquilles.

Sa surface est tantôt *rude*, tantôt *inégale*, tantôt *lisse*. (La croûte blanche dont elle est souvent enveloppée est regardée, par quelques minéralogistes, comme un commencement de décomposition.)

A l'extérieur, elle est *matte* ou *un peu brillante* ; à l'intérieur, elle est constamment *brillante*.

La cassure est *parfaitement conchoïde*, quelquefois *imparfaitement* ; ce qui la rapproche de l'*écailleuse à grandes écailles*.

Les fragmens sont *indéterminés*, *à bords aigus*.

On a trouvé des pierres à fusil qui étaient composées de *pièces séparées*, *testacées*, *en zigzag*, ou *testacées concentriques* ; elles sont peu communes.

Elle est ordinairement *translucide sur les bords*, quelquefois entiérement *translucide* ; — elle est *dure*, plus que le quartz ; — *aigre* ; — *facile à cas-*

ser; — froide au toucher; — médiocrement pesante. PIERRE A FUSIL

	GELLERT.	GMELIN.	BLUMENBACH.

Pes. spéc.... 258......... 2,999......... 2,594.

Caractères chimiques.

Traitée au chalumeau sans addition, elle est entiérement infusible.

Parties constituantes.

KLAPROTH,		VAUQUELIN.
T. 1, p. 46.		
Silice............... 98,00	....	97
Chaux............ 0,50	....	0
Argile .... 0,25 ⎫	....	1
Oxide de fer....... 0,25 ⎭		
Parties volatiles..... 1,00 Perte...........		2
100.		100.

La pierre à fusil, analysée par Klaproth , faisait partie d'un mortier de son laboratoire. Son but était de connaître la nature des substances qui se mêlaient à ses analyses , lorsqu'ayant pilé dans ce mortier des substances plus dures , il trouvait un excès de poids provenant de la matière enlevée au mortier par la trituration.

Caractères physiques.

Deux pierres à fusil , frottées l'une contre l'autre dans l'obscurité, donnent, comme le quartz, une lueur phosphorique.

Usages.

Tout le monde connaît l'usage que l'on fait de

PIERRE A FUSIL la pierre à fusil, pour donner des étincelles avec l'acier, et allumer la poudre des armes à feu : de là son nom de pierre à feu et de pierre à fusil.

Celles qui sont criblées et cariées, sont employées pour bâtir et pour faire des meules de moulin, qui sont les meilleures que l'on connaisse, en ce qu'elles joignent à une grande dureté l'avantage d'un tissu inégal dans toutes ses parties (*). Les pierres à fusil remplacent souvent le quartz dans les verreries, les fonderies, les fabriques de smalt, etc. Celles qui ont de belles couleurs, sont quelquefois taillées en plaque et employées en bijouterie.

Gissement et localités.

La pierre à fusil ne se trouve jamais dans les montagnes primitives, si ce n'est rarement et en petite quantité dans quelques filons ; elle est au contraire particulière aux montagnes stratiformes et à celles d'alluvion, et surtout aux roches calcaires et aux bancs de craie ou de marne, avec lesquels on la voit alterner par couches parallèles.

Ces pierres à fusil des terrains crayeux ont toujours cette croûte blanche dont il a été parlé plus haut ; ce qui a fait croire à quelques minéralogistes que la formation de la pierre à fusil était due à la

(*) Ce sont les pierres dites *meulières*, auprès de Paris. Les carrières d'où on en tire le plus, sont auprès de la Ferté-sous-Jouarre.

conversion de la terre calcaire en terre siliceuse; pierre a fusil
mais cette opinion n'est appuyée par aucune expérience chimique. On est actuellement assez d'accord que la pierre à fusil doit son origine à des
infiltrations; du moins cette opinion est-elle la
plus probable.

On en trouve en Saxe, en Danemarck, en
Suède, en Pologne, en Espagne, et surtout très-
abondamment dans ces bancs de craie qui constituent une partie du sol de la France septentrio-
nale, et qu'on retrouve encore en Angleterre.

REMARQUES.

Karsten cite des pierres à fusil qui forment des passages au hornstein, au quartz commun, à la cornaline.
Il se plaint surtout de ce qu'on la confond souvent avec
le *hornstein*.

Werner décrit, dans le catalogue de Pabst, une pierre
à fusil, mêlée avec des pyrites, venant de Freyberg en
Saxe, qu'il dit former un passage au *hornstein*.

La pierre trouvée à Menil-Montant, près Paris, et
nommée *ménilite* par quelques auteurs, est regardée par
Estner, comme une variété de pierre à fusil, et par
Klaproth, comme une demi-opale.

On trouve en France (à Poligny, département du
Jura), des pierres à fusil en masses globuleuses, creuses
à l'intérieur, et renfermant du soufre.

VINGTIÈME ESPÈCE.

KALZEDON. — LA CALCÉDOINE.

SILEX CHALCEDONIUS.

L'espèce calcédoine se partage en deux sous-espèces, qui sont la calcédoine commune et la cornaline.

Ire. SOUS-ESPÈCE.

GEMEINER KALZEDON. — LA CALCÉDOINE COMMUNE.

Silex chalcedonius vulgaris.

Id. Emm. T. 1, p. 151. — Wid. p. 317. — Lenz, p. 209. — W. P. T. 1, p. 252. — M. L. p. 115. — *Achates chalcedonius*, Wall. T. 1, p. 287. — *Common calcedony*, Kirw. T. 1, p. 298. — *Calcedonia*, Nap. p. 183. — *Calcedoine*, R. d. L. T. 2, p. 145. — *Id.* D. B. T. 1, p. 89. — *Id.* Lam. T. 2, p. 142.

Quartz-agathe calcédoine, Haüy. T.

Caractères extérieurs.

SES couleurs ont beaucoup de variétés ; les principales sont le *blanc de lait*, le *blanc grisâtre* ; les *gris jaunâtre*, *verdâtre*, *bleuâtre* ; le *gris de perle*, le *gris de fumée*, le *bleu violet*, le *bleu de lavande*, le *jaune de vin*, le *jaune de miel*, les *bruns rougeâtre*, *jaunâtre* et *noirâtre*. — Le *verd-*

olive (*) , le *verd de pré*, le *verd d'asperge*, le *verd* CALCEDOINE.
de montagne et le *rouge de chair* sont fort rares.

Très-souvent ces couleurs sont mélangées en-semble, et forment des *dessins pointillés*, *tachetés*, *nuagés*, *rubanés*, *dendritiques* et *veinés*, etc. Il y a une calcédoine d'un blanc grisâtre qui présente *un jeu de couleurs irisées* lorsqu'elle est taillée.

On la trouve en masse, en *morceaux arrondis*, sous formes *globuleuses*, *réniformes*, *uviformes*, *stalactiformes*, *cellulaires*, etc. *en pseudo-cristaux*; elle forme aussi la pâte de beaucoup de pétri-fications.

Les *pseudo-cristaux* qu'elle forme, sont le *cube parfait* (à Nertschink en Sibérie), le rhomboïde, les pyramides simples à 3 faces et à 6 faces, celle-ci double (Schemnitz en Hongrie) , etc. Karsten pense, avec raison, que souvent la calcédoine ne forme pas même des pseudo-cristaux entiers, mais qu'elle enveloppe d'une croûte mince des cristaux préexistans d'autres substances.

La surface extérieure est le plus souvent *inégale*, quelquefois *rude*, rarement *lisse*.

Son éclat extérieur est tout-à-fait accidentel ;

(*) Une partie des variétés vertes est peut-être le *plasma* de Werner. Emmerling, d'où cette description de la calcé-doine est tirée, n'a décrit le plasma que dans son sup-plément (T. 3 , p. 322), où il annonce qu'il a compris le plasma dans l'espèce calcédoine dans son premier volume.

calcedoine. à l'intérieur, elle est *brillante*, rarement *un peu éclatante* ; c'est un *éclat ordinaire*.

La cassure est en général *unie* ; elle passe quelquefois à la cassure *conchoïde imparfaite*, et même à la *cassure écailleuse*.

Les fragmens sont *indéterminés*, *à bords très-aigus*.

Elle se présente quelquefois en *pièces séparées*, *testacées*, *courbes*, *concentriques* ou *plates*, ou *en zigzag* ; mais en général elle n'a point de pièces séparées.

Elle est le plus communément *translucide*, rarement *demi-diaphane*.

Elle est *dure*, un peu plus que la pierre à fusil ; — *facile à casser* ; — *froide au toucher* ; — *médiocrement pesante*.

Pes. spéc. 2,615 à 2,700.

Caractères chimiques.

La calcédoine est infusible au chalumeau sans addition.

D'après Bergman, elle est composée de silice, 84 ; alumine, 16, et d'un peu de fer.

Usage.

La calcédoine étant susceptible d'un beau poli, est employée en bijouterie.

Gissement et localités.

La calcédoine se rencontre le plus communé-

ment en masses globuleuses, amygdaliformes, em- CALCEDOINE.
pâtées dans des roches de mandelstein ; c'est ainsi
qu'elle est à Oberstein dans le duché de Deux-
Ponts, en Irlande, dans l'île de Ferroé : l'intérieur des masses globuleuses de calcédoines est
souvent tapissé de cristaux de quartz et surtout
d'améthyste.

On la trouve aussi en masses réniformes, en
boules et en fragmens dans le porphyre, dit *trum-
merporphyr* de Chemnitz en Saxe. A Gersdorf en
Saxe, elle se trouve en filons. A Kœnigsbruck en
Haute-Lusace, on en trouve des morceaux arrondis.
La calcédoine commune se trouve d'ailleurs presque partout ; la calcédoine cellulaire se trouve
fréquemment auprès de Vicence : ce sont des espèces d'amandes dont le centre est creux : l'intérieur est souvent garni de petits cristaux de quartz ;
souvent aussi elles contiennent une bulle d'eau.
C'est ce que l'on a appelé *agathes enhydres*.
(*Voyez* les remarques sur les agathes, à la fin de
l'article calcédoine.)

REMARQUES.

1°. Le nom de calcédoine, *chalcedonius*, nous vient
des anciens. Il paraît qu'on a donné ce nom à une pierre
qui se trouvait dans la province de Calcédoine.

2°. Le *cacholong* est une calcédoine d'un blanc de
lait. Widenmann en fait une sous-espèce particulière.
(Page 323.)

CALCEDOINE.   3°. Le *mullerglas* ou *lavaglas* des Allemands est une substance vitreuse, demi-diaphane, presque sans couleur, infusible au chalumeau, qu'on a trouvée dans les environs de Francfort-sur-le-Mein, dans des roches de mandelstein; elle a été regardée par quelques-uns comme un verre volcanique; d'autres, et c'est le plus grand nombre, ont nié son origine volcanique, et l'ont considérée comme devant faire une espèce minérale particulière; Werner même lui avait donné le nom d'*hyalite*, mais il a reconnu depuis que ce n'était qu'un passage de la calcédoine à l'opale. Elle contient, d'après l'analyse de Link, silice, 57; chaux, 15; argile, 18. (Ann. Crell. 1790, T. 11, p. 232.)

On en a trouvé aussi en d'autres endroits.

4°. La calcédoine forme la majeure partie des pierres que l'on a appelées agathes. (*Voyez* à la fin de l'article calcédoine.)

II.ᵉ SOUS-ESPÈCE.

KARNIOL.   —   LA CORNALINE.

Silex chalcedonius carneolus.

Id. Emm. T. 1, p. 157. — Lenz, p. 214. — M. L. p. 120. —W. P. T. 1, p. 255. — *Blutrothe kalzedon*, Wid. p. 318. — *Achates carneolus*, Wall. T. 1, p. 185.— *Carnelian*, Kirw. p. 300 — *Cornaline*, D. B. T. 1, p. 105. —*Id.* Romé D. L. T. 2, p. 146. — *Agathe cornaline*, Lam. T. 2, p. 147. — *Corniola*, Nap. p. 185.

Quartz-agathe cornaline, Haüy. T.

Caractères extérieurs.

SA couleur la plus ordinaire est le *rouge de sang,*

plus

plus ou moins foncé ; il passe tantôt au *rouge de* CALCEDOINE. *chair*, au *rouge d'hyacinthe* ; tantôt aux *bruns rougeâtre* et *jaunâtre*, au *jaune de cire*, au *jaune de miel*. Le mélange de plusieurs de ces couleurs présente souvent des *dessins rubanés* ou *tachetés*.

On la trouve *en masse*, *disséminée*, mais le plus souvent elle est en *morceaux arrondis*, *globuleux*, *réniformes* ou *stalactiformes*.

La surface extérieure des cornalines globuleuses est *rude* et *inégale*.

A l'intérieur, elle est *brillante*, quelquefois même un *peu éclatante* ; c'est un *éclat ordinaire*.

La cassure est parfaitement conchoïde.

Les fragmens sont *indéterminés*, *à bords très-aigus*.

On en a trouvé qui était composée de *pièces séparées*, *testacées*, *concentriques*.

Elle est communément *demi-diaphane* ; il est rare qu'elle ne soit que *translucide*.

Elle est *dure* ; — *facile à casser* ; — *froide au toucher* ; — *médiocrement pesante*.

Pes. spéc. 2,600 à 2,700.

Caractères chimiques.

La cornaline est infusible sans addition au chalumeau ; elle perd seulement sa couleur et blanchit.

Usage.

On en fait les mêmes usages que de la calcédoine commune.

Minéral. élém. Tome I.   S

Gissement et localités.

Elle se trouve dans les mêmes circonstances et les mêmes lieux que la calcédoine commune ; cependant elle est plus rare. Les plus belles nous viennent de l'Orient, aussi les appelle-t-on *orientales* (*) ; elles sont mamelonées, et dans les morceaux polis les sections transversales de ces mamelons forment des ondulations qui les font distinguer. Il en est de même des *calcédoine*, *sardoine*, *agathe*, dites *orientales*.

La *sardoine* n'est autre chose qu'une cornaline, dont la couleur tire sur le jaune.

Remarques sur les agathes.

1°. D'après Werner, les *agathes* ne doivent point former une espèce en minéralogie. On a, dit-il (catalogue de Pabst), donné ce nom à beaucoup de pierres dures polissables, dont quelques-unes sont composées souvent d'une manière toute différente ; néanmoins la calcédoine commune et la cornaline forment, avec le jaspe, la base de la plupart des agathes. C'est donc à la suite de la calcédoine qu'il doit être question succinctement des *agathes* dans la description oryctognostique des

---

(*) Cependant toutes les calcédoines dites *orientales*, ne viennent pas de l'*Orient*. On a vu à l'article *saphir*, que ce mot *oriental*, appliqué à des pierres employées en bijouteries, et qui désignait d'abord une localité, ne sert plus aujourd'hui qu'à indiquer un plus grand degré de perfection.

minéraux , en éloignant les longs détails de leurs nom- CALCEDOINE.
breuses variétés , qui ne peuvent trouver place que dans
une minéralogie économique parmi les *minéraux polis-*
sables.

2°. Les variétés de couleur et de dessin que présentent
les agathes , leur ont fait donner beaucoup de noms ,
dont voici les principaux : *Fortifikationsagat* ou agathe
présentant des bandes en zigzag ; *lanaschaftagat* ou
agathe *paysagée ; bandagat* ou agathe *rubanée* et *agathe*
onyx ; moosagat ou agathe *mousseuse ; rohrenagat* ou
agathe *tubuleuse ; wolkenagat* ou agathe *nuagée ; kreisagat* ,
agathe *circulaire ; sternagat* , agathe *rayonnée ; trummer-*
agat ou *agat breccie* , agathe *en brèche ;* c'est en effet une
véritable brèche ; *punkt-agat* , agathe *ponctuée ; versteu-*
nerungs-agat , agathe *en pétrification ; korallen-agat* , agathe
coralloïde ; jasp-agat , jaspe agathe ou agathe *jaspée* , etc.

Les noms français qu'elles ont reçus sont aussi très-
nombreux et peu intéressans à connaître. Celle dite
pierre de moka est une agathe qui renferme des dendrites.

3°. Les usages des agathes sont les mêmes que ceux de
la calcédoine commune : on en fait aussi des mortiers ,
à cause de leur dureté , etc. On en polit beaucoup à
Oberstein dans le pays de Deux-Ponts.

4°. On trouve des agathes en Saxe , en Bohême , en
France , en Angleterre, dans le pays de Deux-Ponts ,etc. ;
elles ont les mêmes gissemens que la calcédoine , et
affectent ordinairement les mêmes formes globuleuses.
Outre la calcédoine et le jaspe , Emmerling cite aussi ,
comme parties composantes des agathes , le quartz ,
l'améthyste , le hornstein , la lithomarge endurcie , l'héliotrope et l'opale.

5°. Werner , dans le catalogue de Pabst , cite deux

 morceaux de calcédoine, dans lesquels elle passe au *horns-*
tein; le premier est accompagné d'un peu de terre verte;
il vient d'Islande; le second est accompagné de véritable *hornstein*; il vient de Saxe; ce qui confirme l'idée
qui a été donnée du hornstein. (*Voyez* les remarques à
la suite de cette espèce.)

VINGT-UNIÈME ESPÈCE.

HELIOTROP. — L'HÉLIOTROPE.

SILEX HELIOTROPIUS.

Id. Emm. T. 1, p. 171. — M. L. p. 123. — Wid. p. 316.
— Lenz, T. 1, p. 216. — *Jaspis variegata, Heliotropius,*
Wall. T. 1, p. 315. — *Agathe héliotrope,* D. B. T. 1,
p. 113. — *Héliotropium,* Kirw. T. 1, p. 314. — *Eliotropio,*
Nap. p. 193. — *Jaspe sanguin,* Lam. T. 2, p. 166.

Quartz-agathe, verd obscur, Haüy. T. — *Quartz-jaspe*
sanguin, ibid.

Caractères extérieurs.

SA couleur principale est un *verd* foncé qui tient
le milieu entre le *verd-poireau* et le *verd-céladon*;
il passe quelquefois au *verd de gris*, au *verd de mon-*
tagne et au *verd noirâtre*; il est quelquefois parsemé
de taches ou de stries d'un *verd-olive* ou d'un *jaune*
d'ochre, et très-souvent de points d'un *rouge écar-*
late ou *rouge de sang*; c'est ce qui l'a fait nommer
quelquefois *jaspe sanguin*.)

On le trouve *en masse* ou en *morceaux anguleux*.

A l'intérieur, il est *brillant* ou tout au plus un HÉLIOTROPE. peu *éclatant*; c'est *un éclat gras.*

Sa cassure est *conchoïde*, passant quelquefois à la cassure *inégale* et même à la cassure *écailleuse.*

Les fragmens sont *indéterminés*, *à bords très-aigus.*

Il est communément *translucide sur les bords*, mais quelquefois il est entiérement *translucide.*

Il est *dur;* — *facile à casser;* — *froid au toucher;* — *médiocrement pesant.*

Pis. spéc. 2,633.

Caractères chimiques.

Traité au chalumeau sans addition, il est entiérement infusible.

Usage.

Sa dureté, son beau poli et ses couleurs le font rechercher pour les mêmes usages que les agathes.

Gissement et localités.

L'héliotrope nous vient originairement de l'O-rient : on en a depuis trouvé en Sibérie, en Islande et à Jaschkenberg en Bohême, où il se rencontre en filon.

REMARQUE.

Beaucoup de minéralogistes regardent l'héliotrope comme devant former une sous-espèce, et même une variété du jaspe, quoique Werner l'en ait séparé. Quel-

HÉLIOTROPE. ques-uns le nomment jaspe oriental ; il est certain qu'il se rapproche beaucoup du jaspe. Emmerling et Widenmann pensent qu'on pourrait le regarder comme étant le passage de cette espèce à la calcédoine, ou comme étant une calcédoine mélangée de terre verte.

VINGT-DEUXIÈME ESPÈCE.

PLASMA.   —   **LE PLASMA.**

Emmerling et Estner sont les seuls auteurs qui aient donné une description du *plasma*, comme étant une espèce minéralogique nouvellement admise par Werner. On la trouve aussi dans le tableau qui précède le vocabulaire de Reuss. Widenmann dit seulement en l'article calcédoine, que la variété verte a souvent été nommée plasma.

La description qui suit est d'Emmerling. (T. 3, p. 322.)

Caractères extérieurs.

LE plasma a une couleur *verte*, plus ou moins foncée, qui varie entre le *verd de pré*, le *verd d'émeraude*, le *verd d'asperge*, le *verd de montagne*, le *verd-olive* et le *verd-poireau*. Plusieurs de ces teintes sont souvent mélangées ensemble, et forment alors des dessins *tachetés*, *rubanés*, *pointillés* : il s'y rencontre aussi des parties *brunes* de différentes nuances.

On le trouve *en masse*, en *fragmens anguleux* et en *morceaux arrondis*, qui souvent sont enveloppés d'une croûte de la nature du talk ou de la stéatite. ᴘʟᴀsᴍᴀ.

Il est *brillant* à l'extérieur comme à l'intérieur; c'est un *éclat gras.*

La cassure est *conchoïde*, plus ou moins parfaite ; elle passe à la cassure *unie* ou à la cassure *écailleuse*, *à petites écailles.*

Les fragmens sont *indéterminés*, *à bords aigus.*

Il est *translucide*, et même *demi-diaphane* dans les éclats minces.

Dur, presqu'autant que la calcédoine ; — *aigre* ; — *facile à casser* ; — *médiocrement pesant.*

Gissement et localités.

On ne connaît pas encore bien exactement les caractères géologiques du plasma. Il paraît qu'il se trouve assez communément en Italie et dans le Levant : on en a trouvé à Bojanowitz en Moravie, dans une montagne de serpentine ; il était en morceaux arrondis, avec des morceaux semblables de hornstein et de pierres à fusil : on en a découvert à Tœltsva dans la Haute-Hongrie.

R E M A R Q U E S.

1°. Le plasma a été jusqu'ici considéré, par les minéralogistes, comme une calcédoine : Werner a cru devoir l'en séparer, et en former une espèce particulière. On n'en a pas encore fait l'analyse ; ce qui peut-être pourrait éclairer sur sa nature. Il est certain que le plasma a beaucoup de rapports avec l'héliotrope et la calcédoine, avec laquelle il forme souvent des agathes.

PLASMA. (*Voyez* la remarque sur les agathes, à la fin de l'article calcédoine.) Estner regarde le plasma comme une calcédoine mélangée de terre magnésienne.

2°. Cette substance est connue depuis long-tems en Italie, sous son nom de plasma.

3°. Dans le vocabulaire de Reuss, le plasma est réuni avec l'héliotrope, sous une même espèce, dont il ne donne pas le nom. J'ai cru devoir les séparer, comme l'a fait Emmerling.

4°. Widenmann, Napione et autres minéralogistes regardent le plasma comme une variété de calcédoine.

VINGT-TROISIÈME ESPÈCE.

KRISOPRAS. — LA CHRYSOPRASE.

SILEX CHRYSOPRASIUS.

Id. Emm. T. 1, p. 174. — Wid. p. 355. — Lenz, T. 1, p. 220. — M. L. p. 124. — W. Cronst. p. 99. — W. P. p. 164. — *Achates... prasius*, Wall. T. 1, p. 292. — *Chrysoprase*, R. d. L. T. 2, p. 167. — *Chrysoprasium*, Kirw. T. 1, p. 284. — *Chrysoprase*, Lam. T. 2, p. 177. — *Crisoprasio*, Nap. p. 195.

Quartz-agathe prase, Haüy. T.

Caractères extérieurs.

SA couleur principale est le *verd de pomme*; mais elle varie en passant d'un côté au *blanc verdâtre* et au *gris verdâtre*, et de l'autre au *verd-olive* et au *verd de poireau clair*. (Le verd-pomme parfait est le plus estimé.)

On la trouve *en masse* et en *fragmens anguleux*.   CHRYSOPRASE.

A l'intérieur, elle est *matte*, quelquefois très-faiblement *brillante*.

Sa cassure est *unie*, quelquefois un peu *écailleuse*.

Les fragmens sont *indéterminés*, *à bords assez aigus*.

Elle est *très-translucide, presque demi-diaphane*.

Elle est *dure*, moins que la calcédoine et la pierre à fusil; — *facile à casser*; — *froide au toucher*; — *médiocrement pesante*.

Pes. spéc. KLAPROTH, 3,250.

Caractères chimiques.

Elle est infusible au chalumeau sans addition; seulement elle perd sa transparence et blanchit.

Parties constituantes.

Silice..................... 96,16		
Argile..................... 0,08		
Chaux...................... 0,82	KLAPROTH,
Fer........................ 0,08	T. 2,
Nikel...................... 1,00	p. 133.
Perte...................... 1,86	
100.	

Gissement et localités.

La chrysoprase se trouve à Kosemütz dans la Haute-Silésie, dans une montagne de serpentine, au milieu d'une couche d'asbeste, de talk endurci, de lithomarge, etc. On y observe des passages de

CHRYSOPRASE. la chrysoprase à l'opale et au hornstein (karsten.)

Toutes les autres localités qui ont été indiquées par différens auteurs, peuvent au moins être regardées comme peu sûres ; il paraît que l'on a pris souvent la prase pour la chrysoprase.

Usage.

On en fait le même usage que des agathes ; l'humidité altère, dit-on, souvent beaucoup sa couleur ; aussi les bijoutiers, avant de l'employer, l'éprouvent auparavant dans des lieux humides.

VINGT-QUATRIÈME ESPÈCE.

KIESELSCHIEFER. — LE SCHISTE SILICEUX
ou LE KIESELSCHIEFER.

SILEX SCHISTOSUS.

Nota. Werner partage cette espèce en deux sous-espèces, telles qu'elles vont être décrites d'après Lenz et Emmerling. Widenmann n'adopte pas cette opinion ; il pense que la pierre de Lydie ne peut former qu'une variété et non une sous-espèce de kieselschiefer.

Ire. SOUS-ESPÈCE.

GEMEINER KIESELSCHIEFER. SCHISTE SILICEUX COMMUN.

Silex schistosus vulgaris.

Id. Emm. T. 1, p. 178. — Wid. p. 380. — Lenz, p. 228. — M. L. p. 126. — W. P. p. 265. — *Siliceous schistus*, Kirw. T. 1, p. 306. — *Schisto siliceo*, Nap. p. 244.

Roche-trapéenne ou *cornéenne* (? ?) Haüy. T.

Caractères extérieurs.

SA couleur ne s'écarte guère des *gris noirâtre et verdâtre*, du *gris de fumée*, du *gris de cendre*, (Emmerling ajoute le *gris jaunâtre*, le *gris de perle* et le rouge de cerise) : il est souvent traversé de veines de quartz d'un *blanc grisâtre*, ou coloré en rouge par le fer (*).

On le trouve *en masse* et en *morceaux arrondis* (geschieben).

Sa surface est *lisse.*

A l'intérieur, il est *mat*, très-rarement *un peu brillant.*

Sa cassure (en petit) (**) est compacte, tantôt *écailleuse*, tantôt *imparfaitement conchoïde*; mais

---

(*) Ce caractère le fait très-bien distinguer ; il manque rarement.

(**) C'est-à-dire celle des petits fragmens par opposition à la cassure d'une grosse masse.

(en grand) elle est *schisteuse*, caractère qui disparaît presque toujours dans les petits fragmens.

Les fragmens sont *indéterminés*, *à bords aigus*.

Il est communément *opaque*, très-rarement un peu *translucide sur les bords*.

Il est *dur*; — assez *facile à casser*; — médiocrement pesant.

Caractères chimiques.

Au chalumeau, le kieselschiefer gris blanchit et devient friable. Le noir, au contraire, noircit davantage, et se vitrifie un peu sur les bords. (WIDENMANN.)

Parties constituantes.

Silice................	75,00	
Magnésie..........	4,58	D'après Wiegleb,
Chaux...............	10,00	Chem. ann. 1788,
Fer...................	3,54	T. 2, p. 140.
Parties inflammables..	5,02	

98,14.

Gissement et localités.

On en trouve en Bohême (auprès de Prague et de Carlsbad), en Saxe (Hainich, Freyberg, etc.), à Rammelsberg, au Harz, au Scheidek, en Suisse, en Sibérie, etc.

On ne peut assigner exactement ses caractères géologiques : les observations ne sont pas, à cet

égard, assez précises. On le trouve presque toujours en énormes rochers isolés, qui paraissent
provenir de la destruction de montagnes particulières : on en rencontre aussi beaucoup en cailloux
roulés dans le lit des fleuves et dans certaines
plaines : on en trouve pourtant aussi en place en
quelques endroits, entr'autres à Ochsenberg près
de Gœrlitz, dans la Haute-Lusace et ailleurs.

M. Werner l'a rangé provisoirement parmi les
roches stratiformes (??) (*Voyez* le Traité des roches).

RÉMARQUES.

Le kieselschiefer commun a beaucoup de rapports
avec le *thonschiefer*, avec lequel on le confond très-
souvent. Widenmann le regarde même comme n'étant
qu'un *thonschiefer* imprégné de terre siliceuse. Il se fonde
sur les ressemblances qui rapprochent ces deux pierres,
et sur ce que le kieselschiefer se trouve souvent comme
roche subordonnée dans les montagnes de thonschiefer,
au point qu'il y a tel fragment dont la moitié est de
kieselschiefer, et l'autre moitié de *thonschiefer*.

C'est aussi une des nombreuses substances qu'on a
nommées *hornschiefer*, nom qui a donné lieu à tant de
confusion en minéralogie ; aussi M. Werner l'a-t-il supprimé entièrement (*).

Le kieselschiefer que M. Wiegleb a analysé, était,
suivant lui, un hornschiefer.

(*) *Voyez* les Mémoires de Karsten et de Woigt à ce
sujet, dans le *Magasin für die naturkunde; Helvétiens de
Hœpfner*, T. 3, p. 167 à 268.

Je n'ose hasarder de décider sous quel nom le kiesel-schiefer des Allemands est désigné ordinairement par les minéralogistes français. Je suis porté à croire qu'il comprend une partie de nos trapps, peut-être quelques cornéennes et même certains petrosilex (???)

IIᵉ. SOUS-ESPÈCE.

LIDISCHER STEIN. — **LA PIERRE DE LYDIE.**

Silex schistosus Lydius.

Id. Emm. T. 1 , p. 181. — Lenz, T. 1 , p. 225. — M. L. p. 127. — W. P. p. 264. — *Kieselschiefer*, Wid. p. 380. — *Schistus… Lapis Lydius*, Wall. T. 1 , p. 353.— *Probierstein… Pierre de touche*, etc.

Basanite, Kirw. T. 1 , p. 307. — *Schistosiliceo*, Nap. p. 244. — *Lydienne*, Lam. Tom. 2 , p. 384.

Roche-trapéenne ou *cornéenne*, Haüy. T.

Caractères extérieurs.

SA couleur est un *noir grisâtre* qui quelquefois passe au *noir bleuâtre*.

On la trouve *en masse* et en *fragmens arrondis*, qui sont communément traversés de veines de quartz blanc.

A l'intérieur, elle est *brillante*.

La cassure est *unie*, quelquefois un peu *conchoïde* ou *inégale*, rarement un peu *écailleuse*. En grande masse, elle est souvent *schisteuse*.

Les fragmens sont *indéterminés*, *à bords aigus*, quelquefois presqu'en *forme de plaques*.

Elle est communément *opaque*, très-rarement un peu *translucide sur les bords*.

Elle est *dure*, mais moins que le quartz ; — peu *difficile à casser* ; — *médiocrement pesante*.

Pes. spéc. 2,880 à 2,415.

Usage.

Cette pierre est connue depuis long-tems sous le nom de pierre de touche, parce qu'on s'en sert pour reconnaître la pureté de l'or.

On fait avec le lingot d'or à éprouver une trace sur un côté poli de la pierre. On y verse ensuite de l'acide nitrique, et l'on juge de la quantité d'alliage par le degré d'altération que la trace éprouve. Ce n'est sans doute qu'un à peu près, mais pour des gens exercés il équivaut à un essai plus exact.

Cette propriété tient à ce que cette pierre est très-dure, et présente en même tems une cassure unie sans être lisse. Plusieurs autres pierres pourraient présenter le même avantage.

Gissement et localités.

Elle se trouve communément aux mêmes lieux et avec les mêmes circonstances que le kieselschiefer commun. Il y a des passages de l'un à l'autre.

REMARQUE.

Son nom lui est venu de ce qu'on l'apportait autrefois de Lydie. Pline parle de cette pierre (*) et de sa pro-

---

(*) Pline, T. 3, p. 626.

priété ; il lui donne le nom de *coticula*, en avertissant qu'on l'appelle aussi pierre de Lydie.

Les minéralogistes français regardent la pierre de Lydie comme un trapp : d'où l'on voit que ce mot n'a pas pour eux la même acception que pour les Allemands. (*Voyez* formation trapéenne, au traité des roches.)

VINGT-CINQUIÈME ESPÈCE.

OBSIDIAN. — L'OBSIDIENNE.

SILEX OBSIDIANUS.

Id. Emm. T. 1, p. 184. — Wid. p. 348. — Lenz, T. 1, p. 226. — M. L. p. 128. — W. P. T. 1, p. 265. — Kirw. T. 1, p. 265. — *Obsidiana*, Nap. p. 205.
Lave vitreuse, obsidienne, Haüy. T.

Caractères extérieurs.

Sa couleur la plus ordinaire est le *noir parfait*, qui passe quelquefois aux *noirs verdâtre* et *grisâtre*, aux *gris noirâtre, bleuâtre* et *verdâtre*; au *gris de fumée* et même au *verd-poireau*.

On la trouve tantôt *en masse*, tantôt en *morceaux arrondis* (geschieben).

La surface est *lisse*; elle est *très-éclatante*, d'un *éclat vitreux*.

La cassure est *parfaitement conchoïde, à grandes cavités*.

Les fragmens sont *indéterminés, à bords très-aigus*.

On a cité une *obsidienne* composée ; quoique

d'une

d'une manière peu déterminée, de *pièces séparées* OBSIDIENNE.
scapiformes.

Elle est quelquefois *translucide sur les bords,* rarement elle l'est tout-à-fait. Le plus souvent elle est entiérement *opaque;* — elle est *dure;* — *très-aigre;* — *facile à casser;* — *médiocrement pesante.*

Pes. spéc. 2,348.

Caractères chimiques.

L'obsidienne se fond au chalumeau sans addition, en un verre opaque d'un blanc grisâtre, un peu bulleux.

Parties constituantes.

BĔRGMAN.	ALBIGOARD.
Silice............... 69.	.... 74.
Alumine........... 22.	.... 2.
Oxide de fer........ 9.	.... 14.
100.	90.

Usages.

Sa belle couleur noire opaque et sa dureté l'ont fait souvent rechercher pour en tailler des plaques pour bijoux : on en a fait aussi des miroirs au Pérou, où elle était connue sous le nom de Pierre de Gallinace : on en a fait des miroirs de télescope.

Gissement et localités.

Elle se trouve en Islande (d'où elle avait été

Minéral. élém. Tome I.   T

OBSIDIENNE. nommée *agathe d'Islande*), en Italie, à Madagascar, au Pérou, à Telkobanya et Tokai en Hongrie.

Quant au gissement, Werner assure que, d'après les renseignemens qu'il tient des voyageurs mêmes, l'obsidienne se trouve en Islande, non pas seulement dans le voisinage de l'Hecla, mais qu'elle est disséminée partout à la manière du quartz et des pierres à fusil. M. Gehrard, qui a vu celles de Hongrie, dit qu'elles se trouvent en morceaux isolés au milieu de débris de granits, de gneiss et de porphyres décomposés.....

De tout cela Werner et d'après lui Karsten, Emmerling, Lenz, Reuss, concluent que l'obsidienne n'est pas, comme on l'avait cru, un verre volcanique, mais une substance minérale particulière, produite, comme toutes les autres, par la voie humide. M. Camera a soutenu aussi cette opinion, en observant que si l'obsidienne était un verre volcanique, elle ne changerait pas de couleur et d'aspect en se fondant au feu du chalumeau. (??)

D'un autre côté, d'autres minéralogistes, considérant que l'obsidienne se trouve très-souvent mélangée avec la leucite et surtout avec la pierre-ponce, dont elle se rapproche beaucoup dans certains passages, et que ces deux substances minérales avoisinent toujours les volcans; que d'ailleurs l'obsidienne a des caractères évidens de vitrification, telle surtout que celle en gros grains arrondis (dite *luchssaphir* (*)) de Telkobanya en Hongrie ; qu'en OBSIDIENNE. outre elle n'a encore été trouvée jusqu'ici que dans des contrées où existent des volcans brûlans, ou du moins où l'on a de fortes raisons de croire qu'il en a existé, regardent l'origine volcanique de l'obsidienne comme impossible à contester.

Le nom d'obsidienne vient de Pline, qui la nommait *lapis obsidianus*, d'après le nom d'un certain *Obsidius* qui l'apporta d'Éthiopie.

REMARQUES.

Il paraît que l'opinion de Werner sur l'origine de l'obsidienne a prévalu en Allemagne. Kirwan, dans sa nouvelle édition, paraît aussi l'avoir adoptée. La plupart des minéralogistes français reconnaissent au contraire que l'obsidienne est un verre de volcans ; ils se fondent sur les raisons rapportées plus haut, et en outre sur ce que l'on ne connaît aucune substance minérale (produit de l'eau) qui présente des caractères analogues ; c'est ainsi que le citoyen Dolomieu , avec qui j'ai visité (à Grantola, près du lac-majeur) un prétendu porphyre vitreux annoncé par le Père Pini de Milan, qui a tous les caractères de l'obsidienne, et que Fleuriau de Bellevue avait déclaré volcanique, ne trouvant pas d'ailleurs dans le terrain environnant les caractères d'un terrain volcanique, a suspendu son jugement à cet égard, en déclarant néanmoins qu'il penchait pour l'opinion de Fleuriau de Bellevue, « parce que, disait-il, si ce n'est pas là un pro- » duit volcanique, je ne vois pas ce que ce pourrait être, » et il n'y aura aucune des substances qui portent ce nom,

____

(*) L'origine de ce mot est *leuco-saphirus*, saphir blanc.

OBSIDIENNE. »à laquelle on ne puisse le contester.» (J. des Mines, T. 4, p. 391.)

Ne pourrait-on pas soupçonner que l'obsidienne d'Islande et d'Italie n'est pas la même que celle de Tokay en Hongrie ? Si cela était, les deux opinions pourraient, je crois, s'accorder facilement.

VINGT-SIXIÈME ESPÈCE.

KATZEN AUGE.   —   L'ŒIL DE CHAT.

SILEX CATOPHTALINOS.

Id. Emm. T. 1, p. 188. — Lenz, T. 1, p. 229. — M. L. p. 130. — Variété de *mondstein* ou d'*adulaire*, Wid. p. 344. — *Pseudopalus opacus radios... Oculus cati*, Wall. T. 1, p. 296. — *Feldspath chatoyant gris*, D. B. T. 1, p. 140. — *Œil de chat*, R. d. L. T. 2, p. 145. — *Id.* Lam. p. 152. — *Cat's eye*, Kirw. p. 301. — *Occhio di gatto*, Nap. p. 225.

Quartz-agathe chatoyant, Haüy. T.

Caractères extérieurs.

LA couleur principale est le *gris verdâtre* ou *jaunâtre*, ou le *gris de fumée*; elle passe au *verd-olive*, au *verd de montagne*, au *jaune de vin*, au *jaune de miel*, au *brun jaunâtre*, au *gris de cendre*; rarement elle est d'un *blanc de lait*, d'un *blanc grisâtre* ou d'un *blanc d'argent*.

Lorsqu'il est taillé, il présente un chatoiement particulier qui le fait très-bien reconnaître.

On ne connaît guère la forme sous laquelle il se rencontre dans sa nature : on soupçonne qu'il se trouve en *grains* ou en *morceaux arrondis* (geschieben). Klaproth en a décrit un qui avait la œil de chat. forme d'un fragment quadrangulaire.

Il est *très-éclatant* ; son éclat est l'*éclat gras*.

Sa cassure en travers est *inégale* (elle est alors d'un brun rougeâtre) ; en longueur elle est imparfaitement *lamelleuse*; quelquefois un peu esquilleuse (elle est d'un jaune chatoyant).

Les fragmens sont *indéterminés, à bords plus ou moins aigus.*

Il est fortement *translucide,* très-rarement *demi-diaphane :* on voit à l'intérieur de petites fibres parallèles, qui paraissent être la cause du chatoiement.

Il est *dur; — aigre; — facile à casser; — froid au toucher; — médiocrement pesant.*

Pes. spéc. d'après Klaproth , 2,625 à 2,660.

Caractères chimiques.

Klaproth a essayé l'œil de chat au feu de porcelaine; il n'a point été fondu, il a seulement perdu sa dureté, son éclat et sa transparence; la couleur est devenue d'un gris pâle. Traité au chalumeau, il fond très-difficilement. (SAUSSURE, §. 1890.)

Parties constituantes.

KLAPROTH, T. 1 , p. 94.

Silice	95.00	à	94.50
Alumine	1.75		2.00
Chaux	1.50		1.50
Oxide de fer	0.25		0.25
Perte	1.50		1.75
	100.		100.

Usages.

L'œil de chat est recherché comme pierre précieuse, pour être taillé en bague. Il n'est jamais plus gros qu'une noisette.

Gissement et localités.

L'œil de chat nous vient de l'île de Ceylan et de la côte de Malabar, et on nous l'apporte tout taillé ; aussi il n'en existe que de semblables dans les cabinets : Klaproth seul en cite un brut qui lui a été donné par M. Greville. On dit aussi qu'il se trouve en Egypte et en Arabie.

REMARQUES.

1°. Son nom lui vient de la ressemblance que l'on a cru apercevoir entre ses reflets et ceux qu'on observe dans l'œil d'un chat. Il paraît aussi que le mot français *chatoiement* est venu du nom œil de chat.

2°. Quelques minéralogistes (Widenmann entr'autres) regardent l'œil de chat comme une variété de feldspath ; d'autres, comme une variété d'opale. Werner a cru devoir en faire une espèce particulière. Klaproth, d'après son analyse, conclut qu'on pourrait peut-être le réunir à l'opale, mais jamais au feldspath.

VINGT-SEPTIÈME ESPÈCE.

PREHNIT.   —   LA PREHNITE.

SILEX PREHNITES.

Id. Emm. T. 1, p. 192. — Wid. p. 357. — Lenz, T. 1, p. 231. — M. L. (préface.) — *Prenite*, Nap. p. 235. — *Prehnite*, Kirw. T. 1, p. 274. — *Id.* Lam. T. 2, p. 311. *Prehnite*, Haüy.

Caractères extérieurs (*).

SES couleurs ordinaires sont le *verd-pomme*, le *gris verdâtre*, qui passe au *verd de montagne*, et le *blanc verdâtre*.

On la trouve ou en *masse* ou *cristallisée*. Sa forme principale est une *table quadrangulaire rhomboïdale*, qui est modifiée ainsi qu'il suit :

1°. Une *table quadrangulaire rhomboïdale parfaite* (les angles sont 98° et 82°).

2°. La même forme *tronquée*, ou sur tous ses bords ou seulement sur *ses bords aigus*.

3°. Une *table à 6 faces*, à angles inégaux (2 de 98° et 4 de 131°).

4°. Un *prisme large*, à 4 *faces*, *rectangulaire*, terminé par *un bisellement un peu obtus*, *dont les faces*

____

(*) Cette description est traduite d'après celle donnée par Werner. B. J. 1790, T. 1, p. 110.

prehnite. *correspondent aux plus petites faces latérales, et dont les bords sont aussi faiblement tronqués.*

Les cristaux sont ou *petits* ou de *moyenne grandeur*, rarement *isolés* ; le plus souvent ils sont *groupés* et réunis ensemble par leurs faces terminales, de manière à former ou des prismes ou des *tables* assez épaisses à 4 faces souvent convexes, ou enfin des *gerbes*.

Les faces des cristaux isolés sont *lisses* ; celles des groupes, formées par des réunions de cristaux, sont *striées*.

A l'extérieur, les cristaux sont presque toujours *éclatans* ; à l'intérieur, la prehnite est *éclatante* dans le sens de la cassure principale, *peu éclatante* dans un sens contraire ; c'est un *éclat nacré*, quelquefois l'*éclat gras*.

La cassure principale ou en longueur est le plus souvent *lamelleuse*, *à lames courbes* ; elle est aussi quelquefois *rayonnée*, *à rayons divergens* ; *en travers* elle est *inégale*, *à grains fins*.

Les fragmens sont en général *indéterminés*, à bords peu aigus, quelquefois en *forme de plaques*.

La prehnite est souvent composée de *pièces séparées*, tantôt *grenues*, *à gros grains* et *à grains fins* ; tantôt *scapiformes*, *minces*.

Elle est plus ordinairement *demi-diaphane*, quelquefois *diaphane* ou seulement *translucide*. Elle est

dure, mais non pas en un très-haut degré ; — *aigre* ; PREHNITE.
— *facile à casser* ; — *médiocrement pesante.*

Pes. spéc. HAUY. (Celle du Cap) 26,969.
      (Celle de France) 26,097.

Caractères chimiques.

La prehnite est fusible au chalumeau avec bouillonnement, en un émail bulleux , d'un jaune noirâtre. (LELIÈVRE.)

Parties constituantes.

KLAPROTH, Prehnite du Cap. *Beobacht und entdeck.* II , p. 217.	HASSENFRAZ, Prehnite de France. J. d. P. Fév. 1788.
Silice. 43.83	. . . . 50.
Alumine. 30.33	. . . . 20.4
Chaux. 18.33	. . . . 23.3
Oxide de fer. 5.66	. . . . 4.9
Eau. 1.83	. . . . 0.9
Magnésie	0.5
99.98	100.

Gissement et localités.

On en a apporté du Cap de Bonne-Espérance :
on en a aussi trouvé au bourg d'Oisans en Dauphiné (elle s'y rencontre dans quelques filons de
montagnes primitives) : on en a aussi trouvé à
Dunglas en Écosse, et dans la vallée de Fassa en
Tirol, où elle s'est rencontrée avec de la zéolithe.

 REMARQUES.

Elle a pris son nom de *prehnite* de ce qu'elle a été rapportée du Cap par le colonel Prehn.

On l'a confondue long-tems avec d'autres pierres, et surtout avec la zéolithe; mais elle en diffère essentiellement par ses formes, et en ce qu'elle ne forme pas, comme la zéolithe, gelée avec les acides.

On l'avait aussi nommée *chrysolithe, émeraude, prase* et *chrysoprase* du Cap.

Le citoyen de Drée a observé que la prehnite était électrique par la chaleur.

VINGT-HUITIÈME ESPECE.

ZEOLITH. — LA ZÉOLITHE.

SILEX ZEOLITHUS.

Nota. Werner partage cette espèce en cinq sous-espèces différentes. Les descriptions qui suivent sont tirées principalement d'Emmerling.

Ire. SOUS-ESPÈCE.

MEHLZEOLITH. — LA ZÉOLITHE FARINEUSE.

Silex zeolithus farinæ-formis.

Id. Emm. T. 1, p. 199. — Wid. p. 361. — Lenz, T. 1, p. 235. — W. P. T. 1, p. 265. — *Zeolite*, Kirw. T. 1, p. 278. — *Zeolite compatta terrea*, Nap. p. 235.

Zéolithe terreuse, Haüy. T.

Caractères extérieurs.

Ses couleurs ordinaires sont le *blanc rougeâtre* ou *jaunâtre*, ou le *rouge de chair clair*.

On la trouve en *masse* ou *disséminée*, sous forme rameuse ou *coralliforme*. Souvent aussi elle enveloppe les autres zéolithes en couches superficielles.

Elle est *matte*. Le *brillant* de la variété rouge paraît être dû à quelque mélange.

Sa cassure est *terreuse* (et elle paraît n'être autre chose qu'une terre agglutinée).

Les fragmens sont *indéterminés, à bords obtus.*

Elle est *opaque* ; — *très-tendre* ; — elle ne *happe pas à la langue* ; — elle est *maigre au toucher* ; — elle donne, lorsqu'on la gratte, un *cri sourd* ; — elle est *très-légère.*

Parties constituantes.

Silice 50		PELLETIER,
Alumine.................. 20		J. d. P. T. 22, p. 420.
Chaux 8		(Cette zéolithe venait de
Eau...................... 22		Ferroé.)

100

(Pour tout le reste, voyez à la fin de l'art. zéolithe.)

II.ᵉ SOUS-ESPÉCE.

FASRIGER ZEOLITH. — ZÉOLITHE FIBREUSE.

Silex zeolithus fibrosus.

Id. Emm. T. 1, p. 200. — Lenz, T. 1, p. 237. — W. P. T. 1, p. 265. — *Gemeiner zeolith*, Wid. p. 363. — *Zeolith*, Kirw. p. 278. — *Zeolite commune*, Nap. p. 228. *Zéolithe fibreuse*, Haüy. T.

Caractères extérieurs.

SA couleur la plus ordinaire est le *blanc jau-*

zéolithe. *nâtre*, qui se rapproche un peu du *brun jaunâtre :* on en trouve aussi d'un *blanc de neige* ou d'un *jaune de miel.*

On la trouve tantôt en *masse*, tantôt en *morceaux arrondis* (geschieben), qui sont composés de cristaux capillaires divergens, en forme de rayons, allant du centre à la circonférence.

A l'intérieur, elle *très-brillante*, et même *un peu éclatante ;* son éclat est *nacré*, passant à celui de la soie.

La cassure est *fibreuse*, à *fibres plus ou moins grosses*, *divergentes*, en étoiles ou en faisceaux.

Les fragmens sont *cunéiformes.*

Elle est communément composée de *pièces séparées*, *grenues*, à grains de toute grosseur. Elle est *translucide ;* — *demi-dure ;* — *aigre ;* — *facile à casser ;* — *légère.*

Parties constituantes.

D'après MEYER, silice, 41 ; argile, 31 ; chaux, 11 ; eau, 15.

(Pour tous les autres caractères, voyez à la fin de l'article zéolithe.)

IIIe. SOUS-ESPÈCE.

STRAHLIGER ZEOLITH. — ZÉOLITHE RAYONNÉE.

Silex ʒeolithus radiatus.

Id. Emm. T. 1, p. 202. — Lenz, T. 1, p. 238. — W. P. T. 1, p. 266. — *Gemeiner ʒeolith*, Wid. p. 363. — *Zeolite commune,* Nap. p. 228. — *Zéolithe,* 1re. variété, Lam. T. 2, p. 305.

Zéolithe cristallisée, Haüy. T.

Caractères extérieurs.

SES couleurs sont le *blanc jaunâtre,* le *blanc grisâtre,* le *blanc rougeâtre* et le *blanc de neige.*

On la trouve *en masse,* mais le plus souvent elle est cristallisée. Ses formes sont :

a. Un *prisme à* 4 *faces rectangulaires, terminé aux deux extrémités par un pointement à* 4 *faces, correspondant aux* 4 *faces latérales.*

b. Un *prisme rectangulaire à* 4 *faces,* dont deux *larges* et deux *étroites, terminé aux deux extrémités par un pointement aigu à* 4 *faces, correspondant aux bords latéraux.* Le sommet du pointement est aussi plus ou moins tronqué. (Cette forme subit diverses modifications par l'alongement de certaines faces, et elle prend tantôt l'apparence d'une table quadrangulaire, tantôt celle d'une table exagonale, bisellée sur 4 faces.)

· *c.* Un *prisme (rhomboïdal) à* 4 *faces,* dont les deux *bords latéraux aigus* et les deux *angles terminaux obtus* sont *tronqués.*

 Les cristaux sont *réunis en gerbes ou en druses ;* souvent le prisme est entiérement engagé et paraît à peine : on ne voit que les pointemens.

Les cristaux sont presque toujours *lisses* et *très-éclatans.*

A l'intérieur, la zéolithe rayonnée n'est qu'*éclatante* et même *peu éclatante ;* c'est un *éclat nacré.*

La cassure est *rayonnée, à rayons larges* ou *étroits.* Le premier cas la fait passer à la *zéolithe lamel-leuse,* et le second à la *fibreuse.*

Ses fragmens sont *cunéiformes.*

Elle est composée de pièces séparées, comme la précédente sous-espèce ; elle est *très-translucide ;* — *demi-dure ;* — *aigre ;* — *facile à casser.*

Pes. spéc. 2,035 à 2,486.

(Pour tous les autres caractères, voyez à la fin de l'article zéolithe.)

———

IVᵉ. SOUS-ESPÈCE.

BLÆTTRIGER ZEOLITH. — ZÉOLITHE LAMELLEUSE.

Silex zeolithus lamellosus.

Id. Emm. T. 1 , p. 204. — Lenz, T. 1 , p. 240. — W. P. p. 267. — *Gemeiner zeolith,* Wid. p. 363. — *Zeolite commune,* Nap. p 228. — *Zeolith,* Kirw. p. 278. — *Zéolithe nacrée ,* Lam. T. 2 , p. 305.

Stilbite , Haüy.

Caractères extérieurs.

LA couleur est la même que celle des deux sous-espèces précédentes.

On la trouve en morceaux *amygdaliformes* ou *zéolithe.*
globuleux et *cristallisés.* Ses formes sont :

a. Un *prisme court équiangle à 6 faces,* dont 2
plus larges, 2 *plus étroites* et 2 *très-étroites.*
(Ce cristal est ou parfait ou tronqué sur tous
ses angles).

Le cristal *a* modifié, donne quelquefois les
formes suivantes :

b. Une *table à 6 faces égales.*

c. Un *prisme rhomboïdal.*

La surface des cristaux est toujours *lisse* et *très-
éclatante.*

A l'intérieur, elle varie entre l'*éclatant* et le
très-éclatant ; c'est un *éclat nacré.*

La cassure est *lamelleuse,* à *lames* le plus souvent *courbes ;* le *clivage* est *simple.*

Elle est composée de *pièces séparées,* tantôt *grenues,* à *gros* ou *petits grains,* tantôt *testacées ;* elle
est *très-translucide,* passant au *demi-diaphane.*

(Les autres caractères extérieurs sont les mêmes que
ceux des sous-espèces précédentes.)

Parties constituantes.

D'après MEYER, silice, 58,3 ; argile, 17,2 ; chaux,
6,6 ; eau, 17,5.

(*Voyez* à la fin de l'article zéolithe.)

———————

Vᵉ. SOUS-ESPÈCE.

W U R F E L   Z E O L I T H. — LA ZÉOLITHE CUBIQUE.

Silex zeolithus cubicus.

Id. Emm. T. 1 , p. 205. — Lenz , T. 1 , p. 241. — *Zéolithe cubique* , Lam. T. 2 , p. 307. — *Chabasie* , *ibid.* p. 313.

Analcime et *chabasie* , Haüy. T. (*Voyez* les remarques.)

Caractères extérieurs.

L A couleur est celle des sous-espèces précédentes.

On la trouve ou *en masse* ou *cristallisée;* la forme est un *cube,* ou parfait, ou portant sur chacun de ses angles *un pointement à 3 faces* un peu concaves, qui sont placées *sur les bords latéraux* (*).

A l'extérieur, les cristaux sont *très-éclatans;* c'est un éclat *vitreux,* passant à l'éclat *nacré.*

A l'intérieur, au contraire, ils sont *éclatans* ou même *peu éclatans,* d'un éclat *nacré parfait.*

Sa cassure est *imparfaitement lamelleuse,* presque *inégale;* le clivage paraît triple et rectangulaire.

Ses fragmens sont des cubes *imparfaits.*

(*) J'ai conservé littéralement le texte d'Emmerling , mais je soupçonne qu'il a mis *les bords latéraux* au lieu des *faces latérales* , parce qu'en effet ce pointement a ses faces placées sur *les faces latérales* du cube dans tous les cristaux que j'ai vus.

Elle

Elle est composée de *pièces séparées grenues*, ZÉOLITHE.
à *gros et petits grains*; elle est *translucide*, quelquefois *diaphane*.

(Ses autres caractères extérieurs sont ceux des autres
zéolithes.)

Nota. Tout ce qui suit se rapporte à la fois à toutes
les sous-espèces de zéolithes.

Caractères chimiques.

La zéolithe, traitée au chalumeau sans addition,
se boursouffle comme le borax, blanchit, se fond
ensuite assez facilement en un verre blanc bulleux; elle donne, en se fondant, une lueur phosphorique.

Lorsqu'on verse dessus un acide, elle forme
avec lui une sorte de gelée qui la caractérise parfaitement.

Gissement et localités.

Les zéolithes se trouvent ou en masses globuleuses ou en géodes, dans des roches de mandelstein, de basalte, de porphirschiefer et autres;
souvent aussi elles tapissent les parois des fentes qui
s'y rencontrent; elles y sont accompagnées le plus
souvent de wacke, de spath calcaire, de braunspath, de calcédoine, quelquefois de cuivre natif,
comme à Reichenback dans le pays de Deux-
Ponts; d'argent natif, comme en Islande.

Minéral. élém. Tom. I. V

 On en a trouvé à l'île de Ferroé, en Islande, à
Œdelfors en Suède, à Andreasberg au Harz,
dans le pays de Hesse, en Ecosse, etc. La zéolithe
de Rozena en Moravie, n'est point une zéolithe,
mais la *lépidolithe*.

APPENDICE.

Estner fait encore une sous-espèce de zéolithe,
sous le nom de *zéolithe compacte* (*dichter zeolith*).
Voici la description qu'il en donne :

Ses couleurs sont le *blanc de neige*, le *blanc jaunâtre* ou *rougeâtre*, les *gris verdâtre*, *jaunâtre* et
bleuâtre ; le *rouge-hyacinthe*, le *rouge de chair* et le
rouge de brique.

On la trouve *en masse*, *disséminée*, en *morceaux
arrondis*, *globuleux* ou *amygdaliformes*.

A l'intérieur, elle est *peu brillante* ou *matte*.

Sa cassure est *inégale;* elle varie néanmoins,
et devient tantôt *esquilleuse*, tantôt *fibreuse*, tantôt
rayonnée.

Ses fragmens sont *indéterminés*, *à bords peu
aigus*.

Elle est *translucide*, quelquefois seulement *sur
les bords*.

Elle est *dure*, passant au *demi-dur;* — *aigre;* —
plus ou moins facile à casser ; — *médiocrement
pesante.*

Elle se rencontre ordinairement dans des roches

de mandelstein, dans le voisinage des autres zéo- ZÉOLITHE.
lithes : on en trouve à Fassa près Buchenstein en
Tirol, à Kratschuneschd dans le Val-Kajan en
Transylvanie, en Islande et à Ferroé.

Remarques sur l'espèce zéolithe.

Le citoyen Haüy, ayant examiné tous les cristaux
qui ont été donnés sous le nom de zéolithes, a reconnu
entr'eux des différences principales, qui l'ont déterminé
à en faire plusieurs espèces distinctes. Il a lu, à ce sujet,
à l'Institut national, un mémoire dont l'extrait se trouve
dans le n°. 14 du Journal des Mines, p. 86. Les nouvelles espèces qu'il a formées, sont aussi indiquées dans
le même journal, n°. 28, p. 2⁻5 et suivantes ; elles sont
au nombre de quatre : la *zéolithe* proprement dite ou
mésotype, la *stilbite*, l'*analcime* et la *chabasie*.

La *zéolithe* a, pour caractères distinctifs principaux,
d'être divisible parallélement aux faces d'un prisme à 4
faces rectangulaires, qui se sous-divise encore sur les diagonales de ses bases ; d'être électrique par la chaleur,
d'être transparente à double image, d'être fusible au
chalumeau en un émail spongieux, d'être soluble en
gelée dans les acides. Ses formes cristallines sont les
formes *a* et *b* de la 3ᵉ. sous-espèce ; ainsi la *zéolithe* du
citoyen Haüy correspond à la *zéolithe rayonnée* de Werner,
en excluant la variété *c* : elle comprend aussi la *zéolithe
farineuse* et la *zéolithe fibreuse* de Werner.

Pes. spéc. HAUY, 20,833.

V 2

  Le citoyen Vauquelin a analysé la zéolithe (J. d. M.
n°. 44, p. 576); elle contient :

Silice.	50.24
Alumine	29.30
Chaux	9.46
Eau	10.00
Perte	1.00
	100.

Le nom de *mésotype* que le citoyen Haüy a donné depuis peu à cette substance, provient de ce que sa forme primitive tient le milieu entre celles de la stilbite et de l'analcime.

La *stilbite* a, pour caractères distinctifs, de n'être divisible que parallélement aux bases du prisme (*); de ne point étre électrique par la chaleur, de s'exfolier sur les charbons. Elle se boursoufle au chalumeau, et se fond ensuite en un émail blanc opaque. Ses formes cristallines sont celles *a*, *b*, *c* de la 4°. sous-espèce; la forme *c* de la 3°. et probablement aussi sa forme *b*; (mais les angles sont différens de ceux de la même forme dans la zéolithe, et les sommets des pointemens sont rarement tronqués); ainsi la *stilbite* du citoyen Haüy correspond à la *zéolithe lamelleuse* de Werner, et a quelques variétés de sa *zéolithe rayonnée*.

Pes. spéc. HAUY, 25,000.

Le citoyen Vauquelin a analysé la stilbite (J. d. M. n°. 39, p. 164); elle contient :

Silice	52.
Alumine	17.5
Chaux	9.0
Eau	18.5
Perte	3.0
	100.

(*) Du prisme *c* de la 3°. sous-espèce ci-dessus.

L'*analcime* est divisible parallèlement aux faces d'un cube ; elle ne donne point de double image ; elle ne fait point gelée avec les acides ; elle se fond au chalumeau en un verre blanc demi-transparent, sans boursoufflement ; elle est électrique par le frottement, mais très-faiblement ; elle cristallise en *cubes*, qui ont sur chaque angle *un pointement obtus à* 3 *faces* placées sur les faces du cube, c'est-à-dire, en tout 8 pointemens à 3 faces ou 24 facettes de pointement ; mais ces facettes sont souvent très-grandes, et font disparaître celles des cubes, et l'on a alors un cristal à 24 facettes trapézoïdales, semblables à la forme de la leucite. Ces formes de l'analcime sont décrites dans la Sciagraphie de Bergman ; la première, sous le nom de *zéolithe en cubes tronqués sur ses angles par* 3 *petites faces triangulaires*, et la seconde sous le nom de *zéolithe cristallisée comme le grenat à* 24 *facettes* (T. 1, p. 304, éd. fr. de 1790). L'*analcime* a été trouvée en Sicile par le citoyen Dolomieu, qui l'a nommée zéolithe dure. Elle ne peut se rapporter qu'à la *zéolithe cubique* de Werner, en admettant toutefois la modification indiquée dans la note sur la 5ᵉ. sous-espèce.

Pes. spéc. HAUY, 2,000.

La *chabasie* est divisible en un hexaèdre qui approche beaucoup du cube, puisque son grand angle est de 93°. Elle est fusible au chalumeau en une masse blanche spongieuse ; elle n'est point électrique : on la trouve cristallisée. Ses formes sont : 1°. l'hexaèdre désigné ci-dessus, parfait ; 2°. le même hexaèdre, ayant des troncatures sur 6 de ses bords, se réunissant trois à trois sur deux angles opposés, et ayant en outre les six autres angles tronqués ; 3°. une pyramide à 6 faces, double, à jointure oblique, face contre face, ayant ses trois

ZÉOLITHE. bords latéraux aigus tronqués, et de même les six angles de la base commune aussi tronqués. La *chabasie* (sous la forme 2) a été décrite, il y a quelques années, par le citoyen Bosc d'Antic. Le citoyen Haüy y a réuni depuis la zéolithe cubique de Romé Delisle (T. 2, p. 40), qui est la forme 1 ci-dessus, et qui probablement a été aussi comprise par Werner dans sa *zéolithe cubique*.

Telles sont les 4 espèces sous lesquelles le citoyen Haüy comprend tous les minéraux qui ont reçu le nom de zéolithe.

Le minéral qu'il appelle *sommite* (J. d. M. n°. 28, p. 279), et dont on trouvera la description à la fin de la classe des pierres, a peut-être été compris aussi par Werner parmi les zéolithes. (?)

Kirwan (T. 1, p. 276) décrit, sous le nom d'*œdelite* ou *zéolithe siliceuse*, un minéral qui paraît rentrer dans la 2ᵉ. ou la 3ᵉ. sous-espèce ci-dessus des zéolithes. Suivant l'analyse de Bergman (Mém. Stock. 1784, p. 114), elle contient 69 de silice, 18 d'alumine, 8 de chaux et 4 d'eau. Elle se boursouffle au chalumeau : sa pesanteur spécifique est 2,515 ; elle se présente sous forme tuberculeuse ; sa cassure est striée ; sa couleur varie entre le rouge et le jaune, etc.

La *zéolithe rouge d'Œdelfors* en Suède ne doit-elle pas rentrer dans la zéolithe compacte d'Estner, décrite plus haut ?

VINGT-NEUVIÈME ESPÈCE.

KREUZSTEIN.—PIERRE CRUCIFORME.

SILEX CRUCIFER.

Id. Emm. T. 1, p. 209. — Wid. p. 368. — Lenz, T. 1, p. 242. — W. P. T. 1, n°. 2310. — M. L. n°. 631. — *Staurolite*, Kirw. p. 282. — *Ercinite*, Nap. p. 239. — *Hyacinthe blanche cruciforme*, R. d. L. T. 2, p. 299. — *Id.* D. B., T. 1, p. 79. — *Andréolithe*, Lam. T. 2, p. 285. — *Id.* Haüy, E. p. 285.

Harmotome, Haüy. T.

Caractères extérieurs.

SA couleur est le *blanc grisâtre* ou le *blanc de lait.*

On ne la trouve que *cristallisée.* Sa forme ordinaire est :

Un cristal double, composé de *deux prismes larges, à 4 faces rectangulaires, terminés de chaque côté par un pointement un peu obtus à 4 faces placées sur les bords latéraux. Ces deux prismes se traversent l'un l'autre par leurs faces plus larges ; de manière que les faces de pointement coïncident ensemble deux à deux, et que le cristal double ainsi formé, ayant sur sa longueur 4 angles rentrans droits (vus en travers), ressemble à une croix* (*).

___

(*) Le citoyen Haüy a observé aussi le prisme simple.

Les faces latérales des cristaux sont striées obliquement, à stries fines.

A l'extérieur, elle est *éclatante*, passant au *très-éclatant* ; c'est l'éclat du verre.

A l'intérieur, elle n'est que *peu éclatante*.

La cassure est *parfaitement lamelleuse*, ou quelquefois *un peu inégale.*

Elle est fortement *translucide*, quelquefois *demi-diaphane*, rarement entiérement *diaphane*.

Elle est *demi-dure*, passant au *dur ; — médiocrement pesante.*

Pes. spéc. HEYER, 2,353.

Caractères chimiques.

Elle est fusible au chalumeau sans addition, en un verre blanc transparent. (LELIEVRE).

Elle ne forme point gelée avec les acides ; jetée en poussière sur les charbons, elle donne une lueur phosphorique, jaune verdâtre. (HAUY.)

Parties constituantes.

	D'après HEYER.	WESTRUMB.		KLAPROTH, (T. 11, p. 83.)
Silice	44	44 à	47	49
Alumine	20	20	12	16
Bargte	24	20	20	18
Eau	12	16	16	15
Fer			4	
	100	100	99	98

Gissement et localités.

On l'a trouvée d'abord à Andréasberg au Harz. Il paraît qu'elle y est dans des filons : on en a annoncé aussi en Ecosse, à Strontian : on en a trouvé depuis dans les géodes d'agathes d'Oberstein ; elle y est en cristaux simples. (HAUY.)

REMARQUES.

Werner l'avait autrefois regardée comme une variété de zéolithe rayonnée ; mais il a reconnu depuis qu'il fallait la distinguer, et en former une espèce particulière.

Le citoyen Haüy a nommé cette pierre *harmotome*, parce qu'elle se divise parallélement aux faces d'un octaèdre, qui se sous-divise de nouveau parallélement à un plan passant par ses bords terminaux contigus. *Harmotome* veut dire, *qui se divise sur les jointures.*

TRENTIÈME ESPÈCE.

LAZURSTEIN. — LA PIERRE D'AZUR.

SILEX LAZULUS.

Id. Emm. p. 212. — Wid. p. 371. — Lenz, T. 1, p. 246. — W. P. p. 267. — M. L. p. 135. — *Zéolithes particulis*, etc. *Lapis lazzuli*, Wall. T. 1, p. 326. — *Lapis lazzuli*, R. d. L. T. 2, p. 49. — *Id.* Kirw. T. 1, p. 283. — *Zéolithe bleue*, D. B. T. 1, p. 201. — *Lapis lazzoli*, Nap. p. 241. — *Lazulite*, Lam. T. 2, p. 185. — *Lazulite*, Haüy. T.

Caractères extérieurs.

SA couleur ordinaire est le *bleu-vif*. Elle prend

PIERRE
D'AZUR. les variétés suivantes : le *bleu d'azur*, le *bleu de
ciel*, le *bleu de Prusse*, le *bleu de smalt*. (Les pré-
tendues variétés blanches sont d'autres pierres
mélangées à la pierre d'azur.)

On la trouve *en masse*, *disséminée* et en *fragmens arrondis*.

A l'intérieur, elle est *matte*.

La cassure est *inégale*, *à petits grains*, quelquefois *terreuse*.

Les fragmens sont *indéterminés*, *à bords aigus*.

Elle est *opaque*, quelquefois un peu *translucide
sur les bords*.

Elle tient le milieu entre le *dur* et le *demi-dur*;
elle est *facile à casser*; — *un peu froide au toucher*;
— *médiocrement pesante*.

Pes. spéc. BLUMENBACH, 2,771. HAUY, 2,767 à
2,945. KIRWAN, 2,896.

Caractères chimiques.

Au chalumeau, elle perd sa couleur et se fond
en un émail blanchâtre. Elle est soluble en gelée
dans les acides, mais il faut qu'elle ait été auparavant calcinée.

Parties constituantes.

Silice...................... 46.		
Alumine.................... 14.50		
Carbonate de chaux....... 28.		KLAPROTH,
Gypse..................... 6.50		T. I, p. 196.
Oxide de fer.............. 3.		
Eau...................... 2.		

100.

Usage.

La pierre d'azur prend un beau poli , et sa couleur bleue la fait rechercher beaucoup plus que toutes les autres pierres qu'on taille de même en plaques pour des bijoux ; sa poussière même est très-estimée , en ce qu'elle fournit à la peinture une couleur inaltérable, connue sous le nom de *bleu d'outre-mer* ou *outre-mer*.

Gissement et localités.

La pierre d'azur est apportée du Levant en Europe : il en vient de la Chine , de la Perse , etc. On ne connaît pas son gissement. On en a trouvé en Sibérie près du lac Baïkal. Elle était dans un filon , accompagnée de grenats , de feldspath et de pyrites. Elle est en effet souvent mélangée de pyrites sulfureuses et de feldspath d'un blanc grisâtre.

TRENTE-UNIÈME ESPÈCE.

LAZULITH.   —   LE LAZULITHE.

SILEX LAZULITHUS.

Klaproth , T. 1 , p. 197 , a donné ce nom à un minéral nouvellement trouvé à Vorau en Autriche, qui a beaucoup de ressemblance avec la pierre d'azur , et il dit qu'il l'eût en effet regardé comme une variété de pierre d'azur , si l'analyse chimique ne lui eût donné

LAZULITHE. entre ces deux pierres une différence sensible, en ce qu'il n'a point trouvé dans le lazulithe une seule partie de terre calcaire, qui forme au contraire un tiers environ de la pierre d'azur. Werner et tous les minéralogistes allemands paraissent avoir adopté cette opinion et la dénomination de *lazulithe*.

Caractères extérieurs (*).

SA couleur tient le milieu entre le *bleu d'indigo* et le *bleu de Prusse*; elle passe aussi au *bleu de smalt*.

On le trouve *en masse*, *disséminé* et *cristallisé*. Ses formes, quoique peu déterminées, paraissent être *un prisme à 4 faces assez larges*, ou *un prisme à 6 faces*.

Ses cristaux sont *petits*, *très-petits* ou *de moyenne grosseur*, toujours *implantés*.

La surface est *lisse*.

A l'intérieur comme à l'extérieur, le lazulithe est *peu éclatant*; c'est un éclat *gras*.

La cassure est *inégale*, et se rapproche de la cassure *lamelleuse*.

Les fragmens sont *indéterminés*, *à bords peu aigus*.

Il se trouve composé de *pièces séparées*, *grenues*, *à petits grains*, quelquefois *testacées*, *minces*.

Il est *opaque*, passant au *translucide*.

(*) Cette description est extraite d'Emmerling, T. 3, p. 329, et de l'ouvrage de Klaproth, cité plus haut.

Sa raclure est d'un *bleu clair*, presque d'un *blanc* LAZULITHE.
bleuâtre.

Il est *demi-dur* (Klaproth néanmoins lui donne
la dureté du quartz) ; — *aigre* ; — *facile à casser* ;
— *médiocrement pesant*.

Caractères chimiques.

Il est infusible sans addition, seulement il perd
sa couleur, et devient terreux et d'un gris clair.
Avec le borax il dònne un verre d'un jaune clair. Il
n'est que très-faiblement attaqué par les acides.
(KLAPROTH.)

Parties constituantes.

Klaproth y a trouvé de la silice , de l'argile et de
l'oxide de fer. La quantité de lazulithe qu'il avait à sa
disposition, était trop petite pour pouvoir déterminer la
proportion de ces principes ; mais il n'y a pas trouvé la
moindre trace de cuivre , ce qui empêche de le regarder
comme une mine de cuivre. Il démontre aussi que ce
ne pouvait être du *bleu de Prusse natif*, principalement
en ce qu'il ne s'altère point par l'alkali caustique.

Gissement et localités.

On l'a trouvé à Vorau dans l'Autriche ; il for-
mait, avec du quartz d'un gris blanchâtre et du
mica en petites lames d'un blanc d'argent , une
venule ou filon d'un demi-pouce d'épaisseur dans
une roche de *glimmerschiefer*.

REMARQUE.

Le lazulithe a été nommé pierre d'azur imparfaite
(*unächter lazurstein*) par M. Stutz.

QUATRIÈME GENRE.

LE GENRE ARGILEUX.

—

PREMIÈRE ESPÈCE.

REINE THONERDE. — L'ALUMINE PURE.

ARGILLA PURA.

Id. Emm. T. 1, p. 217. — W. Cronst. p. 176. — Wid.
p. 385. — Lenz, T. 1, p. 254. — M. L. p. 151. — W.
P. T. 1, p 167. — *Native argile*, Kirw. T. 1, p. 175. —
Argilla pura, Nap. p. 246. — *Alumine native*, D. B. T.
1, p. 219.

Caractères extérieurs.

S A couleur ordinaire est le *blanc de neige* ou le
blanc jaunâtre.

Elle ne se trouve qu'en masses *réniformes.*

Elle est *matte.*

Sa cassure est *terreuse, à grains fins.*

Ses fragmens sont *indéterminés, à bords très-
obtus.*

Elle est *opaque;* — *un peu tachante;* — *très-
tendre,* passant au *friable;* — *peu maigre au toucher*
et *peu froide;* — elle *happe très-peu* à la langue;

— elle donne l'*odeur argileuse* ; — elle est *facile à* Alumine pure.
casser ; — *légère.*

Pes. spéc. BERGMAN , 1,305. GMELIN , 1,669.

Caractères chimiques.

Elle est absolument infusible au chalumeau sans addition ; elle se dissout presqu'entiérement dans les acides.

Parties constituantes.

D'après les analyses de M. Schreber et de M. Frisch-mann , ce minéral est l'alumine presqu'entiérement pure , et seulement mélangée d'un peu de carbonate de chaux et de silice.

Gissement et localités.

On la trouve à Halle en Saxe , dans une partie du jardin du collége ; elle s'y trouve disséminée dans la première couche de terre , près de Grache : on en a aussi trouvé , dit-on , en Silésie , à Poli-nier , en Angleterre et en Lombardie.

REMARQUES.

M. Werner est le premier qui ait formé de ce minéral une espèce particulière. Il ne faut pas le confondre avec ce que l'on appelle *alaunerde* , terre d'alun ou plutôt terre alumineuse (ainsi nommée parce qu'on en retire de l'alun) , et qui n'est point l'alumine pure , mais une terre bitumineuse , souvent inflammable , comme on le verra.

ALUMINE
PURE.

L'alumine pure , décrite dans le muséum de Leske et le cabinet de Pabst, provenait de Halle en Saxe , et l'existence de ce minéral n'a jamais été bien constatée qu'en cet endroit. M. Widenmann observe que la nature de son gissement et le voisinage d'une pharmacie, dans lequel cette alumine pure se trouve, pourraient faire soupçonner qu'elle n'a pas été formée naturellement. Il ne s'en trouve plus aujourd'hui.

SECONDE ESPÈCE.

PORZELLANERDE. – LA TERRE A PORCELAINE.

ARGILLA PORZELLANARIS.

Id. Emm. T. 1 , p. 210. — M. L. p. 151. — W. P. p. 267. — Lenz, T. 1 , p. 256. — *Tœpferthon,* Wid. p. 387. — *Argilla porcellana* , Wall. T. 1 , p. 54. — *Terre à porcelaine,* D. B. T. 1 , p. 221. — *Argilla da porcellana,* Nap. p. 248. — *Porcelain clay,* Kirw. T 1 , p. 178. *Argille kaolin* et *feldspath argilliforme,* Haüy. T.

Caractères extérieurs.

SES couleurs sont le *blanc rougeâtre , jaunâtre* ou *grisâtre ;* le *rouge de chair* et le *jaune d'ochre.*

Elle est *friable :* on la trouve ou *en masse* ou *disséminée ;* — elle est *matte ;* — ses parties sont *pulvérulentes ;* — elle est fortement *tachante ;* — toujours plus ou moins *cohérente ;* — elle *happe à la langue ,* surtout lorsqu'elle est peu friable ; — elle est *maigre au toucher ;* — *médiocrement pesante.*

Caractères

Caractères chimiques.

Elle ne se fond point sans addition au feu le plus fort de nos fourneaux. (EMMERLING et LENZ.)

Parties constituantes.

La terre à porcelaine de Limoges contient, d'après Hassenfratz, silice, 62; alumine, 19; magnésie, 12; sulfate de baryte, 7. (Ann. de chim. 14, p. 144.)

La même terre bien lavée a donné à Vauquelin, silice, 55; alumine, 27; chaux, 2; fer, 0,5; eau, 14. (Bull. phil. n°. 26.)

Une autre terre à porcelaine a donné, à M. Rose, 52 de silice, 47 d'alumine et 0,33 de fer.

Usage.

On l'emploie avec ou sans mélange d'autre terre, pour la fabrication de la porcelaine. Celle de Limoges s'emploie presque toujours pure.

Gissement et localités.

Elle se rencontre ou en couches puissantes, ou en filons, ou en parties disséminées, dans des granits et des gneiss, surtout dans ceux qui abondent en feldspath : on en a trouvé en Chine, au Japon (elle y est nommée *kaolin*), en Bohême, en Saxe, en Danemarck, en Bavière, en Hongrie, en Italie, en Suède, et surtout en beaucoup d'endroits de la France, dont entr'autres aux environs de Limoges.

Minéral. élém. Tom. I.   **X**

Elle paraît être (du moins dans certains cas) le produit de la décomposition du feldspath.

REMARQUE.

M. Widenmann a réuni cette espèce à la suivante, dont il en fait une variété.

TROISIÈME ESPÈCE.

GEMEINERTHON. — L'ARGILE COMMUNE.

ARGILLA VULGARIS.

Cette espèce se partage en trois sous-espèces.

Iᵉ. SOUS-ESPÈCE.

TŒPFERTHON. — ARGILE A POTIER.

Argilla vulgaris plastica.

Id. Emm. p. 223. — W. P. T. 1, p. 268. — Lenz, T. 1, p. 257. — M. L. p. 153. — Wid. p. 387. — *Argilla vulgaris*, Wall. T. 1, p. 42. — *Argilla argyra*, ibid. p. 56. — *Potter's clay*, Kirw. T. 1, p. 180. — *Argilla commune*, Nap. p. 252.

Argile glaise, Haüy. T.

Caractères extérieurs.

SES couleurs sont les *gris jaunâtre*, *bleuâtre* ou *verdâtre*; le *gris de fumée*; les *blancs grisâtre*, *jaunâtre* et *verdâtre*; le *jaune d'ochre*, le *verd de mon-*

tagne, le *noir brunâtre*, le *rouge de rose pâle*, le ARGILE.
rouge de brique, le *rouge de sang*, le *rouge brunâtre*.
Ces teintes rouges sont dues principalement à un
mélange d'oxide de fer. Ces couleurs sont souvent
mélangées, et présentent des dessins *tachetés* et
veinés.

On la trouve *en masse*, souvent en couches très-
puissantes.

Elle a une consistance moyenne, entre le *solide*
et le *friable*.

Elle est toujours *matte*. (Le mélange de substances étrangères la rend quelquefois *un peu brillante*.)

Sa cassure est tantôt *terreuse*, *à grains fins*; tantôt
inégale, *à gros grains*; quelques variétés, surtout
celle *gris de fumée*, ont une tendance à la cassure *schisteuse*.

Ses fragmens sont *indéterminés*, *à bords obtus*.

Elle est *opaque*; — un peu *tachante*; — *prenant un peu d'éclat par la raclure*; — *très-tendre*;
— *semi-ductile* (ou formant une pâte cohérente);
— *très-facile à casser*; — elle *happe* un peu *à la
langue*; — elle est *un peu onctueuse* et *peu froide
au toucher*; — presque *légère*.

Caractères chimiques.

La manière dont elle se comporte au chalumeau
doit être très-variable, suivant qu'elle est plus ou

ARGILE. moins mélangée. En général elle est difficile à fondre sans addition.

Parties constituantes.

L'argile à potier est un mélange très-variable d'alumine, de silice et de chaux. La silice y prédomine souvent, comme on l'a démontré plus d'une fois. Kirwan en cite une qui contenait 63 de silice. Vauquelin a analysé une argile de Dreux, qui lui a donné 43,5 de silice, 33,2 d'alumine, 3,5 de chaux, 1 de fer et 18 d'eau (*). Celle qui contient de la chaux fait souvent effervescence avec les acides.

Usage.

Son nom dit assez qu'elle forme la base de toutes les poteries ; ce qui tient à la propriété qu'elle a de faire pâte avec l'eau, et de se durcir ensuite au feu sans se fendiller. On s'en sert aussi dans les fonderies, soit pour garnir l'intérieur des creusets et les préserver de la fusion, soit au contraire en l'ajoutant comme fondant dans le traitement de certaines mines mélangées de terres calcaires. Lorsqu'elle n'est pas d'une qualité convenable à l'usage qu'on veut en faire, on y mélange d'autres terres.

Gissement et localités.

Elle se trouve communément dans des terrains d'alluvion ; elle y est en couches plus ou moins

______

(*) *Voyez* Bulletin philomatique, n°. 26, flor. an 7.

épaisses, alternant souvent avec des couches de ARGILE.
sables. On en trouve aussi dans des fentes ou des
filons dans d'autres roches.

Il est peu de pays où il ne s'en rencontre pas,
ou plutôt on peut dire qu'on en trouve partout;
mais elle n'est pas toujours assez fine ou assez pure
pour faire de belles poteries. La *terre à pipe* se rapporte à cette sous-espèce (*).

IIe. SOUS-ESPÈCE.

VERHÆRTETER THON. — L'ARGILE ENDURCIE.

Argilla vulgaris indurata.

Id. Emm. T. 1 , p. 229. — Lenz, T. 1 , p. 260. —
Wid. p. 390. — M. L. p. 154. — W. P. p. 270. — *Argilla
glareosa*, Wall. T. 1, p. 59. — *Argilla indurita*, Nap. p.
252. — *Indurated clay*, Kirw. T. 1 , p. 181.

Argile .... Haüy. T.

Caractères extérieurs.

SES couleurs les plus ordinaires sont les *gris*

(*) Le citoyen Vauquelin a analysé différentes poteries,
et toutes lui ont donné au moins 2 tiers de silice ; de $\frac{1}{4}$ à $\frac{1}{5}$
$\frac{1}{4}$ d'alumine ; de $\frac{1}{20}$ à $\frac{1}{5}$ de chaux , et depuis o jusqu'à $\frac{1}{100}$
d'oxide de fer. Les creusets de Hesse entr'autres contien-
nent , d'après ses analyses , silice , 69 ; alumine, 21,5 ;
chaux , 1 ; oxide de fer, 8 ; ce qui confirme ce qui a été
avancé plus haut à l'article *parties constituantes*. (*Voyez*
le Bulletin phil. cité plus haut.)

ARGILE. *bleuâtre , jaunâtre* et *verdâtre ;* le *gris de perle ,* quelquefois les *rouges grisâtre , blanchâtre* et *brunâtre ;* le *rouge de rose ,* rarement le *verd de montagne.*

Plusieurs de ces couleurs sont souvent mélangées, et présentent des dessins *tachetés* et *rubanés.*

On la trouve toujours *en masse.*

Elle est *matte.*

Sa cassure est communément *compacte et terreuse , à grains fins ;* quelquefois cependant elle est *esquilleuse* ou *unie ;* elle a aussi souvent beaucoup de tendance à la cassure *schisteuse.*

Ses fragmens sont *indéterminés , à bords plus ou moins aigus ,* quelquefois en *forme de plaques.*

Elle est *opaque ; — tendre ; — aigre* (ou plutôt *non ductile ,* comme l'argile à potier) ; — *facile à casser ; —* elle *happe très-peu à la langue ; —* elle est un peu *grasse* et *froide au toucher ; — médiocrement pesante.*

Gissement et localités.

L'argile endurcie est très-commune. Werner, dans le catalogue de Pabst , en décrit plusieurs variétés venant des environs de Freyberg et Chemnitz en Saxe. Il en indique une de couleur verd de montagne , qui forme le passage au hornstein.

Elle se trouve souvent dans des filons , et quelquefois en couches très-puissantes ; elle forme la base principale de beaucoup de porphyres , surtout en Saxe.

REMARQUES.

Elle s'adoucit et se divise dans l'eau, sans trop former pâte avec elle ; ce qui peut servir à la distinguer de quelques substances avec lesquelles on l'a confondue.

Le *fruchtstein* ou *pierre de fruit*, des environs de Chemnitz en Saxe, est une argile endurcie, portant des taches rondes, de couleurs plus foncées que la masse ; ce qui ressemble à des fruits enveloppés dans une pâte : on en trouve aussi ailleurs.

Widenmann et Napione ont confondu quelques *schieferthon* avec l'argile endurcie.

IIIᵉ. SOUS-ESPÈCE.

SCHIEFERTHON. — L'ARGILE SCHISTEUSE
OU LE SCHIEFERTHON (*).

Argilla vulgaris schistosa.

Id. Emm. T. 1, p. 232. — Lenz, p. 261. — M. L. p 156. — W. Cronst. p. 201. — *Schiefriger verharteter thon*, Wid. p. 390 (**). — *Argil'a fissilis*, Wall. T. 1, p. 47. — *Slate clay, shale*, Kirw. T. 1, p. 182. — *Argilla indurita schistosa*, Nap. p. 252.

Argile schisteuse, Haüy. T.

Caractères extérieurs.

SES couleurs ordinaires sont le *gris de fumée*, le *gris de cendre*, les *gris bleuâtre*, *jaunâtre* ou *noi-*

(*) *Voyez* le §. 29 de l'Introduction.
(**) *Voyez* ci-après la remarque.

ARGILE. *nâtre.* Il passe néanmoins quelquefois au *jaune de paille*, au *rouge de brique*, au *rouge de chair* et aux *rouges jaunâtre* et *brunâtre* : on en a trouvé dont la couleur tenait le milieu entre le *gris de perle* et le *bleu de lavande.* Il porte souvent des raies d'un *blanc bleuâtre.*

On ne le trouve qu'*en masse.*

On a cité néanmoins des pseudocristaux de schieferthon : c'étaient des formes du spath calcaire ; ils sont très-rares.

Il contient très-souvent des empreintes de fougères, de roseaux et autres plantes.

A l'intérieur, il est toujours *mat*, à moins qu'il ne renferme quelques parcelles de mica.

Sa cassure est toujours plus ou moins parfaitement *schisteuse*, *à feuillets droits* ; quelquefois elle se rapproche un peu de la cassure *terreuse.*

Ses fragmens sont *en plaques.*

Il est *opaque* ; — *tendre* et souvent *très-tendre* ; — *peu aigre* ; — *facile à casser* ; — il *happe à la langue* ; — il est *maigre* et *peu froid au toucher* ; — *médiocrement pesant.*

Pes. spéc. KIRWAN, 2,600 à 2,680.

Gissement et localités.

Le *schieferthon* a un caractère géologique bien tranché ; c'est qu'il est presque toujours dans le voisinage des couches de charbon de terre, soit dessous, soit en recouvrement, surtout de celui

qu'on a nommé schieferkohle ou charbon schis- ARGILE.
teux. Il est souvent mélangé avec du sable, du mica
et des pyrites sulfureuses. Il y a des passages du
schieferthon au brandschiefer et au jaspe porcelaine.

On en trouve en beaucoup d'endroits de la
Bohême, de la Saxe (Planitz, Hainich, Lau-
ban, etc.) et ailleurs.

REMARQUE.

Le schieferthon a été souvent confondu avec le
thonschiefer. Il en diffère principalement, en ce qu'il est
moins dur, moins pesant; qu'il happe à la langue, et
qu'il s'adoucit et se divise dans l'eau.

QUATRIÈME ESPÈCE.

CIMOLITH. — LA CIMOLITHE.

ARGILLA CIMOLITHUS.

Nota. Cette espèce a été nouvellement introduite
en minéralogie. (*Voyez* ci-après les remarques.)

Caractères extérieurs.

LA couleur propre de la cimolithe est le *blanc
grisâtre*, tirant sur le *gris de perle* ; mais lorsqu'elle
a été exposée quelque tems à l'air, sa surface prend
une couleur *rougeâtre* : on la trouve *en masse*.

Sa cassure est *terreuse* (*), *inégale*, et plus ou

(*) Avec un couteau on peut en enlever de petites
écailles, comme d'une stéatite ; leur place est lisse et a un
éclat gras.

CIMOLITHE. moins *schisteuse*. (Lorsqu'on la trempe dans l'eau, les feuillets deviennent plus apparens.)

Elle est parfaitement *opaque*; — elle n'est pas sensiblement *tachante*; — elle *happe assez fortement à la langue*; — elle est *tendre* (elle reçoit l'empreinte de l'ongle); — *difficile à casser.*

Pes. spéc. KLAPROTH, 2,000.

Caractères chimiques.

Traitée au chalumeau sur un support de charbon, elle devient d'abord d'un gris foncé, mais elle blanchit ensuite entiérement. Avec le phosphate de soude, elle se fond en un verre blanc transparent sans couleur; avec le borax, le verre a une couleur brune; avec la soude, il est d'un blanc de lait.

Parties constituantes.

D'après KLAPROTH, T. 1, p. 299.

Silice......................... 63.   (*).
Alumine........................ 23.
Oxide de fer................... 1.25.
Eau........................... 12.
____
                              99.25.

(*) Cette surabondance de silice est peut-être due à quelques grains de quartz, qui, suivant Klaproth, sont mélangés dans la cimolithe, et dont quelqu'un aura pu échapper au triage qu'il en a fait avant son analyse. (*Voyez* les remarques sur l'argile à potier.)

REMARQUES.

Pline a décrit, sous le nom de *cimolia*, une pierre qui était employée en médecine et dans le blanchiment des étoffes. Plusieurs auteurs en ont parlé depuis, et entr'autres Tournefort dans son *Voyage au Levant*. M. Hawkins, voyageant dans les iles de l'Archipel, a été dans l'ile d'Argentière, autrefois l'ile de Cimolo, et en a rapporté la pierre qui vient d'être décrite sous le nom de cimolithe.

M. Klaproth, à qui nous devons cette description faite sur les échantillons de cimolithe que lui a remis M. Hawkins, a constaté aussi sa propriété blanchissante, et a reconnu qu'elle surpassait celle des meilleures terres à foulon d'Angleterre. Il desire que l'on en apporte en Europe pour le blanchiment des étoffes précieuses. Il est donc très-probable que cette *cimolithe* est en effet la *cimolia* de Pline.

Le citoyen Olivier a rapporté derniérement de l'ile de Milon, dans l'Archipel, une terre (sous le nom de cimolithe) qui a tous les caractères de celle de Klaproth : on y remarque aussi des grains de quartz.

Napione, p. 255, regarde la cimolithe comme une terre à foulon. Cependant, d'après les principes de classification de Werner (*Voyez* l'introduction, §. 8), elles doivent être distinguées, la cimolithe ne contenant point de magnésie.

CINQUIÈME ESPÈCE.

J A S P I S.   —   LE JASPE.

Werner partage l'espèce *jaspe* en 4 sous-espèces, dont voici les descriptions.

Ire. SOUS-ESPÈCE.

E G I P T I S C H E R J A S P I S. — LE JASPE EGYPTIEN.

Argilla jaspis ægyptiacus.

Id. Emm. T. 1, p. 234. — M. L. p. 157. — W. P. T. 1, p. 271. —*Egyptenstein*, Lenz, T. 1, p. 262. —*Jaspe, caillou d'Egypte*, D. B. T. 1, p. 124. — *Silex ægyptiacus*, Wall. T. 1, p. 276. — *Egyptian pebble*, Kirw. T. 1, p. 312. — *Caillou d'Egypte*, Lam. T. 2, p. 166. — Variété du *quartz-jaspe panaché*, Haüy. T.

Caractères extérieurs.

CE jaspe est toujours composé de plusieurs couleurs qui présentent des *dessins zonaires* ou *rubanés concentriques* plus ou moins réguliers, ou *tachetés* ou *dendritiques*.

Ses couleurs sont les *bruns noirâtre, jaunâtre* et *rougeâtre;* le *brun de foie*, le *brun de cheveux*, le *jaune-isabelle*, le *gris jaunâtre*, le *blanc grisâtre* ou *rougeâtre*, le *verd-olive*, etc. Le *jaune-isabelle* est plus communément vers le centre : on le trouve en masses *globuleuses*, *sphériques*, *elliptiques* ou *imparfaites*, dont la surface est *rude*.

A l'intérieur, il est *brillant* et même *très-brillant*.

Sa cassure est *parfaitement conchoïde*, *à grosses écailles*.

Ses fragmens sont *indéterminés*, *à bords très-aigus*.

Il est communément *opaque*, quelquefois *un peu translucide sur les bords*. — Il est *dur*, mais moins que le quartz ; — *aigre* ; — *facile à casser* ; — *froid au toucher* ; — *médiocrement pesant*.

Pesanteur spécifique, 2,600 à 2,564.

Caractères chimiques.

Il est infusible au chalumeau, sans addition.

Usages.

Ses belles couleurs et sa dureté le font rechercher : on le taille en plaques, pour être montées en bijoux.

Gissement et localités.

On ne connaît pas le gissement de cette pierre, qui ne nous a été jusqu'ici apportée que de l'Egypte, dont elle porte le nom (*).

(*) Mon collégue et ami Cordier l'a observée, l'année dernière, en Egypte. Elle s'y trouve en morceaux arrondis au milieu d'une brèche entiérement composée de fragmens de pierres siliceuses, dont les couches immenses constituent

REMARQUE.

Widenmann, Napione et quelques autres minéralogistes regardent le jaspe d'Egypte comme n'étant qu'une variété du jaspe commun.

IIᵉ. SOUS-ESPÈCE.

BAND JASPIS.   —   **LE JASPE RUBANÉ.**

Argilla jaspis fasciatus.

Id. Emm. p. 237. — M. L. p. 160. — W. P. T. 1, p. 271. — Lenz, T. 1, p. 264. — *Jaspis variegata,* Wall. T. 1, p. 315. — *Striped jasper,* Kirw. T. 1, p. 312. — *Jaspe rubané,* Lam. p. 165. — *Quartz-jaspe onix,* Haüy. T.

Caractères extérieurs.

LE jaspe rubané présente toujours à la fois, comme le précédent, plusieurs couleurs; les plus communes sont : le *gris de perle,* les *gris jaunâtre* et *verdâtre,* les *blancs jaunâtre* et *verdâtre,* le *jaune d'ochre,* le *jaune-isabelle,* le *rouge de*

---

une grande partie du sol de cette contrée et des déserts de l'Afrique qui l'avoisinent. La décomposition de cette brèche isole les morceaux arrondis de jaspe égyptien, qui se trouvent alors disséminés au milieu des sables résultans aussi de la même décomposition. Cette observation prouve nécessairement qu'ils ont existé antérieurement à la brèche dans laquelle ils se rencontrent aujourd'hui, et le problème de leur formation serait aussi intéressant que difficile à résoudre.

chair, le *rouge de cerise*, le *rouge de sang*, le *bleu* JASPE.
de lavande, etc. etc. Elles présentent des dessins
rubanés, à raies droites ou contournées, ou des
dessins *flambés*, *veinés*, *pointillés*, etc.

On le trouve en masse (*) ; il est toujours
mat : quelques parties étrangères lui donnent souvent un peu de *brillant*.

Sa cassure est *conchoïde*, quelquefois un peu
écailleuse ou *terreuse*.

Ses fragmens sont *indéterminés*, *à bords aigus*.

Il est *opaque* ou très-peu *translucide sur les bords*.

Pour les autres *caractères extérieurs*, les *caractères chimiques* et les *usages*, voyez la sous-espèce précédente.

Gissement et localités.

On en trouve en Sibérie, en Saxe, au Harz,
en Sicile, à Ilmenau, etc. Au Harz, il repose sur
la grauwacke ; ailleurs il se trouve en morceaux
arrondis (geschieben).

REMARQUE.

Widenmann et Napione regardent ce jaspe comme
n'étant qu'une variété du jaspe commun.

(*) Emmerling ajoute en couches entières (*in ganzen
lagern*) ?

IIIᵉ. SOUS-ESPÈCE.

PORZELLAN JASPIS. — *LE JASPE PORCELAINE.*

Argilla jaspis porzellaneus.

Id. Emm. T. 1, p. 240. — M. L. p. 160. — W. P. T. 1, p. 272. — Lenz, T. 1, p. 265. — Wid. p. 314. — *Diaspro porcellanico*, Nap. p. 192. — *Porcellanite*, Kirw. p. 313. — *Jaspe porcelaine*, Lam. p. 166. — *Thermantide porcellanite*, Haüy. T.

Caractères extérieurs.

On en trouve de plusieurs couleurs ; les principales sont le *gris de perle*, le *gris de cendre*, le *gris jaunâtre*, le *gris bleuâtre*, le *bleu de lavande* ; quelquefois le *jaune d'orange*, le *jaune d'ochre*, le *jaune de paille*, le *jaune de soufre*, le *jaune-isabelle*, le *rouge de brique*, le *rouge de sang*, le *rouge de chair*, les *bruns jaunâtre* et *rougeâtre*, les *noirs bleuâtre* et *grisâtre*, rarement le *verd de montagne*.

Le mélange de ces couleurs présente des dessins *rubanés*, *tachetés*, *pointillés*, *flambés* et *veinés*. La surface des morceaux de ce jaspe et de l'intérieur des fentes est souvent colorée en *brun* ou en *rouge*.

On le trouve *en masses*, en couches particulières et quelquefois en morceaux arrondis. Il renferme souvent des empreintes de végétaux.

A l'intérieur, il est *peu éclatant*, souvent même il n'est que *brillant* ; c'est un éclat *gras*.

Sa

Sa cassure est *imparfaitement conchoïde*, et paraît JASPE.
quelquefois passer à la cassure *inégale*.

Ses fragmens sont *indéterminés, à bords assez
aigus*.

Il est entiérement *opaque* ; — il est *dur*, mais
moins que les deux sous-espèces précédentes ; —
aigre ; — *facile à casser* ; — *médiocrement pesant*.

Caractères chimiques.

Traité au chalumeau sans addition, il se fond
en une scorie noire.

Parties constituantes.

D'après l'analyse de M. Rose , le jaspe porcelaine
contient : silice, 60,75 ; alumine , 27,25 ; magnésie ,
3,00 ; oxide de fer , 2,50 ; potasse, 3,66.

Gissement et localités.

Ce jaspe a reçu le nom de jaspe porcelaine,
parce qu'il présente dans sa cassure l'aspect de la
porcelaine. Il est regardé généralement comme une
substance minérale pseudo-volcanique, c'est-à-dire,
qui, ayant été primitivement formée par la voie
humide, a été altérée et modifiée par des feux
souterrains, tels que ceux des couches de charbon
de terre enflammées. On le trouve en effet toujours dans leur voisinage, ou du moins dans des
endroits où il paraît certain qu'il en a existé. C'est
l'opinion de Werner, et il croit que le jaspe por-

JASPE. celaine n'est autre chose qu'un *schieferthon* altéré par le feu.

On en trouve en Bohême (Lessa près de Karlsbad, Prague, Bilin, Stracke, Schwinschitz); à Planitz en Saxe, à Dultweiller dans le pays de Deux-Ponts. Il ne prend pas un beau poli.

IVᵉ. SOUS-ESPÈCE.

GEMEINER JASPIS. — LE JASPE COMMUN.

Argilla jaspis vulgaris.

Id. Emm. T. 1, p. 243. — M. L. p. 161. — W. P. T. 1, p. 273. — Lenz, T. 1, p. 267. — Wid. p. 311. — *Jaspis ,* Wall. p. 311 et suiv. — *Diaspro commune,* Nap. p. 189. — *Common jasper ,* Kirw. p. 310. — *Jaspe ,* Lam. p. 164 et suiv — La plupart des variétés du *quartz-jaspe ,* Haüy. T.

Caractères extérieurs.

LES couleurs sont très-variées; les plus communes sont les bruns *rougeâtre , jaunâtre , noirâtre ;* le *brun de foie ,* le *rouge de sang ,* le *rouge cerise ,* le *rouge de brique ,* le *rouge de chair ,* le *rouge de cochenille ,* le *rouge brunâtre ;* quelquefois le *jaune citron ,* le *jaune d'ochre ,* le *jaune de miel ,* le *jaune-isabelle ;* les blancs *grisâtre* et *jaunâtre ,* le *blanc de lait ,* très-rarement le *noir brunâtre ,* ainsi que le *verd de gris ,* le *verd de montagne ,* le *verd-olive* et le *verd-serin ,* etc.

Le plus souvent plusieurs de ces couleurs sont réunies ensemble; elles présentent des dessins *tachetés*, *rubanés*, *nuagés*, *pointillés*, etc.

Il se trouve communément en *masse*, quelquefois *disséminé* ou alternant par petites couches avec d'autres pierres : on en trouve aussi en morceaux arrondis.

Il est en général *peu éclatant* ou même seulement *brillant*; c'est un éclat *ordinaire*.

Sa cassure est plus ou moins parfaitement *conchoïde*, *à grandes cavités*; elle passe aussi à la cassure *esquilleuse* ou à la *terreuse*.

Ses fragmens sont *indéterminés*, *à bords assez aigus*.

Il est ordinairement *opaque*; quelques variétés sont un peu *translucides sur les bords*.

Il est *dur*, mais moins que le quartz; — *aigre et facile à casser*; — *médiocrement pesant*.

Pes. spéc. 2,300 à 2,700.

Caractères chimiques.

Il est entiérement infusible au chalumeau sans addition. Ses parties constituantes doivent être très-variables. Kirwan en a analysé un qui contenait 75 de silice, 20 d'argile et 5 de fer.

Usages.

Le jaspe prend le plus beau poli; aussi en fait-on beaucoup d'usage en bijouterie.

Y 2

Gissement et localités.

Le jaspe commun se trouve en filons, surtout dans ceux qui tiennent des mines de fer ; il accompagne les calcédoines dans les roches de mandelstein, et entre dans la composition de plusieurs agathes que l'on a nommées *jaspes agathes* ; quelquefois aussi il se trouve en couches particulières. On a observé des passages du jaspe aux mines de fer argileuses, au hornstein et même aux pierres à fusil.

Il est souvent traversé de veines de quartz, ou mélangé de pyrites, de lithomarge, de demi-opales, de braunspath, d'argent natif et vitreux.

C'est à tort qu'on a cru qu'il servait de base à quelques porphyres : on a pris l'argile endurcie, ou le pechstein, ou le hornstein pour du jaspe.

On en trouve en Saxe, en Bohême, en France, en Italie, en Hongrie, en Suède, en Sibérie, en Espagne, etc.

REMARQUE.

Le minéral qu'on a appelé *sinople*, est une variété de jaspe commun très-ferrugineux, ordinairement rouge. (D. E. T. 1, p. 124 et 125). C'est à tort que Kirwan, p. 313, avance que le sinople de Hongrie est un hornstein ; il est regardé par les Allemands, comme un vrai jaspe ; il est souvent aurifère.

SIXIÈME ESPÈCE.

OPAL. — L'OPALE.

ARGILLA OPALUS.

Werner partage cette espèce en 4 sous-espèces.

Iʳᵉ. SOUS-ESPÈCE.

EDLER OPAL. — L'OPALE NOBLE.

Argilla opalus nobilis.

Id. Emm. T. 1 , p. 248. — Lenz , T. 1 , p. 271. — W.
P. T. 1 , p. 277. — M. L. p. 166. — Variété d'opal ,
Wid. p. 325. — *Opalo*, Nap. p. 197. — *Achates fere pel-
lucidus... Opalus* , Wall. T. 1 , p. 293. — *Opal,* Kirw.
T. 1, p. 289. — *Opale* , Lam. T. 2 , p. 154.
Quartz-résiniforme opalin , Haüy. T.

Caractères extérieurs.

S A couleur est le *blanc de lait , clair* ou *pâle ;*
quelquefois le *gris bleuâtre.* Lorsqu'on fait varier
sa position, par rapport à la lumière, elle présente
un jeu de couleurs très-vives et très-variées, dont
les principales sont le *jaune d'or ,* le *rouge-écarlate,*
le *bleu clair,* le *verd* et le *gris.*

On la trouve en *masse* et *disséminée.*

A l'intérieur, elle est *éclatante* ou même *très-*

OPALE. *éclatante ;* c'est un éclat ordinaire entre celui du verre et l'*éclat gras.*

Sa cassure est *parfaitement conchoïde.*

Ses fragmens sont *indéterminés , à bords aigus.*

Elle est communément *translucide ,* rarement *demi-diaphane ; — demi-dure ; — aigre ; — peu difficile à casser ; — peu froide au toucher ; — médiocrement pesante.*

Pes. spéc. 2,114.

Caractères chimiques.

L'opale noble, traitée au chalumeau sans addition, pétille et éclate, perd sa transparence, mais ne se fond pas.

Parties constituantes.

L'opale de Cscherwenitza en Hongrie contient , d'après l'analyse de Klaproth, silice, 90; eau, 10. (T. 2 , p. 153.)

Usage.

L'opale , en raison de sa couleur et de ses reflets, est recherchée comme pierre précieuse pour être montée en bagues et autres bijoux ; celles dont les reflets sont verds, sont en général les plus estimées. Les plus parfaites sont nommées *orientales,* suivant la coutume des lapidaires, de nommer ainsi les pierres précieuses plus parfaites ; mais il n'en vient point du Levant. (*Voyez* la note à la suite opale. du saphir.)

Il fallait qu'on attachât autrefois un très-grand prix à cette pierre , puisque Pline raconte qu'un sénateur nommé Nonius , aima mieux être envoyé en exil que de céder à Marc-Antoine une opale qu'il avait.

Localités.

On en trouve à Cscherwenitza dans la Haute-Hongrie , à Eibenstock , Freyberg et Johann-Georgenstadt en Saxe , en Islande , etc.

Gissement.

L'opale noble de Freyberg est citée par Werner dans un porphyre.

Celle de Hongrie se trouve , suivant Deborn , dans une terre argileuse que Reuss et Widenmann appellent un *graustein.* Cependant le *graustein* de Werner est indiqué comme étant le *saxum metalliferum* de Deborn , et ce dernier minéralogiste n'a pas cité son *saxum metalliferum* comme servant de matrice à l'opale.

Plusieurs auteurs ajoutent que les opales se trouvent molles, au point de recevoir l'impression des doigts, et qu'elles ne s'endurcissent que par une exposition à l'air de quelques jours. (?) (LENZ).

L'*opalmutter* ou *mère d'opale* est cette pierre argileuse dite *graustein* par Widenmann et Reuss.

L'opale noble paraît être le *paderos* de Pline.

IIe. SOUS-ESPÈCE.

GEMEINER OPAL. — L'OPALE COMMUNE.

Argilla opalus vulgaris.

Id. Emm. T. 1 , p. 251. — Lenz, p. 274 — W. P.
T. 1, p 277. — M. L. p. 166. — Variété d'opal, Wid.
p. 325. — *Opalo ,* Nap. p. 197. — *Achates unguium co-*
lore… Oculus mundi, Wall. T. 1 , p. 296. — *Semi-opal ,*
Kirw. p. 290. — *Girasol et Hydrophane ,* Lam. p. 156 et
157. — *Quartz-résiniforme hydrophane* et *quartz-résiniforme*
girasol , Haüy. T.

Caractères extérieurs.

SES couleurs sont le *blanc de lait ,* les *blancs*
jaunâtre et *rougeâtre ,* le *verd-pomme , le jaune de*
cire et le *jaune de miel ,* rarement le *rouge d'hya-*
cinthe et le *rouge de sang.* La variété d'un *blanc de*
lait paraît d'un *jaune de vin* dans certaines directions.

On la trouve tantôt *en masse* ou *disséminée ,*
tantôt *en morceaux arrondis* ou *anguleux ,* tantôt en
pièces réniformes et *uviformes.*

Sa surface extérieure est *matte.*

A l'intérieur, l'opale commune est *éclatante ;*
c'est tantôt l'*éclat gras ,* tantôt l'*éclat vitreux.*

La cassure est *conchoïde ,* tirant quelquefois vers
la cassure *inégale.*

Les fragmens sont *indéterminés , à bords aigus ,*
souvent presque en *forme de plaques.*

Elle est *demi - diaphane* , quelquefois presque opale. diaphane.

Voyez pour tous les autres caractères extérieurs, ceux de l'opale noble.

Pes. spéc. KLAPROTH, 1,958 à 2,015.

Caractères chimiques.

L'opale commune est infusible au chalumeau sans addition ; elle fond avec le borax, mais sans boursoufflement.

Parties constituantes.

D'après KLAPROTH, T. 2, pages 164 et 169.

Opale commune de Kosemutz.	*Opale commune de Telkobanya.*
Silice 98,75	Silice 93,50
Alumine. 0,1	Oxide de fer. 1,00
Oxide de fer. 0,1	Eau 5
98,95	99,50

Usage.

Emmerling dit qu'on la taille pour en faire des cachets.

Gissement et localités.

L'opale commune se rencontre en filons, surtout dans des roches de *mandelstein*, quelquefois aussi dans des granits et des porphyres. (EMMERLING.)

On en trouve en Bohême, en Saxe (à Frey-berg, Hubertsburg, Eibenstock, Johann-Geor-

OPALE. genstadt , Schneeberg) ; à l'île de Ferroé , en
Toscane, en Islande, en Pologne (à Radomis-
chel) ; en Silésie (Kosemütz et Sobtenberg, près
de Schwentich) ; en Bretagne, en Hongrie (Telkobanya.) (EMMERLING.)

Werner, dans le catalogue de Pabst, cite celle
de Telkobanya dans du porphyre en décomposition.
Il cite celles de Saxe dans du *granit*, avec du *hornstein*, du *jaspe*, de la *lithomarge endurcie*, etc.

Karsten , dans le catalogue de Leske , donne à
peu près les mêmes indications : il en cite une d'un
blanc de lait, qui contient une goutte d'eau ; il n'indique pas le lieu d'où elle provient.

REMARQUES.

1°. Le *girasol* de quelques auteurs , et entr'autres de
Wallerius (T. 1, p. 296) , et de Romé Delisle (T. 2,
p. 145) , paraît être une opale commune d'un blanc de
lait , et translucide. Elle réfléchit la lumière du soleil
constamment , quoiqu'on la change de position ; mais
elle n'a pas le jeu vif de couleurs de l'opale noble.

2°. Le *mullergias* de Francfort-sur-le-Mein , dont il a
été question à la fin de l'article calcédoine , comme formant , d'après Werner , le passage de cette substance à
l'opale , est en effet regardé par quelques auteurs, comme
une opale commune.

3°. Le *weltauge* ou *œil du monde*, *oculus mundi* , pierre
opaque , connue par sa propriété de devenir transparente
dans l'eau , ce qui l'a fait nommer *hydrophane* , est tantôt
une opale commune, tantôt une demi-opale. Klaproth

y a trouvé 93,12 de silice , 1,60 d'argile et 5,25 de OPALE. parties volatiles. Sa propriété de devenir transparente dans l'eau tient à une absorption qu'elle fait de ce fluide par ses pores.

Si on la plonge dans la cire fondue , elle s'en imprègne de même , et devient transparente ; mais elle redevient opaque en refroidissant ; aussi Deborn l'avait nommée *py ophane.*

IIIᵉ. SOUS-ESPÈCE.

HALBOPAL.   —   LA DEMI-OPALE.

Argilla opalus vilis.

Id. Emm. T. 1 , p. 256.— Lenz, p. 276. — W. P. T. 1 , p. 278. — M. L. p. 167. — Variété d'*opal* , Wid. p. 325. — *Semiopalo* , Nap. p. 201. — *Semiopal* et une partie des *pitchstone* , Kirw. p. 290 et 291. — *Pissite* , Lam. p. 160 , en exceptant la variété *h.*

Quartz-résiniforme commun et *Q. R. ménilite*, Haüy. T.

Caractères extérieurs.

SES couleurs sont très-variées. (En général elles sont plus mattes et moins vives que celles de l'opale commune.) (EMMERLING.) Ce sont les *blancs jaunâtre , grisâtre* et *rougeâtre ;* rarement le *blanc de lait ,* les *gris jaunâtre , verdâtre , rougeâtre* et *bleuâtre ;* le *gris de perle ,* le *jaune de cire* et *de miel ;* le *rouge-hyacinthe* et le *rouge de chair ;* le *brun de foie ,* les *bruns jaunâtre* et *rougeâtre ,* le *verd*

OPALE. *de montagne, le verd de gris, le verd de pré, le verd-poireau, le verd-pomme pâle,* etc.

Ces couleurs se trouvent souvent mélangées ensemble, et présentent des dessins *rubanés, tachetés* et *nuagés.*

On la trouve *en masse* ou *disséminée,* ou en *fragmens anguleux,* ou en *pièces stalactiformes* ou *uviformes,* ou en *couche superficielle.*

Son éclat varie beaucoup, depuis le *brillant* jusqu'à l'*éclatant ;* c'est un éclat qui passe tantôt à *l'éclat du verre,* tantôt à l'*éclat gras.*

Sa cassure est *imparfaitement conchoïde,* souvent *unie.*

Ses fragmens sont *indéterminés, assez aigus,* rarement *schisteux* (le ménilite.)

Sa transparence varie, depuis le *translucide sur les bords,* jusqu'au *demi-diaphane,* qui est très-rare; — elle est *demi-dure* ou *un peu dure ;* — *aigre ;* — *peu difficile à casser ;* — elle *happe* quelquefois à la langue ; — elle est *un peu froide au toucher ;* — *médiocrement pesante.*

Pes. spéc. KLAPROTH, 2,540.

Caractères chimiques.

L'opale commune est infusible au chalumeau sans addition ; elle fond avec le borax, mais sans boursoufflement.

Parties constituantes.

D'après KLAPROTH, T. 2, pages 164 et 169.

La demi-opale de Telkobanya.   *Celle de Menil-Montant.*

Silice	43,50	Silice	85,50
Oxide de fer	47,00	Alumine	1,
Eau	7,50	Oxide de fer	0,50
	98.	Chaux	0,50
		Eau et mat. charb . .	11.
			98,50

Gissement et localités.

On en trouve en Bohême, en Saxe (mêmes lieux que l'opale commune) ; à Francfort-sur-le-Mein, en Islande, à Primersdorf en Autriche, en Pologne, en Silésie, en Hongrie (Telkobanya).

Elle se rencontre quelquefois dans les montagnes de basalte et de mandelstein ; mais elle se trouve principalement dans les granits et les porphyres, surtout dans les filons tenant argent, qui s'y rencontrent.

REMARQUES.

Karsten a observé beaucoup de passage de la demi-opale au *hornstein*, au *jaspe* et à la *terre à porcelaine*. Dans le premier cas, elle est plus dure, plus éclatante, et sa cassure devient écailleuse ; dans le second, elle est entièrement opaque, et dans le troisième cas elle devient tout-à-fait terreuse, et n'a plus ni transparence ni éclat ni dureté.

OPALE. Quelques variétés de demi-opale, surtout celles de couleur brune, ont été nommées *pechopal*, et *pechstein* par quelques auteurs et par la plupart des minéralogistes français ; mais le vrai pechstein de Werner en diffère essentiellement, comme on le verra.

Le prétendu pechstein de Menil-Montant près de Paris, nommé *ménilite* par quelques minéralogistes, est aussi regardé, par Klaproth, comme une demi-opale de Werner. (*Voyez* plus haut l'analyse qu'il en a faite.) Estner au contraire le range avec la pierre à fusil.

———————

IV°. SOUS-ESPÈCE.

HOLZ OPAL.   —   *OU OPALE LIGNIFORME.*

Argilla opalus lithoxylon.

Id. Emm. T. 1 , p. 260. — Lenz, p. 279. — W. P. , T. 1 , p. 280. — M. L. p. 170. — Variété d'*opal* , Wid. p. 325. — *Semiopalo*, Nap. p. 201. — *Ligniforme opal* , Kirw. T. 1 , p. 295. — *Xilopale*, Lam. p. 162. — Variété du *quartz-agathe xiloïde* , Haüy. T.

Caractères extérieurs.

SES couleurs sont le *blanc de lait* , les *blancs rougeâtre* , *jaunâtre* et *grisâtre* ; le *gris jaunâtre* , le *gris de fumée* , le *brun de cheveux* , le *brun de gérofle*, le *brun jaunâtre* , le *jaune d'ochre* , le *rouge d'hya-cinthe*. Leur mélange présente des dessins *rubanés* et *tachetés*.

On la trouve en grandes pièces qui ont la forme du bois.

A l'intérieur, elle est *éclatante* ou *peu éclatante*, opale.
ou seulement *brillante* ; c'est tantôt l'*éclat du verre*,
tantôt l'*éclat gras*.

La cassure est *conchoïde* en travers ; mais en
longueur elle participe de la contexture du bois
dont cette opale est formée.

Ses fragmens sont *indéterminés*, *à bords aigus*,
quelquefois *esquilleux*, *alongés*.

Il y a des opales ligniformes, composées de
pièces séparées, *testacées*, *droites* ou *courbes*.
(WERNER, catalogue de Pabst.)

Elle est souvent *opaque*, quelquefois *translucide
sur les bords*, très-rarement entiérement *translucide*.

Elle tient le milieu entre le *dur* et le *demi-dur*;
— elle est *facile à casser*; — *médiocrement pesante*.

Localités.

Poinik, près Schemnitz en Hongrie.

Remarques générales sur l'espèce opale.

1°. Il n'est pas très-facile de déterminer les caractères
distinctifs que Werner établit entre les diverses sous-
espèces d'opale : il dit lui-même, dans sa Minéralogie
de Cronstedt, qu'elles ne diffèrent point dans leur cassure, leur dureté ni leur pesanteur. Il me semble que
l'opale chatoyante ou la pierre seule connue en France
sous le nom d'opale, est son *opale noble* ; que son *opale
commune* et sa demi-opale comprennent les hydrophanes,
la plupart des pechsteins des minéralogistes français,
ainsi que ceux décrits par Deborn, dans le catalogue de

opale. Raab (excepté celui de Meissen en Saxe) , et quelques silex ou calcédoines qui forment les passages de l'un à l'autre ; quant au *holzopal* , on le considère en France comme un bois imprégné de pechstein , c'est-à-dire , imprégné de demi-opale.

2°. Il y a eu en Allemagne de grandes discussions sur la formation de l'opale. Fichtel, Bereis et autres ont soutenu long-tems qu'elle était le produit du feu. Mais on est assez d'accord à présent qu'elle ne peut avoir été formée que par la voie humide. C'est aussi l'opinion de tous les minéralogistes français.

Il est bon d'observer, à l'appui de cette opinion, que les demi-opales de Hongrie se trouvent en couches suivies de 4 à 5 pieds d'épaisseur.

SEPTIÈME ESPÈCE.

PERLSTEIN. — LE PERLSTEIN.

Cette nouvelle espèce minérale, qui se trouve dans le dictionnaire minéralogique de Reuss , n'est décrite dans aucun des Traités de Minéralogie que j'ai à ma disposition. Je vais indiquer quelques-uns des caractères de cette pierre, d'après ce qui en est dit dans le Voyage en Hongrie de M. Jens Esmark , et d'après l'échantillon que M. Inguersen a déposé au cabinet de l'école des mines.

Le *perlstein* forme pour ainsi dire le ciment d'une espèce de roche porphyrique , renfermant des grains d'obsidienne ; il est d'un gris bleuâtre , d'une cassure grenue , assez éclatant , d'un éclat nacré , très-fragile , translucide sur les bords ; il donne l'odeur argileuse par l'expiration.

Traité

Traité au chalumeau sans addition, il se gonfle con-
sidérablement, répand une lueur phosphorique blanchâtre, et finit par donner un verre blanc opaque.

Ce minéral a été trouvé près de Tokai en Hongrie.

HUITIÈME ESPÈCE.

PECHSTEIN. — LA PIERRE DE POIX

ou LE PECHSTEIN.

ARGILLA PICEA.

Id. Emm. T. 1, p. 262. — Wid. p. 332. — Lenz,
T. 1, p. 280. — M. L. p. 171. — W. P. p. 281. — *Pietra
picea*, Nap. p. 203. — *Pierre de poix* (celle de Meissen
seulement), D B. T. 1, p. 214. — *Pitchstone*, Kirw. T.
1, p. 292. — *Pissite* (variété *h* seulement), Lam. T. 2,
p. 162. — *Petrosilex résiniforme*, Haüy. T.

Caractères extérieurs.

SES couleurs sont le *gris de fumée*, le *gris noirâtre*, les *noirs grisâtre* et *verdâtre*, le *verd olive*,
le *verd-poireau*, le *verd de montagne*, le *verd noirâtre*, le *jaune de miel*, le *brun jaunâtre*, le *brun
de foie*, le *rouge brunâtre*, le *rouge de sang*, le
rouge de brique. Toutes ces couleurs sont en général
pâles, rarement *vives;* elles présentent quelquefois des dessins *rubanés*. Quelques variétés sont
traversées de veines rouges.

Minéral. élém. Tome I.   Z

PECHSTEIN. On le trouve en *masse*, d'un volume considérable (*).

A l'intérieur, il est communément *éclatant*,
rarement *peu éclatant* ou *brillant* ; c'est un *éclat gras*.

Sa cassure est *imparfaitement conchoïde*, rarement
parfaitement conchoïde (elle a alors plus d'éclat);
elle passe aussi souvent à la *cassure écailleuse* ou
esquilleuse. Plus elle s'en rapproche, plus elle perd
de son éclat. (Le pechstein passe alors au hornstein.)

Ses fragmens sont *indéterminés* , *à bords assez
aigus*.

Quelquefois il est composé de *pièces séparées*,
grenues, *à grains plus ou moins gros*, le plus souvent *petits*. Leurs surfaces de séparation sont *lisses*.

Il est quelquefois *translucide*, mais le plus souvent il ne l'est *que sur les bords* : le noir est entièrement *opaque*.

Il est *demi-dur*, en un haut degré ; — *aigre*; —
peu difficile à casser ; — *médiocrement pesant*.

Pes. spéc. D'après BLUMENBACH , le pechstein de
Saxe, 2,314.

(*) On a cité aussi du pechstein cristallisé en très-petits
prismes à six faces, terminés à une extrémité par un pointement à trois faces , placées sur trois faces latérales alternativement : mais il paraît que ces cristaux ne sont plus re-
gardés par Werner comme du pechstein , mais comme du
eisenkiesel. (*Voyez* cet article.)

Caractères chimiques.

Les pechsteins sont fusibles au chalumeau sans addition, en un émail blanc un peu poreux (*).

Parties constituantes.

D'après M. Wiegleb, le pechstein de Meissen en Saxe, contient : silice, 64,58 ; argile, 15,41 ; fer, 5, et 15 de perte. (?)

Gissement et localités.

Le pechstein forme des couches puissantes et même des montagnes entières ; il forme la base d'un porphyre, dans lequel sont mélangés du quartz et du feldspath. (Pechsteinporphir).

C'est ainsi qu'on le trouve en grande quantité en Saxe (à Meissen, Braunsdorf, Planitz près de Zwickau, etc.) : on en trouve aussi en Sibérie et en Hongrie (Schemnitz et Kremnitz).

REMARQUES.

1°. Le pechstein ou pierre de poix a reçu ce nom de ce qu'on lui a trouvé quelque ressemblance avec la poix.

2°. Deborn décrit cette substance sous ce même nom de *pierre de poix*, mais il y réunit les opales communes

---

(*) Widenmann dit qu'il y en a qui sont infusibles ; mais il est probable qu'il a confondu quelque jaspe ou quelque demi-opale avec les pechsteins. Kirwan paraît avoir fait la même erreur.

 et les demi-opales de Werner. La plupart des minéralogistes français confondaient aussi ces deux substances.
Elles ont été enfin distinguées ; et dans la Minéralogie
du citoyen Haüy , le pechstein des Allemands est un
petrosilex résiniforme , et les 3 sous-espèces d'opales
sont des quartz résiniformes.

3°. Indépendamment du petrosilex résiniforme, qui est
le véritable *pechstein* , comme il vient d'être dit , il ne
serait pas impossible que la plupart de nos autres *petro-*
silex fussent aussi rangés par Werner , parmi les *pechs-*
teins. (*Voyez* la remarque à la fin de l'espèce *hornstein*.)

4°. La *déodalite* de M. Rose est un pechstein.

NEUVIÈME ESPÈCE.

DEMANT SPATH (*). -- LE SPATH ADAMANTIN.

Nota. Dans le dictionnaire minéralogique de Reuss ,
cette espèce se trouve partagée en deux sous-espèces ,
corund , le corindon , et *demant spath* , le spath adamantin.
Il paraît que la première est le spath adamantin du Bengale , et la seconde est le spath adamantin de la Chine ;
mais ne trouvant dans aucun auteur les descriptions
séparées de ces deux sous-espèces , je vais donner
celles de l'espèce entière , telles qu'elles se trouvent
dans le 3e. vol. d'Emmerling.

Id. Emm. T. 1 , p. 9 , et T. 3 , p. 129. — Wid. p. 237.
— Lenz , p. 129. — *Spath adamantin* , D. B. T. 1 , p. 60.
— *Spato diamantino* , Nap. p. 223. — *Adamantine spar* ,
Kirw. p. 335. — *Corindon* , Lam. T. 2 , p. 266.

Corindon , Haüy.

(*) Quelques auteurs écrivent *diamant-spath*.

Caractères extérieurs.

S A couleur est tantôt un *gris de fumée*, *clair* ou *foncé*, qui passe au *gris verdâtre* ou au *blanc-grisâtre-verdâtre* ou *jaunâtre*; tantôt le *brun de gérofle* ou le *brun de cheveux*, se rapprochant toujours plus ou moins du *gris de fumée* et du *gris jaunâtre*. Quelquefois il est d'une couleur sale, qui tient le milieu entre le *verd de montagne* et le *verd de pomme pâle*.

On le trouve en *masse*, *disséminé* et *cristallisé*. Ses formes sont:

a. Un *prisme à 6 faces*, le plus souvent rompu aux deux extrémités. Les faces sont quelquefois toutes égales ou plus souvent inégales, deux opposées étant plus larges que les autres. Les cristaux ont communément $\frac{1}{2}$ pouce de haut, sur $\frac{1}{4}$ de pouce d'épaisseur. Ils sont quelquefois si courts, qu'ils prennent la forme d'une table à 6 faces.

b. Un *prisme à 6 faces, terminé par un pointement à 6 faces placées sur les faces latérales.*

c. Une *pyramide à 6 faces aiguës*, dont le sommet est fortement tronqué ou rompu.

d. Le cristal précédent, portant un pointement à 3 faces sur les angles de la base commune (*).

(*) Cette description est entièrement traduite d'après Emmerling. La forme *a* est bien connue en France, mais non les cristaux *b c d*. Nous ne connaissons d'autres variétés

Les cristaux sont de *moyenne grandeur* ou *petits*, tantôt *isolés*, tantôt réunis en druses. Leurs faces latérales et leurs faces de pointemens sont plus ou moins *striées en travers*; mais il est quelquefois difficile de reconnaître les stries, lorsque les cristaux sont recouverts de quelqu'autre minéral, ce qui arrive souvent.

L'éclat extérieur est accidentel.

A l'intérieur, le spath adamantin varie depuis le *très-éclatant* jusqu'au *brillant*; c'est un *éclat de diamant*, qui se rapproche beaucoup de l'*éclat du verre*, et passe même quelquefois à l'*éclat métallique*.

Sa *cassure en travers* paraît être *inégale* ou *esquilleuse*, néanmoins elle passe à la cassure *lamelleuse*. La cassure *en longueur*, au contraire, est *parfaitement lamelleuse*, à lames droites et minces. Le clivage est *double* (*).

---

de forme que le prisme à six faces ; 1°. parfait ; 2°. tronqué sur trois angles terminaux d'un côté, en alternant, et sur trois autres angles de l'autre côté, en alternant avec les premiers ; 3°. tronqué en outre sur les six bords terminaux. Ces formes sont décrites et gravées dans le Journal des Mines, n°. 28, page 263, dans l'extrait du Traité du citoyen Haüy.

(*) Le clivage est triple et dans trois sens différens, qui tronquent trois angles terminaux en a'ternant, et sous un angle de 147° avec le bord latéral adjacent, et de 123° avec

Ses fragmens sont tantôt *indéterminés*, *à bords aigus*; tantôt *rhomboïdaux*, *à 4 faces miroitantes*.

Il se présente en *pièces séparées*, *testacées*, *droites*, le plus souvent *minces*, rarement *épaisses*, qui sont elles-mêmes souvent composées de *pièces séparées*, *grenues*, *à petits grains*.

Il est *translucide sur les bords*, ou entiérement *translucide* dans de minces fragmens (*). — Il est *extrêmement dur*. (Il raie le cristal de roche, la topaze et toutes les pierres dures). — Il est *aigre*; — il est assez *facile à casser en travers*, mais *très-difficile à casser en longueur*; — il est *médiocrement pesant*.

Pes. spéc. KLAPROTH, 3,710. HAUY, 3,873.

Caractères chimiques.

Le spath adamantin, traité au chalumeau, est entiérement infusible, soit sans addition, soit avec la soude, le sel d'urine et le borax. (KLAPROTH.)

---

la base du prisme. La forme primitive qui en résulte est une rhomboïde, dont l'angle au sommet est de 86°. (Haüy, J. d. M. n°. 28, p. 262).

(*) Le citoyen Haüy a observé dans le spath adamantin, la propriété de la double image.

Parties constituantes.

KLAPROTH , T. 1 , p. 47 et suivantes.

Sp. adam. de la Chine.	*Id. du Bengale.*
Alumine......... 84,00	.... 89,50.
Silice.......... 6,50	.... 5,50.
Oxide de fer..... 7,50	.... 1,25.
Perte.......... 2,00	.... 3,75.
100.	100.

Klaproth avait d'abord cru qu'il contenait une terre nouvelle qu'il avait appelée *korunderde* ou terre *corindonienne ;* mais de nouveaux essais lui ont fait reconnaître que cette terre était l'alumine.

Caractères physiques.

Le spath adamantin est souvent attirable à l'aimant, surtout celui de la Chine ; ce qui provient d'un mélange tant extérieur qu'intérieur, de quelques grains de mine de fer.

Gissement et localités.

Le spath adamantin a été trouvé à la Chine et au Bengale ; il paraît provenir de quelque roche primitive, puisqu'il est accompagné quelquefois de mica d'un blanc d'argent, et de feldspath. Celui de la Chine est brun et presque opaque ; celui du Bengale est au contraire d'un gris ou d'un blanc verdâtre ; il a assez de transparence.

REMARQUES.

1°. Cette pierre est connue depuis très-peu de tems. On assure que sa dureté la fait rechercher par les Chinois, pour polir les pierres précieuses et le diamant. C'est de cette propriété de polir le diamant et de son aspect spathique, que lui est venu son nom de *spath adamantin*. Celui du Bengale n'est pas aussi dur que celui de la Chine.

2°. On a reconnu depuis peu des spaths adamantins parmi des saphirs prismatiques; ce sont des indices de lames obliques qui les ont fait distinguer, le saphir ayant toujours des lames verticales (*).

3°. Quelques cristaux de titane oxidé (nadelstein) trouvés en France, ont été pris d'abord pour des spaths adamantins.

DIXIÈME ESPÈCE.

FELDSPATH. — LE FELDSPATH
ou SPATH DES CHAMPS.

ARGILLA FELDSPATHUM.

M. Werner partage cette espèce en quatre sous-espèces. Cette subdivision a été adoptée par presque tous les auteurs allemands, ainsi qu'il suit :

(*) *Voyez* les Mémoires de la société d'histoire naturelle, prairial an 7, p. 55. Les formes de ces cristaux, qui sont très-bien déterminées, se rapportent aux trois variétés indiquées dans la note précédente. Leur couleur est ordinairement *rouge*, quelquefois *jaune* ou *bleue*.

 ## Iʳᵉ. SOUS-ESPÈCE.

GEMEINER FELDSPATH. — LE FELDSPATH COMMUN.

Argilla feldspathum vulgare.

Id. Emm. T. 1, p. 266. — Lenz, T. 1, p. 283. — W. P. T. 1, p. 282. — M. L. p. 173. — Wid. p. 335. — *Feldspath,* D. B. T. 1, p. 136. — *Id.* R. D. L. T. 2, p. 445. — *Spathum scintillans,* Wall. T. 1, p. 214. — *Feldspato commune,* Nap. p. 213. — *Common felspar,* Kirw. p. 316. — *Feldspath,* Lam. T. 2, p. 187.

Feldspath, Haüy.

Caractères extérieurs.

Ses couleurs principales sont le *blanc de lait,* les blancs *jaunâtre, grisâtre* et *rougeâtre;* le *gris de fumée,* le *gris bleuâtre* et *jaunâtre,* le *jaune d'ochre,* le *rouge de sang,* le *rouge de brique,* le *rouge brunâtre,* le *verd-émeraude,* le *verd-poireau,* le *verd-pomme,* le *verd de montagne pâle,* le *verd-olive* (*).

On le trouve en *masse,* ou *disséminé,* ou en *morceaux arrondis,* ou *cristallisé.* Ses formes sont :

a. Un *prisme à 6 faces, large, à angles un peu inégaux, terminé des deux côtés par un bisellement*

(*) Ce que l'on a désigné sous le nom de *pierre des amazones,* est quelquefois un feldspath verd ; mais le plus souvent c'est un néphrite. (*Voyez* néphrite).

un peu obtus, *dont les faces sont placées sur les deux* FELDSPATH. *bords latéraux*, qui séparent de chaque côté deux des plus petites faces.

b. Un *prisme à* 4 *faces* (*rhomboïdal*), portant des deux côtés *un biseau*, *dont les faces sont placées sur les bords latéraux obtus.* Quelquefois les bords latéraux et ceux du biseau sont tronqués. (Lorsque le prisme est court, et qu'une des faces du biseau est supprimée, la forme est celle d'un rhomboïde.)

c. Un *prisme à* 4 *faces* (*rectangulaire*), terminé par un *pointement à* 4 *faces placées sur les bords latéraux*; le *sommet* du *pointement* et les *bords latéraux du prisme* sont quelquefois *tronqués.*

d. Un *prisme à* 4 *faces*, portant *un pointement obtus à* 3 *faces.* (??) (EMMERLING.)

e. Un *prisme à* 4 *faces*, portant un *pointement très-obtus à* 4 *faces*, dont deux plus petites et deux plus grandes, *qui correspondent aux faces latérales.* (??) (EMMERLING.)

f. Un *prisme à* 4 *faces* (*rectangulaire*), ou *parfait*, ou *portant un bisellement à ses deux extrémités*, ou ayant ses *bords latéraux tronqués.*

g. Une *table à* 6 *faces*, un peu *alongée* (*).

(*) Cette forme est, je crois, celle du prétendu schorl blanc du Dauphiné; mais la description n'en est pas exacte, car la table à six faces alongée a toujours un biseau sur ses deux plus petites faces, ou plutôt le cristal doit être con-

 Il se trouve souvent en *cristaux doubles* (*). La *surface extérieure* des cristaux est *striée en longueur.*

A l'extérieur, les cristaux sont *éclatans.*

A l'intérieur, le feldspath commun est ordinairement *éclatant*, quelquefois *très-éclatant*, souvent aussi *peu éclatant*; il a *l'éclat du verre* ou *l'éclat nacré.*

Sa cassure est *parfaitement lamelleuse*, toujours à *lames droites* et à *clivage double*, c'est-à-dire, ayant deux sens de lames; dans le troisième sens, elle est *compacte* et *inégale.*

Ses fragmens sont *rhomboïdaux*, mais *à 4 faces seulement miroitantes.*

Souvent les morceaux de feldspath sont une réunion de *pièces séparées*, *grenues*, à grains de différentes grosseurs.

Il n'est ordinairement que *translucide*; rarement il passe au *demi-diaphane.* Il est *dur*, mais moins

---

sidéré autrement : ce serait la forme *a* très-aplatie sur deux de ses faces latérales; les cristaux sont très-souvent réunis deux à deux.

(*) Ces cristaux doubles sont réunis très-régulièrement; mais pour bien les décrire, il faudrait avoir auparavant décrit les cristaux simples avec les mesures d'angles, sans quoi les descriptions des cristaux doubles sont difficiles à entendre. On n'aura rien à desirer à cet égard dans l'ouvrage du citoyen Haüy.

que le quartz; — *aigre;* — *facile à casser;* — FELDSPATH.
médiocrement pesant.

Pes. spéc. 2,272 à 2,594.

Caractères chimiques.

Traité au chalumeau sans addition, il se fond en un verre blanc un peu translucide.

Parties constituantes.

Un grand nombre de chimistes ont analysé le *feldspath commun* dans différens tems et avec plus ou moins d'exactitude, suivant le perfectionnement successif des moyens chimiques. Le citoyen Vauquelin l'a aussi analysé depuis peu, et son résultat diffère de tous les autres par la présence de la potasse qu'il y a reconnue ; mais il leur est assez conforme dans les proportions d'alumine, et surtout de silice, dont il présente à peu près le terme moyen, comme on peut en juger par le tableau suivant, où on en rapporte plusieurs.

VAUQUELIN (*).	KIRW.	DE SAUSSURE.	MEYER.	HASSENFR.
Silice.... 62,83	67	43	79	70
Alumine.. 17,02	14	37,05	16	12
Chaux... 3,00	0	1,70	2,3	0
Ox. de fer 1,00	0	4	0	0
Potasse.. 13	0	0	0	0
Baryte... 0	11	0	0	8
Magnésie. 0	8	0	0	9
96,85	100	85,75	97,3	99

(*) (J. d. M. n°. 49 , p. 27). C'est le feldspath vert de Sibérie, qui a servi à son analyse.

FELDSPATH. Le résultat de Vauquelin est à peu près le même que celui qu'il a obtenu de l'analyse de l'adulaire, comme on le verra. Cette quantité de potasse explique très-bien la fusibilité du feldspath.

Gissement et localités.

Le feldspath commun est une des substances les plus répandues dans la nature, mais rarement il s'y rencontre en masse considérable. Il forme une des parties composantes, essentielles de la plupart des roches primitives des granits, des gneiss, des siénites, des porphyres : il y est aussi quelquefois en couches entières. Dans les roches stratiformes, il est rare ; cependant il se trouve quelquefois disséminé en grains ou en cristaux, dans le porphir-schiefer, la grauwacke, rarement dans les basaltes et les mandelsteins (*). Il se décompose souvent et change en une masse terreuse blanche. C'est cette terre que l'on emploie pour la fabrication de la porcelaine, et qui est connue en Chine sous le nom de kaolin. (*Voyez* terre à porcelaine.)

Le quartz et le mica, qui sont avec le feld-spath les deux parties constituantes du granit, l'ac-

---

(*) On en a reconnu dans une *pierre calcaire compacte*, évidemment *stratiforme* ; c'étaient de petits cristaux entièrement semblables à ceux de la note sur la forme *g*. Ils sont transparens, fusibles au chalumeau en émail blanc, etc. (Au col du Bonhomme, près de Chamouny dans les Alpes).

compagnent d'ailleurs presque toujours, et sont FELDSPATH.
pour lui un caractère empirique.

Il est inutile d'indiquer aucunes localités du feldspath commun : on renvoie à celle du granit, du
gneiss et autres roches qu'il compose.

REMARQUES.

Le *feldspath cubique* (*würflicher feldspath*, *argilla feldspathum tessulare*) de Karsten (M. L. p. 176, et B. J.
1788, T. 2, p. 809) est regardé par Werner, comme
une simple variété du feldspath commun ; il est remarquable en ce qu'il est très-lamelleux, et qu'il se casse
plus facilement que les autres feldspaths en fragmens
cubiques, ou du moins en fragmens rhomboïdaux qui
approchent de la forme *cubique*. Kirwan l'a décrit sous le
nom de *petrilite*, T. 1, p. 325. Il a été trouvé à Ehrenfriedersdorf en Saxe.

Certains feldspaths d'un rouge jaunâtre, parsemés
de mica, ont été nommés *aventurine*. (*Voyez* le quartz
commun).

IIᵉ. SOUS-ESPÈCE.

DICHTER FELDSPATH. — LE FELDSPATH COMPACTE.

Argilla feldspathum densum.

Id. Emm. T. 1, p. 271. — Lenz, p. 287. — W. P.
T. 1, p. 285. — Wid. p. 345. — *Feldispato compatto*,
Nap. p. 218. — *Continuous felspar*, Kirw. p. 323 (?) —
Felsite, *ibid.* p. 326.

Feldspath compacte bleu, Haüy. T.

Caractères extérieurs.

SES couleurs sont le *bleu de ciel*, souvent très-pâle, qui passe même au *blanc bleuâtre*, et prend aussi quelque teinte de *verd* ou de *jaune*. (*Voyez* l'article *Localités*.)

On ne le trouve qu'en *masse*, en morceaux plus ou moins gros.

Il est peu *éclatant*, souvent même peu *brillant*.

Sa cassure est *lamelleuse*, *imparfaite*; souvent *indéterminée*, quelquefois *inégale* ou *esquilleuse*.

Ses fragmens sont *indéterminés*, *à bords peu aigus*

Il est *translucide*; quelquefois il ne l'est que *sur les bords*. — Il donne une *raclure blanche*. — Il est *dur*, mais bien au dessous du quartz.

(Pour tous les autres caractères, *voyez* le feldspath commun.)

Caractères chimiques.

Emmerling, Widenmann et autres disent qu'il est infusible au chalumeau sans addition. (?)

Gissement et localités.

Le feldspath dont M. Werner a fait son feldspath compacte, est celui que l'on a trouvé près de Krieglach en Stirie (*), avec du quartz et du mica, et que l'on a d'abord regardé, ou comme un quartz, ou comme une pierre d'azur. (W.P.T. 1, p. 285.)

On en a cité aussi en Sibérie. (?) C'est peut-être le feldspath verd de Sibérie; mais je pense

---

(*) C'est à tort que plusieurs auteurs l'ont cité en Carinthie.

qu'il

qu'il doit plutôt être rapporté au feldspath com- FELDSPATH.
mun. M. Werner soupçonne que les cristaux de
feldspath du porphyre verd antique appartiennent
à cette sous-espèce.

___

IIIe. SOUS-ESPÈCE.

LABRADORSTEIN. — *LA PIERRE DE LABRADOR.*

Argilla feldspathum labradoriense.

Id. Emm. T. 1, p. 273. — Lenz, T. 1, p. 288. — W.
P. T. 1, p. 284. — Variété de *gemeiner feldspath*, Wid.
p. 335. — *Pierre de Labrador*, D. B. p. 143. — *Id.* R. D.
L. T. 2, p. 497. — Variété du *feldispato commune*, Nap.
p. 213. — *Labradore stone*, Kirw. p. 324. — *Labradorite*,
Lam. Tom. 2, p. 197.

Feldspath opalin, Haüy. T.

Caractères extérieurs.

ON peut dire que sa couleur propre est presque
toujours le *gris noirâtre* ou le *gris de cendre foncé*;
mais elle en présente beaucoup d'autres, très-belles
et très-vives, lorsqu'on varie sa position par rapport à la lumière. Les principales sont le *bleu
d'azur*, le *bleu de Prusse*, le *bleu de smalt*, le *bleu
de ciel*, le *verd de gris*, le *verd-émeraude*, le *verd
de pré*, le *verd-olive*, le *verd-serin*, le *jaune-orange*,
le *jaune d'or*, le *jaune-citron*, le *jaune de soufre*,
le *gris de perle*, le *blanc d'argent*, le *blanc jaunâtre*,

Minéral. élém. Tome I. A a

FELDSPATH. le *rouge de cuivre*, le *rouge de chair*, le *brun de tombac.*

Ces couleurs sont mélangées sous des dessins *rubanés*, *tachetés* ou *pointillés*, et donnent un *chatoiement* très-vif.

On le trouve en *morceaux arrondis.*

A l'intérieur, elle est *éclatante*, quelquefois *très-éclatante.*

Sa cassure est *parfaitement lamelleuse*, *à lames droites*, dans deux sens différens (*clivage double*). Dans le troisième sens, elle est un peu *conchoïde.* Elle donne des *fragmens rhomboïdaux*, *à 4 faces miroitantes.*

Quelquefois elle est composée de *pièces séparées*, *grenues* ou *testacées.*

Elle est fortement *translucide*, passant au *demi-diaphane.*

(Pour tous les autres caractères extérieurs , *voyez* le feldspath commun.)

Pes. spéc. BRISSON, 2,607 à 2,704.

Caractères chimiques.

La pierre du Labrador est fusible en un émail blanc, comme le feldspath commun.

Parties constituantes.

D'après Eindheim, la pierre du Labrador contient : silice, 69,5 ; argile , 13,6 ; gypse , 12 ; oxide de cuivre, 0,7 ; oxide de fer, 0,3.

Usages.

Le brillant de ses couleurs et surtout son chatoiement la font rechercher en bijouterie.

Gissement et localités.

Cette pierre nous vient originairement de l'île
Saint-Paul, près la côte de Labrador : on en a
trouvé depuis en Bohême (Mummelsgrund) ; en
Saxe (Geyer, Lobau, Halle) ; dans l'Ingermann-
land, en Russie ; en Sibérie, près du lac Baikal.

On ne l'a encore trouvée qu'en morceaux arrondis et hors de place. Il paraît qu'elle doit provenir
de roches primitives, puisqu'elle est quelquefois
accompagnée de schorl noir, de mica, de hornblende, de pyrites, de bismuth natif, etc.

Gmelin et quelques autres minéralogistes lui
ont donné le nom de *schillerspath* ou *spath chatoyant*, qui depuis a été donné à un autre minéral. (*Voyez* hornblende du Labrador.)

IVe. SOUS-ESPÈCE.

ADULAR.   —   L'ADULAIRE.

Argilla feldspathum adularium.

Id. Emm. p. 277. — Lenz, T. 1, p. 293. — *Mondstein*,
M. L. p. 180. — *Id.* Wid. p. 340. — *Adulaire*, D. B.
T. 1, p. 138 et 142. — *Adularia*, Nap. p. 218. — *Moon-
stone*, Kirw. p. 322. — *Adulaire*, Lam. T. 2, p. 194.
Feldspath nacré, Haüy. T.

 Caractères extérieurs.

Ses couleurs sont le *blanc jaunâtre*, le *blanc verdâtre* et le *blanc de lait*. Mais sous certaines directions, elle donne un chatoiement de couleurs nacrées et argentées (*), qui est dû à de petites fentes ou lames intérieures qui réfléchissent différemment les rayons de lumière.

On la trouve, ou en *masse*, ou *cristallisée*. Ses formes sont :

a. Un *prisme (rhomboïdal) à* 4 *faces, terminé des deux côtés par un biseau.*

b. Un *rhombe parfait,* plus ou moins oblique.

c. Une *table à* 4 *faces, rectangulaire,* et dont les faces terminales sont obliques.

d. Un *prisme à* 6 *faees.* (C'est la forme *a* du feldspath commun.)

e. Une *table à* 6 *faces* (**).

(*) C'est ce qui l'a fait appeler *pierre de lune (mond-stein)* ou *œil de poisson (fischauge)*, ou *opale aqueuse* (*wasser opal*) ou *girasel*, etc. ; mais le girasol de Wallerius et de Romé Delisle paraît être une opale commune. Napione au contraire assure, pag. 218, que l'adulaire est le vrai *girasol* des Italiens. Deborn, pag. 142, est de la même opinion.

(**) L'adulaire se trouve aussi en cristaux doubles, et cette forme lui est très-ordinaire. Ces cristaux ont le plus souvent l'apparence d'un prisme à 4 faces, rectangulaire ;

La surface des cristaux est *lisse*, souvent *striée* FELDSPATH. *en longueur.*

A l'extérieur, l'adulaire est *éclatante* ou *très-écla-tante*. A l'intérieur, elle est *très-éclatante*, d'un éclat vitreux, qui passe plus ou moins à l'*éclat nacré*.

Sa cassure est *lamelleuse*, *à lames droites* dans deux sens différens (*clivage double*).

Ses fragmens sont *rhomboïdaux*, *à 4 faces mi-roitantes.*

Elle est quelquefois composée de *pièces séparées*, ou *scapiformes droites* (qui sont placées suivant la direction des lames de l'adulaire) , ou *grenues.*

---

mais en observant leur sommet , on reconnaît évidemment que ce sont deux moitiés de cristaux , dont l'une a été retournée et réunie ensuite à l'autre. Pour décrire cette forme d'une manière plus précise , il faudrait en donner les figures et les mesures des angles. On trouvera l'un et l'autre dans l'ouvrage du citoyen Haüy. — Il y a de ces cristaux doubles d'une grandeur considérable , comme de huit à dix pouces : on les a quelquefois sciés en travers pour en faire des plaques , qui sont assez recherchées à cause de leur éclat et de leur chatoiement ; mais ces plaques ont pour le naturaliste un plus grand intérêt, en ce qu'on y voit les indices des lames se dirigeant dans deux sens différens *sans se croiser*, mais se réunissant au contraire sur une diagonale ; ce qui prouve évidemment que ce sont deux moitiés d'un même cristal retournées. De Saussure, T. 4 p. 1,886, fait la même observation. — L'adulaire présente aussi des réunions quadruples de cristaux , comme seraient les quatre pétales d'une fleur , un peu inclinées.

Elle est toujours *translucide*, quelquefois *demi-diaphane* et même *diaphane*.

Elle est *dure*, moins que le quartz, mais plus que le feldspath commun ; — elle est *froide au toucher* ; — *médiocrement pesante*.

Pes. spéc. 2,500 à 2,600, STRUVE. 2,561, MORELL.

Caractères chimiques.

L'adulaire, traitée au chalumeau sans addition, éclate et pétille, et finit par se fondre en un verre blanc.

Parties constituantes.

VAUQUELIN.	VESTRUMB, (Chem. ann. 1790, T. 2, p. 225.)	MORELL, (Hœpfner Mag. Helv. T. 2, p. 95.)
Silice... 64	Silice....... 62,50	Silice....... 62,43
Alumine. 20	Alumine 17,50	Alumine..... 19,33
Chaux... 2	Chaux...... 6,50	Magnésie.... 5,50
Potasse . 14	Magnésie.... 6,	Sulf. de chaux 10,98
100	Ox. de fer... 1,40	Eau 1,75
	Sulf. de baryte 2,	99,99
	Eau........ 0,25	
	96,15	

Sans doute la perfection des moyens employés par le citoyen Vauquelin doit faire accorder la préférence à son analyse ; si les autres ont été rapportées ; c'est qu'elles sont assez d'accord avec la première, relativement aux proportions de silice et d'alumine ; ce qui en donne une entière confirmation.

Usages.

L'adulaire n'étant connue que depuis environ

vingt ans, elle n'a pas encore été beaucoup em- FELDSPATH.
ployée; cependant on l'a taillée en plaques, qu'on
a montées en bagues et autres bijoux.

Gissement et localités.

C'est à H. Pini de Milan, qu'on doit la connaissance de l'adulaire, qu'il a découverte dans les
montagnes qui environnent le Saint-Gothard (*).
Suivant M. Struve, elle forme des couches propres
entre des bancs de glimmerschiefer et de gneiss.
Elle est accompagnée de quartz, de mica, de feldspath commun, de tourmaline, etc. (**).

(*) Les auteurs allemands citent plusieurs autres localités ; Saint-Christophe en Dauphiné, le Forez, le Languedoc. Je ne sais si on a trouvé en effet dans ces différens
pays des feldspaths ayant les caractères de *l'adulaire* de
Werner; quant à *l'adulaire* de *Baveno*, citée par Emmerling, je doute que les feldspaths de Baveno, décrits par
Pini, soient regardés par Werner comme des adulaires ; ils
sont entiérement opaques, et n'ont ni les couleurs ni le
chatoiement de celle du Saint Gothard; leur cassure même
est *peu brillante* et presque *matte*. Ils se trouvent dans un
granit avec du quartz et du mica. Les beaux cristaux que
l'on y a trouvés tapissent quelques cavités qui se trouvent
dans ce granit, et ils ont d'ailleurs les mêmes caractères que
ceux qui forment la base même du granit. Je pense donc
qu'on doit les regarder comme des *feldspaths communs* de
Werner.

(**) Elle s'y trouve ordinairement en cristaux implantés,
et je pense qu'on peut dire que l'adulaire tapisse des cavités

1°. Le nom d'*adulaire* vient de celui d'*adula*, que porte une des sommités qui dominent le passage du Saint-Gothard.

2°. L'*œil de chat*, qui, comme on l'a vu, forme dans la Minéralogie de Werner une espèce particulière, est regardé comme une variété d'adulaire par Widenmann, Deborn et autres minéralogistes.

3°. La pierre chatoyante trouvée en Languedoc par Dodun, et qu'il a nommée *œil de poisson*, paraît n'être qu'une variété d'adulaire. Kirwan l'a décrite séparément sous le nom de *argentine felspar*, p. 327.

ONZIÈME ESPÈCE.

POLIERSCHIEFER. — LE SCHISTE A POLIR
ou LE POLIERSCHIEFER (*).

Id. Klap. T. 2, p. 170. — Estner, Minéralogie, T. 2, p. 635. — Emmerling, T. 3, p. 334.
Argile, Haüy.

Caractères extérieurs (**).

Sa couleur est un *gris clair*, qui passe commu-

---

ou filons, lesquels abondent dans une couche particulière d'une montagne de glimmerschiefer. C'est ainsi, je crois, qu'il faut entendre l'assertion de M. Struve.

(*) *Voyez* le §. 29 de l'Introduction.

(**) Cette description du polierschiefer est traduite d'après Emmerling, qui lui-même l'a extraite de Klaproth et Estner. (*Voyez* les remarques.)

nément au *blanc*, souvent aussi au *rougeâtre*. Il présente quelquefois des bandes ou des taches d'un *brun noirâtre* ou d'un *jaune citron pâle*.

On le trouve en *masse*, ordinairement en *couches entières*, souvent aussi *superficiel*.

La surface de ses couches présente des empreintes rondes et conchoïdes. Il est toujours *mat*.

Sa cassure est ou *conchoïde applatie*, ou *terreuse* dans certaines directions; dans d'autres sens elle est *schisteuse* et presque *lamelleuse*.

Ses fragmens sont *indéterminés*, *à bords assez obtus*, quelquefois un peu en *forme de plaques*.

Il est composé de *pièces séparées*, *testacées*, *épaisses*, *courbes*. — Il est *un peu translucide sur les bords*. — Il est *tendre*, *passant au très-tendre*; — *peu aigre*; — *très-facile à casser*; — il *happe fortement à la langue*; — il est *maigre* et *rude au toucher*; — *médiocrement pesant* et *presque léger*.

Pes. spéc. K L A P R O T H , 2,080.

Caractères chimiques.

Plongé dans l'eau, le polierschiefer l'absorbe avec avidité : on voit des bulles d'air qui se dégagent avec bruit. Pulvérisé et calciné, il perd 19 pour 100 de son poids et devient rougeâtre. Il se fond dans un fourneau, en une scorie poreuse d'un gris noirâtre ou jaunâtre.

Parties constituantes.

Silice......................... 66,50		
Alumine..................... 7		
Magnésie 1,50	KLAPROTH,	
Chaux........................ 1,25	T. 2,	
Oxide de fer................ 2,50	p. 171.	
Eau.......................... 19		
97,75		

Gissement et localités.

Le *polierschiefer* se trouve principalement à Menil-Montant près Paris, où il forme des lits considérables, qui renferment des morceaux tuberculeux d'une substance nommée communément *pechstein* ou *ménilite*, dont il a été question plus haut à la suite de la demi-opale et de la pierre à fusil.

REMARQUE.

C'est depuis peu de tems que M. Werner a fait une espèce particulière de cette substance minérale.

DOUZIÈME ESPÈCE.

TRIPPEL ou *TRIPOL*. — LE TRIPOLI.

ARGILLA TRIPOLITANA.

Id. Emm. T. 1 , p. 307. — Lenz, T. 1 , p. 312. — M.
L. p. 189. — W. P. p. 287. — Wid. p. 353. — *Tripela*,
Wall. T. 1 , p. 94. — *Tripoli*, Kirw. p. 202. — *Id.*
Nap. p. 210. — *Id.* D. B. T. 1 , p. 404. — *Id.* Lam. T. 2 ,
p. 457.—*Lave coctile tripoléenne* et *thermantide tripoléenne*,
Haüy. T.

Caractères extérieurs.

SA couleur est presque toujours le *gris jaunâtre* ,
le *jaune-isabelle* , le *jaune d'ochre* ou le *jaune de
paille* ; quelquefois le *blanc* , tirant au *gris* , au
jaune , au *verd* ou au *rouge*. Lorsqu'il est très-ferrugineux, il est d'un *brun rougeâtre*.

On le trouve en *masse*.

A l'intérieur, il est *mat*.

Sa cassure est *terreuse* , *à gros grains* , quelquefois *schisteuse*.

Ses fragmens sont *indéterminés* , *à bords obtus*.

Il est *tendre* , passant au *très-tendre* (ce qui tient
à sa friabilité, car sa poussière est très-dure) ; —
il est *maigre* et *rude au toucher* ; — *médiocrement
pesant*.

Caractères chimiques.

Traité au chalumeau sans addition, il est très-

TRIPOLI. difficile à fondre ; il se fond avec le borax, sans
effervescence. Il ne forme pas, comme l'argile,
une pâte avec l'eau.

Parties constituantes.

D'après l'analyse de M. Haase, silice, 90 ; argile, 7 ;
fer, 3.

Usages.

Le tripoli, réduit en poussière, est employé avec
beaucoup d'avantage pour polir les métaux, les
marbres et autres pierres, et les glaces.

Gissement et localités.

C'est de Tripoli que l'on apportait autrefois
cette substance en Europe ; ce qui lui a fait donner son nom. Mais on en a trouvé depuis en beaucoup d'endroits, et entr'autres en Bavière, à
Kutschlina en Bohême, en Saxe (Potschappel près
Dresde et Naunmberg), en Flandre (près d'Ou-
denarde), à Francfort-sur-le-Mein, en Suisse,
dans la Hesse (Grünberg, Darmstadt), en Autriche
(Krems), en Westphalie, en Russie, en Angleterre, etc.

On ne connaît pas encore trop bien ses caractères géologiques. Il paraît cependant qu'il appartient exclusivement aux montagnes stratiformes,
car on en a trouvé dans le voisinage des basaltes.
Celui de Potschappel est en couches, dans une

montagne qui contient du charbon de terre. On tripoli.
en a aussi trouvé dans des terrains volcaniques ou
pseudo-volcaniques ; ce qui a fait croire à quelques minéralogistes, que le tripoli était une substance minérale modifiée par le feu. A cet égard
on peut dire que les empreintes de plantes et de
poissons, et les bois pétrifiés qu'il renferme souvent, excluent tout-à-fait l'opinion d'une origine
vraiment volcanique, mais que, le tripoli se trouvant quelquefois dans le voisinage des feux souterrains (erdbrande), il est possible que (dans
certains cas du moins, et non dans tous) il ait
subi leur action, et soit par conséquent quelquefois d'une origine pseudo-volcanique. (*Voyez* l'Introd. §§. 44 et 45.) Sa sécheresse et la dureté de
ses petites parties viennent aussi à l'appui de cette
opinion.

Nota. On imite le tripoli en calcinant certaines variétés de
thonschiefer.

TREIZIÈME ESPÈCE.

ALAUNSTEIN. — LA PIERRE ALUMINEUSE.

ARGILLA ALUMINARIS TOLFENSIS.

Id. Emm. T. 1, p. 299. — Lenz, T. 1, p. 304. — Wid.
p. 399. — W. P. p. 286. — M. L. p. 186. — *Calcareus
aluminaris albus*, Wall. T. 2, p. 34. — *Pietra d'allume*,
Nap. p. 266. — *Aluminilite*, Lam. T. 2, p. 113.
Variété d'*Argile*, Haüy. T.

Caractères extérieurs.

SES couleurs sont le *blanc grisâtre* ou *jaunâtre*, qui passent quelquefois au *jaune-isabelle* et au *gris jaunâtre clair*.

On la trouve en *masse*.

Elle est *matte*, très-rarement *un peu brillante*.

Sa cassure est *inégale*, quelquefois *conchoïde, imparfaite*, quelquefois aussi un peu *esquilleuse*.

Ses fragmens sont *indéterminés*, *à bords peu aigus*.

Elle est composée de *pièces séparées, grenues, à gros grains*.

Elle est *tendre*, quelquefois *demi-dure*; — elle est *un peu tachante*; — elle happe *à la langue*.

Caractères chimiques.

Lorsqu'après l'avoir chauffée on la lessive, elle donne de l'alun; elle ne fait point effervescence avec les acides. (EMMERLING.)

Parties constituantes.

Suivant Bergmann, elle contient, 43 de soufre, 35 d'argile, 22 de silice.

Vauquelin l'a aussi analysée; il y a trouvé, alumine, 43,92; silice, 24; acide sulfureux, 25; sulfate de potasse, 3,80; eau, 4. (Ann. de Chim. 66, p. 275.)

Gissement et localités.

Cette substance est connue depuis long-tems sous le nom de *Pierre de la Tolfa*, du nom du lieu où elle se trouve auprès de Rome. Elle y forme une montagne particulière, dont la masse est traversée souvent par des veines de quartz d'un gris blanchâtre.

REMARQUES.

Il paraît que Werner ne comprend sous cette espèce que la pierre de la Tolfa, du moins son catalogue de Pabst, le muséum de Leske, les ouvrages de Widenmann et d'Emmerling n'indiquent aucune autre localité. Lenz seul (p. 305) cite des pierres d'alun de Witby en Angleterre, de Suisse, de Toscane; il regarde aussi les pierres de la Solfatara, de Pouzzoles près de Naples, comme des pierres d'alun; mais cette opinion ne me paraît pas fondée. La seule pierre de la Tolfa est la pierre d'alun de Werner, et il ne la regarde pas comme un produit volcanique.

Emmerling dit que la pierre d'alun imbibée d'eau devient translucide, et qu'elle paraît semée de taches rougeâtres.

QUATORZIÈME ESPÈCE.

ALAUNERDE. — LA TERRE ALUMINEUSE.

ARGILLA ALUMINARIS BITUMINOSA.

Id. Emm. T. 1, p. 292. — Lenz, T. 1, p. 300. — M. L. p. 184. — W. P. T. 1, p. 286. — W. p. 398. — *Terra aluminaris*, Wall. T. 11, p. 32. — *Aluminite bitumineux*, Lam. T. 2, p. 116.

Caractères extérieurs.

SA couleur est un *noir brunâtre*, qui passe quelquefois au *brun noirâtre*.

On la trouve en *masse.*

Sa cohésion ou consistance tient le milieu entre le *solide* et le *friable.*

Elle est naturellement *matte.* Si elle est quelquefois *brillante,* cela est dû à quelques parcelles de mica.

La cassure (dans les petits morceaux) est *terreuse* et *unie ;* mais celle d'une masse un peu considérable est *schisteuse.*

Ses fragmens sont *indéterminés , à bords obtus.*

La terre alumineuse *prend de l'éclat par la raclure.*

Elle est *très-tendre* et presque *friable ; — facile à casser.*

Caractères chimiques.

La terre alumineuse, exposée au feu, brûle avec flamme; exposée à l'air, ou plutôt à l'humidité, elle s'échauffe, et brûle souvent aussi avec flamme.

Usages.

On lessive cette terre pour en retirer de l'alun ; on l'emploie aussi comme combustible.

Gissement et localités.

La terre alumineuse paraît avoir beaucoup de rapports géologiques avec le bois bitumineux (*),

---

(*) Emmerling ajoute même que ce n'est autre chose qu'un bois bitumineux décomposé.

puisqu'elle

puisqu'elle en renferme souvent des morceaux entiers ; d'ailleurs, elle se trouve toujours dans des circonstances semblables, et souvent dans son voisinage. La terre alumineuse ne se rencontre que dans les terrains d'alluvion ou dans les stratiformes, mais jamais dans les terrains primitifs.

Elle y forme des bancs souvent assez puissans, et quelquefois très-étendus.

On en trouve en Bohême, en Saxe, à Freyenwald dans le pays de Brandebourg, à Krems en Autriche, auprès de Naples, en Sicile, en Hongrie (Thaioba), dans le Vivarais en France, etc.

REMARQUES.

Widenmann et Napione pensent que la terre alumineuse dont il est ici question, n'est qu'un *alaunschiefer* ou *schiste alumineux* décomposé. Cependant il faut bien qu'elle soit bitumineuse, puisqu'elle brûle avec flamme, et que Werner lui-même l'a appelée *argilla aluminaris bituminosa*.

Il ne faut pas confondre le *alaunerde* avec le *reine thon erde* ou alumine pure. (*Voyez* cette espèce.)

QUINZIÈME ESPÈCE.

ALAUNSCHIEFER. — LE SCHISTE ALUMINEUX.

ARGILLA ALUMINARIS SCHISTOSA.

Werner partage cette espèce en deux sous-espèces, dont voici les descriptions. (Widenmann ne les regarde que comme des variétés.)

Ire. SOUS-ESPÈCE.

GEMEINER ALAUNSCHIEFER. — LE SCHISTE ALUMINEUX COMMUN.

Argilla aluminaris schistosa vulgaris.

Id. Emm. T. 1, p. 296. — Lenz, T. 1, p. 300. — M. L. p. 184. — W. P. T. 1, p. 186. — Variété de *alaunschiefer*, Wid. p. 396. — *Schistus aluminaris*, Wall. T. 2, p. 32. — *Schisto aluminoso*, Nap. p. 264. — Variété de *l'argile schisteuse*, Haüy.

Caractères extérieurs.

SES couleurs sont le *noir grisâtre* ou *brunâtre.*

On le trouve en *masses*, lesquelles renferment souvent des morceaux de forme *globuleuse.*

Il est tantôt un peu *brillant*, tantôt *mat.*

Sa cassure est ordinairement *schisteuse*, *à feuillets plats*, quelquefois cependant un peu *terreuse* ou *inégale.*

Ses fragmens sont *en forme de plaques*. Il donne une *raclure noire, grisâtre; — il est tendre; — aigre; — maigre au toucher; — facile à casser; — médiocrement pesant*, un peu plus que le *thonschiefer*.

Caractères chimiques.

Lorsqu'il a été exposé à l'air pendant un certain tems, il se fendille et donne de l'alun par le lessivage.

Usages.

On l'exploite pour en retirer l'alun.

Gissement et localités.

Le schiste alumineux se rencontre ordinairement en *couches subordonnées*, dans les montagnes de thonschiefer (et vraisemblablement dans le thonschiefer stratiforme) (*). Il est souvent traversé de vénules de quartz, et toujours mélangé de pyrites qui, lorsqu'il est exposé à l'air, favorisent sa décomposition.

On en trouve en beaucoup de pays, en Saxe (Reichenbach, Limbach, Erlenbach), en Bohême, en Angleterre, en France, etc.

(*) Emmerling dit au contraire qu'il se trouve dans le thonschiefer primitif. Je crois que ce doit être tout au plus dans le thonschiefer de transition.

IIᵉ. SOUS-ESPÈCE.

*GLANZENDER ALAUNSCHIEFER. — LE SCHISTE
ALUMINEUX ÉCLATANT.*

Argilla aluminaris schistosa nitida.

Id. Emm. p. 297. — Lenz, p. 303. — M. L. p. 185.
— W. P. p. 286. — Variété de *alaunschiefer*, Wid. p. 395.
— Variété de l'*argile schisteuse*, Haüy. T.

Caractères extérieurs.

Sa couleur tient le milieu entre le *noir bleuâtre*
et le *noir grisâtre*, quelquefois le *noir de fer*.

Dans le sens de la cassure principale, sa surface
extérieure est *lisse*, communément *éclatante* et
même *très-éclatante*. C'est un éclat *gras* qui s'approche de l'*éclat métallique*. Dans les directions
opposées, il est *mat*.

Sa cassure est communément *schisteuse*, à *feuillets courbes*.

Ses fragmens sont en forme de *plaques*.

Quant à tous les autres caractères extérieurs, ils
sont absolument les mêmes que ceux du schiste
alumineux commun. L'usage, le gissement, les
localités, sont aussi les mêmes ; seulement cette
seconde sous-espèce est en général plus riche en
alun que la première.

REMARQUE.

On a souvent confondu l'*alaunschiefer* avec le *thonschiefer*. (*Voyez* cette espèce.)

SEIZIÈME ESPÈCE.

BRANDSCHIEFER. — LE SCHISTE BITUMINEUX *ou* LE BRANDSCHIEFER (*).

ARGILLA SCHISTO BITUMINOSA.

Id. Emm. T. 1, p. 289.— Lenz, T. 1, p. 299.— Wid. p. 394. — M. L. p. 183. — W. P. T. 1, p. 285.—*Schistus pinguis*, Wall. T. 1, p. 354. —*Schistus carbonarius, ibid.* p. 358. — *Bituminous shale*, Kirw. T. 1, p. 183.—*Schisto bituminoso*, Nap. p. 263. — *Argilite bitumineux*, Lam. T. 2, p. 116. — Variété de l'*argile schisteuse*, Haüy. T.

Caractères extérieurs.

Sa couleur ordinaire est le *noir brunâtre*, quelquefois le *gris* ou le *brun noirâtre*.

On le trouve *en masse*, en couches entières.

Il est *brillant*, d'un éclat ordinaire.

Sa cassure est *schisteuse, à feuillets plats*, le plus souvent *minces*, rarement *épais*.

Ses fragmens sont en *forme de plaques*, quelquefois cependant *trapézoïdaux ;* ce qui est dû à des fentes.

Il est *très-tendre ;* — *doux et facile à casser ;* — il *happe un peu à la langue ;* — il *prend de l'éclat*

______

(*) *Voyez* le **§**. 29 de l'Introduction.

par la raclure; — il est un peu *onctueux au toucher;* — *peu froid;* — *médiocrement pesant.*

Caractères chimiques.

Le brandschiefer, mis sur des charbons allumés, donne une flamme pâle, une odeur sulfureuse, blanchit et perd une partie considérable de son poids.

Gissement et localités.

Le brandschiefer est particulier aux montagnes stratiformes; il forme des couches qui accompagnent presque toujours celles de *schieferthon* et celles de charbon de terre, et alternent avec elles. C'est ainsi qu'il se trouve à Vehrau dans la Haute-Lusace : on y observe des passages insensibles entre ces deux substances et le brandschiefer.

Karsten en cite un provenant de la Hesse, qui porte une empreinte de poisson.

On en a trouvé aussi en Bohême, en Silésie, en Pologne, dans le Derbyshire, etc.

Emmerling dit que le brandschiefer est aussi très-ordinaire dans les montagnes de *eisenthon.* (*Voyez* ce mot dans la description des espèces géologiques.)

REMARQUES.

Le *brandschiefer* peut être considéré comme n'étant qu'un *schieferthon* imprégné de bitume. Tout ce qui a a été dit sur son gissement, vient à l'appui de cette opinion.

On l'a souvent confondu avec le *thonschiefer*. (*Voyez* cette espèce.)

DIX-SEPTIÈME ESPÈCE.

ZEICHENSCHIEFER. — LE SCHISTE A DESSINER

ou LE ZEICHENSCHIEFER (*).

ARGILLA NIGRICA.

Id. W. Cronst, p. 206. — Lenz, T. 1, p. 306. — M. L. p. 187. — *Schwarze kreide*, W. P. T. 1, p. 287. — *Id.* Emm. p. 303. — *Schistus... pictorius ; nigrica*, Wall. T. 1, p. 358. — *Schisto pittorio*, Nap. p. 269. — *Black chalk*, Kirw. T 1, p. 195. — *Mélantérite* ou *crayon noir*, Lam. T. 2, p. 112. — *Argile schisteuse graphique*, Haüy. T.

Caractères extérieurs.

Sa couleur est le *noir grisâtre* ou *bleuâtre*.

On le trouve en *masse*.

Il est *mat*, ou seulement *un peu brillant* dans le sens de sa cassure principale.

Sa cassure est, dans certaines directions, *schisteuse, à feuillets courbes*; dans d'autres, elle est *terreuse, à grains fins*.

Ses fragmens sont *en forme de plaques* ou *esquilleux*.

Il est *tachant* et *écrivant*; — *très-tendre*; —

(*) *Voyez* le §. 29 de l'Introduction.

peu aigre ; — maigre au toucher et peu froid ; — médiocrement pesant.

Caractères chimiques.

Traité au chalumeau sans addition, il se couvre d'un léger vernis. (LELIÈVRE.)

Parties constituantes.

Silice. . . . . 64.
Alumine 11.25
Charbon. . . . . 11.
Oxide de fer. 2.75
Eau 7.50
————————————
96.50

WIEGLEB,
(Ann. de Crell 1797,
p. 485.)

Usage.

Son nom indique assez l'usage qu'on en fait, comme crayon noir, pour dessiner.

Gissement et localités.

Le *zeichenschiefer* accompagne souvent le schiste alumineux, et a avec lui beaucoup de rapports. Ils forment tous deux des couches particulières subordonnées, dans des montagnes de thonschiefer (*). Il se trouve en Italie, où on en fait

————————————

(*) Emmerling ajoute qu'il ne se rencontre que dans de montagnes primitives. J'avoue que j'ai peine à croire que cette assertion soit fondée, puisqu'il accompagne souvent le schiste alumineux, qui, comme il a été dit, se trouve plutôt dans les thonschiefer de transition ou stratiformes. Au reste, Emmerling regarde aussi le schiste alumineux comme se trouvant dans les thonschiefer primitifs.

un objet de commerce : de là le nom de pierre d'Italie, que lui donnent souvent les artistes. On en a trouvé aussi en Espagne, en France, à Ludwigstadt dans le Margraviat de Bareith, etc.

REMARQUE.

Plusieurs minéralogistes, et entr'autres Widenmann, ont regardé le *zeichenschiefer* comme une variété du *thonschiefer*.

DIX-HUITIÈME ESPÈCE.

WETZSCHIEFER. — LE SCHISTE A AIGUISER *ou* LE WETZSCHIEFER (*).

ARGILLA COTICULA.

Id. Emm. T. 1, p. 305. — Lenz, T. 1, p. 310. — M. L. p. 188. — W. P. p. 287. — Wid. p. 402. — *Schistus coticula*, Wall. T. 1, p. 353. — *Pietra cote*, Nap. p. 270. — *Novaculite*, Kirw. T. 1, p. 238. — *Cos*, Lam. T. 2, p. 105.

Caractères extérieurs.

SES couleurs sont communément le *gris verdâtre* ou le *gris de fumée*, quelquefois le *verd de montagne*.

On le trouve *en masse*.

Il est *très-peu brillant*.

Sa cassure est (dans les grandes masses) *schisteuse*, (dans les petits morceaux) *esquilleuse*.

Ses fragmens sont en *forme de plaques*.

(*) *Voyez* le §. 29 de l'Introduction.

WETZSCHIEFER. Il est plus ou moins *translucide sur les bords ;* — il est ordinairement *demi-dur,* mais il varie, et est tantôt *dur,* tantôt *tendre.*

Il est *peu difficile à casser ;* — il donne une *raclure* d'un *blanc grisâtre ;* — il est *maigre au toucher ;* — il ne *happe* pas à la langue ; — il est *médiocrement pesant.*

Pes. spéc. KIRWAN , 2,722.

Caractères chimiques.

Il ne fait point effervescence avec les acides (*). Il ne fond point au chalumeau sans addition. On ne l'a point encore analysé.

Usage.

On l'emploie, lorsqu'il est taillé et poli, pour aiguiser les couteaux et autres instrumens : on se sert aussi de sa poussière pour polir l'acier.

Gissement et localités.

Le *wetzschiefer* se rencontre dans des montagnes de thonschiefer primitif, où il forme des *couches subordonnées.* On l'a apporté originairement du Levant. Mais on en a trouvé depuis en Bohême, en Saxe (Seifensdorf près de Freyberg), en Sibérie, en Stirie ; enfin à Lauenstein, dans le Margraviat de Bareith, où on l'exploite. Il semble

______

(*) C'est d'après l'essai fait par Kirwan sur un échantillon du cabinet de Leske.

souvent former le passage au talc endurci, et est WETZSCHIEFER. quelquefois recouvert d'efflorescences de sulfate de magnésie ; ce qui fait soupçonner que cette terre est une de ses parties constituantes.

REMARQUE.

Il ne faut pas confondre le *wetzschiefer* avec toutes les autres pierres à aiguiser, qui sont ou des grès ou de vrais thonschiefer.

DIX-NEUVIÈME ESPÈCE.

THONSCHIEFER. — LE SCHISTE ARGILEUX

ou LE THONSCHIEFER (*).

ARGILLA SCHISTUS.

Id. Emm. T. 1, p. 284. — Wid. p. 391. — Lenz, T. 1, p. 296. — W. P. p. 285. — M. L. p. 180. — *Schistus ardesia tegularis*, Wall. T. 1, p. 351. — *Schistus mensalis*, *ibid.* p. 350. — *Schistus fragilis*, *ibid.* p. 355. — *Schistus durus*, *ibid.* p. 357. — *Ardoise*, Lam. p. 110. — *Argillite* ou *slate*, Kirw. T. 1, p. 234. — *Killas*, *ibid.* p. 237. — *Argile schisteuse tégulaire*, *argile schisteuse tabulaire et argile schisteuse impressionée*, Haüy. T.

Caractères extérieurs.

SA couleur principale et la plus ordinaire est le *gris,* dont les variétés sont le *gris de cendre,* le *gris de fumée,* le *gris de perle,* les *gris verdâtre, bleuâtre, jaunâtre,*

(*) *Voyez* l'Introduction, pag. 29.

 rougeâtre et *noirâtre*; elle passe quelquefois au *noir grisâtre*, au *rouge de chair*, au *rouge cramoisi* ou *brunâtre*, au *verd de montagne*, au *jaune d'ochre*; enfin aux *bruns jaunâtre* et *rougeâtre*.

Il y a des thonschiefer dans lesquels le mélange des couleurs présente des dessins *rubanés*, *ondulés*, *tachetés* ou *dendritiques*.

On le trouve en *masse*, ou *disséminé*, ou en *morceaux arrondis* (geschieben).

A l'intérieur, il est ou *un peu éclatant*, ou *plus ou moins brillant*, rarement *mat* (plus il est lamelleux, plus il a d'éclat). C'est un éclat ordinaire, qui s'approche quelquefois de celui de la *soie* ou de l'*éclat métallique*.

Sa cassure ordinaire est plus ou moins *schisteuse*, à *feuillets* souvent *plats*, quelquefois *courbes* et *ondulés*. Il y a des variétés néanmoins dont la cassure se rapproche de la cassure *terreuse* ou *esquilleuse*.

Ses fragmens sont ordinairement en *forme de plaques*, rarement *esquilleux*. Il y a aussi des variétés qui se cassent en fragmens *cubiques* ou *rhomboïdaux*.

Le *thonschiefer* est quelquefois composé de *pièces séparées*, *grenues*, *à gros grains*. (Cette contexture du thonschiefer est très-rare.)

Il est en général *tendre*, quelquefois *demi-dur*, quelquefois aussi *très-tendre*; — très-peu aigre; —

facile à casser , donnant une raclure d'un *gris* thonschiefer.
clair ou d'un *blanc grisâtre; — peu froid* et *maigre au toucher ,* quelquefois *un peu gras ; — médio-crement pesant.*

Caractères chimiques.

Traité au chalumeau avec le borax, le *thons-chiefer* se fond avec boursoufflement ; il est infu-sible avec la soude.

Parties constituantes.

Kirwan dit que le *thonschiefer* est composé de silice , d'argile , de chaux , de magnésie et de fer , dont les pro-portions très-variables sont à peu près dans le même ordre que celui où les parties constituantes viennent d'être nommées.

Usage.

Le *thonschiefer* est souvent employé pour les couvertures des toîts ; il est alors connu sous le nom d'*ardoise* : on en forme aussi de grandes ta-bles, pour y tracer des caractères que l'on veut ensuite effacer (*).

Gissement et localités.

Les *thonschiefer,* considérés géologiquement, ap-partiennent également aux roches primitives et aux

---

(*) Certaines pierres à rasoirs jaunes ou grises bleuâ-tres , sont aussi , je crois , des thonschiefer.

 roches stratiformes, et même aux roches de transition; ils forment souvent des montagnes entières.

Le *thonschiefer primitif* est quelquefois mélangé de
quartz, de mica, de hornblende, de schorl noir,
de grenats, de pierre calcaire, de cinnabre (*),
de pyrites, etc. En général il contient beaucoup
de mines, soit en filons, soit en couches.

Le *thonschiefer stratiforme* contient des empreintes de corps organisés, et forme le passage
au *schieferthon*, au grès et aux *grauwakkes*.

Il y a aussi des passages au glimmerschiefer et
au hornblendschiefer. On trouve des *thonschiefer*
presque partout, en Saxe, au Harz, en Silésie,
en Suisse, en Thuringe, etc.

REMARQUES.

Le *thonschiefer* est une des espèces minérales dont il
est le plus difficile de fixer les limites, en raison des
passages insensibles qui le rapprochent de beaucoup
d'autres minéraux. Aussi trouve-t-on à cet égard beaucoup de confusion dans les ouvrages de minéralogie.
Widenmann et Napione ont décrit sous ce nom, en même
tems, le *thonschiefer* et le *schieferthon*; d'autres y ont aussi
réuni (comme variétés) le *brandschiefer*, le *zeichenschiefer*, le *wetzschiefer*, l'*alaunschiefer*, etc. D'autres
enfin comprenaient le *thonschiefer*, surtout le *thonschiefer*
primitif, avec d'autres minéraux, sous le nom de *hornschiefer* ou *schiste corné*. Ce mot avait une acception

____

(*) A Idria.

d'autant plus vague , qu'elle était plus étendue. La con-
fusion qu'il entraînait a donné lieu à plusieurs mémoires ,
dont deux principaux , ceux de Karsten et de Voigt , ont
été couronnés , et ont éclairé à cet égard les minéralogistes (*). Les autres substances minérales qui portaient
le nom de *hornschiefer* , sont le *kieselschiefer commun* , le
porphyrschiefer , le *hornblende schiefer* de Werner et quelques autres.

La plupart des *cornéennes* de Saussure , et quelques-
uns de nos *petrosilex feuilletés* , ne pourraient-ils pas
rentrer dans le *thonschiefer* de Werner?

VINGTIÈME ESPÈCE.

LEPIDOLITH. — LA LÉPIDOLITHE.

SILEX LEPIDOLITHUS.

Id. Emm. T. 3 , p. 324.—Klap. T. 1 , p. 279. — Wid.
p. 378. — *Id.* Kirw. T. 1 , p. 208. — *Lepidolite*, Nap.
p. 167. — *Lépidolithe*, Lam T. 2 , p. 315. — *Id.* Haüy. T.

Caractères extérieurs.

SES couleurs sont le *bleu violet assez clair* ,
le *brun grisâtre* et *rougeâtre* , et quelques autres
teintes de vert et de rouge pâles et clairs.

On la trouve en *masse* , *disséminée* , en pe-

(*) *Voyez* le 3.e vol. du *Magazin fur die naturkunde
Helvetiens.*

tites lames brillantes, que l'on prendrait pour du
mica (*).

La lépidolithe est rarement *éclatante*, plus souvent *brillante* ; son éclat est *demi-métallique*.

Sa cassure est *inégale*, *à petits grains*, rarement
un peu *lamelleuse*.

Elle est composée de *pièces séparées*, *grenues*,
à petits grains. — Elle est *translucide sur les bords*
dans les minces éclats ; — *demi-dure*, passant *au
tendre* et *au très-tendre* ; — *facile à casser* ; — *maigre* et *froide au toucher* ; — *médiocrement pesante.*

Pes. spéc. KLAPROTH, 2,816. HAUY, 2,854.

Caractères chimiques.

La lépidolithe est très-fusible au chalumeau,
sans boursoufflement ; elle donne un émail blanc,
demi-transparent et bulleux. (Les cristaux qu'on
a indiqués comme lépidolithe, sont infusibles
sans addition ; caractère qui appartient aussi au

(*) La *lépidolithe* n'a point encore été trouvée cristallisée ; du moins toutes les formes qu'on a indiquées ne lui
appartiennent pas. Les cristaux en prismes à six faces sont,
suivant Klaproth, des bérils schorliformes. Les prismes à
trois faces tronqués ou bisellés sur leurs bords latéraux,
décrits par Emmerling, sont évidemment des schorls électriques ou tourmalines ; c'est cette méprise qui a fait supposer à la lépidolithe la propriété d'être électrique par
chaleur.

béril

béril schorliforme. (*Voyez* la note précédente.) LÉPIDOLITHE. (LELIÈVRE).

Parties constituantes.

D'après KLAPROTH, (T. 2, p. 195.)		D'après VAUQUELIN, (J.d. M. n°. 51 , p. 235.)	
Silice............	54.50	Silice..............	54
Argile..........	38.25	Argile.............	20
Oxide de fer......		Oxide de fer........	1
Ox. de manganèse..	0.75	Oxide de manganèse..	3
Potasse..........	4.	Potasse	18
Perte...........	2.50	Fluate calcaire	4
	100.		100.

C'est le second minéral dans lequel on ait reconnu la présence de la potasse. Le fluate de chaux qu'y a trouvé Vauquelin est aussi bien remarquable.

Usage.

La lépidolithe polie ressemble assez à l'aventurine : on l'a taillée en plaques.

Gissement et localités.

La lépidolithe n'a été trouvée jusqu'ici qu'à Rozena en Moravie ; elle se rencontre dans une roche de gneiss , où elle est accompagnée de feld-spath , de quartz , de mica , de schorl noir et d'ochre ferrugineuse.

REMARQUE.

On a d'abord rangé cette pierre parmi les zéolithes.

Minéral. élém. Tom. I.   C c

 D'autres l'ont regardée comme une variété de gypse. On en a fait ensuite une espèce sous le nom de *lilalithe*, à cause de sa couleur d'un bleu *lilas*, et enfin Klaproth l'a nommée *lépidolithe*, du mot grec λεπις, qui signifie *écaille*, à cause des petites lames écailleuses dont elle est composée.

VINGT-UNIÈME ESPÈCE.

GLIMMER. — LE MICA.

ARGILLA MICA.

Id. Emm. T. 1, p. 311. — Lenz, T. 1, p. 314. — Wid. p. 403. — M. L. p. 190. — W. P. p. 288. — *Mica*, Wall T. 1, p. 383. — *Id.* D. B. T. 1, p. 237. — Kirw. T. 1, p. 210. — Nap. p. 272. — Lam. p. 337. — *Mica*, Haüy.

Caractères extérieurs.

SA couleur principale est le *gris* ; savoir : le *gris de cendre*, le *gris de fumée*, les *gris jaunâtre*, *verdâtre* et *noirâtre*. Ces différentes nuances de gris passent souvent à d'autres couleurs, telles que le *blanc d'argent*, le *brun de tombac*, le *brun noirâtre*, le *rouge de cuivre*, le *rouge brunâtre*, le *verd noirâtre*, le *verd de montagne* ; les *noirs verdâtre*, *brunâtre* et *grisâtre*.

On le trouve le plus souvent *disséminé*, quelquefois en *lames superficielles*, rarement en *masse* et très-rarement *cristallisé*. Ses formes sont :

a. Une *table à 6 faces et à angles égaux*, quel-

quefois *très-épaisse*; ce qui donne le prisme à 6 MICA.
faces. (La suppression de deux faces donne quelquefois la table à 4 faces rhomboïdale.)

Les *faces latérales* ou les bases des tables sont
lisses et *très-éclatantes*.

A l'intérieur, le mica varie depuis l'*éclatant* jusqu'au *très-éclatant*. Il a presque toutes les espèces
d'éclat, même l'*éclat métallique*.

Sa cassure est presque toujours *lamelleuse*; les
lames sont tantôt *plattes*, tantôt *courbes* ou *ondulées*, quelquefois *très-grandes* (*le verre de Moscovie*).

La cassure est aussi quelquefois *rayonnée*, à
larges rayons, ou *parallèles*, ou *divergens*, en *étoiles*
ou en *faisceaux*. La surface de cette cassure est alors
striée en barbes de plumes. (Cette variété est
très-rare.)

Les fragmens sont *en forme de plaques*, souvent *très-minces*.

Le mica en masse est composé de *pièces séparées*, *grenues*, quelquefois presque *scapiformes*.

Les lames minces sont quelquefois *demi-diaphanes* ou même *diaphanes*. Du reste, le mica
n'est guère que *translucide*, souvent même *seulement sur les bords*.

Il est *demi-dur*; — *peu aigre*; — *très-facile à
casser*; —*flexible et élastique*; — *maigre au toucher*; — *médiocrement pesant*.

MICA. *Pes. spéc.* BLUMENBACH, 2,934. BRISSON, (le verre de Russie) 2,791 : souvent il absorbe l'eau, ce qui nuit à l'exactitude de cette épreuve.

Caractères chimiques.

Traité au chalumeau sans addition, le mica fond, quoique difficilement, en un émail d'un gris blanchâtre, quelquefois verd. Le mica noir donne un émail noir qui est attirable à l'aimant. (LELIÈVRE.)

Parties constituantes.

VAUQUELIN,	BERGMANN,	KIRWAN,
(J. d. M. n°. 28, p 3.2.)	Le mica de Moscovie.	Le mica sans couleur.
Silice .... 50.	Silice 40	 38
Alumine.. 35.	Argile 46	 28
Ox. de fer. 7.	Magnésie.... 5	 20
Chaux ... 1.33	Oxide de fer. 9	 14
Magnésie. 1.35	100	100
Perte 5.32		
100.		

Usages.

Lorsque le mica se laisse partager en grandes lames, on l'emploie au lieu de verre (*), pour garnir des lanternes ou pour les fenêtres des vaisseaux ; elles supportent, sans se briser, les ébranlemens des coups de canon. Le mica, réduit en poudre fine, est employé comme sable.

(*) De là le nom de verre de Moscovie, qu'on lui a donné quelquefois.

Gissement et localités.

Le *mica* est une des pierres les plus communes, puisqu'il forme une partie composante essentielle des granits, des gneiss, des glimmerschiefers et autres roches primitives; elle y forme aussi quelquefois de petites veines particulières (*). On rencontre aussi le mica dans des roches stratiformes, surtout dans celles de formation trapéenne, tels que la wacke, le grunstein, le basalte, etc.; aussi se trouve-t-il presque partout.

REMARQUE.

L'*or de chat* et l'*argent de chat* sont des micas dont la couleur tire sur celle de l'or ou de l'argent, et qui ont en même tems un grand éclat, quoique bien inférieur néanmoins à celui de ces deux métaux.

VINGT-DEUXIÈME ESPÈCE.

TOPFSTEIN. — LA PIERRE OLLAIRE (**).

Id. Emm. T. 3, p. 282. — *Verharteter talk*, Lenz, T. 1, p. 366. — *Id.* Wid. p. 443. — M. L. p. 223. — W. P. p. 303. — *Steatites... Lapis ollaris*, Wall T. 1, p. 402. — *Talc schisteux* ou *pierre ollaire*, D. B. T. 1, p. 246. — *Pot-store*, Kirw. T. 1, p. 155. — *Variétés du schisto clorite*, Nap. p. 313. — *Ollaire*, de Sauss. 1724. — *Id.* Lam. p 432. — *Talc ollaire*, Haüy. T.

(*) La présence du mica dans certaines roches primitives paraît être la cause de leur contexture schisteuse.

(**) La pierre ollaire n'était autrefois dans la nomencla-

Caractères extérieurs.

LES couleurs de la pierre ollaire sont communément le *gris verdâtre*, quelquefois *rougeâtre* ou *jaunâtre*; le *blanc verdâtre* ou *jaunâtre*, le *jaune-isabelle*, le *verd de montagne*, le *verd noirâtre*. Le mélange de ces couleurs présente souvent des dessins *tachetés*.

On la trouve en *masse*.

A l'intérieur, elle est souvent *matte*, quelquefois *brillante*, et même *un peu éclatante*; c'est un *éclat gras*.

Sa cassure est *schisteuse*, *à feuillets courbes*, rarement *lamelleuse*, *ondulée*, et passant quelquefois à la cassure *inégale*.

Ses fragmens sont *indéterminés*, *à bords obtus*. Souvent aussi *en forme de plaques* ou d'écailles.

La pierre ollaire lamelleuse est composée de *pieces séparées*, *grenues*, *à petits grains*.

Elle est *opaque*, ou rarement *très-peu translucide sur les bords*.

Elle est *tendre*, ou même *très-tendre*; — *douce*; — *difficile à casser*, mais se laissant tailler facilement. — Elle est *lisse* et *grasse au toucher*; — *médiocrement pesante*; — elle donne *l'odeur argileuse* par l'expiration.

---

ture de Werner, qu'une variété de *talc endurci* (*verharteter talk*); ce n'est que depuis quelques années qu'il en a fait une espèce particulière, et qu'il l'a reportée dans le genre argileux.

Caractères chimiques.

La pierre ollaire est infusible au chalumeau sans addition. Quelques variétés absorbent un peu l'eau.

Parties constituantes.

La pierre ollaire de Chiavenna contient :

Silice................ 38.12 ⎫
Magnésie .... 38.54 ⎪
Argile.............. 6.66 ⎬ D'après WIEGLEB.
Chaux.............. 0.41 ⎪
Fer................. 15.02 ⎪
Acide fluorique. (?)... 0.41 ⎭
____
99 16

Usages.

Sa grande ténacité et la facilité avec laquelle on la taille, l'ont fait employer très-utilement. On en fait des marmites et autres vases qui résistent très-bien à l'action du feu : on en construit des poëles qui sont presqu'indestructibles ; on s'en sert dans la construction des hauts fourneaux, comme d'une pierre très-réfractaire.

Gissement et localités.

La pierre ollaire se trouve à Chiavenna dans la Valteline, à Côme dans les Grisons (*), dans le Milanais, en Piémont, en Corse, dans le Valais, à Zœblitz en Saxe, en Hongrie, en Transilvanie, au Greiner en Tirol, etc. Elle avoisine

____

(*) On la nomme souvent *pierre de Côme.*

toujours les serpentines ; elle s'y rencontre, ou en couches entières, ou en nids ; elle est rarement pure ; le plus souvent elle est mélangée de chlorite, de talc, de mica verd, d'asbeste, etc.

C'est à un semblable mélange, qui renferme en outre des cristaux, de bitterspath, que l'on a donné le nom de *schneidestein* (ou pierre à tailler) dans le Zillerthale.

REMARQUES.

Beaucoup d'autres roches mélangées ont été aussi désignées sous le nom de pierre ollaire ; elles ont toujours pour base, ou une chlorite, ou une stéatite, ou un talc. Il y a aussi un grès argileux qui a reçu ce nom.

Les mots allemands *lebetstein*, *lavetzstein*, *feltstein*, ont servi quelquefois à désigner la pierre ollaire. Les Italiens la nomment *lavezzo*.

VINGT-TROISIÈME ESPÈCE.

CHLORIT. — LA CHLORITE.

ARGILLA CHLORITES.

Id. Emm. T. 1, p. 317. — Lenz, T. 1, p. 319. — Wid. p. 445. — W. P. T. 1, p. 294. — *Chlorite*, Kirw. T. 1, p. 147. — *Talc schisteux, gris verdâtre*, D. B. T. 1, p. 247. — *Chlorite*, Nap. p. 309 — *Chlorite*, Lam. T. 2, p. 355. — *Talc chlorite*, Haüy. T.

M. Werner divise l'espèce chlorite en quatre sous-espèces, dont la première est terreuse, comme son nom l'indique ; la seconde est compacte, la troisième est lamelleuse, et la quatrième est schisteuse.

Iʳᵉ. SOUS-ESPÈCE.

CHLORITERDE. — LA CHLORITE TERREUSE.

Argilla chlorites terraformis.

Caractères extérieurs.

SA couleur tient le milieu entre le *verd de montagne* et le *verd-poireau très-foncé*; quelquefois elle passe au *brun*.

Elle est composée de petites parties *écailleuses, minces, peu brillantes, agglutinées* ensemble, rarement *pulvérulentes.*

Elle n'*est point tachante*; — elle est *maigre au toucher*; — elle ne *happe* point à la langue; — elle donne l'*odeur argileuse* par l'*expiration.*

Caractères chimiques.

Traitée au chalumeau sans addition, la chlorite fond en un émail gris ou noir. (LELIÈVRE.)

Parties constituantes.

D'après HŒPFNER, (De Sauss. T. 2, §. 724.)		D'après VAUQUELIN, (J. d. M. n°. 39, p. 167.)	
Magnésie	43.75	Magnésie	8.
Silice	37.50	Silice	26.
Alumine	4.17	Alumine	18.50
Chaux	1.66	Muriate de soude *ou*	
Oxide de fer	12.92	de potasse	2.
	100.	Oxide de fer	43.
		L'au	2.
			99.50

CHLORITE. Le citoyen Vauquelin pense que la différence entre son résultat et celui de M. Hœpfner tient plutôt à une différence de nature dans les deux pierres, qu'à quelqu'erreur d'analyse, la chlorite lui paraissant être plutôt un véritable mélange, qu'une combinaison de principes réunis dans des proportions toujours constantes. *Ibid.* pag. 171.

Gissement et localités.

La *chlorite terreuse* et les autres sous-espèces ne se trouvent jamais que dans les montagnes primitives, comme *couches subordonnées*, au milieu des thonschiefers. Elles ont d'ailleurs beaucoup de rapports géologiques avec la terre verte, le talc endurci, le mica, et ont souvent de l'un à l'autre des passages très-caractérisés. On trouve aussi près de Schneeberg en Saxe, un thonschiefer qui ressemble beaucoup à la chlorite schisteuse.

La chlorite terreuse se trouve à Altenberg, Ehrenfriedersdorf en Saxe, en Suisse et en Savoie.

___

IIᵉ. SOUS-ESPÈCE.

GEMEINER CHLORIT. — LA CHLORITE COMMUNE.

Argilla chlorites vulgaris.

Caractères extérieurs.

SA couleur est à peu près la même que celle de la chlorite terreuse; quelquefois elle est d'un *verd noirâtre.* (On en a trouvé aussi d'un *blanc* CHLORITE. *grisâtre.*)

On la trouve en *masse*, ou *disséminée*, ou en *couches superficielles minces*, sur d'autres pierres, telles que le cristal de roche, le thumerstein, etc.

A l'intérieur, elle est *un peu brillante*, d'un *éclat gras.*

Sa cassure est *terreuse*, *à grains fins.*

Ses fragmens sont *indéterminés*, *à bords obtus.*

Elle est en général *tendre*, quelquefois *très-tendre*, souvent aussi *demi-dure*; — *peu aigre*; — *facile à casser.* — Elle donne une raclure d'un *verd de montagne* sans prendre d'éclat.

(Pour les autres caractères extérieurs et les caractères chimiques, *voyez* la chlorite terreuse.)

Parties constituantes.

Silice................... 41	
Magnésie.............. 39	D'après HŒPFNER,
Chaux.................. 1	(Ann. de Crell,
Argile.................. 6	1790, T. 1, p. 56.)
Fer.................... 10	
97	

Gissement et localités.

(*Voyez* ce qui a été dit pour la chlorite terreuse.)

La *chlorite commune* n'est autre chose que la chlorite terreuse endurcie; aussi elle en est toujours accompagnée. A Altenberg en Saxe, elle

CHLORITE. est mélangée de pyrites cuivreuses et arsenicales,
et de hornblende commune. On en trouve aussi
à Taberg en Suède.

***

IIIe. SOUS-ESPÈCE.

BLÆTTRIGER CHLORIT. — LA CHLORITE LAMELLEUSE.

Argilla chlorites lamellaris (*).

Id. Reuss, p. 17. — *Id.* Estner, T. 2, p. 809. — *Id.*
Emm. T. 3, p. 346.

Caractères extérieurs.

(Cette description est tirée d'Estner.)

SA couleur tient le milieu entre le *verd de poireau* et le *verd noirâtre*, et se rapproche du *verd de
montagne.*

On la trouve *en masse, disséminée* et *cristallisée.*
Sa forme est *une table à 6 faces* un peu alongées;
plusieurs de ces tables sont souvent réunies, et
forment des groupes *globuleux*, ou *réniformes*, ou
uviformes.

A l'extérieur, les cristaux sont seulement *brillans* ou *peu éclatans*; mais à l'intérieur ils sont *éclatans*; c'est *un éclat gras* qui passe à l'*éclat nacré.*

(*) Cette sous-espèce de chlorite est nouvellement introduite par Werner dans sa Minéralogie. (*Voyez* les
Localités.)

Sa cassure est *lamelleuse*, *à lames courbes*, *à* chlorite.
clivage simple.

Ses fragmens ont la forme de *petites plaques.*

Elle est composée de *pièces séparées*, *grenues*, *à grains fins.*

Elle est *translucide sur les bords*; — elle donne *une raclure* d'un *verd de montagne*; — elle est *tendre*, passant au *très-tendre*; — elle est *douce*; — *facile à casser*; — *un peu grasse au toucher*; — *médiocrement pesante.*

Localités.

La *chlorite lamelleuse* de Werner n'a été encore trouvée jusqu'ici qu'en Suisse, au mont Saint-Gothard. Elle paraît tapisser les parois d'un filon, dans une roche de glimmerschiefer; elle y est mélangée confusément avec d'autres cristaux de mica vert, d'adulaire, de quartz, et avec une substance rouge, en petits filamens croisés en réseaux, qui est le schorl rouge de Hongrie ou le titanit de Klaproth, et que l'on trouvera décrite dans cet ouvrage, sous le nom de *nadelstein.*

Ne peut-on pas dire que la *chlorite lamelleuse* de Werner n'est autre chose qu'un mica cristallisé (?)

IVe. SOUS-ESPÈCE.

CHLORITSCHIEFER. — LA CHLORITE SCHISTEUSE.

Argilla chlorites schistosa (*).

Caractères extérieurs.

SA couleur est un *verd-poireau foncé*, qui passe au *noir verdâtre* ou au *verd de montagne.*

On la trouve en *masse.*

Elle est intérieurement peu *éclatante*, quelquefois *éclatante*, d'un *éclat gras.*

Sa cassure est *schisteuse*, *à feuillets courbes;* quelquefois elle est *un peu écailleuse;* elle a alors plus d'éclat.

Ses fragmens sont *en forme de plaques.*

Elle est *tendre*, passant au *très-tendre;* — *un peu douce;* — *facile à casser;* — donnant *une raclure* d'un *verd de montagne sans prendre d'éclat.*

Elle est *un peu onctueuse au toucher;* — *médio-diocrement pesante;* — elle donne l'*odeur argileuse* par l'*expiration.*

(*Voyez*, pour les caractères chimiques, la chlorite terreuse.)

Gissement et localités.

La Corse, la Norwège, la Suède (Fahlun), la Stirie, le Tirol, etc.

____

(*) Berg. J. 1789, T. 1, p. 376.

La *chlorite schisteuse* a cela de particulier, qu'elle est presque toujours mélangée de grenats et de fer magnétique cristallisé en octaèdre ; elle est aussi souvent mélangée de quartz.

La *chlorite schisteuse* se rencontre en couches subordonnées, souvent très-puissantes dans les montagnes de thonschiefer.

Ce que les Allemands désignent quelquefois sous le nom de *samterde*, est une *chlorite*.

L'espèce *chlorite* a été introduite en minéralogie par M. Werner. Ce nom vient du mot grec χλωρος, qui veut dire *verd*, à cause de la couleur verte, qui paraît jusqu'ici être comme essentielle à la *chlorite*.

VINGT-QUATRIÈME ESPÈCE.

HORNBLENDE. — LA HORNBLENDE.

ARGILLA HORNBLENDA.

M. Werner partage cette espèce en quatre sous-espèces.

Irᵉ. SOUS-ESPÈCE.

GEMEINE HORNBLENDE. — LA HORNBLENDE COMMUNE.

Argilla hornblenda vulgaris.

Id. Emm. T. 1, p. 322, et T. 3, p. 267. — Lenz, T. 1, p. 322. — Wid. p. 410. — M. L. p. 197. — W. P. T. 1, p. 292. — *Corneus spathosus*, Wall. T. 1, p. 374. — *Mica striata*, ibid. p. 387. — *Hornblende*, Kirw. T. 1, p. 213. — *Orniblenda commune*, Nap. p. 276. — *Hornblende*, R. D. L. T. 2, p. 309. — *Amphibole*, Haüy.

Caractères extérieurs.

SA couleur est communément le *noir foncé*,

 le *noir verdâtre*; quelquefois elle passe au *verd noi-râtre*, au *verd-olive foncé*, au *verd-poireau foncé* et au *verd de montagne*. On en trouve aussi d'un *gris noirâtre* et d'un *gris verdâtre*.

On la trouve tantôt *en masse* ou *disséminée*, tantôt *cristallisée*. Ses formes sont:

a. Un *prisme (rhomboïdal) à 4 faces*, dont les deux *bords latéraux, aigus, opposés* sont plus ou moins fortement *tronqués*.

b. Un *prisme à 6 faces*, dont *4 plus larges et 2 plus étroites, opposées, tronqué faiblement sur les bords latéraux* entre les 2 faces plus larges, et portant sur ses bases *un biseau obtus, dont les faces correspondent aux faces latérales les plus étroites*. (Lorsque les troncatures latérales sont un peu fortes, le cristal devient un prisme à 8 faces.)

c. Un *prisme à 6 faces* (court et semblable à une table), *dont 4 plus étroites et 2 plus larges, opposées, portant à ses deux extrémités un biseau dont les faces correspondent aux bords, entre les faces latérales les plus étroites*.

d. Un *prisme à 8 faces, portant à chacune de ses deux extrémités un biseau à faces convexes*. Il arrive quelquefois qu'une des deux faces d'un des biseaux a ses deux angles latéraux tronqués. Cette altération a lieu aussi sur l'autre biseau, mais c'est alors sur la face opposée.

e. De petits prismes minces, *aciculaires, groupés*
en

en *faisceaux*, que leur petitesse empêche de déter- HORNBLENDE.
miner exactement.

A l'intérieur, elle est *éclatante*, d'un *éclat vitreux* qui passe à l'*éclat nacré*.

La cassure est le plus souvent *lamelleuse*, *à lames* quelquefois *courbes*, plus souvent *planes*; le *sens des lames* est *double*, sous un angle oblique. Souvent aussi elle est *rayonnée*, *à rayons parallèles ou entrelacés*, *rarement droits*; quelquefois elle passe à la *cassure fibreuse*.

La surface de la cassure est souvent légérement *striée en longueur*.

Les fragmens sont *indéterminés*, *à bords aigus*. Quelques variétés donnent des fragmens *rhomboïdaux*.

La hornblende est quelquefois composée de *pièces séparées*, *grenues*, *alongées*, de différentes grosseurs.

Les variétés noires sont entiérement *opaques*; les vertes sont un peu *translucides sur les bords*.

Elle est *tendre*, passant au *demi-dur*; — *aigre*; — *difficile à casser*; — elle donne une *raclure* d'un *gris verdâtre*, quelquefois d'un *verd de montagne clair*.

Elle donne, *par l'expiration*, une odeur argileuse, amère. — Elle est *médiocrement pesante*.

Pes. spéc. KIRWAN, 3,600 à 3,880.

Minéral. élém. Tom. I.   **D d**

 Caractères chimiques.

Au chalumeau, elle fond sans addition assez facilement, et se change en un verre noir grisâtre. (EMMERLING.)

Parties constituantes.

	KIRWAN (1).	WIEGLEB (2).	HERMANN (3).
Silice	37	48.83	37
Alumine	22		27
Magnésie	16	17.5	3
Chaux	2	16.66	5
Oxide de fer	23	17.5	25
Perte			3
	100	100.49	100

Usages.

On l'emploie quelquefois, en Suède et ailleurs, comme fondant dans le traitement des mines de fer.

Gissement.

La hornblende commune se trouve principalement dans les roches primitives, tantôt comme partie essentielle, comme dans la siénite; tantôt comme substance accidentelle, comme dans le gneiss, le calcaire primitif, les thonschiefers, les porphyres, le glimmerschiefer, etc. Elle forme

____

(1) Minéralogie, T. 1, p. 213.
(2) *Chemische Annalen*, 1787.
(3) Berl. Beobacht, 79.

quelquefois des couches entières, qui contiennent HORNBLENDE. assez ordinairement du fer magnétique. Elle se rencontre aussi dans des montagnes de transition. Le grunstein, entr'autres, en est presqu'entiérement composé.

Localités.

On trouve la hornblende commune en beaucoup d'endroits de la Saxe, de la Bohême, de la Suède, de la Norwège, de la Hongrie, dans les Alpes, dans le Cornouailles, en Bourgogne, etc. Elle se rencontre en masses et en couches entières à Breitenbrun et Ehrenfriedersdorf en Saxe.

IIᵉ. SOUS-ESPÈCE.

LABRADORISCHE HORNBLENDE. — LA HORNBLENDE DU LABRADOR.

Argilla ho rnblenda labradoriensis.

Id. Emm. T. 1, p. 328 et T. 3, p. 268. — Lenz, T. 1, p. 326. — Wid. p. 414. — M. L. p. 199. — *Labradore hornblende* et *schillerspar*, Kirw. T. 1, p. 221. — *Orniblenda labradorica*, Nap. p. 279.

Nota. M. Werner a donné ce nom à une espèce de hornblende qui a été trouvée sur les côtes du Labrador. Il y a réuni depuis une pierre trouvée à Baste près de Hartzburg, et qui avait été nommée *schillerspath*. La description suivante s'applique donc également à ces deux pierres. Néanmoins, comme plusieurs minéralogistes allemands ont cru devoir faire du *schillerspath* une espèce particulière, j'en donnerai une description séparée d'après le Mémoire que M. Freisleben a publié sur cette pierre. (*Mineralogische Bemerkungen uber das schillernde fossil,* etc. Léipsic, 1794.)

Caractères extérieurs.

SA couleur (dans la cassure en travers) est d'un *verd noirâtre,* ou tient le milieu entre le *gris* et le *noir verdâtre ;* mais (dans la cassure principale) sa couleur est un *rouge de cuivre* qui tire vers le *noir;* quelquefois, dans certaines directions, elle présente un jeu de couleurs. C'est tantôt le *brun de tombac,* le *blanc d'argent ;* tantôt le *jaune d'or* ou le *jaune de bronze.*

On la trouve *en masse,* ou *disséminée,* ou en *morceaux arrondis* (geschieben), ou très-rarement *cristallisée,* en *prismes à 4 faces rectangulaires*

Elle est *éclatante* à l'intérieur. C'est un éclat *demi-métallique* qui se rapproche beaucoup de l'éclat *métallique.*

Sa cassure est *lamelleuse,* à *lames* tantôt *droites,* tantôt *courbes ;* le *clivage* paraît être *simple.*

Elle est composée de *pièces séparées, testacées, courbes* et *minces;* — elle est à peine un peu *trans-lucide sur les bords;* — *tendre;* — *aigre;* — *peu difficile à casser.* — Sa raclure est d'un *verd* tirant sur le *gris.*

REMARQUES.

La seule analyse que l'on rapporte de la *hornblende du Labrador*, a été faite sur la variété trouvée au Hartz, et nommée *schillerspath* : on la trouvera ci-après.

La hornblende du Labrador se comporte au chalumeau, comme la hornblende commune.

On a indiqué plus haut les lieux où se trouve cette hornblende. Le gissement de celle qui vient des côtes du Labrador n'est pas connu : on verra ci-après quel est le gissement de celle du Hartz ou du *schillerspath*.

DESCRIPTION

DU SCHILLERSPATH *ou* SPATH CHATOYANT.

(*Voyez* la note qui précède la description de la hornblende du Labrador.)

Caractères extérieurs.

(EMMERLING ; T. 3, p. 340.)

SA couleur est tantôt d'un *verd de montagne*, qui passe par des nuances insensibles au *verd-olive*, au *verd-pomme*, au *verd-poireau*, au *verd noirâtre* et même au *jaune de laiton* ; tantôt d'un *jaune* qui varie entre le *jaune de bronze* et le *jaune de laiton* ; mais elle se rapproche plus souvent du *jaune de bronze*, et passe quelquefois au *blanc d'argent*.

On le trouve *disséminé* en *grosses* ou *petites parties*, et en petites *feuilles minces*, qui prennent quelquefois la forme d'une *table à 6 faces, parfaite, équiangle*, et même d'un *prisme à 6 faces, court*.

HORNBLENDE. Les tables sont communément *petites*, rarement de *moyenne grandeur*, tantôt *implantées* isolément, tantôt *groupées* plusieurs ensemble, par leurs faces latérales, au milieu de la pierre qui leur sert de gangue.

A l'intérieur, le schillerspath est *éclatant*, et même en quelques endroits *très-éclatant*; c'est un éclat *métallique*. Il y a des variétés, surtout celles de couleur verte, dont les cristaux, quoiqu'isolés et séparés les uns des autres au milieu de leur gangue, sont tellement disposés, que leurs faces éclatantes sont toutes parallèles et réfléchissent à la fois sa lumière vers l'œil, et qu'elles disparaîssrent ensuite tout-à-coup, toutes à la fois, si l'on fait varier la position du morceau.

La cassure est assez difficile à déterminer dans les variétés vertes; mais dans les variétés jaunes elle est *parfaitement lamelleuse, à lames droites*. Le *clivage* paraît être *simple*. — Le schillerspath est *tendre*; — *facile à casser*; — un peu *élastique*. — Il est *très-onctueux* dans les variétés jaunes, et *un peu onctueux* dans les variétés vertes; — il paraît être *médiocrement pesant*.

Caractères chimiques.

Le schillerspath, traité au chalumeau avec le borax, se fond sans boursoufflement en un verre qui devient opaque en refroidissant.

Parties constituantes.

Le schillerspath de Baste contient :

Silice.	52.	43.7
Alumine	23.33	17.9
Magnésie	6.	11.2
Chaux.	7.	
Fer	17.5	23 7
	105.83. HEYER.	96.5 GMELIN.

REMARQUES.

1°. Le schillerspath a été trouvé à Baste ou Paste près de Harzburg, dans le duché de Wolfenbüttel, à Matray en Tirol, Mezzeberg en Moravie, Dobschau dans la Haute-Hongrie, en Corse, au cap Lizard, dans le Cornouailles, etc.

2°. La roche dans laquelle se trouve empâté le schillerspath de Baste, est, suivant M. Freisleben, un passage de la serpentine au siénitschiefer. Il est aussi quelquefois accompagné de talc, de quartz, de pyrites cuivreuses, de grains de fer magnétique, etc. La serpentine est aussi la gangue du schillerspath du Tirol, et généralement de tous les autres, excepté celui de Corse, qui est disséminé au milieu d'un feldspath compacte, d'un blanc grisâtre ou d'un gris bleuâtre.

3°. On a regardé le schillerspath, tantôt comme un talc, tantôt comme une pierre du Labrador ou comme un mica, ou enfin comme une hornblende du Labrador. M. Freisleben pense qu'il doit former une espèce particulière à la suite du mica ; et en effet, il ressemble beaucoup au mica vert dans les variétés vertes, tandis qu'il se rapproche du talc dans les variétés jaunes.

Nota. D'après la description qu'on vient de lire, et les échantillons de schillerspath du Hartz que j'ai vus à Paris, je suis porté à croire que la *smaragdite* de Saussure (Voyage des Alpes, §. 1313) est de la même espèce (*), ainsi que la substance verte du *verde di Corsica auro* des Italiens, quoique je pense

___

(*) Elle a été ainsi nommée par le citoyen Haüy, dans son Extrait, p. 272 ; mais dans son Traité il l'appelle *aïallage métalloïde.*

HORNBLENDE. que le schillerspath de Corse, qui a été décrit plus haut, en est un peu différent.

IIIe. SOUS-ESPÈCE.

BASALTISCHE HORNBLENDE. — LA HORNBLENDE

BASALTIQUE.

Argilla hornblenda basaltica.

Id. Emm. T. 1 , p. 330, et T. 3 , p. 269. — Lenz, T. 1 , p. 328. — Wid. p. 417. — M. L. p. 199. — W. P. T. 1 , p. 293. — *Basaltine*, Kirw. T. 1 , p. 219. — *Orniblenda basaltica*, Nap. p. 281. — *Schorl opaque rhomboïdal*, R. D. L. T. 2 , p. 379. — *Schorl cristallisé opaque*, D. B. T. 1 , p. 164. — *Amphibole*, Lam. T. 2 , p. 330. — *Amphibole cristallisée*, Haüy.

Caractères extérieurs.

SES couleurs les plus ordinaires sont le *noir parfait*, le *noir grisâtre*, le *noir verdâtre*; quelquefois le *verd noirâtre*, le *verd-poireau* et le *verd-olive*.

La décomposition la fait passer au *noir brunâtre*, et souvent lui fait prendre des *couleurs superficielles bigarrées*.

Il est rare qu'elle se trouve en *masse* ou *disséminée*. Le plus souvent elle est *cristallisée*. Ses formes sont :

a. Un *prisme à 6 faces égales.*

1°. Portant à une extrémité un *pointement à 3 faces placées alternativement sur 3 des bords laté-*

raux ; et à l'autre, *un pointement à 4 faces pla-* HORNBLENDE.
cées sur 4 des bords latéraux. Le sommet et les bords du pointement sont quelquefois tronqués.

2°. Portant à une extrémité *un pointement à 3 faces*, et de l'autre un *biseau* dont les faces sont le plus souvent *inégales*.

3°. Portant à chacune des deux extrémités un *pointement à 4 faces correspondantes aux bords latéraux*, dont le sommet et un ou plusieurs bords terminaux sont tronqués plus ou moins fortement, souvent même plusieurs fois tronqués.

b. Un *prisme à 6 faces inégales*, dont 2 plus étroites et 4 plus larges.

c. Un *prisme à 6 faces inégales*, dont 4 plus étroites et 2 plus larges.

d. Un *prisme à 6 faces inégales* ; savoir : 3 larges et 3 étroites, alternantes. (Les cristaux *b*, *c*, *d*, présentent les mêmes altérations indiquées pour le cristal *a*.) (*).

(*) M. Reuss, de qui cette description est empruntée, rapporte encore deux autres formes qui me paraissent évidemment appartenir à l'*augite* et non à la hornblende basaltique.

La première est un cristal double, composé de deux prismes à six faces, dont deux plus larges, tous deux terminés à chaque extrémité par un biseau obtus, dont les faces sont placées obliquement sur les deux faces latérales les plus larges. Ces deux prismes sont réunis par leurs faces laté-

HORNBLENDE. Les cristaux sont *petits* et *très-petits*, souvent de
moyenne grandeur, tantôt *implantés*, tantôt *isolés*,
souvent groupés plusieurs ensemble

Sa surface est *lisse*, tantôt *éclatante* et même
peu *éclatante*; tantôt *très-éclatante* (surtout dans
la hornblende basaltique des laves du Vésuve).

Elle est aussi quelquefois *drusique*, et même
rude et *matte*; ce qui est dû à une enveloppe
d'ochre de fer produit par la décomposition.

A l'intérieur, elle est *très-éclatante* dans le sens
des lames, et *peu éclatante* dans un sens opposé;
c'est un *éclat ordinaire*.

La cassure, prise dans le sens des lames (qui
est double et obliquangle), est *parfaitement lamelleuse, à lames droites*; mais dans un sens contraire
elle est *inégale*, et quelquefois *conchoïde, à petites
cavités*.

Les fragmens sont *indéterminés, à bords peu
aigus*; ils avoisinent la forme rhomboïdale.

La hornblende basaltique est *opaque*, rarement

---

rales, de manière que les faces des biseaux se coupent en
formant d'un côté un angle saillant, et de l'autre un angle
rentrant.

La seconde est un prisme à huit faces, dont deux plus
larges, quatre plus étroites, et deux très-étroites opposées,
portent à chaque extrémité un biseau dont les faces sont
placées sur les faces latérales les plus étroites. (Min. géogr.) (
Voyez, pour la comparaison, les formes de l'augite (p. 180).

translucide sur les bords. — Elle donne *une raclure* HORNBLENDE.
d'un blanc grisâtre ; — elle est *demi-dure* et presque
dure ; —*aigre ;* — *peu difficile à casser ;* — elle donne
l'odeur argileuse par l'expiration ; elle est *médio-*
crement pesante.

Pes. spéc. D'après REUSS , 3,150 à 3,220. KIRWAN,
3,333. HAUY , 3,250.

Caractères chimiques.

Elle donne au chalumeau un verre noir, mais
plus difficilement que la hornblende commune.

Parties constituantes.

Silice 58		
Alumine....................... 27	BERGMAN,	
Fer........................... 9	Opusc. T.	
Chaux......................... 4	3 , p. 207.	
Magnésie...................... I		

99

Caractères physiques.

Il y a des variétés qui font dévier l'aiguille aimantée ; ce sont surtout celles qu'on a retirées des
laves. D'autres au contraire n'ont pas cette propriété. M. Reuss croit qu'elles n'en sont privées
que par l'oxidation du fer qu'elles contiennent.

Gissement.

Cette substance minérale est ordinairement con-
tenue dans les basaltes, ce qui lui a fait donner

HORNBLENDE. son nom : on en trouve aussi dans les vakkes et
dans les laves, surtout dans celles du Vésuve.

Localités.

Les roches basaltiques de la Saxe, de la Silésie,
et surtout de la Bohême, en contiennent beaucoup.
(*Voyez* Reuss, Géogr. minéral. de la Bohême.)

R E M A R Q U E.

Elle résiste à la décomposition beaucoup plus long-
tems que le basalte; ce qui fait qu'on en trouve beaucoup en cristaux isolés parmi les débris de montagnes
basaltiques.

IVe. S O U S - E S P È C E.

HORNBLENDE SCHIEFER. — LA HORNBLENDE SCHISTEUSE.

Argilla hornblenda schistosa.

Id. Emm. T. 1 , p. 326. — Lenz , T. 1 , p. 325. —
Wid. p. 413. — M. L. p. 198. — W. P. T. 1 , p. 291. —
Corneus nitens , Wall. T. 1 , p. 371. — *Corneus fissilis* ,
ibid. p. 372. — *Schistose hornblende*, Kirw. T. 1 , p. 222.
— Variété de la 1re. sous-espèce , Nap. p. 278. — *Cor-
néenne* , de Sauss. §. 1,225. — *Id.* Lam. T. 1 , p. 377.
— *Id.* Haüy.

Caractères extérieurs.

SA couleur est le *noir verdâtre*, qui passe quelquefois au *noir grisâtre*, rarement au *verd-poireau foncé.*

On la trouve *en masse*, en couches entières.

A l'intérieur, elle est *peu éclatante*, presqu'écla- HORNBLENDE.
tante, d'un *éclat ordinaire*.

La cassure d'une masse entière est *schisteuse*, *à feuillets plats* ou *còurbes*. Celle de chaque partie isolée est *rayonnée*, *à rayons divergens en faisceaux* ou *entrelacés*; elle devient quelquefois *fibreuse*.

Les fragmens sont *communément en plaques*.

Elle est *opaque*; — *demi-dure*; — *aigre*; — *difficile à casser*; — elle donne une raclure d'un *gris verdâtre*; — elle est *médiocrement pesante*; — elle donne par l'*expiration*, *l'odeur argileuse*.

Gissement.

La hornblende schisteuse paraît être une horn-blende commune, plus ou moins mélangée de quartz. Elle en contient souvent des parties iso-lées, ainsi que du mica et des pyrites martiales Elle forme des *couches subordonnées*, souvent assez puissantes, au milieu des montagnes de gneiss, de glimmerschiefer, de calcaire primitif; eile a des passages qui la rapprochent du thonschiefer.

M. Reuss la regarde comme devant appartenir aux *roches de transition*; *ubergangs gebirgsarten*.

Localités.

On en trouve en Bohême, en Norwège, en Suède, dans l'île de Sky en Ecosse, surtout en Saxe, à Hartmansdorf, Dorfschemnitz, etc. et ailleurs.

Usages.

On s'en sert en Suède, pour couvrir les toîts.

REMARQUE.

On l'a souvent confondue avec le *kieselschiefer* et le *thonschiefer*, sous le nom de *hornschiefer*. Elle a d'ailleurs, avec ces deux substances minérales, beaucoup d'analogie.

VINGT-CINQUIÈME ESPÈCE.

B *A S A L T.*   —   **LE BASALTE.**

ARGILLA BASALTES.

Id. Emm. T. 1, p. 339. — *Id.* Lenz, T. 1, p. 331. — Wid. p. 423. — M. L. p. 201. — *Basaltes cristallisatus*, var. *b*, Wall. T. 1, p. 333 (*). — *Corneus trapezius, ibid.* p. 375. (?) — *Basalte*, D. B. T. 1, p. 193. — *Basalte et Trap*, Faujas de Saint-Fond. — *Mullenstone, kraggstone, trap, ferrilite, rowleyragg, whinstone, figuratetrap*, Kirw. T. 1, p. 225 à 233. — *Basalte*, Nap. p. 284. — *Trap*, Lam. T. 2, p. 381. — *Lave lithoïde prismatique*, Haüy. T.

Caractères extérieurs.

SA couleur ordinaire est le *noir grisâtre*, rarement le *gris bleuâtre*. Il est souvent traversé de fentes, dont la surface est colorée en *brun*.

Il constitue ordinairement des montagnes entières, et il se trouve abondamment dans leur voisinage en morceaux arrondis et roulés. Il se

---

(*) Il faut exclure les variétés *a*, *c*, *d*, *e*, qui sont des schorls noirs.

trouve aussi en grosses masses globuleuses assez basalte. parfaites.

A l'intérieur, il est *mat ;* le *brillant* qu'il a quelquefois provient d'un mélange de hornblende.

Sa cassure est le plus souvent *inégale ;* cependant elle s'approche, tantôt de la *cassure esquilleuse* (fine), tantôt de la *cassure unie* ou de la *cassure conchoïde.*

Ses fragmens sont *indéterminés , à bords peu aigus.*

Il est très-souvent composé (en grand) de *pièces séparées prismatiques, plus ou moins régulières* (*) *,* rarement de *pièces séparées, grenues, à grains de toute grosseur,* et plus rarement encore de *pièces séparées, testacées, courbes, concentriques.* (Ce sont les formes globuleuses indiquées plus haut.)

Il donne une *raclure* d'un *gris de cendre clair.*

Il est *demi-dur* et presque *dur ;* — *aigre ;* — *très-difficile à casser ;* — *maigre* et *froid au toucher ;* — *opaque* ou très-rarement *un peu translucide sur les bords.* Il résonne beaucoup sous le choc du marteau ; — il est *médiocrement pesant.*

Pes. spéc. BRISSON, 2,864. BERGMAN, 3,000.

Caractères chimiques.

Il se fond très - facilement au chalumeau sans

(*) C'est ce que l'on appelle *colonnes basaltiques. Voyez* l'article *basalte* dans le Traité des roches.

BASALTE. addition, en un verre noir opaque, attirable à l'aimant.

Parties constituantes.

Silice. 50
Argile. . . , ... 15
Chaux. 8
Magnésie. 2
Fer. 25
————
100

BERGMAN, Op. T. 3, p. 213.

Caractères physiques.

Le basalte fait varier la position de l'aiguille aimantée lorsqu'on l'en approche; ce qui paraît être dû à la grande quantité de fer qu'il contient.

Usage.

Indépendamment de l'usage qu'on en fait comme pierre à bâtir, le basalte est souvent employé comme pierre de touche, comme fondant dans le traitement de certaines mines de fer, comme matière vitrifiable dans les verreries où l'on fabrique des bouteilles communes : on en a fait des enclumes de relieur, des meules de moulin, etc. Les habitans de la Nouvelle-Zélande en faisaient des massues. On a trouvé des vases et des statues antiques en basalte (*).

————

(*) Dolomieu reconnaît que ces basaltes antiques ne sont pas volcaniques. (*Voyez* le §. 45 de l'Introduction.) (*Voyez* aussi le Journal de Physique, sept. 1790, pag. 195 et suiv.)

Gissement

Gissement et localités.

Le basalte, considéré comme espèce oryctognostique, est la substance qui sert de base à la roche nommée *Basalte*, dont il sera traité plus en détail dans la description des roches. Voici néanmoins un précis de ses caractères géologiques.

Il appartient aux roches stratiformes, quoiqu'on n'y trouve que très-rarement des pétrifications. Il ne contient jamais de substances métalliques; souvent il forme des montagnes entières, ou bien il recouvre la cime d'une montagne, où il se trouve en filons, dans le voisinage de filons métalliques qu'il traverse toujours.

Les substances qui lui sont mélangées, sont le plus souvent la hornblende basaltique, l'olivine, quelquefois le mica, le spath calcaire, le feldspath, la calcédoine, la leucite, le strahlstein, la zéolithe, etc. Il renferme quelquefois des cavités remplies d'eau.

Les naturalistes ne sont pas d'accord sur son origine ; les uns l'attribuent à l'eau, d'autres aux volcans : la première opinion paraît dominer entiérement en Allemagne. (*Voyez* au Traité des roches, l'exposé des raisons sur lesquelles sont fondées ces deux opinions.)

Le basalte se décompose facilement, et se réduit en une argile grasse, très-fertile. (*Voyez* aussi les localités, au Traité des roches.)

Minéral. élém. Tome I. E e

BASALTE.   *REMARQUE.*

Plusieurs des basaltes qui sont cités dans les auteurs anciens, se rapportent au schorl. (*Voyez* schorl.)

VINGT-SIXIÈME ESPÈCE.

WAKKE.   —   LA WAKKE.

ARGILLA WACCA.

Id. Emm. T. 1 , p. 335. — Lenz, T. 1 , p. 330. — M. L. p. 200. — W. P. T. 1 , p. 293. — *Trapp* ou *wacke* , Wid. p. 421. (?) — *Wacken* , Kirw. T. 1 , p. 223. — *Wacke* , Nap. p. 288. — *Wakke* , Lam. T. 2 , p. 379. — *Cornéenne.* (?) Haüy. T.

Caractères extérieurs.

ELLE est communément d'un *gris verdâtre fon-cé* , qui passe tantôt au *verd de montagne* et au *verd noirâtre* , tantôt au *noir grisâtre.* Elle a aussi quelquefois des teintes brunes ou rouges, qui proviennent d'un mélange de terre ferrugineuse. Les parois des fentes ont souvent des *couleurs superficielles noires , grisâtres* ou *bleuâtres ,* ou d'un *gris d'acier* (ce qui n'est qu'accidentel).

On la trouve *en masse ;* elle est souvent *bulleuse.* Les cavités y sont plus ou moins nombreuses, et sont remplies par d'autres minéraux.

A l'intérieur, elle est *matte.*

Sa cassure est en général *unie*, mais elle se rap- warke.
proche souvent de la cassure *inégale à grains fins*,
et de la *cassure terreuse*. (Le mélange de très-petits
cristaux de hornblende dans la wakke la rend
quelquefois un peu *brillante*, et modifie aussi sa
cassure.)

Ses fragmens sont *indéterminés, à bords un peu
obtus.* — Elle est *opaque, prenant un peu d'éclat
par la raclure;* — *tendre,* passant au *très-tendre;* —
peu aigre; — *facile à casser;* — *un peu grasse au
toucher;* — *médiocrement pesante* (*).

Pes. spéc. D'après KIRWAN, sur des échantillons du
cabinet de Leske, 2,535, 2,622 et 2,893.

Caractères chimiques.

Elle est assez fusible, plus que le basalte.

Gissement et localités.

La *vakke* appartient aux roches de formations
stratiformes, puisqu'elle renferme quelquefois du
bois pétrifié (**), et même des os d'animaux (en
Franconie). (?) Elle forme quelquefois des couches

(*) Les auteurs allemands ne disent pas si elle donne
l'odeur argileuse.

(**) Entr'autres le *butzenwacke* ou *buzzenwacke* de Joachimsthal en Bohême, qui renferme en même tems des
morceaux arrondis de différentes roches primitives : elle
contient aussi du bismuth natif.

wakke. particulières au milieu des basaltes; mais le plus souvent elle s'y trouve en filons, qui doivent être d'une origine très-moderne, car ils traversent presque toujours des filons à mines, et ne renferment presque jamais de substances métalliques.

La *wakke* forme aussi très-souvent la base de plusieurs mandelsteins. Les cavités sont remplies de terre verte, de spath calcaire, etc.

La *wakke* est souvent mélangée de cristaux de hornblende basaltique, de bismuth natif, de fer magnétique, etc. de mica noir cristallisé.

En général on peut dire qu'elle a beaucoup de rapports géologiques et de ressemblance avec le basalte et le thonschiefer stratiforme, avec lesquels on l'a confondue souvent.

Il paraît que les *wakkes*, dont Karsten, Charpentier, Ferber et Reuss parlent dans leurs ouvrages, sont des vrais *wackes* de Werner; mais du reste il faut souvent suspecter les descriptions ou indications de wakkes données par les auteurs. Voici les localités citées par Karsten et Werner. En Saxe (Ehrenfriedersdorf, Wiesenthal près d'Aunaberg, Fichtelberg, Marienberg, Scheibenberg), Joachimsthal en Bohême, l'Islande, etc.

La wakke est fort sujète à se décomposer, et beaucoup plus que le basalte.

REMARQUE.

Le *grauwacke* (ou wakke grise), nom qui se trouve

dans la nomenclature de Werner, est une roche mé-
langée et non une wakke. Cette ressemblance de noms
entraîne souvent beaucoup de confusion ; aussi pour
l'éviter j'ai préféré ne pas le traduire, et lui conserver
en français son nom allemand de *grauwacke*. (*Voyez*
l'article *grauwacke*, au Traité des roches.)

VINGT-SEPTIÈME ESPÈCE.

KLINGSTEIN. — LA PIERRE SONNANTE
ou LE KLINGSTEIN.

Nota. Cette espèce est nouvellement introduite par
Werner dans l'oryctognosie. Voici la description qu'Emmerling en donne dans les additions qui terminent le
3e. volume de son Traité de Minéralogie, p. 344.

Caractères extérieurs.

. SA couleur la plus ordinaire est un *gris* plus
ou moins foncé, dont les variétés sont le *gris de
cendre*, le *gris de fumée* et les *gris jaunâtre*, *verdâtre* et *bleuâtre*. On en trouve aussi d'un *noir
grisâtre* ou d'un *verd de montagne*, passant plus ou
moins au *verd-olive*; quelquefois d'un *verd-poireau*
ou d'un *verd noirâtre*, rarement d'un *brun de foie*.
La plupart de ces variétés de couleurs se perdent
l'une dans l'autre, souvent même plusieurs sont
réunies à la fois dans le même morceau. On en
voit surtout qui sont tachetées de gris ou de blanc.

KLINGSTEIN. Le *klingstein* présente aussi souvent des *dessins dendritiques*.

Il constitue communément des montagnes entières, dont les débris sont répandus dans le voisinage en morceaux anguleux ou arrondis; quelquefois il contient des empreintes de plantes.

Il se rencontre aussi, quoique rarement, en *masses globuleuses, sphériques, implantées*.

A l'intérieur, il est *brillant*.

Sa cassure (dans les grandes masses) est *schisteuse, à feuillets épais, ou minces, ou très-minces;* mais (en petit) elle est *écailleuse, à grandes écailles,* rarement à *petites écailles*. Elle passe quelquefois, tantôt à la *cassure inégale,* tantôt à la *cassure conchoïde*.

Quelquefois la cassure (même dans les morceaux non altérés) n'est pas parfaitement *compacte*. En la considérant attentivement, on y remarque de petites cavités qui sont souvent tapissées de très-petits cristaux.

Ses fragmens sont *indéterminés, à bords assez aigus*.

Le klingstein est composé (en grand) de *pièces séparées,* tantôt *testacées, plates* (en forme de tables) ; tantôt *prismatiques,* groupées plus ou moins réguliérement. Il est aussi quelquefois, en petit, composé de *pièces séparées, grenues, à petits grains*.

Il est ordinairement *opaque*, quelquefois for-
tement *translucide sur les bords*. — Il est *demi-dur*,
passant au *dur*; — *aigre*; — *peu difficile à casser*;
— il rend un *son* sous le marteau, surtout dans
les tables minces (*); — il est *médiocrement pesant*.

Gissement et localités.

Le *klingstein* forme la masse principale (*hauptmasse*) d'une roche connue sous le nom de *porphyrschiefer*, ou porphyre schisteux, mais qui n'est
pourtant pas de la même espèce que le porphyre.
Le feldspath et la hornblende basaltique sont les
deux minéraux qui s'y trouvent le plus souvent
mélangés. La zéolithe, le fer micacé, s'y rencontrent aussi très-souvent. (*Voyez* l'article *porphyrschiefer*, au Traité des roches.)

REMARQUES.

1°. Le klingstein fait aussi, je crois, la base du
graustein de Werner, ou du moins de cette espèce
de *graustein* qui se trouve rangée parmi les roches de
formation trapéenne, dans la classe des roches stratiformes; aussi a-t-on vu que, dans certains cas, le
klingstein renfermait des empreintes de plantes.

M. Reuss range le *porphyrschiefer* parmi les roches
primitives. Cependant il paraît avoir des rapports si
bien prononcés avec les basaltes, qu'il est difficile de

(*) C'est là l'origine du nom de *klingstein* ou pierre
sonnante qu'on lui a donné.

KLINGSTEIN. lui assigner une origine antérieure à celle des roches de *formation trapéenne*, qui sont *stratiformes*. Je pense qu'il y a des *porphyrschiefer* de l'une et de l'autre espèce, et que le *porphyrschiefer stratiforme* correspond au *basaltschiefer* de M. Reuss. Quant au *porphyrschiefer primitif*, je suis porté à croire que le klingstein qui fait sa base, doit être un de nos pétrosilex ou un de nos trapps. Un morceau que m'a montré M. Léopold de Busch, m'a paru avoir, avec ces deux substances minérales, beaucoup de ressemblance ; mais il faudrait savoir comment il se comporte au chalumeau.... (?)

VINGT-HUITIÈME ESPÈCE.

LAVA.   —   LA LAVE.

ARGILLA LAVA.

Id. Emm. T. 1, p. 346. — Lenz, T. 1, p. 335. — M. L. p. 205. — *Porus igneus facie scoriacea*, Wall. T. 2, p. 377. — *Lava*, Kirw. p. 400. — *Lave*, D. B. T. 1, p. 438. — *Lave poreuse*, Lam. T. 2, p. 469. — *Lave porifiée*, Haüy. T.

Caractères extérieurs.

SES couleurs sont très-variées : les plus ordinaires sont le *gris noirâtre*, le *gris de fumée*, le *noir parfait*, le *noir de fer*, le *noir brunâtre*. Il y a aussi des *laves verdâtres*, *jaunâtres*, rarement des *laves blanches*.

Elle se présente ordinairement avec une contexture *bulleuse*, à grandes ou petites cavités, ou ᴸᴬᵛᴱ· cariée.

Elle est ordinairement *brillante* ou même un peu *éclatante*, d'un éclat *vitreux*.

Sa cassure est *imparfaitement conchoïde*.

Ses fragmens sont *indéterminés*, *à bords peu aigus*.

Elle se partage quelquefois en *pièces séparées*, *grenues*, *à gros ou petits grains*. — Elle est *opaque*; — *demi-dure*, passant quelquefois au *tendre*; — *très-aigre*; — *peu difficile à casser*; — *légère*.

Caractères chimiques.

Elle est très-fusible, et donne un verre noir compacte. (EMMERLING.) (*).

Parties constituantes.

Les parties constituantes des laves doivent être très-variables. En voici une analyse par Bergmann :

Silice	49.
Argile	35.
Chaux	4.
Fer	12.

Caractères physiques.

Elle attire fortement le barreau aimanté.

(*) Cela est-il vrai de toutes les laves, même de toutes celles reconnues comme telles par Werner ?

Usages.

Les laves sont employées comme pierres à bâtir. Leur légéreté, qui est due aux cavités dont elles sont criblées, les fait rechercher dans la construction des voûtes.

Gissement et localités.

Les laves sont des produits volcaniques; aussi les minéralogistes français ne les classent-ils que parmi les espèces géologiques. Werner a cru devoir en faire une espèce oryctognostique, et presque tous les auteurs allemands (*) ont suivi son exemple. Cette opinion est fondée sur ce que tous les minéraux simples que l'on rencontre dans sa nature, doivent trouver leur place parmi les espèces oryctognostiques, sans examiner de quels moyens la nature s'est servie pour les amener à l'état où elle nous le présente.

Tout ce qui concerne le gissement et les localités des laves, sera exposé dans le Traité des roches lorsqu'il sera question des substances minérales volcaniques.

(*) Il faut en excepter Widenmann.

VINGT-NEUVIÈME ESPÈCE.

BIMSTEIN. — LA PIERRE-PONCE.

ARGILLA PUMEX.

Id. Emm. T. 1, p. 350. — Lenz, T. 1, p. 336. — Wid. p. 350. — M. L. p. 206. — W. P. p. 294. — *Porus igneus*, Wall. T. 2, p. 375. — *Pumice*, Nap. p. 208. — *Pumice*, Kirw. T. 1, p. 415. — *Pierre-ponce*, D. B. T. 1, p. 443. — *Id.* Lam. T. 2, p. 473. — *Lave vitreuse pumicée*, Haüy. T.

Caractères extérieurs.

SES couleurs ordinaires sont le *blanc grisâtre*, le *gris bleuâtre* ou *jaunâtre*, le *noir grisâtre* et le *brun rougeâtre*.

On la trouve en *masse* ou *disséminée*, ayant toujours une forme (ou contexture) *bulleuse* (à petites bulles), *cariée* ou *criblée*.

Elle est *très-brillante*, quelquefois *un peu éclatante* ; c'est l'éclat de la soie.

Sa cassure est *fibreuse*.

Ses fragmens sont *indéterminés, à bords assez aigus.*

Elle est *opaque*, rarement un peu *translucide* sur les bords.

Elle est *tendre* (Emmerling) ; quelques variétés sont *demi-dures.* (Widenmann la donne comme *dure* (*) ; — *très-aigre* ; — *très-facile à casser* ; — *très-maigre* et *peu froide au toucher*, *surnageant* sur l'eau (**).

Pes. spéc. BLUMENBACH, 0,914.

Caractères chimiques.

La pierre-ponce est fusible au chalumeau sans addition ; elle donne un verre blanc.

Parties constituantes.

D'après BERGMANN.	D'après KLAPROTH, T. 2, p. 62.
Silice.............. 90.	.... 77,50.
Alumine	.... 17,50.
Magnésie.......... 10.	....
Oxide de fer.......	.... 1,75.
100.	96,75.

Usages.

On se sert de la pierre-ponce pour polir les pierres, les métaux, les glaces, l'ivoire, pour pré-

---

(*) Je crois qu'on peut accorder ces deux opinions en admettant que la pierre-ponce est à la vérité *tendre*, en ce qu'elle se laisse facilement rayer par des minéraux peu durs, et entamer par la lime et le couteau, mais que sa poussière est au contraire *assez dure* ; ce qui tient plutôt à ce qu'elle est *très-aigre*.

(**) Dolomieu pense que cette légéreté n'est propre qu'à une certaine variété de pierre-ponce. (Voyage aux îles de Lipari , p. 61.)

parer le parchemin, etc. On en mêle souvent dans PIERRE-PONCE. les poudres pour nettoyer les dents ; mais cet usage leur est très-nuisible.

Gissement et localités.

La pierre-ponce est un produit volcanique. On n'en trouve que dans le voisinage des volcans, mais non de tous les volcans. Les îles de Lipari, autrement îles Ponces, en sont presqu'entiérement composées. (*Voyez* le Voyage de Dolomieu aux îles de Lipari.) On en trouve aussi en Islande, sur les bords du Rhin, à Andernach et Coblentz, etc.

REMARQUE.

Le citoyen Dolomieu attribue la formation des pierres-ponces à la fusion de roches granitiques peu ferrugineuses. (*Voyez* la fin de l'article *lave.*)

TRENTIÈME ESPÈCE.

GRUNERDE.   — LA TERRE VERTE.

ARGILLA VERONENSIS.

Id. Emm. T. 1, p. 353. — Lenz, T. 1, p. 358. — Wid. p. 426. — M. L. p. 194. — W. P. T. 1, p. 294. — *Green-earth*, Kirw. T. 1, p. 196. — Variété de l'*argilla commune*, Nap. p. 249. — *Terre de Véronne*, D. B. T. 1, p. 229. — *Talc chlorite zographique*, Haüy. T.

Caractères extérieurs.

SA couleur est le *verd-céladon*, qui passe quel-

TERRE VERTE. quefois au *verd de montagne* ou au *verd noirâtre*.

On la trouve en *masse*, ou *disséminée*, ou en *couche superficielle* sur les géodes d'agathe.

A l'intérieur, elle est *matte*.

Sa cassure est *terreuse, à grains fins*; quelquefois *conchoïde*.

Ses fragmens sont *indéterminés, à bords obtus*.

Elle est *opaque*; — *tendre*; — *un peu douce*; — elle *prend un peu d'éclat par la raclure*; — elle est *un peu onctueuse* au toucher; — elle *happe un peu à la langue*; — elle est *médiocrement pesante*.

Caractères chimiques.

Au chalumeau elle noircit, mais on ne peut la fondre sans addition. Avec le borax elle donne un verre opaque noir brunâtre (Widenmann); elle n'est point attaquée par les acides. Lorsqu'elle est endurcie, si on la plonge dans l'eau elle en absorbe une certaine quantité, mais ne s'y délaie pas.

Parties constituantes.

On n'en a point encore fait complétement l'analyse. Meyer y a trouvé de l'argile, de la silice, du fer et du manganèse.

Usage.

La terre verte est employée comme matière colorante dans la peinture.

Gissement et localités.

On l'a trouvée auprès de Vérone, au Monte-Baldo, où elle forme un objet d'exploitation.

On en a trouvé aussi en Bohême, dans les cavités des mandelsteins, en couches superficielles. A Altenberg, en Saxe, elle se trouve dans un porphyre. Werner dit qu'elle y forme le passage au jaspe (*). (Emmerling en cite aussi à Pont-Audemer en France ?).

REMARQUE.

Le citoyen Dolomieu, qui a été visiter le Monte-Baldo, pense que les caractères extérieurs et le gissement de la *terre verte* la rapprochent beaucoup de la *chlorite,* dont elle ne doit être qu'une variété.

TRENTE-UNIÈME ESPÈCE.

STEINMARK. — LA MOELLE DE PIERRE

ou LA LITHOMARGE.

ARGILLA LITHOMARGA.

Id. Emm. T. 1, p. 355. — Wid. p. 434. — Lenz, T. 1, p. 339. — M. L. p. 207. — W. P. p. 295. — *Argilla mineralis*, Wall. T. 1, p. 60. — *Lithomarga*, Kirw. T. 1, p. 187. — *Litomarga*, Nap. p. 259. — *Argile lithomarge*, D. B. T. 1, p. 224. — *Id.* Haüy. T.

(*) Catalogue de Pabst.

 Werner partage cette espèce en deux sous-espèces, qui ne diffèrent que par leur cohésion, toutes deux n'étant que la même substance friable ou endurcie; aussi Widenmann n'en fait-il que des variétés.

Ire. SOUS-ESPÈCE.

ZERREIBLICHES STEINMARK. — LA LITHOMARGE FRIABLE.

Argilla lithomarga friabilis.

Caractères extérieurs.

SA couleur est le *blanc jaunâtre* ou le *blanc de neige*, quelquefois un peu *rougeâtre* ou *grisâtre*. Les parties sont *pulvérulentes* ou *très-peu agglutinées* et un *peu écailleuses.*

Elle est un peu *brillante;* — elle *happe fortement à la langue* — ; elle est *très-grasse au toucher;* — *légere.*

(*Voyez*, pour tout le reste, la sous-espèce suivante.)

IIe. SOUS-ESPÈCE.

VERHARTETES STEINMARK. — LA LITHOMARGE ENDURCIE.

Argilla lithomarga indurata.

Caractères extérieurs.

SES couleurs sont le *blanc de neige*, les *blancs jaunâtre, grisâtre* ou *rougeâtre; le gris de perle*, les

gris

gris bleuâtre, *rougeâtre* ou *noirâtre* ; le *bleu violet*, LITHOMARGE. le *bleu de lavande*, le *rouge de chair*, le *rouge de brique*, le *rouge de sang*, le *rouge brunâtre*, le *brun rougeâtre*, le *brun de foie*, souvent aussi le *jaune d'ochre* et le *jaune-isabelle*. Ces couleurs se mélangent ensemble, et présentent des dessins *tachetés*, *veinés*, *pointillés*, *rubanés* ou *nuagés*.

On la trouve *en masse* ou *disséminée*.

Estner en cite aussi en *pseudo-cristaux*, dont la forme est une *pyramide simple à 3 faces* ou *à 6 faces* (à Tekero en Transilvanie).

A l'intérieur, elle est *matte*.

Sa cassure est *terreuse*, *à grain fin*, et quelquefois *imparfaitement conchoïde*.

Ses fragmens sont *indéterminés*, *à bords obtus*.

Elle est *opaque* ; — *très-tendre* ; — *douce*, prenant de l'éclat par la raclure ; — *onctueuse au toucher* et *peu froide* ; — elle *happe à la langue* ; — elle est *facile à casser* ; — *légère*.

Caractères chimiques.

Les lithomarges sont infusibles au chalumeau sans addition (W. DENMANN). Elles se délitent dans l'eau sans former pâte avec elle, comme l'argile.

Parties constituantes.

Les trois analyses de Bergmann, que l'on a rapportées aux lithomarges, sont des terres à foulon de Suède et d'Angleterre, et le bol de Lemnos.

 Napione annonce qu'il y a trouvé constamment une assez grande quantité de magnésie.

Caractère physique.

Quelques lithomarges, grattées avec une plume dans l'obscurité, donnent une lueur phosphorique.

Usage.

On s'en sert quelquefois pour polir. On l'a aussi employée autrefois en médecine.

Gissement et localités.

La lithomarge ou *moëlle de pierre* est ainsi nommée, parce qu'on la trouve souvent en forme de nids ou de rognons, au milieu de certaines roches, telles que les basaltes et les mandelsteins. Elle remplit aussi très-souvent les filons ou petites fentes qui se trouvent dans les porphyres, les gneiss, les serpentines; dans la roche de topaze, etc.

On en trouve en Bohème (Luschitz), en Saxe (Ehrenfriedersdorf) (*), Geyer, Altenberg, Planitz près de Zwickau (**), etc. en Angleterre, en France et ailleurs.

(*) Elle se rencontre en grande quantité dans des filons qui donnent de l'étain.

(**) Celle de Planitz présente un mélange (*marbré*) des plus belles couleurs, parmi lesquelles dominent le bleu-violet ou de lavande. C'est ce qu'on a appelé *wundererde* ou *terre miraculeuse de Saxe*. Elle repose sur des couches de charbon.

Werner (dans le catalogue de Pabst) cite aussi LITHOMARGE.
une lithomarge dans la grauwakke de Zellerfeld
au Hartz. — Il indique aussi des passages de la
lithomarge au Tœpferthon.

Karsten en cite un passage au jaspe , un autre
à l'argile endurcie.

REMARQUE.

Les minéralogistes ont souvent confondu la *litho-marge* avec la *terre à foulon*, *l'écume de mer*, le *bol*,
le *savon de montagne*, les *argiles*, etc. et l'on ne
sait pas souvent si les descriptions données par les
auteurs ont été faites d'après de vraies lithomarges
ou d'après une de ces autres substances minérales.

TRENTE-DEUXIÈME ESPÈCE.

BILDSTEIN. — LA PIERRE A SCULPTURE
ou LE BILDSTEIN.

Nota. Cette espèce a été introduite en oryctognosie
depuis quelques années , par Klaproth. Tout ce qui suit
est extrait de son *Beytrage Zur Chem. Kennt.* T. 2 , p.
184 et suiv.

Caractères extérieurs (*).

SA couleur est tantôt d'un *verd d'olive* ou d'un

(*) Klaproth a analysé deux sortes de *bildst.in* dont il
indique les descriptions. Elles sont ici réunies en une seule ;
mais les caractères qui appartiennent à l'une et à l'autre, ne
sont pas confondus. Ceux de la variété verte sont toujours

BILDSTEIN. *verd d'asperge* passant au *gris verdâtre*, tantôt d'un *blanc rougeâtre* ou d'un *rouge de chair*, présentant des dessins veinés.

A l'intérieur, il est tantôt *brillant*, tantôt *mat*; c'est un *éclat gras*.

La cassure est quelquefois *schisteuse indéterminée* dans un sens; mais en travers elle est *esquilleuse*.

Le *bildstein* est tantôt *fortement translucide*, passant au *demi-diaphane*; tantôt *opaque*, ou tout au plus *faiblement translucide sur les bords*.

Il est *tendre* ou *très-tendre*; — *onctueux* ou *très-onctueux* au toucher.

Pes. spéc. 2,815 à 2,785.

Parties constituantes.

	Bildstein translucide.	*Bildstein opaque.*
	Silice....... 54.	.... 62.
KLAPROTH,	Alumine.... 36.	.... 24.
T. 2, p. 187	Oxide de fer. 0.75	.... 0.50
et 189.	Eau........ 5.50	.... 10.
	Chaux...........................	I.
	96.25	97.50

REMARQUES.

Le *bildstein* de Klaproth est cette pierre qui fait la matière de ces petites figures grotesques qu'on nous apporte de la Chine : de là le nom de *bildstein*, qui

---

énoncés avant ceux de la variété rougeâtre, et ils sont séparés par ces mots : tantôt... tantôt, etc.

signifie littéralement *pierre à sculpture*. Klaproth lui bildstein.
donne aussi le nom d'*agalmatolithus*, nom tiré du grec,
qui signifie pierre d'ornement (*).

Cette pierre était autrefois classée parmi les *stéatites
communes (gemeiner speckstein)*; elle est désignée dans
presque tous les minéralogistes, sous le nom de *stéatite
de Chine*. Mais M. Klaproth l'ayant analysée, et n'y
ayant pas trouvé la moindre trace de magnésie, tandis
que toutes les stéatites en contiennent beaucoup, a
conclu que cette pierre devait être distinguée de la
stéatite, et rangée avec les pierres argileuses. M. Werner paraît avoir adopté cette opinion et la dénomination de *bildstein*.

TRENTE-TROISIÈME ESPÈCE.

BERGSEIFE. — LE SAVON DE MONTAGNE.

ARGILLA SAPONIFORMIS.

Id. Emm. T. 1, p. 360. — Lenz, T. 1, p. 343. —
Wid. p. 436. — M. L. p. 210. — W. Cronst. p. 189.

Caractères extérieurs.

SA couleur est un *noir brunâtre*, parsemée de
taches d'un *jaune d'ochre*. Il passe quelquefois au
gris. On le trouve en *masse*.

A l'intérieur, il est *mat*.

Sa cassure est *terreuse, à grain fin*, quelquefois
imparfaitement conchoïde.

(*) Napione a traduit ce nom par celui de *pagodite*.
(J. de Ph.)

Ses fragmens sont *indéterminés*, *à bords obtus.*
Il est *opaque ; — très-tendre ; — doux ; — facile à casser, prenant un éclat gras par la raclure ;
— il happe très-fortement à la langue ;* — il est
tachant, et même *écrivant* sur le papier ; — il est
gras au toucher et *peu froid ; — médiocrement pesant.*
— Il n'a été ni éprouvé ni analysé chimiquement.

Gissement et localités.

Ce minéral est extrèmement rare. Il a été trouvé
à Olkutsck en Pologne. Karsten en cite aussi qui
provient d'Angleterre. (M. L. pag. 211) (*).

R E M A R Q U E.

Son onctuosité *savonneuse* lui a fait donner son nom :
il se rapproche beaucoup de l'espèce précédente et du
schiste bitumineux (brandschiefer). On l'a confondu
souvent avec la *terre à foulon.* Widenmann et Napione
pensent qu'il n'en est qu'une variété. Il semble former
un passage entre les pierres argileuses et les pierres
magnésiennes.

(*) N'est-ce pas le *seifenstein* du Cornouailles, analysé
par Klaproth ? (*Voyez* stéatite.)

TRENTE-QUATRIÈME ESPÈCE.

GELBERDE. — LA TERRE JAUNE.

ARGILLA OCHRA.

Id. Emm. T. 1, p. 362. — Lenz, T. 1, p. 344. — Wid. p. 427. — M. L. p. 211. — W. P. p. 297. — *Yellow earth*, Kirw. T. 1, p. 194.

Caractères extérieurs.

Sa couleur est le *jaune d'ochre parfait.*

On ne la trouve qu'*en masse.*

Elle est *matte.*

Sa cassure, considérée dans les petits morceaux, est *terreuse*, à *gros grain* ou à *grain fin*, quelquefois *un peu conchoïde;* mais considérée dans toute la masse, elle est *schisteuse.*

Ses fragmens sont *indéterminés*, à *bords très-obtus.*

Elle est *très-tendre* et presque *friable;* — *peu difficile à casser,* prenant de l'éclat par la raclure; — *tachante* et même *écrivante;* — *peu onctueuse au toucher;* — elle *happe un peu à la langue;* — elle est *médiocrement pesante* et presque *légère.*

Usage.

Elle est employée, dans les arts, comme couleur jaune.

Gissement et localités.

La terre jaune dont il est ici question, n'a encore été trouvée qu'à Vehrau dans la Haute-Lusace, en petites couches, dans des montagnes stratiformes. M. Reuss en a pourtant observé depuis dans les cavités d'une roche de grauwakke, dans des basaltes globuleux dont elle occupait le centre, et dans les fentes d'une roche de grès.

REMARQUES.

Il ne faut pas confondre la terre jaune avec les mines de fer terreuses; celles-ci sont bien plus calcaires et noircissent au feu; ce qui n'arrive point à la terre jaune.

Kirwan a essayé la fusibilité de la terre jaune sur un morceau de cette substance, faisant partie du cabinet de Leske, sous le n°. 1098. Elle s'est fondue au 156ᵉ. degré de Wedgwood; il a obtenu une espèce de porcelaine poreuse.

MM. Widenmann et Napione regardent la *terre jaune* comme une variété d'*argile commune*.

PINIT. — LA PINITE.

Obs. Cette espèce minérale n'est pas comprise dans le tableau de la classification. Je ne sais si M. Werner en a fait une espèce particulière, ou s'il l'a réunie au mica ou à la stéatite, entre lesquelles il pense qu'elle tient le milieu. (Cabinet de Pabst, T. 1, p. 298 et 299, num. 2652, 53 et 54.) La description qui suit est ex-

traite des additions qui terminent le troisième volume ᴘɪɴɪᴛᴇ.
de la Minéralogie d'Emmerling , p. 337 (*).

Caractères extérieurs.

SA couleur est le *brun rougeâtre* ou *noirâtre*.

On ne l'a trouvée jusqu'ici que *cristallisée*. Ses formes sont :

a. Un *prisme à six faces* , tantôt *parfait* , tantôt *tronqué sur tous ses bords latéraux* , ou seulement *sur trois bords en alternant*. (Ce cristal a l'aspect d'un prisme à neuf faces.)

b. Un *prisme à quatre faces rhomboïdal*. Les cristaux sont communément de *moyenne grandeur* , quelquefois *petits* et *très-petits* , tantôt *implantés* séparément , tantôt *isolés*.

La surface des cristaux est *lisse* et *peu brillante*.

A l'intérieur , la pinite est *matte ;* néanmoins elle paraît être quelquefois *un peu éclatante* dans la cassure en travers ; ce qui provient du mélange de quelques lames de mica.

Sa cassure est *inégale, à grain fin* , passant à la cassure *conchoïde à petites cavités* , ou à la cassure *esquilleuse* , quelquefois même à la cassure *lamelleuse indéterminée*.

Ses fragmens sont *indéterminés, à bords assez obtus.*

Elle est entièrement *opaque.* La variété brune est néanmoins un peu *translucide* , surtout lorsqu'on la mouille.

Elle se laisse tailler avec le couteau , et devient d'un

(*) *Voyez* aussi , relativement à la *pinite* , Wid. p. 407 ; M. L. T. 1 , p. 192 et 193 ; Berg. J. 1789 , T. 1 , p. 156 ; Estner, T. 2 , p. 681 ; Kirwan, T. 1 , p. 212 ; Napione, page 174.

PINITE. noir bleuâtre, tandis que sa poussière est d'un gris clair ;
elle est *tendre* ; — *douce* ; — *facile à casser* ; — elle *happe*
un peu à la langue ; — elle est *un peu onctueuse au toucher* ;
— elle donne une forte *odeur argileuse* ; — elle est *mé-*
diocrement pesante.

Pes. spéc. 2,980, d'après KIRWAN.

Caractères chimiques.

La pinite, traitée au chalumeau sans addition, n'é-
prouve aucune altération ; elle se comporte de même
avec le borax ; avec le carbonate de soude, elle donne
un globule scoriacé opaque ; avec le sel microcosmique,
un verre transparent et chatoyant.

Parties constituantes.

Alumine.............	63.75	D'après KLAPROTH,
Silice..............	29.50	Berg. J. 1790, T. 2,
Oxide de fer........	6.75	p. 227.
	100.	

REMARQUES.

La pinite a reçu son nom de la mine dite de *Pini*
près de Schneeberg en Saxe, qui est le seul lieu où
elle ait été trouvée. Elle y est mélangée avec du quartz,
du feldspath et du mica, qui constituent un granit à
petits grains. Elle paraît avoir beaucoup de rapport
avec la stéatite, et surtout avec le mica ; aussi l'a-t-on
réunie tantôt à l'une, tantôt à l'autre de ces deux espèces.

Kirwan l'a décrite sous le nom de *micarelle.*

CINQUIÈME GENRE.

LE GENRE MAGNÉSIEN.

PREMIÈRE ESPÈCE.

B O L.   —   LE BOL.

TALCUM MEDICINALE.

Id. Emm. T. 1 , p. 381. — Lenz, T. 1, p. 355. — Wid. p. 431. — M. L. p. 219. — W. P. T. 1, p. 300. — *Argilla crustacea incarnata ,* Wall. T. 1, p. 50 (*). — *Bolo ,* Nap. p. 256. — *Bole ,* Kirw. p. 191. — *Argile ochreuse ,* Haüy. T.

Caractères extérieurs.

S A couleur est le *jaune-isabelle ,* qui passe souvent à différentes teintes de *brun ;* rarement il est d'un *jaune d'ochre* ou d'un *rouge de chair.* Il est souvent entrecoupé de fentes qui sont recouvertes de taches noires et de dendrites.

On le trouve *en masse* et *disséminé.* Il est *mat ,* rarement *un peu brillant.*

Sa cassure est *parfaitement conchoïde.*

(*) La plupart des *argilla bolus , ibid.* p. 51 et suiv. se rapportent à des *lithomarges* ou des *argiles communes.*

BOL. Ses fragmens sont *indéterminés, à bords assez aigus.*

Il est *opaque*, très-rarement *un peu translucide sur les bords*. Il *prend de l'éclat par la raclure, et même par le simple toucher; — il est très-tendre; — doux; — très-facile à casser; — il happe plus ou moins à la langue; — il est gras et peu froid* au toucher; — *léger.*

Pes. spéc. KIRWAN, 1,400 à 2,000.

Caractères chimiques.

Traité au chalumeau sans addition, le bol noircit ou devient gris, et finit pas se fondre en une scorie d'un gris verdâtre. (WIDENMANN.)

Lorsqu'on le plonge dans l'eau, il donne un léger bruit (dû au dégagement de bulles d'air); il se divise ensuite sans former pâte avec l'eau (*).

Parties constituantes.

Magnésie............ 6.2	⎫	
Silice............... 47.	⎬ D'après BERGMANN,	
Argile.............. 21.	Opuscul. Chim.	
Chaux............. 5.4	T. 4, p. 152.	
Fer................ 5.4		
Eau............... 17.	⎭	
102.		

(*) Le citoyen Lelièvre a observé que les bols chauffés au chalumeau devenaient magnétiques.

Usage.

On se servait beaucoup autrefois des bols en médecine, mais on n'en fait plus d'usage aujourd'hui : on l'emploie encore quelquefois dans la préparation des couleurs.

Kirwan dit que le bol a la propriété détersive (ou blanchissante) de la terre à foulon.

Gissement et localités.

Les principaux lieux où on a trouvé le bol, sont l'île de Lemnos (*terre de Lemnos*), Sienne en Italie (*terre* ou *ochre de Sienne*), Liegnitz et Strigau en Silésie (*terre de Strigau*).

Dans la Haute-Lusace, on l'a trouvé en forme de nids dans du basalte; à Zœblitz, dans une serpentine; souvent aussi en Silésie il se trouve dans une argile endurcie.

REMARQUE.

Il ne faut pas confondre le bol avec la lithomarge et la terre à foulon, qui ont été, par plusieurs auteurs, décrits sous le nom de bol.

SECONDE ESPÈCE.

MEERSCHAUM. — L'ÉCUME DE MER.

TALCUM PLASTICUM.

Id. Emm. T. 1, p. 378. — Lenz, T. 1, p. 358. —
Wid. p. 455. — *Argilla crustacea albo-flavescens*, Wall.
T. 1, p. 50. — *Écume de mer*, D. B. T. 1, p. 244. —
Schiuma di mare, Nap. p. 307. — *Keffekill*, Kirw. T. 1,
p. 144 (*). — Variété de *talc*, Lam. p. 342.
Variété de l'*argile glaise*, Haüy.

Caractères extérieurs.

SA couleur est le *blanc jaunâtre*, qui souvent
tire au *jaune-isabelle*, ou au *gris* ou au *rouge.*

On la trouve *en masse*, ou *disséminée*, ou en
couche superficielle. — Elle est *matte.*

Sa cassure est *terreuse*, *à grain fin;* quelquefois un peu *schisteuse, à feuillets minces.* — Elle
est *opaque;* — *très-tendre;* — *douce;* — *facile à
casser, prenant de l'éclat par la raclure;* — plus
ou moins *grasse au toucher;* — *légère* et presque
surnageante.

Pes. spéc. D'après KLAPROTH, 1,600.

Caractères chimiques.

Elle est infusible au chalumeau sans addition;

(*) Ce nom de *keffekill* vient des Tartares.

elle se dissout en partie dans les acides sans effervescence.

Parties constituantes.

D'après WIEGLEB.	D'après KLAPROTH, (T. 2, p. 172.)	
Silice............ 54.16	.... 50.50 et 41.00.	
Magnésie......... 51.66	.... 17.25	18.25.
Chaux.................	.... 0.50	0.50.
Eau..................	.... 25.00 }	39.00.
Acide carbonique........	.... 5.00 }	
105.82 (?)	98.25	98.75.

Il faut observer que M. Wiegleb a opéré sur une pipe
turque, fabriquée avec l'écume de mer, et que M. Klaproth a analysé au contraire l'écume de mer dans son
état naturel. Il a fait un autre essai sur un troisième morceau qui lui a donné encore plus de magnésie et moins
de silice.

Usage.

C'est de cette substance que les grosses pipes
turques sont formées : on dit aussi que les Tartares s'en servent comme de la terre à foulon.

Gissement et localités.

On trouve l'écume de mer en Natolie, dans
la Crimée, à Negrepont; il paraît qu'elle se rencontre en petites couches dans des endroits bas.
On dit qu'elle est dans l'état d'une pâte molle, et

qu'elle s'endurcit à l'air. Elle a beaucoup de rapport avec le bol.

REMARQUES.

Quelques auteurs prétendent que la *terre à chalu-*
meau, du Canada, est une variété de l'écume de mer ;
mais on n'est pas bien d'accord à cet égard.

Cette substance terreuse, que Fabroni a trouvée à
Casteldelpiano auprès de Sienne, et dont il a composé
des briques si légères qu'elles nagent sur l'eau, pourrait
bien être regardée comme une variété de l'*écume de*
mer. Elle contient, suivant son analyse, 55 de silice,
25 de magnésie, 12 d'alumine, 3 de chaux et 0,1
d'oxide de fer. Ses parties constituantes sont, comme
on le voit, peu différentes de celles de l'*écume de*
mer ; elle s'en rapproche aussi par ses caractères extérieurs. Cette découverte de Fabroni est très-importante, surtout pour les constructions sur les vaisseaux.
Strabon et Pline ont parlé de briques semblables qui
étaient surnageantes.

TROISIÈME ESPÈCE.

WALKERERDE. — LA TERRE A FOULON.

TALCUM FULLONUM.

Id. Emm. T. 1, p. 375. — Lenz, T. 1, p. 353. —
Wid. p. 429. — M. L. 217. — W. P. p. 299. — *Argilla*
smectis, Wall. T. 1, p. 20. — *Terre à foulon*, D. B. T. 1,
p. 224. — *Terra da follone*, Nap. p. 253. — *Fuller's-earth*,
Kirw. p. 184. — *Argile smectite*, Haüy. T.

Caractères   1

Caractères extérieurs.

SA couleur ordinaire est le *verd d'olive*, qui passe quelquefois au *gris verdâtre*, au *gris jaunâtre*, et jusqu'aux *blancs verdâtre*, *jaunâtre* ou *grisâtre*. Dans quelques variétés, c'est le *verd de montagne*, le *verd-poireau*, le *verd de pré*, rarement le *verd-serin* ou le *rouge de chair*. Elle est quelquefois *tachetée* ou *rubanée*.

On ne la trouve qu'*en masse*.

A l'intérieur, elle est *matte*.

Sa cassure est tantôt *terreuse*, *à grain fin* ; tantôt *imparfaitement conchoïde*, tantôt *inégale*, souvent aussi *schisteuse*.

Ses fragmens sont *indéterminés*, *tout-à-fait obtus*.

Elle est *opaque* ; — *très-tendre* et presque *friable* ; — *douce* ; — *facile à casser*, *prenant un éclat gras par la raclure* ; — elle *happe très-peu à la langue*, quelquefois même elle ne possède point cette propriété ; — elle est *grasse* au toucher et *un peu froide* ; — *médiocrement pesante*.

Caractères chimiques.

Elle ne fait pas effervescence avec les acides ; elle se fond en une scorie brune spongieuse ; elle se divise dans l'eau sans former pâte avec elle, et sans donner de l'écume comme le savon, quoique plusieurs auteurs l'aient avancé.

Minéral. élém. Tome I.   G g

Parties constituantes.

Bergmann a analysé la terre à foulon du Hampshire en Angleterre : il y a trouvé 51,8 de silice, 25 d'argile, 3,3 de chaux , 0,7 de magnésie , 3,7 de fer et 15,5 d'eau. (Opusc. T. 4, p. 156.)

Usage.

Elle est employée dans les manufactures pour dégraisser les laines et les draps; ce qui s'effectue par une opération que l'on nomme le *foulage :* de là le nom de *terre à foulon.*

Gissement et localités.

On en trouve en Saxe (Rosswein, Schonberg près Gorlitz, Johann-Georgenstadt), en Angleterre (le Bedfordshire , le Cornouailles, le Hampshire), en France (Rittenau en Alsace), en Suède (Osmundberg.)

Elle forme toujours des couches plus ou moins puissantes. En Saxe , elle se rencontre presqu'à la surface de la terre ; en Angleterre, elle a été trouvée entre des bancs de grès.

Karsten cite un passage de la terre à foulon à l'argile à potier.

QUATRIÈME ESPÈCE.

NEPHRIT. — LE NÉPHRITE

OU LE JADE.

TALCUM NEPHRITES.

Id. Emm. T. 1, p. 370. — W. Cronst. p. 185. — W.
P. T. 1, p. 299. — M. L. p. 216.— *Nephrit et bitterstein,*
Lenz, T. 1, p. 350. — *Id.* Wid. p. 457. — *Id.* Hœpfner's,
Magas. Helv. T. 1, p. 259. — *Lapis nephriticus,* Wall. T.
1, p. 316. — *Jade,* Kirwan, T. 1, p. 171. — *Id.* De
Sauss. §. 112 et 1313. — *Jade* et *lehmanite,* Lam. T. 2,
p. 352 et 354. — *Pietra nephretica* ou *giada,* Nap. p. 301.
— *Jade néphrétique,* Haüy. T. (*Voyez* les remarques.)

M. Werner a partagé depuis peu cette espèce en deux
sous-espèces, ainsi qu'il suit. (*Voyez* la remarque 5.)

Iʳᵉ. SOUS-ESPÈCE.

GEMEINER NEPHRIT. — LE NÉPHRITE COMMUN.

Id. Estner, T. 2, p. 850. — Emm. T. 3, p. 395. —
Reuss. p. 17.

Caractères extérieurs.

SA couleur ordinaire est un *verd-poireau* un
peu *foncé, tirant au bleu;* la couleur, d'une cassure fraîche et des éclats qui s'en séparent, est
toujours plus *pâle;* il est aussi quelquefois d'un
blanc verdâtre ou plus rarement un peu *jaunâtre.*

 On le trouve, ou en *masse*, ou *disséminé*, ou enfin en *morceaux arrondis*, dont la surface est *lisse* et *brillante*, de cet éclat *gras* et *huileux* qui les distingue et qui caractérise si bien le néphrite taillé et poli.

A l'intérieur, il est *mat*, à moins qu'il ne soit mélangé.

Sa cassure (*en grand*) est *schisteuse* ; mais (*en petit*) elle est *esquilleuse*, à grandes ou *petites écailles*, rarement un peu *fibreuse*.

Ses fragmens sont *indéterminés*, à bords assez aigus.

Il est plus ou moins *translucide*, quelquefois seulement *sur les bords* ; — il est *dur* ; — très-*difficile à casser* ; — *aigre* ; — *un peu onctueux au toucher* ; — *froid* ; — *médiocrement pesant*.

Pesanteur spécifique.	Néphrite oriental. DE SAUSS. 2970 à 3041.
	Néphrite des Alpes. *Id.* 3318 à 3389.
	Id. HŒPFNER. 3320 à 3380.

Caractères chimiques.

Le néphrite (soit le n. oriental, soit celui de Suisse) est fusible au chalumeau sans addition, en un verre blanc demi-transparent. (DE SAUSSURE, DOLOMIEU, LELIÈVRE.)

Parties constituantes.

D'après l'analyse de Hœpfner, le néphrite de Suisse contient : silice, 47 ; magnésie, 38 ; alumine, 4 ; chaux, 2 ; oxide de fer, 9.

Usage.

Le néphrite oriental, plus connu sous le nom de *jade*, est assez recherché pour sa dureté. On l'emploie souvent en Turquie pour faire des poignées de cimeteres, sabres et autres armes. Les curieux mettent un grand prix aux vases et autres petits ouvrages qui sont faits avec cette pierre. Son extrême dureté la rend, il est vrai, très-difficile à tailler; mais aussi sa grande ténacité permet de lui donner les formes les plus délicates sans qu'elle se rompe. (On en a fait des chaînes de vingt et trente anneaux.)

Gissement et localités.

Le néphrite a été apporté d'abord du Levant en Europe ; il en est aussi venu de la Chine, sans qu'on ait eu aucune connaissance précise des lieux où il se trouve et de son gissemenr.

On en a trouvé depuis dans les montagnes des Alpes, en Suisse, en Piémont (*). Les cailloux roulés du lac de Genève en contiennent souvent. Il y est mélangé d'une substance lamelleuse verte, que de Saussure a décrite sous le nom de *sma-*

(*) Et en Corse ; il y est mélangé de cette substance verte décrite par de Saussure, sous le nom de smaragdite. On taille quelquefois cette roche : elle est connue des Italiens, sous le nom de *verde di corsica duro.*

néphrite. *ragdite*, et qui pourrait bien avoir été comprise par Werner, parmi les hornblendes du Labrador, comme il a été dit à l'article de cette espèce. (*Voyez* plus haut, p. 419.)

IIe. SOUS-ESPÈCE.

BEILSTEIN.   —   LA PIERRE DE HACHE
OU LE BEILSTEIN.

Id. Reuss, p. 17. — Emm. T. 3, p. 351. — Estner, T. 2, p. 851.

Caractères extérieurs.

(D'après EMMERLING.)

SA couleur est tantôt un *verd de pré foncé*, tantôt un *verd d'asperge*, qui passent de l'un à l'autre, et tirent quelquefois au *verd-olive*.

On le trouve *en masse*, mais le plus souvent en *morceaux arrondis*.

A l'intérieur, il est *brillant*, souvent même un peu *éclatant*.

Sa cassure (*en grand*) est *schisteuse*, quelquefois à *feuillets* plus ou moins *courbes*; mais (*en petit*) elle est *esquilleuse*.

Ses fragmens sont en *forme de plaques*.

Il est *très-translucide*; — *demi-dur*, passant au *dur* (*voyez* les remarques); — *peu aigre*; — un peu plus *difficile à casser* que le néphrite commun; — *médiocrement pesant*.

Gissement et localités.

Le *beilstein* a été trouvé dans l'Amérique méridionale, où les habitans en faisaient des casse-têtes,
des *haches* et autres instrumens tranchans ; c'est
ce qui lui a fait donner son nom. On en a trouvé
aussi en Chine, en Corse et ailleurs.

M. Estner soupçonne que le beilstein doit former des couches particulières dans les montagnes
primitives, au milieu des roches de serpentines,
avec lesquelles il a beaucoup de rapport. Il paraît
aussi passer quelquefois à la stéatite. Celui de Corse
est souvent mélangé de grains de fer magnétique.

Remarques sur l'espèce néphrite.

Il y a, dans les ouvrages des minéralogistes, beaucoup d'obscurité par rapport à l'espèce *néphrite*, et
il paraît qu'ils n'ont pas tous décrit un même minéral
sous ce nom.

1. Wallerius se plaint de cette confusion; il décrit
trois variétés de pierre néphrétique ou *lapis nephriticus*
(p. 316 et 317), dont la première vient de la Chine,
la seconde de l'Orient et la troisième de l'Amérique.
Il fait de son *lapis nephriticus* une espèce du genre
jaspe ; mais il avertit en même tems que l'on a donné
à tort, comme pierres néphrétiques, des stéatites, des
serpentines qui sont dures, et ont comme elles un poli
gras. Il indique entr'autres la serpentine, qu'il décrit
(p. 402) sous le nom de *serpentinus semipellucidus fibrosus*, qui se trouve à Zœblitz en Saxe, et qui, suivant
lui, n'est point une véritable pierre néphrétique ou
un néphrite.

2. Je suis fondé à croire que M. Werner est entiérement de cette opinion ; car dans sa traduction de
Cronstedt, il n'indique que des néphrites de l'Amérique méridionale (du fleuve des Amazones). Les deux
morceaux de néphrite qu'il décrit dans le catalogue
du cabinet de M. Pabst de Ohain, ont la même origine. Il en est de même de ceux décrits par M. Karsten, dans le Muséum Leskeanum. Et certes, s'il eût
existé du néphrite à Zœblitz en Saxe, il y en aurait eu
des échantillons dans les deux cabinets les plus fameux
de ce pays.

3. Cependant MM. Widenman, Napione et M.
Reuss lui-même, citent, dans la synonymie du néphrite,
le *serpentinus semipellucidus* de Wallerius..... MM. Widenmann et Emmerling disent qu'il est *demi - dur*......
Le premier indique du néphrite en Allemagne....... Les
ouvrages de ces minéralogistes sont néanmoins plus
modernes que ceux de Werner et Karsten, cités plus
haut...... Je ne puis expliquer cette contradiction.

4. Le *néphrite* trouvé en Suisse et en Corse, et
décrit par M. Hœpfner sous le nom de *bitterstein*, et
sous le nom de *jade* par M. de Saussure (*), a été
par quelques auteurs, séparé du néphrite ou *jade oriental*, en raison de quelques différences dans leurs caractères, et surtout dans la pesanteur spécifique ; mais
il paraît que ces différences ont été depuis regardées
comme peu importantes, et que M. Werner a réuni
ces deux pierres sous l'espèce *néphrite*.

5. Quant à la division de l'espèce *néphrite* en deux
sous-espèces, le *néphrite commun* et le *beilstein*, il
me semble qu'aucune différence un peu essentielle ne

____

(*) C'est le *lehmanite* de Lamétherie.

motivait cette séparation. La première comprend éga-
lement le *néphrite oriental* et celui *de Suisse*, et la
seconde indique principalement les *néphrites de l'Amérique méridionale*. Cependant M. Emmerling y comprend
aussi ceux *de Chine* et *de Corse*??... Il est d'ailleurs assez
extraordinaire qu'il le donne comme *demi-dur*......?

6. Au reste, si l'on considère que le *néphrite* paraît
être plutôt un mélange variable de silice et de magnésie, qu'une combinaison constante de ces deux terres; que la *serpentine* est un composé semblable dans
lequel néanmoins la magnésie prédomine, et où l'argile est aussi assez abondante; que le *pétrosilex* des
minéralogistes français (*voyez* l'article hornstein) est
au contraire un composé de silice et d'alumine, et
que, par sa fusibilité, sa cassure, il a de grands rapports avec le *jade* ou *néphrite*, il ne sera plus étonnant
que le *néphrite*, qui paraît tenir le milieu entre le *pétrosilex* et la *serpentine*, présente au minéralogiste tant
de variétés douteuses, dont les différences pourraient
bien n'avoir d'autre cause qu'un excès de silice d'une
part, et un excès de magnésie de l'autre...... C'est un
doute que je soumets à l'examen des minéralogistes,
et dont il appartient aux chimistes de nous donner la
solution.

7. Ce nom de *néphrite* est une abréviation de celui de
pierre néphrétique. Cette pierre a été ainsi nommée par
quelques auteurs anciens, qui lui attribuaient la propriété
de guérir les douleurs de reins ou la colique dite *néphrétique*. Les mots *hip-stone*, *nierenstein*, par lesquels on
l'a aussi désignée, signifient *pierre des reins*.

CINQUIÈME ESPÈCE.

SPECKSTEIN. — LA PIERRE DE LARD,
ou STÉATITE.

TALCUM STEATITES.

M. Werner partage cette espèce en deux sous-espèces, ainsi qu'il suit. (*Voyez* les remarques.)

—

Iʳᵉ. SOUS-ESPÈCE.

GEMEINER SPECKSTEIN. — LA STÉATITE COMMUNE.

Talcum steatites vulgaris.

Id. Emm. T. 1 , p. 363 et T 3 , p. 274. — Lenz, T. 1, p. 345. — Wid. p. 451. — W. P. T. 1 , p. 297. — M. L. p. 211. — *Creta hispanica*, Wall. T. 1 , p. 396. — *Creta briansonia* , W. II. T. 1 , p. 390. (?) — *Semi-indurated stéatites* , Kirw. T. 1 , p. 151. — *Steatite compatta* , Nap. p. 296. — *Steatite schistosa* , ibid. p. 300. — *Stéatite* , Lam. T. 2 , p. 343. — *Talc stéatite* , Haüy. T. — *Talc écailleux* , ibid.

Caractères extérieurs.

SES couleurs sont le blanc *verdâtre*, *jaunâtre*, *rougeâtre* ou *grisâtre*; le gris *rougeâtre*, *verdâtre* et *jaunâtre*; le *verd-olive*, le *verd de montagne*, le *verd-serin*, le *verd-poireau*, le *verd-pomme clair*, le *jaune d'ochre*, le *jaune-isabelle*. Les stéatites blanches renferment des dendrites noirâtres.

On la trouve *en masse* et *disséminée*, et quel- STÉATITE.
quefois *cristallisée*. Ses formes sont :

a. Un *prisme à 6 faces*, *terminé par un pointement à 6 faces correspondantes à celles du prisme*,
et ayant ses bords terminaux tronqués.

b. Un *prisme rectangulaire à 4 faces*, *terminé
par un pointement* peu déterminé.

c. Un *prisme à 4 faces* (rhomboïdal).

d. Un *prisme à 6 faces*, *terminé par un pointement aigu à 3 faces placées sur 3 des bords latéraux pris alternativement*.

e. Une *pyramide double à 6 faces* (semblable
au spath calcaire du Derbyshire) (*).

(*) Toutes ces formes cristallines, attribuées à la stéatite, étonneront sans doute plusieurs minéralogistes. La
forme *a* est décrite par Karsten, dans le catalogue de Leske,
comme étant dans une stéatite compacte semblable de
Thiersheim, dans la principauté de Bareith; les formes *b*,
c, *d* sont décrites par Estner seul ; enfin la forme *e* est indiquée par Klaproth, telle que je l'ai désignée (Klap. T. 11,
p. 177), comme provenant de Wunsiedel, dans la principauté de Bareith, où elle est renfermée de même dans une
stéatite compacte.

Ne peut-on pas soupçonner avec raison que toutes ces
formes ne sont autre chose que des pseudo-cristaux. Le
cristal *a* ressemble trop aux cristaux de quartz , et le cristal
e au spath calcaire du Derbyshire , pour ne pas croire que
la stéatite se sera moulée dans une place précédemment oc-
cupée par ces deux substances , ou bien que ce sont des

La surface des cristaux est *lisse* et *éclatante*.

A l'intérieur, la stéatite est *matte*.

Sa cassure est *esquilleuse*, *à grosses écailles*, rarement *à petites écailles* et *terreuse*, et se rapproche quelquefois de la cassure *schisteuse*.

Ses fragmens sont *indéterminés*, *à bords obtus*.

Elle est *translucide*, le plus souvent seulement *sur les bords*.

Elle varie depuis le *tendre* jusqu'au *friable*; — elle est *douce*, *prenant de l'éclat par la raclure*; — *très-grasse au toucher*; — *médiocrement pesante*.

Pes. spéc. BLUMENBACH. Celle de Bareith, 2,614.

Caractères chimiques.

Elle est infusible au chalumeau sans addition; elle blanchit et devient très-dure.

---

mélanges, l'un, de stéatite et de quartz; l'autre, de stéatite et de spath calcaire; mélanges auxquels le quartz et le spath calcaire ont donné leur forme cristalline, de même que cela arrive dans le grès de Fontainebleau et dans le bitterspath, qui tous deux doivent leur forme au spath calcaire.

Quant aux trois autres formes, leur description n'est pas assez détaillée par Estner, pour qu'on puisse juger si elles sont véritablement des formes particulières à la stéatite (formes dont aucun autre minéralogiste n'a parlé), ou si ce sont encore des cristaux d'autres substances pénétrées de stéatites. La forme *d* entr'autres me paraît tenir beaucoup de celles du spath calcaire.

Parties constituantes (*).

	Silice.	Magnés.	ox d. fer	Eau.	Alum.	Total.
Stéatite du Cornouailles. { Klaproth. T. 2, p. 177.	48.	20.50	1.	15.50	14.	99.
Stéatite de Bareith. { Klaproth. T. 2, p. 180 { Wiegleb.	59.50 / 58.33	30.50 / 39.16	2.50 / 2.50	5.50 / 0	0 / 0	98. / 99.99

La première de ces analyses diffère , comme on le voit, des deux autres par la présence de quatorze parties d'alumine, dont il n'y a aucune trace dans les deux autres : aussi quelques minéralogistes séparent-ils la stéatite du Cornouailles pour en faire une espèce sous le nom de *seifenstein* ou pierre savonneuse , qui correspond à celui de *soap-rock* qu'elle porte en Angleterre.

Usages.

On exploite la stéatite du Cornouailles , dont il a été parlé plus haut, pour des manufactures de porcelaine. Klaproth ne dit pas si on l'emploie seule ou mélangée avec d'autres terres. D'autres stéatites sont employées au lieu de terre à foulon. On en fait aussi les mêmes usages que du talc. (*Voyez* talc.)

Gissement et localités.

(Johann-Georgenstadt, Zœblitz, etc.) en Saxe, (Thiersheim, Wunsiedel) dans la principauté de Bareith ; la Norwège ; le cap Lizard dans le Cornouailles ; l'île de Sky en Ecosse, etc...... —

(*) *Voyez* les remarques.

STÉATITE. Telles sont les localités citées par Karsten et Werner, l'une dans le catalogue de Leske, l'autre dans celui de Pabst (*). — Aucun d'eux ne rapporte ici la *craie de Briançon*, que Widenmann, Emmerling, Napione, Reuss, Kirwan, regardent comme une stéatite commune. Il est vrai que je ne l'ai même pas trouvée sous aucun des numéros de ces deux catalogues.

La *stéatite commune* se trouve dans les montagnes primitives, au milieu des roches de serpentine. Elle y forme rarement des couches entières ; elle s'y trouve très-souvent dans des filons, tels que dans ceux d'étain auprès de Fryberg.

Elle est souvent mélangée de mica, d'asbeste, de quartz, de lithomarge, de mine d'étain, rarement d'argent natif. — Elle paraît former souvent des passages au néphrite et au talc endurci.

REMARQUES.

1°. Cette sous-espèce et la suivante, ainsi que les talcs, ne sont pas faciles à bien distinguer ; aussi pour circonscrire l'extension réciproque de ces différentes espèces, dans la nomenclature de Werner, j'ai pris soin de désigner, sous chacune d'elles, les localités qui

______

(*) Ils citent encore une stéatite de Chine, mais on a vu plus haut que cette substance a été reportée dans le genre argileux, où elle forme une nouvelle espèce sous le nom de *bildstein*. (*Voyez* cette espèce.)

m'ont paru indiqué par la plupart des minéralogistes. stéatite.

2°. Presque tous les *seifenstein* ou *pierres savonneuses*
de différens auteurs se rapportent ici.

IIᵉ. SOUS-ESPÈCE.

BLÆTTRIGER SPECKSTEIN. — LA STÉATITE LAMELLEUSE.

Talcum steatites lamellaris.

Id. Emm. T. 1, p. 368. — Lenz, T. 1, p. 348. — M.
L. p. 213.—*Steatites virescens particulis lamellosis.* Litho-
phylacium de Deborn, p. 37. — *Foliated steatites*, Kirw.
T. 1, p. 154.

Caractères extérieurs.

S A couleur est un *verd-poireau*, qui passe d'un
côté au *verd de montagne*, de l'autre au *verd-olive*
et jusqu'au *jaune de soufre.*

On la trouve communément *en masse*, rarement *disséminée* ou en *couche superficielle*, ou en
petites veines dans les serpentines.

Son éclat extérieur est accidentel; le plus souvent elle est *très-éclatante.*

A l'intérieur, elle est toujours *éclatante*, d'un
éclat plus ou moins vif, qui dans les variétés de
couleur foncée est *demi-métallique*; c'est au contraire un éclat *gras* dans les variétés de couleur
claire.

Sa cassure est toujours *lamelleuse*, à lames *courbes*
le plus souvent; quelquefois elle semble passer à
la cassure *fibreuse.*

STÉTITE. Ses fragmens sont *indéterminés, à bords peu obtus.*

En quelques endroits elle est composée de pièces séparées, qui sont *grenues, à gros grains,* ou très-rarement (dans la fibreuse) *scapiformes minces.*

Elle est *translucide,* tantôt *entiérement,* tantôt *sur les bords ;* — *tendre ;* — elle donne une *raclure* d'un *gris verdâtre* plus ou moins pâle ; — elle est *un peu aigre ;* — *peu difficile à casser ;* — elle ne *happe* point *à la langue ;* — elle est *très-grasse au toucher ;* — *un peu froide ;* — *médiocrement pesante.*

Localités.

Zœblitz en Saxe, en Norwége. (En Corse ?) (EMMERLING.)

REMARQUES.

1°. Cette description est de Karsten, qui le premier en a séparé cette stéatite de la stéatite commune : elle se trouve en petites veines dans une roche de serpentine. Plusieurs minéralogistes ont décrit, il est vrai, une stéatite lamelleuse, mais ils ont désigné sous ce nom des variétés de néphrite ou de talc endurci. Deborn est le seul qui ait eu en vue le même minéral que Karsten.

2°. La *stéatite lamelleuse* de M. Karsten n'est-elle pas une variété tendre de la *smaragdite ?* (De Saussure , §. 1313. A.) Tous leurs caractères me paraissent s'accorder très-bien ensemble. Ce qui tend aussi à le faire présumer, c'est qu'Emmerling annonce qu'il s'en trouve en Corse. (?)...

SIXIÈME

SIXIÈME ESPÈCE.

SERPENTIN. — LA SERPENTINE (*).

TALCUM SERPENTINUS.

Id. Emm. T. 1 , p. 384. — Lenz , T. 1 , p. 359. —
Wid. p. 462. — W. P. T. 1 , p. 300. — M. L. p. 219. —
Steatites serpentinus , Wall. T. 1 , p. 400 (**). — *Ser-*
pentine , Kirw. T. 1 , p. 156. — *Serpentina* , Nap. p. 304.
— *Serpentine* , Lam. T. 2 , p. 427. — *Roche serpentineuse* ,
Haüy. T.

Nota. M. Werner a partagé depuis peu l'espèce serpentine en deux sous-espèces. M. Emmerling , qui rapporte cette division dans son supplément , dit que la
serpentine commune est celle qu'il a décrite dans son
premier volume , sous le nom de serpentine en général ;
c'est aussi celle qui va suivre : il donne ensuite une description de la serpentine noble ; mais je soupçonne que
sa description de la serpentine convient aussi à quelques serpentines nobles.

Ire. SOUS-ESPÈCE.

***GEMEINER SERPENTIN.* — LA SERPENTINE COMMUNE.**

Talcum serpentinus vulgaris.

Id. Emm. T. 3 , p. 276.

(*) Ce nom provient de ce que le mélange des couleurs de ce minéral , lorsqu'il est poli , forment à sa surface ,
des taches comme celles de la peau d'un *serpent*.

(**) Et probablement aussi le *serpentinus semipellucidus*
du même auteur , p. 401. (*Voyez* les remarques sur l'espèce
néphrite , p. 471 ci-dessus.)

Minéral. élém. Tom. I.   H h

Caractères extérieurs.

SES couleurs sont très-variées; les principales sont le *verd-noirâtre*, le *verd-poireau*, le *verd de montagne*, qui passe au *gris verdâtre* ou *bleuâtre*; le *verd-olive*, le *verd d'asperge*, rarement le *verd-serin*. Il y a aussi des variétés *rouges*, mais elles sont rares.

Ces couleurs sont presque toujours mélangées : les *dessins* qu'elles présentent sont *tachetés*, *rubanés*, *veinés*, *pointillés*, etc. ce qui leur donne, lorsqu'elles sont polies, un coup-d'œil très-agréable et les fait beaucoup rechercher.

On la trouve *en masse*, très-rarement *disséminée*.

A l'intérieur, elle est *matte* ou un *peu brillante*; ce qui provient toujours d'un mélange accidentel.

Sa cassure est tantôt *esquilleuse*, tantôt *inégale*, à *grain fin*, rarement *un peu conchoïde*, *aplatie*; ce qui la rapproche de la *cassure unie*.

Ses fragmens sont *indéterminés*, *à bords peu aigus*.

Quelquefois elle a des *pièces séparées*, *grenues*, à *grain fin*.

Elle est *communément translucide sur les bords*, quelquefois aussi *opaque*; — elle est *tendre*, passant au *demi-dur* (*); — *peu difficile à casser*; —

____

(*) Il y a même des *serpentines dures*. Ce sont ces variétés de *serpentines* qu'on a souvent prises pour du *néphrite* ou *jade*; mais elles sont bien moins dures, et ne fondent

un peu grasse au toucher ; — peu froide ; — médio- SERPENTINE. crement pesante.

Pes. spéc. GMELIN, 2,635 et 2,652. BRISSON, 2,645 à 2,709. KIRWAN, 2,574.

Caractères chimiques.

Elle est infusible au chalumeau sans addition ; elle s'endurcit et quelquefois se fritte.

Parties constituantes.

Les serpentines sont toujours très-mélangées , aussi leurs analyses doivent-elles beaucoup différer dans leurs résultats. Kirwan y a trouvé 45 de silice , 23 de ma-gnésie , 18 d'alumine , 3 de fer et 12 d'eau. Bayer, 41 de silice , 33 de magnésie, 10 d'alumine et 3 de fer. L'ana-lyse de Heyer ne peut être citée , puisqu'il paraît avoir analysé une roche mélangée à base de serpentine. Kla-proth n'y a point trouvé d'argile.

Usages.

La serpentine étant facile à tailler et à polir, on en fait toute sorte de vases, soit pour l'utilité, soit pour l'agrément ; des tables, des plaques, etc. A Zœblitz en Saxe, ce genre de travail occupe un très-grand nombre d'ouvriers.

Gissement et localités.

La serpentine forme, ou des couches subor-

---

point au chalumeau. (*Voyez* l'article *néphrite.*) — Le *gabbro* des Italiens paraît être une serpentine dure.

 données dans les roches primitives, ou même des montagnes entières ; ce qui constitue, d'après Werner, deux espèces géologiques de serpentines ; l'une est formée plus anciennement, et se distingue en ce qu'elle est toujours mélangée de pierre calcaire ; elle comprend surtout toutes les serpentines nobles ; la seconde est, suivant lui, de formation postérieure. Elle ne contient point de pierre calcaire ; au contraire, elle est souvent mélangée de stéatite, de talc, d'asbeste, de grenats, de fer magnétique, etc. On y a trouvé du cuivre natif dans le Cornouailles : on trouve des serpentines communes en Saxe, en Bohême, en Italie, en Corse, en Sibérie, etc. Elle passe souvent à la stéatite.

IIᵉ. SOUS-ESPÈCE.

EDLER SERPENTIN. — LA SERPENTINE NOBLE.

Talcum serpentinus nobilis.

Id. Emm. T. 3 , p. 276. — Estner , T. 2 , p. 859.

Caractères extérieurs.

SA couleur est un *verd-poireau foncé*, qui le plus souvent passe au *verd-noirâtre* ou quelquefois au *verd de montagne*.

On la trouve, ou *en masse*, ou *disséminée*.

A l'intérieur, elle est *brillante*, très-rarement serpentine. *un peu éclatante*; c'est un éclat *gras*.

Sa cassure est plus ou moins parfaitement *conchoïde* (un peu aplatie) ; elle passe tantôt à la cassure *unie*, tantôt à la cassure *inégale*, et quelquefois à la cassure *schisteuse*, *imparfaite*, *ondulée*.

Ses fragmens sont *indéterminés*, *à bords aigus*.

Elle est plus ou moins *translucide*; — *tendre*, passant au *demi-dur*; — elle est *douce*; — *facile à casser*; — *médiocrement pesante*.

Remarques.

La serpentine noble de Werner me paraît comprendre toutes ces serpentines précieuses, connues en Italie sous le nom de *verde di prato*, *verde antico*, *verde di Suza*, lesquels sont très-souvent plus ou moins mélangés de pierres calcaires. M. Estner y comprend aussi l'*ophite* des anciens; mais il faut observer que cette *ophite* est toujours, suivant lui, une serpentine calcaire, tandis que l'on donne aussi quelquefois le nom de *verde antico* ou d'*ophite* à un porphyre contenant de beaux cristaux de feldspath blanchâtre, qui, dans la nomenclature de Werner, est un *hornstein-porphyr*. (*Voyez* les espèces géologiques. *Voyez* aussi le gissement de la serpentine commune.)

SEPTIÈME ESPÈCE.

TALK.   —   LE TALC.

TALCUM PROPRIUM.

M. Werner partage cette espèce en trois sous-espèces,
dont voici les descriptions.

Ire. SOUS-ESPÈCE.

ERDIGER TALK.   —   LE TALC TERREUX.

Talcum proprium terrosum.

Id. Emm. T. 1, p. 389. — *Id.* Wid. p. 439. — *Talkerde,*
Lenz, T. 1, p. 363. — *Id.* W. P. p. 302. — *Id.* M. L.
p. 222. — *Talcite,* Kirw. T. 1, p. 149. — *Talco terroso,*
Nap. p. 295. — *Talc,* Lam. T. 2, p. 341. — *Talc gra-
nuleux,* Haüy. T.

Caractères extérieurs.

LE talc terreux est d'un *blanc verdâtre,* qui passe
quelquefois au *blanc rougeâtre* ou au *blanc d'argent,* au *verd-pomme pâle* et au *gris clair.*

On le trouve *disséminé,* en petites masses *réniformes,* tantôt en *couches superficielles.*

Il est *brillant,* d'un *éclat nacré; —* il est *friable;
—* ses parties sont *écailleuses, pulvérulentes* ou
agglutinées; — il est *tachant; — très-gras* au
toucher; — *léger.*

Localités.

On le trouve à Sylva en Piémont, auprès de Freyberg en Saxe, à Méronitz en Bohême.

R E M A R Q U E.

M. Karsten cite du talc terreux de Gera en Misnie ; mais M. Wiegleb qui l'a analysé , n'y a trouvé que de la chaux et de l'acide carbonique : on croit que c'est plutôt un *schaumerde* de Werner.

IIe. S O U S - E S P È C E.

GEMEINER TALK.   —   LE TALC COMMUN.

Talcum proprium venetum.

Id. Emm. T. 1 , p. 391. — Lenz , p. 364. — Wid. p. 441. — W. P. T. 1 , p. 302. — M. L. p. 222. — *Talcum lunæ* , Wall. T. 1 , p. 389. — *Common talc* ou *venetian talc* , Kirw. T. 1 , p. 150. — *Talco compatto* , Nap. p. 293. — *Talc écailleux* , Lam. T. 2 , p. 342. — *Talc laminaire* , Haüy. T.

Caractères extérieurs.

S E S couleurs ordinaires sont le *blanc verdâtre* , le *verd-pomme pâle* , passant tous deux au *blanc d'argent* ; rarement le *verd-poireau* ou le *verd d'asperge* , le *blanc rougeâtre* ou *jaunâtre*.

On le trouve, ou *en masse* , ou *disséminé* , très-rarement *cristallisé* ; ce sont de *très-petites tables à 6 faces* , groupées confusément.

TALC. Il est *éclatant*, presque *très-eclatant* ; c'est un *éclat nacré*, et quelquefois presque *métallique*.

Sa cassure est *lamelleuse*, *à lames courbes* et *ondulées*.

Ses fragmens sont en forme de *plaques* ou de *petites lames*.

Il est quelquefois formé de *pièces séparées grenues*, de différentes grosseurs ; — il est *très-translucide* ou même *demi-diaphane*. Les lames minces sont *diaphanes* ; — il est *très-tendre* ; — *flexible* (*non élastique*) ; — *très-gras* au toucher ; — *peu froid* ; — *médiocrement pesant*.

Caractères chimiques.

Le *talc commun* est infusible au chalumeau sans addition ; ce qui le distingue essentiellement de la chlorite.

Parties constituantes.

D'après l'analyse de Hœpfner, il contient 50 de silice, 44 de magnésie et 6 d'argile.

Il est à remarquer que cette analyse diffère peu de celle de son *bitterstein* ou *jade* de Suisse.

Usage.

On s'en sert au lieu de craie ; il entre dans la composition des pastels : on le mêle aussi dans le fard dont les dames se servent.

Gissement et localités.

On trouve le talc commun dans plusieurs mon-

tagnes du Saltzbourg et du Tirol, d'où on l'ap- TALC.
porte à Venise; ce qui l'a fait nommer *talc de
Venise*. On le trouve aussi dans le Valais en
Suisse, en Saxe (Zœblitz, Schwarzenberg, Ehrenfriedersdorf), en Silésie, etc. Il se rencontre toujours dans des roches de serpentines, où il accompagne le strahlstein, la stéatite, le talc endurci, etc.
Il est en général peu commun, et ne se trouve
qu'en petites masses.

Les variétés vertes ont beaucoup de rapport
avec le mica.

IIIᵉ. SOUS-ESPÈCE.

VERHÆRTETER TALK. — LE TALC ENDURCI.

Talcum proprium induratum.

Id. Emm. T. 3, p. 280. — Estner, T. 2, p. 828. —
(*Voyez* les remarques.)

Caractères extérieurs.

SES couleurs les plus ordinaires sont le *blanc
verdâtre*, qui passe au *blanc de neige* et au *blanc
de lait*, au *blanc jaunâtre* ou *grisâtre*; le *verd-
céladon*, le *verd-poireau*, le *verd-pomme*.

On le trouve *en masse* et (très-rarement) *cristallisé*. Ses formes sont (*):

(*) Ces formes cristallines appartiennent-elles véritablement au *talc endurci*? (*Voyez* les remarques et l'article
gissement.)

TALC.

a. Un *prisme à* 4 *faces rhomboïdal.*

b. Un *prisme à 6 faces,* ou *parfait,* ou *terminé à ses deux extrémités par un pointement à* 3 *faces, correspondantes à* 3 *des bords latéraux en alternant.* (?)

c. Des cristaux en forme d'aiguilles.

Les cristaux sont *petits* ou de *moyenne grandeur,* et toujours *isolés* et *disséminés* dans d'autres minéraux.

A l'extérieur, le talc endurci est *éclatant* et *très-éclatant;* c'est un éclat entre l'éclat *gras* et l'éclat *nacré,* qui néanmoins se rapproche quelquefois de l'éclat *métallique.*

Sa cassure est *lamelleuse, à lames un peu courbes,* quelquefois *rayonnée, à larges rayons,* ou même *schisteuse.*

Ses fragmens sont *indéterminés, à bords obtus* ou *en forme de plaques.*

Le talc endurci, dont la cassure est rayonnée, est composé de *pièces séparées scapiformes,* plus ou moins *déterminées ;* les autres variétés ont des *pièces séparées grenues.*

Il est plus ou moins *translucide,* et même *demi-diaphane* dans les éclats minces; — *très-tendre;* — *doux ;* — *flexible (non élastique);* il l'est d'autant plus, qu'il est moins diaphane; — il est *gras au toucher* et *lisse;* — *médiocrement pesant.*

Gissement et localités.

Le talc endurci forme des couches subordon-

nées dans les montagnes de thonschiefer, de glim- ᴛᴀ.
merschiefer, de gneiss et de serpentine (de celle
de nouvelle formation). Il a beaucoup de rapport avec la stéatite, et il se rapproche aussi
par des passages, tantôt de la chlorite et de la
pierre ollaire, tantôt de l'asbeste. Dans le Tirol,
il est mélangé avec le strahlstein, le spath calcaire, avec des pyrites, du bitterspath, du mica
verd, etc.

Les cristaux *a* et *c* se trouvent dans une roche
qui tient le milieu entre le chloritschiefer et la
pierre ollaire, laquelle contient aussi des tourmalines, dans le Tirol.

On trouve le talc endurci dans le Vinstgau,
au Greiner en Tirol, à Karlstein en Autriche, à
Mautern en Stirie, à Heinst près Taisholz dans
la Basse-Hongrie, en Italie, en Suisse, etc.

Usage.

On en fait les mêmes usages que du talc commun.

R E M A R Q U E S.

Cette description est extraite du 3ᵉ. volume de la
Minéralogie d'Emmerling. Dans tous les autres minéralogistes, le *talc endurci*, *verharteter talk*, ne désigne que la
pierre ollaire, *topfstein*, dont la description a été donnée
plus haut parmi les pierres argileuses, M. Werner n'ayant
séparé cette pierre du talc endurci que depuis quelques
années.

La *craie de Briançon* n'est-elle pas un talc endurci,
plutôt qu'une stéatite ?

HUITIÈME ESPÈCE.

ASBEST. — *L'ASBESTE.*

TALCUM ASBESTUS.

M. Werner partage cette espèce en 4 sous-espèces.

Ire. SOUS-ESPÈCE.

BERGKORK. — LE LIÉGE DE MONTAGNE.

Talcum asbestus suberiformis.

Id. Emm. T. 1, p. 399. — Lenz, p. 369. — Wid. p. 469. — W. P. T. 1, p. 303. — M. L. p. 225. — *Aluta montana*, Wall. T. 1, p. 414. — *Suber montanum*, ibid. p. 415. — *Id.* Kirw. T. 1, p. 163. — *Sughero montano*, Nap. p. 319. — *Variété d'amianthe*, Lam. p. 367. — *Asbeste tressé*, Haüy. T.

Caractères extérieurs.

SES couleurs sont le *blanc jaunâtre*, *rougeâtre* ou *grisâtre*; le *gris jaunâtre*, le *jaune-isabelle*, le *jaune d'ochre* et le *brun jaunâtre*, qui souvent n'est que superficiel.

On le trouve quelquefois *en masse*, plus souvent en *petites plaques*, qui sont tantôt *minces* (le *papier fossile*, *berg-papier*), tantôt *épaisses* (le *cuir fossile*, *berg-leder*), plus rarement en morceaux *poreux* ou *cellulaires* (la *chair fossile*, *berg-fleisch*), ou portant des *empreintes*.

A l'intérieur, il est *peu brillant.*

Sa cassure paraît d'abord *compacte* et *inégale ;* mais avec un peu d'attention on reconnaît qu'elle est *fibreuse, à fibres très-fines,* tantôt *parallèles,* tantôt *entrelacées irrégulièrement.*

Ses fragmens sont *indéterminés, à bords très-obtus.*

Il est *opaque ;* — *très-tendre ;* — *médiocrement aigre ;* — *assez difficile à casser.* — Les plaques minces sont un peu *flexibles* et *élastiques,* et souvent elles donnent un *cri* particulier. — Il est entièrement *maigre au toucher;* — il n'est point *froid;* — il est *léger.*

Pes. spéc. 0,593 à 0,680. BERGMAN.

Caractères chimiques.

Les fragmens très-minces ne fondent au chalumeau qu'avec difficulté. (BERGMAN et SAUSSURE.)

Parties constituantes.

Silice....................	56.2	
Magnésie...............	26.1	D'après BERGMAN,
Alumine	2.0	Opuscules, T. 4.
Chaux..................	12.7	
Fer....................	3.0	
	100.0	

Gissement et localités.

Le liége de montagne est assez particulier aux roches de serpentine ; il ne s'y trouve jamais qu'en veines minces et en petite quantité. Il est souvent mélange avec du quartz, du talc et des mines d'argent riches (en Saxe).

On le trouve en Carinthie (Bleiberg), dans le Frioul (Idria), en Saxe (Johann-Georgenstadt), en Suède (Salberg, Danemora), en Sibérie, en Hongrie, en Norwége, etc.

REMARQUE.

Son nom lui vient de sa ressemblance avec le *liége*. M. Werner a réuni à cette sous-espèce les autres asbestes auxquelles on avait aussi donné des noms semblables, tels que *papier fossile*, *cuir fossile*, *chair fossile*. (*Voyez* plus haut la forme extérieure.)

II.ᵉ SOUS-ESPÈCE.

A M I A N T E.   —   L'AMIANTHE.

Talcum asbestus amianthus.

Id. Emm. T. 1, p. 402. — Lenz, T. 1, p. 371. — Wid. p. 465. — W. P. T. 1, p. 304. — M. L. p. 126. — *Asbestus maturus*, Wall. T. 1, p. 410. — *Amianthus*, *ibid.* p. 408. — *Id.* Kirw. T. 1, p. 161. — *Amiantho*, Nap. p. 316. — *Amianthe*, Lam. T. 2, p. 365. — *Asbeste flexible*, Haüy. T.

Caractères extérieurs.

SA couleur ordinaire est le *blanc verdâtre* ou le *blanc d'argent*, qui passe quelquefois au *verd de montagne*; rarement le *blanc jaunâtre* ou le *verd-poireau* ou le *gris verdâtre*.

On la trouve communément en *masse*, plus ASBESTE. rarement *disséminée*, en petits faisceaux isolés.

Elle est *brillante*, ou même *un peu éclatante*, d'un *éclat de soie* parfait.

Sa cassure est *fibreuse*, *à fibres déliées*, droites et *parallèles*.

Ses fragmens sont *esquilleux*, *alongés*.

Elle est *opaque*, rarement un peu *translucide sur les bords*; — *très-tendre*; — *peu tenace*; — *très-flexible* et même *élastique*, mais seulement dans les fibres minces; — plus ou moins *onctueuse* au toucher; — *peu froide*; — *médiocrement pesante*.

Caractères chimiques.

L'amianthe est difficile à fondre au chalumeau sans addition; elle donne un émail tantôt blanc, tantôt gris ou jaunâtre, quelquefois noir.

Parties constituantes.

	A. de Swarlwich.	A. de Tarentaise.	A. de Corias en Espag.
Silice...	64.	64.	72.
Magnés..	17.2	18.6	12.9
Alumine	2.7	3.3	13.3
Chaux..	13.9	6.9	10.5
Baryte		6.	
Fer...	2.2	1.2	2.2
	100.	100.	99.19

D'après BERGMAN.

Usages.

On profite de la flexibilité de l'amianthe pour la filer : on la mêle pour cela avec du lin, afin

ASBESTE. qu'elle soit moins sujète à casser lorsqu'on la travaille. On en fait ensuite des toiles que l'on passe au feu afin que tout le lin se brûle, et que l'amianthe reste seule : on a ainsi des toiles incombustibles. Les anciens en ont fabriqué : ils s'en servaient pour brûler les morts, afin de recueillir leurs cendres sans mélange avec celles du bois. Ces toiles d'amianthe ne sont plus aujourd'hui qu'un objet de curiosité (*).

Son nom d'amianthe, qui provient du grec, veut dire *qui ne peut se tacher,* parce qu'il suffisait de jeter au feu les toiles d'amianthe pour les rendre blanches.

Gissement et localités.

L'amianthe se rencontre ordinairement dans les montagnes primitives, et surtout dans celles de serpentine. On en trouve en Saxe, en Bohême, en Hongrie, en Espagne, en Italie, en Suède, en Sibérie, en France, etc. Celles de Corse et de la Tarentaise sont très-belles.

L'amianthe se rapproche souvent de l'asbeste commun, et on la confond aussi quelquefois avec quelques variétés de strahlstein.

(*) J'ai ouï dire néanmoins qu'on en avait fabriqué une toile entière pour l'Opéra de Versailles ; mais je n'ai jamais eu une entière confirmation de ce fait.

Le

Le *byssolite* de Saussure, §. 466, paraît être une amian- ASBESTE.
the à filets très-courts, très-fins et superficiels ; ils forment une espèce de velours très-serré à la surface d'une
autre pierre. Suivant son analyse, elle contient 43
d'alumine, 34 de silice, 9 de chaux, 19 d'oxide de fer.
C'est l'absence totale de magnésie dans ce minéral, qui
a fait conjecturer qu'il devait être séparé des amian-
thes. (?)

IIIᵉ. SOUS-ESPÈCE.

GEMEINER ASBEST. — L'ASBESTE COMMUNE.

Talcum asbestus vulgaris.

Id. Emm. T. 1, p. 406. — Lenz, T. 1, p 373. —
Wid. p 471. — W. P. T. 1, p. 304. — M. L p. 227.
— *Asbestus immaturus*, Wall. T. 1, p. 411. — *Asbestus*,
Kirw. T. 1, p. 159. — *Asbesto commune*, Nap. p. 314.
— *Asbeste*, Lam. T. 2, p. 369. — *Asbeste dur*, Haüy. T.

Caractères extérieurs.

SA couleur la plus ordinaire est le *verd-poi-*
reau, quelquefois le *verd de montagne*, le *verd-*
olive, rarement le *gris verdâtre* ou *jaunâtre*.

On la trouve *en masse* (*).

(*) On cite aussi des asbestes communes cristallisées :
on en a trouvé à Griesbach près de Passau, en prisme à six
faces, terminés par un pointement obtus à trois faces ; à
Gemundt en Carinthie ; à Bagnères, en prisme rhomboïdal.
Il est probable que l'on s'est mépris. Emmerling et Lenz
soupçonnent que ce sont des strahlstein. (?) Cela serait

ASBESTE. A l'intérieur, elle est *éclatante* et *peu éclatante*; c'est un *éclat soyeux* ou *gras*.

Sa surface est *fibreuse*, *à fibres parallèles*, *droites* ou *courbes*. Les fibres sont bien plus agglutinées que dans l'amianthe; aussi la cassure devient-elle quelquefois *esquilleuse*.

Ses fragmens sont *esquilleux*, *alongés*.

Elle est *translucide sur les bords*; — *tendre*, passant au *demi-dur*; — *aigre*; — assez facile à *casser*; — *peu flexible* ou même *inflexible*; — un peu *onctueuse* au toucher et *peu froide*; — *médiocrement pesante*.

Pes. spéc. 2,547 à 2,995.

Caractères chimiques.

L'*asbeste commune* se fond au chalumeau sans addition, en une scorie d'un gris noirâtre, mais très-difficilement.

Parties constituantes.

Silice. 46.66	}	WIEGLEB,
Magnésie............. 48.45	}	(Ann. Crell. 1784,
Fer................. 4 79	}	T. I, p. 521.)
99.90		

---

possible par rapport aux cristaux de Bagnères.... Mais il paraît que toutes ces cristallisations de l'asbeste commune ne sont pas reconnues comme authentiques.

Gissement et localités.

Son gissement est le même que celui de l'a-
mianthe. On en trouve à Zœblitz en Saxe, en
Russie, en Silésie, en Suède, en Ecosse, dans le
Tirol, etc. Elle est mélangée quelquefois avec
le talc endurci, et contient du fer magnétique.
Quelques-unes de ses variétés se rapprochent de
l'amianthe.

L'*amianthoïde* de Lamétherie, T. 2, p. 364, paraît
n'être qu'une variété d'asbeste ; cette pierre est composée de fibres plus roides que celles de l'amianthe ,
moins que celles de l'asbeste. Elle est d'un verd-olive ;
elle fond au chalumeau très-difficilement en un verre
noirâtre. Le citoyen Vauquelin en a retiré , 47 de silice ,
11 de chaux , 7 de magnésie, 20 d'oxide de fer , 10
d'oxide de manganèse. (*Voyez* le Journal de la Société
phil jmatique , n°. 54.)

IVᵉ. SOUS-ESPÈCE.

BERGHOLZ.   —   LE BOIS DE MONTAGNE.

Talcum asbestus lignosus.

Id. Emm. T. 1 , p. 410. — Lenz , T. 1, p. 376. —
Wid. p. 473. — W. P. T. 1, p. 305. — *Ligniform asbestus* ,
Kirw. p. 161. — *Legno montano* , Nap. p. 321. — *Asbeste
ligniforme* , Haüy. T.

Caractères extérieurs.

SA couleur est le *brun de bois* ou le *brun jaunâtre*, qui passe quelquefois au *jaune-isabelle*.

Ii 2

ASBESTE

On le trouve *en masse.*

A l'intérieur, il est *brillant;* c'est un éclat *soyeux.*

Sa cassure (en grand) est *schisteuse, à feuillets* un peu *courbes;* mais (en petit) elle est *fibreuse, à fibres minces, parallèles,* très-unies ensemble; ce qui lui donne tout-à-fait l'apparence et la con-texture d'un bois.

Ses fragmens sont *indéterminés* ou *en forme de plaques alongées.*

Il est *opaque, prenant de l'éclat par la ra-clure,* ou même par le seul toucher; — il est *tendre,* presque *très-tendre;* — *doux;* — *peu aigre;* — *peu difficile à casser;* — *un peu flexible* dans les minces fragmens, mais *non élastique;* — il *happe à la langue;* — il est *maigre au toucher;* — *peu froid;* — *léger.*

Caractères chimiques.

Ce minéral, traité au chalumeau sans addition, ne se fond que sur les bords.

Gissement et localités.

Plusieurs auteurs rapportent qu'il se trouve à Klausen en Tirol; mais Emmerling, dans son supplément, dit que c'est une erreur; c'est au Schneeberg, près de Sterzingen en Tirol, qu'il a été trouvé. Il y est accompagné de galène à grains fins, de blende noire, de quartz blanc grisâtre et de strahlstein asbestiforme. Il assure que ASBESTE. c'est à tort qu'Estner annonce qu'il s'y trouve aussi du spath calcaire et du gypse.

NEUVIÈME ESPÈCE.

CYANIT ou *KYANIT*. — LA CYANITE.

TALCUM CYANITES.

Id. Emm. T. 1 , p. 412. — Lenz, T. 1 , p. 377. — Wid. p. 475. — M. L. p. 229. — *Sappare*, de Sauss. §. 1900 , et J. d. Ph. 1789 , p. 213. — *Id.* Kirw. p. 209. — *Cianite*, Nap. p. 328. — *Cyanite*, Lam. T. 2 , p. 256. — *Cyanite*, Haüy. E. — *Disthêne* , Haüy. T.

Caractères extérieurs.

S A couleur principale est le *bleu* (ce qui lui a fait donner son nom), dont les variétés sont le *bleu de ciel*, le *bleu de Prusse* et le *bleu de smalt clair* ; mais elle passe aussi souvent au *gris bleuâtre, verdâtre* ou *jaunâtre* ; au *blanc grisâtre* et *verdâtre,* ou au *blanc de lait.* Souvent ces couleurs sont mélangées et présentent des *dessins flambés.*

On la trouve ou *en masse,* ou *disséminée,* ou enfin *cristallisée.* Ses formes sont :

a. Un *prisme à 4 faces* (deux larges et deux étroites, ayant *les 4 bords latéraux,* ou seulement *deux bords opposés, tronqués.* Ce prisme est sou-

CYANITE. vent si aplati, qu'il a l'apparence d'une table (*).

Les cristaux sont d'*une moyenne grandeur,* ou *petits,* ou *très-petits.*

Leurs faces larges sont *lisses* et *éclatantes;* les faces étroites sont *striées,* seulement *brillantes* et presque *mattes.*

A l'intérieur, la cyanite est *éclatante,* souvent aussi *peu éclatante;* c'est un *éclat nacré parfait.*

La cassure de la cyanite en masse est *rayonnée, à rayons courbes et entrelacés.* Celle des cristaux est *lamelleuse.*

Il y a *trois sens de lames,* dont un seul est bien *déterminé.* Ils se coupent tous sous des angles obliques inégaux.

Ses fragmens sont *en forme de petites plaques,* ou quelquefois *esquilleux,* rarement *rhomboïdaux, imparfaits.*

La cyanite compacte est composée de *pièces séparées,* qui sont tantôt *grenues, à gros grains alongés,* tantôt *scapiformes entrelacés.* Elles sont souvent si serrées, que l'on a peine à les distinguer.

La cyanite en masse est *translucide.* Les cristaux sont *demi-diaphanes* et même *diaphanes.* Elle est *demi-dure,* passant un peu au *tendre;* — *médiocrement aigre;* — *facile à casser;* — *grasse au toucher et peu froide;* — *médiocrement pesante.*

(*) Son grand angle latéral est de 103°.

Pes. spéc. DE SAUSSURE fils , cyanite du Saint-Go- CYANITE.
thard , 3,517. HERMANN , cyanite de Sibérie , 3,622.

Caractères chimiques.

La cyanite est entiérement infusible au chalumeau sans addition ; ce qui l'a fait employer par
de Saussure , pour former des supports dans ses
expériences au chalumeau.

Parties constituantes.

Silice.........	29.2	à 30.62	DE SAUSSURE fils , Voyages des Alpes , §. 1900 , et J. d. Ph. 1793, T. 2, p. 13.
Alumine......	55.	54.5	
Chaux.......	2.25	2.02	
Magnésie.....	2.	2.3	
Oxide de fer..	6.65	6.	
Eau et perte..	4.9	4.56	
	100.	100.	

Gissement et localités.

La cyanite se trouve au Saint-Gothard en
Suisse , au Greiner dans le Zillerthal, en Espagne, en Écosse, en Sibérie, en Transilvanie,
en Autriche, en Carinthie, en Bavière, auprès de
Lyon en France, etc. et toujours dans des montagnes primitives.

Au Saint-Gothard, elle est en cristaux nombreux, mélangée avec du quartz, des grenats et
avec ce minéral nommé *granatite* par Saussure,
et *staurotie* par le citoyen Haüy, au milieu d'un
talc endurci.

(Il en sera parlé dans l'appendice.)

 Le mica, la hornblende, le feldspath, les pyrites, la blende, la stéatite, l'accompagnent aussi souvent ; cela a lieu en Carinthie et en Bavière.

REMARQUES.

De Saussure avait annoncé que la cyanite acquérait l'électricité négative par le frottement. (Voyage des Alpes , §. 1900.) Mais le citoyen Haüy a observé que, parmi les cristaux de cette pierre, les uns s'électrisaient positivement , les autres négativement dans les mêmes circonstances ; c'est de là qu'il a tiré le nom de *disthène*, c'est-à-dire, *qui a deux forces*.

DIXIÈME ESPÈCE.

STRAHLSTEIN. — LA PIERRE RAYONNANTE
ou LA RAYONNANTE.

TALCUM ACTINOTUS.

M. Werner partage cette espèce en trois sous-espèces.

Ire. SOUS-ESPÈCE.

ASBESTARTIGER STRAHLSTEIN. — LA RAYONNANTE
ASBESTIFORME.

Talcum actinotus asbestiformis.

Id. Emm. T. 1, p. 416. —Lenz, T. 1, p. 384. —Wid. p. 479. — W. P. T. 1, p. 305. — M. L. p. 231. — *Amianthinite*, Kirw. T. 1, p. 164. — *Metalliform asbestoid* et *lamellar actinolyte*, *ibid.* p. 167. — *Rayonnante*, de Sauss. §. 1920. — Variété d'*asbeste*, Nap. p. 316. — *Asbestoïde*, Lam. T. 2, p. 371. — *Actinote aciculaire*, Haüy. T.

Caractères extérieurs.

SES couleurs sont le *blanc* ou le *gris verdâtre,* *rougeâtre* ou *jaunâtre;* le *verd-olive* et le *verd de montagne.*

On la trouve *en masse,* rarement *cristallisée.* Sa forme est un *prisme rhomboïdal très-obliquangle* (*).

A l'extérieur, les cristaux sont *brillans.*

A l'intérieur, la rayonnante asbestiforme est *peu éclatante;* mais elle passe quelquefois, tantôt à l'*éclatant,* tantôt au *brillant* ou même au *mat;* son éclat est *nacré.*

Sa cassure est le plus souvent *rayonnée, à rayons divergens en faisceaux;* souvent aussi *fibreuse, à fibres minces.*

Ses fragmens sont *indéterminés,* peu *aigus.*

Elle se présente souvent en *pièces séparées, grenues, alongées,* plus ou moins grosses. Elle est quelquefois *translucide sur les bords,* mais le plus souvent *opaque;* — elle donne une *raclure* d'un *blanc verdâtre;* — elle est *tendre,* rarement *demi-dure;* — *aigre;* — *un peu difficile à casser;* — *médiocrement pesante.*

Pes. spéc. Celle de Raschau, n°. 1186, du muséum de Leske, 2,584. — Celle de Bareith, n°. 1189, *Id.* 2,916, d'après KIRWAN.

(*) Son angle obtus est sensiblement le même que celui des cristaux prismatiques de hornblende. ($124^\circ \frac{1}{2}$.)

 Caractères chimiques.

Elle est fusible au chalumeau sans addition, en une scorie noire (WIDENMANN), en un émail d'un blanc grisâtre (LELIÈVRE).

Gissement et localités.

Les localités citées dans les catalogues de Leske et de Pabst, sont Raschau près Schwarzenberg en Saxe, les environs de Bareith et le Bannat.

Emmerling et Widenmann indiquent aussi cette rayonnante au Schneeberg près de Sterzingen en Tirol : on en a cité encore en quelques autres endroits; mais il paraît qu'on n'est pas bien d'accord à cet égard.

Celle de Raschau est mélangée de verd de cuivre, de pyrites; elle se trouve au milieu d'une couche toute pyriteuse. Celle de Bareith se trouve au milieu des serpentines et des stéatites.

Lorsqu'elle est très-aigre, et par conséquent très-inflexible, elle passe à la sous-espèce suivante. Lorsqu'elle est un peu flexible, elle se rapproche de l'amianthe.

IIᵉ. SOUS-ESPÈCE.

GEMEINER STRAHLSTEIN. — LA RAYONNANTE COMMUNE.

Talcum actinotus vulgaris.

Id. Emm. T. 1, p. 418. — Lenz, T. 1, p. 380. — Wid. p. 480. — W. P. T. 1, p. 306. — M. L. p. 231. — *Asbestus rigidus, acerosus* et *fasciculatus*, Wall. T. 1, p. 412, 413 et 414. (?) — *Basaltes fibrosus, ibid.* p. 336. — *Asbestinite,* Kirw. T. 1, p. 165. — *Common asbestoid, ibid.* p. 166. — *Schorlaceous actinolyte, ibid.* p. 168. — *Stralite commune,* Nap. p. 323. — *Zillerthite,* Lam. T. 2, p. 357. — *Actinote hexaèdre,* Haüy. T.

Caractères extérieurs.

SES couleurs les plus ordinaires sont le *verd-olive*, le *verd-poireau*, le *verd de montagne*, le *verd-pistache*, le *verd noirâtre*, quelquefois le *blanc rougeâtre*, *jaunâtre* ou *verdâtre*; le *brun de foie* et le *brun rougeâtre.*

On la trouve, ou *en masse*, ou *disséminée*, ou *cristallisée.* Ses formes sont:

a. Des *prismes rhomboïdaux très-obliquangles* (*), *alongés, minces* (souvent même en forme d'aiguilles), *tronqués sur leurs bords latéraux aigus,* ainsi que sur leurs *angles* et *bords terminaux.*

____

(*) Le grand angle du prisme est de 124 degrés. Il est bon d'observer que l'angle obtus des prismes de hornblende a la même valeur.

RAYONNANTE. *b.* Deux *prismes à 6 faces*, *larges* et *aplatis*, groupés ensemble confusément.

Ces cristaux sont *striés* en longueur, et *très-éclatans* à l'extérieur.

A l'extérieur, la rayonnante commune est *éclatante*, quelquefois *peu éclatante*; c'est un *éclat vitreux*.

Sa cassure est *rayonnée*, *à rayons plus ou moins larges*, *parallèles* ou *divergens en faisceaux* ou *en étoiles*, très-rarement *lamelleuse*.

Ses fragmens sont *indéterminés*, *à bords peu aigus*.

Elle se présente *en pièces séparées grenues*, *alongées*, à grains de toute grosseur, plus rarement *en pièces séparées*, *scapiformes*, *imparfaites*.

Les cristaux sont *translucides* ou même *demi-diaphanes*; les autres variétés ne sont que *translucides sur les bords*; — elle est *demi-dure*; — *aigre*; *difficile à casser*; — rarement *un peu onctueuse au toucher*; — *médiocrement pesante*.

Pes. spéc. 3,000 à 3,310. KIRWAN.

Caractères chimiques.

Elle est fusible au chalumeau sans addition, en une scorie noire (WIDENMANN), en un verre blanc transparent (EMMERLING), (?) en un émail d'un blanc grisâtre (LELIÈVRE).

Parties constituantes.

Silice . . . . 64. ⎫
Magnésie . . . . 20. ⎪ BERGMAN,
Alumine . . . . 2.7 ⎬ Op. T. 4,
Chaux . . . . 9.3 ⎪ p. 172 (*).
Fer . . . . 4. ⎭
                                     —————
                                      100.

Gissement et localités.

On en trouve en Saxe (Ehrenfriedersdorf , Gieshubel), dans le Tirol et le Saltzbourg , en Norwége , en Suisse près le Saint-Gothard , en Piémont, etc. (*Catalogues de Leske et de Pabst.*)

Elle est accompagnée ordinairement de quartz , de blende brune , de fer magnétique , de talc , de mica , de braunspath , de galène. On croit que la prase n'est qu'un quartz mélangé de rayonnante commune.

———————————————————

(*) L'analyse de la *rayonnante vitreuse* , donnée aussi par Bergman , se rapporte également à une variété de *rayonnante commune* , du moins elle n'appartient pas au minéral qui va être décrit sous le nom de *rayonnante vitreuse.* (*Voyez* les remarques sur cette sous-espèce.) Le résultat de cette analyse est de 72 parties de silice , 12 de magnésie, 2 d'alumine, 6 de chaux et 7 d'oxide de fer.

IIIe. SOUS-ESPÈCE.

GLASARTIGER STRAHLSTEIN. LA RAYONNANTE VITREUSE.

Talcum actinotus vitriformis.

Id. Emm. T 1, p. 422. — Lenz, T. 1, p. 383. — Wid. p. 483. — W. P. T. 1, p. 307. — M. L. p. 233. — *Basaltes cristallisatus viridescens*, Wall. T. 1, p. 334. — *Glassy actinolyte*, Kirw. T. 1, p. 168. — *Stralite vetrosa*, Nap. p. 326.

Schorl verd du Dauphiné, R. d. L. T. 2, p. 401. — *Delphinite*, de Sauss. §. 1918. — *Thallite*, Lam. T. 2, p. 319. — *Id.* Haüy, E. — *Épidote*, Haüy. T.

Caractères extérieurs (*).

SES couleurs sont le *verd-olive*, passant au *verd de poireau*; le *verd de pré*, le *verd de montagne foncé* et le *verd d'asperge* (**).

On la trouve *en masse* ou *cristallisée*, *en prismes à 6 faces minces*, souvent accolés latéralement; la surface des cristaux est *lisse* et *très-éclatante*. (*Voyez* les remarques.)

A l'intérieur, elle est *éclatante* ou *peu éclatante*; son éclat est *vitreux*.

(*) Il y a bien peu d'accord entre les descriptions de cette sous-espèce, données par les auteurs allemands; je donnerai ce qui me paraîtra le plus exact. (*Voyez* les remarques.)

(**) Emmerling et Lenz sont les seuls qui ajoutent: d'un blanc verdâtre, passant au blanc d'argent. (?)

Sa cassure paraît tenir le milieu entre la *rayonnée* RAYONNANTE.
et la *fibreuse*.

Elle se présente en *pièces séparées , scapiformes ,
minces* (ce sont les prismes) , *divergentes en faisceaux ,*
quelquefois *grenues à très-gros grains.*

Les surfaces des *pièces séparees* sont *striées en
longueur* et *éclatantes.*

Ses fragmens sont *indéterminés , à bords aigus ,*
souvent *esquilleux.*

Elle est *translucide ,* quelquefois *demi-diaphane*
et presque *diaphane ;* — *demi-dure ,* passant au *dur ;*
— *extrêmement aigre ;* — *très - facile à casser ;* —
elle n'est point *onctueuse au toucher ;* — *médiocrement pesante.*

Pes. spéc. BRISSON , 3,452. KIRWAN , 2,950 à 3,493.

R E M A R Q U E S.

Tels sont , d'après les auteurs allemands , les caractères extérieurs de la *rayonnante vitreuse.* Ces caractères
et les lieux où ils indiquent que cette substance a été
trouvée , ne permettent pas de douter (*) qu'ils n'aient
eu pour objet le minéral nommé *schorl verd au Dauphiné*
par Romé Delisle , *delphinite* par de Saussure , *thallite*
par Lamétherie , et dernièrement *épidote* par le citoyen
Haüy.

(*) Je ne voudrais pas assurer qu'il n'y ait aussi quelques variétés de véritable strahlstein , comprises également
sous cette espèce , et entr'autres les variétés d'un blanc d'argent et d'un blanc verdâtre indiquées par Emmerling et
Lenz.

 Mais ce minéral étant peu commun, et ses cristaux surtout étant très-rares, M. Werner et les autres minéralogistes allemands n'ont pu y observer les différences essentielles qui le distinguent de la rayonnante, et qui ont déterminé les minéralogistes français à en faire une espèce séparée. Voici un précis des caractères qui constituent ces différences. (Je lui donnerai ici le nom d'*épidote*.)

Les cristaux d'*épidote* sont des *prismes rhomboïdaux à 4 faces* (*), dont deux *plus larges* et deux *plus étroites opposées*, souvent rompus, mais quelquefois terminés, tantôt par *un pointement* à 4 faces *placées sur les 4 faces latérales;* tantôt par un *biseau* dont les faces sont *placées sur les bords latéraux aigus*. Le *sommet du pointement* est presque toujours *tronqué*, ainsi que *les bords latéraux aigus;* c'est ce qui a fait regarder ces cristaux comme *des prismes à 6 faces*. Il y a aussi quelquefois des troncatures sur les bords inférieurs du pointement; ce qui forme pour ainsi dire deux pointemens l'un sur l'autre.

L'*épidote*, traitée au chalumeau sans addition, se fond, quoiqu'avec peine, en une scorié noirâtre.

L'*épidote* a été trouvée principalement auprès du bourg d'Oisans, dans une vallée des Alpes peu éloignée de Grenoble. On en a aussi trouvé depuis dans les montagnes qui environnent le Mont-Blanc auprès de Chamonni. C'est de cet endroit que sont venus d'abord les cristaux les mieux terminés; mais les plus beaux, sans contredit, sont ceux apportés derniérement de Copenhague par M. Manthey; ils viennent des environs d'Arendal en

---

(*) Le grand angle de ces prismes est de 114°; ce qui distingue essentiellement l'épidote des rayonnantes, dont l'angle obtus est de 124°.

Norwége;

Norwége ; ils sont d'une grosseur et d'une perfection de forme qui surpasse de beaucoup celle de tous les cristaux trouvés dans les Alpes. Quelques minéralogistes allemands avaient regardé ces cristaux d'Arendal comme devant former une espèce nouvelle ; M. Widenmann les décrit, p. 485, sans leur donner aucun nom à la suite du strahlstein vitreux, avec lequel il trouve qu'ils ont beaucoup de rapport. Il indique le prisme à six faces, terminé par un biseau parmi ses formes cristallines. Ces cristaux d'épidote paraissent se rencontrer à Arendal dans des filons, où ils sont mélangés avec du quartz, du fer magnétique, des grenats, etc. L'épidote des Alpes provient aussi de filons ; c'est l'asbeste qui l'accompagne le plus ordinairement.

C'est cette même épidote d'Arendal, qui a été nommée *acanticonite* (*akantikon*) par quelques minéralogistes, et *arendalite* par d'autres.

Le citoyen Vauquelin a analysé la variété envoyée de Copenhague, et le citoyen Collet-Descotils celle des Alpes. On verra que ces deux analyses confirment, par leur accord, l'identité de ces deux substances.

VAUQUELIN.	COLLET-DESCOTILS.
Silice. 37	 37
Alumine 21	 27
Chaux. 15	 14
Oxide de fer. 24	 17
Oxide de manganèse. 1.5	. . . . 1.5
98.5	96.5

ONZIÈME ESPÈCE.

TREMOLITH. — LA TRÉMOLITHE.

TALCUM TREMOLITHUS.

Werner partage cette espèce en trois sous-espèces.

Iʳᵉ. SOUS-ESPÈCE.

ASBESTARTIGER TREMOLITH. — LA TRÉMOLITHE
ASBESTIFORME.

Talcum tremolithus asbestiformis.

Id. Emm. T. 1, p. 425. — Lenz, T. 1, p. 387. —
Tremolith, Wid. p. 374. — *Id.* W. P. p. 307. — *Tremolite*,
Nap. p. 365. — *Trémolithe*, Lam. T. 2, p. 359. — *Id.*
De Sauss. §. 1923. — *Id.* Haüy. E. — *Grammatite*, *id.* T.

Caractères extérieurs.

SA couleur est le *blanc jaunâtre*, quelquefois
rougeâtre, *verdâtre* ou *grisâtre*, rarement le *verd de
montagne pâle*.

On la trouve en *masse*, *disséminée* et en *couche
superficielle*.

Elle est en général *peu éclatante*, d'un éclat
soyeux.

Sa cassure est *rayonnée*, *à rayons étroits*, *divergens en faisceaux* ; quelquefois elle passe à la *cassure
fibreuse*.

Ses fragmens sont *esquilleux cunéiformes*.

Elle se présente en *pièces séparées* , qui sont ou TRÉMOLITHE. *grenues à gros grains* , ou *cunéiformes et entrelacées.*

Elle est *opaque* , ou seulement *translucide sur les bords* ; — *très-tendre* ; — *douce* ; — *facile à casser* ; — *médiocrement pesante.*

(*Voyez* , pour tout le reste , à la fin de la troisième sous-espèce.)

I Iᵉ. SOUS-ESPÈCE.

GEMEINER TREMOLITH. — LA TRÉMOLITHE COMMUNE.

Talcum tremolithus vulgaris.

Id. Emm. T. 1, p. 426. — Lenz, T. 1, p. 385.

Caractères extérieurs.

SA couleur est le plus souvent un *blanc verdâtre* , quelquefois *grisâtre* , *rougeâtre* ou *jaunâtre* ; rarement le *gris de perle* , le *gris de fumée* ou le *gris verdâtre* , passant au *verd de montagne.*

On la trouve en *masse* ou *cristallisée* , en *prismes rhomboïdaux très-obliquangles* , ayant leurs bords souvent arrondis (*).

Ses cristaux sont de *moyenne grandeur* , *fortement striés en longueur.*

(*) On peut ajouter qu'ils sont communément *rompus* , mais quelquefois terminés par un *biseau obtus* , dont les faces *sont placées sur les bords latéraux aigus.* Son *bord terminal est oblique.* C'est ainsi que nous avons trouvé la trémolithe à Campo-Longo près du Saint-Gothard , dans un voyage minéralogique avec le citoyen Dolomieu. Le citoyen Cordier en a donné la description.

 A l'extérieur, ils sont *très-éclatans.*

A l'intérieur, *éclatans,* quelquefois *peu éclatans,* d'un *éclat nacré.*

La cassure de la trémolithe commune est *rayonnée à rayons droits alongés, ou parallèles ou divergens en faisceaux* ou *entrelacés.*

Les surfaces de cassure sont *striées en longueur.*

Les fragmens sont tantôt *indéterminés,* tantôt *esquilleux.*

Lorsqu'elle est en masse, elle se présente souvent en *pièces séparées scapiformes minces et cunéiformes,* quelquefois en *pièces séparées grenues.*

Elle est toujours *translucide,* et quelquefois *demi-diaphane* ou *diaphane* (dans les cristaux); — *demi-dure;* — *aigre;* — *facile à casser;* — *maigre* au toucher; — *médiocrement pesante.*

(*Voyez,* pour tout le reste, à la fin de la troisième sous-espèce.)

___

III°. SOUS-ESPÉCE.

GLASIGER TREMOLITH. — LA TRÉMOLITHE VITREUSE.
Talcum tremolithus vitriformis.

Id. Emm. T. 1, p. 429. — Lenz, T. 1, p. 388.

Caractères extérieurs.

SA couleur ordinaire est le *blanc grisâtre* et *jaunâtre,* rarement *verdâtre* ou *rougeâtre.*

On la trouve tantôt en masse, tantôt en *prismes alongés* en *forme d'aiguilles* ou *subulés,* et accolés plusieurs ensemble ou même entrelacés.

A l'intérieur, elle est ordinairement *éclatante;*

elle varie néanmoins, et passe tantôt au *très-écla-* TRÉMOLITHE.
tant, tantôt au *peu éclatant*.

C'est un *éclat vitreux* qui passe à l'*éclat nacré*.

Sa cassure est *rayonnée en faisceaux peu divergens*. Les *rayons* sont *striés en longueur*. La cassure en travers des rayons est unie et un peu oblique.

Ses fragmens sont *esquilleux*.

Elle se présente en *pièces séparées scapiformes droites et minces*, qui se réunissent de nouveau en *pièces séparées, scapiformes, cunéiformes*.

Les faces des pièces séparées sont *légérement striées en longueur et éclatantes*.

Elle est *très-translucide*. Les cristaux sont quelquefois *diaphanes*.

Elle est *demi-dure*, passant au *tendre*; — *aigre*; — *facile à casser*; — *maigre* au toucher; — *médiocrement pesante*.

Caractères chimiques des trémolithes.

La trémolithe, traitée au chalumeau sans addition, se fond en une scorie blanche bulleuse. (DE SAUSSURE.)

Parties constituantes.

La trémolithe vitreuse a été analysée par Klaproth ; elle contient :

Silice....................,	65.00	
Magnésie...................	10.33	Crell. chem.
Chaux.....................	18.00	Ann. 1790.
Oxide de fer...............	0.16	T. 1, p. 54.
Eau et acide carbonique.......	6.50	

99.99

Caractères physiques.

Les trémolithes gratées dans l'obscurité donnent une lueur phosphorique.

Gissement et localités.

La trémolithe se trouve principalement aux environs du Saint - Gothard ; elle tire son nom de celui du mont Tremola qui avoisine le Saint-Gothard. Les trois sous - espèces de trémolithes s'y rencontrent ; elles sont au milieu d'une pierre calcaire grenue, mélangée de talc et non effervescente, à laquelle de Saussure a donné le nom de dolomie.

On a aussi trouvé la trémolithe en Tirol, en Hongrie, en Carinthie, dans le Bannat, la Transylvanie, la Moravie, à Kalkberg près Raspenau en Bohême, dans une pierre calcaire grenue, etc.

REMARQUES.

1°. L'angle latéral obtus des cristaux de trémolithe est de 129°. Leur pesanteur spécifique est de 3,200.

2°. Plusieurs auteurs ont décrit, sous le nom de *baikalite*, une pierre qui très-probablement n'est autre chose qu'une trémolithe. Elle provient des environs du lac *Baikal*. Elle contient, d'après l'analyse de M. Lowitz, 44 de silice, 30 de magnésie, 20 de chaux et 6 d'oxide de fer.

SIXIÈME GENRE.

LE GENRE CALCAIRE.

Toutes les espèces du genre calcaire renfermant un acide, M. Werner les a partagées en plusieurs sections, suivant la nature de l'acide qui y est contenu. (*Voyez* à ce sujet le §. 26 de l'Introduction.)

Ire. SECTION.

Chaux carbonatées.

Les onze espèces que renferme cette section, sont toutes composées principalement de chaux et d'acide carbonique Cependant des différences légères dans leur composition chimique, dues à quelques mélanges (peut-être accidentels), ont jusqu'ici empêché M. Werner de les réunir en une seule espèce ; ce qu'a fait le citoyen Haüy dans son Traité de Minéralogie : il faut en excepter néanmoins l'*arragonite*. (*Voyez* cette espèce.)

PREMIÈRE ESPÈCE.

BERGMILCH. — LAIT DE MONTAGNE
ou L'AGARIC MINÉRAL.

CALCAREUS LACTIFORMIS.

Id. Emm. T. 1, p. 430. — Lenz, T. 1, p. 391. — Wid. p. 490. — W. P. T. 1, p. 508. — M. L. p. 235. — *Creta* .... *Agaricus mineralis*, Wall. T. 1, p. 30. — *Creta tophacea*, ibid. p. 28. — *Agaric minéral*, Kirw. p. 76. — Lam. T. 2, p. 57. — Nap. p. 333. — *Moëlle de pierre*, D. B. T. 1, p. 281.

Chaux carbonatée spongieuse, Haüy. T.

Caractères extérieurs.

SA couleur ordinaire est le *blanc jaunâtre* ou le *blanc de neige*.

Il tient le milieu entre le *solide* ou le *friable*; le plus souvent ses parties sont *agglutinées*; elles sont *fines et pulvérulentes*.

L'agaric minéral est *fortement tachant*; — il est *maigre au toucher*; — il ne *happe pas à la langue*; — il est *léger*, presque *surnageant*.

Caractères chimiques.

Il fait effervescence avec les acides et s'y dissout entiérement.

Gissement et localités.

L'agaric minéral se trouve dans quelques pays où il y a beaucoup de montagnes calcaires. Il paraît qu'il est le produit de la destruction des rochers calcaires; aussi ne se trouve-t-il que par dépôt dans des fentes ou des endroits creux. Il est très-abondant en Suisse. On en trouve aux environs de Ratisbonne auprès de Walkenried, dans la principauté d'Anhalt.

On l'emploie, au lieu de plâtre, pour crêpir les murailles. Widenmann prétend que son nom ancien de *mond milch*, usité en Suisse, ne veut pas dire *lait de lune*, comme on le traduit ordinairement, mais *lait de montagne*, *mond* étant un vieux mot suisse qui signifie *montagne*.

SECONDE ESPÈCE.

KREIDE. — LA CRAIE,

CALCAREUS CRETA.

Id. Emm. T. 1, p. 433. — Lenz, T. 1, p. 393. — Wid. p. 492. — M. L. p. 236. — *Creta alba*, Wall. T. 1, p. 27. — *Chalk*, Kirw. T. 1, p. 77. — *Creta commune*, Nap. p. 331. — *Craie*, D. B. p. 281. — *Id.* Lam. p. 56. — *Chaux carbonatée crayeuse*, Haüy. T.

Caractères extérieurs.

SA couleur ordinaire est le *blanc de neige* ou le *blanc jaunâtre*; elle passe aussi quelquefois au *gris* ou au *brun*.

On la trouve toujours *en masse*.

A l'intérieur, elle est *matte*.

Sa cassure est *terreuse*.

Ses fragmens sont *indéterminés, à bords assez obtus*.

Elle est *opaque*; — elle est *tachante* et *écrivante*; — *très-tendre*; — *facile à casser*; — *maigre* et un peu *rude au toucher*; — *très-peu froide*; — elle *happe un peu à la langue*; — *médiocrement pesante*.

Pes. spéc. MUSCHENBRŒCK, 2,252. KIRWAN, 2,315. WATSON, 2,657.

Caractères chimiques.

La craie fait effervescence avec les acides. Au

CRAIE. chalumeau, elle se calcine et passe à l'état de chaux vive ; elle est presqu'entiérement composée de chaux et d'acide carbonique, mélangée d'un peu d'oxide de fer et de quelques substances combustibles.

Usage.

On emploie la craie comme *crayon blanc*. On s'en sert aussi pour polir ou nétoyer les métaux, les glaces, etc.

Gissement et localités.

La craie forme des montagnes stratiformes particulières, qui contiennent beaucoup de pétrifications, dont les espèces sont assez constantes et peu variées (des glossopètres, des échinites, des pectinites et des chamites (*) : jamais on n'y trouve de substances métalliques ; mais ce qui caractérise principalement les montagnes de craie, ce sont ces *pierres à fusil* qu'elle renferme toujours, et qui n'y sont pas disséminées irréguliérement, mais dont les masses tuberculeuses sont rangées par lits de peu d'épaisseur, au milieu des couches de craie. C'est ainsi qu'est formé ce banc de craie qui traverse la France en allant du sud au nord, depuis la Champagne jusqu'à Calais, et qui se prolonge jusqu'en Angleterre. On en trouve aussi en Gallicie, en Pologne et ailleurs, etc.

(*) Il n'est pas inutile d'observer que la matière de ces pétrifications est presque toujours *siliceuse*.

TROISIÈME ESPÈCE.

KALKSTEIN. — LA PIERRE CALCAIRE.

CALCAREUS MARMOR.

M. Werner a réuni sous cette espèce tous les marbres compactes ou grenus, secondaires ou primitifs, les oolites et pisolites, le spath calcaire, et enfin les stalactites calcaires. Il la partage en quatre sous-espèces, qui sont : 1°. *la pierre calcaire compacte ;* 2°. *la pierre calcaire lamelleuse ;* 3°. *la pierre calcaire fibreuse ;* 4°. *la pisolite.*

Iᵉ. SOUS-ESPÈCE.

DICHTER KALKSTEIN. — LA PIERRE CALCAIRE COMPACTE.

Calcareus marmor densum.

M. Werner forme, dans cette sous-espèce, deux sections, dont l'une (a) comprend les *pierres calcaires communes*, et l'autre (b) les *oolites compactes.*

(a)

GEMEINER DICHTER KALKSTEIN. — LA PIERRE CALCAIRE COMPACTE COMMUNE.

Calcareus marmor densum vulgare.

Id. Emm. T. 1, p. 437. — *Id.* W. P. T. 1, p. 308. — *Dichter kalkstein*, Lenz, p. 395. — *Id.* Wid. p. 494. — *Id.* M. L. p. 236. — *Calcareus æquabilis*, Wall. T. 1, p. 122. — Une partie des *calcareus polituram admittens, marmor, ibid.* p. 133. — *Compact limestone*, Kirw. T. 1, p. 82. — *Pietra calcarea compacta*, Nap. p. 334. — *Marbre*, Lam. T. 2, p. 48. — *Pierre calcaire commune, ibid.* p. 54. — *Chaux carbonatée compacte* et *chaux carbonatée grossière*, Haüy. T.

Caractères extérieurs.

SA couleur la plus ordinaire est le *gris*, dont les variétés sont le *gris de fumée*, le *gris jaunâtre*, *bleuâtre*, *verdâtre* ou *rougeâtre*; le *gris de perle* et le *gris de cendre*, quelquefois aussi le *blanc grisâtre*, le *noir grisâtre*, le *rouge de chair*, le *rouge brunâtre*, rarement le *verd de montagne* et le *verd noirâtre*; le *brun rougeâtre* ou *jaunâtre*, le *jaune-isabelle*, le *jaune d'ochre*.

Ces couleurs sont très-souvent mélangées, et présentent des *dessins tachetés*, *rubanés*, *veinés*, *dendritiques*, etc.

On la trouve en *masse*; sa forme extérieure est aussi souvent *figurée* en raison des différentes pétrifications qu'elle contient.

A l'intérieur, elle est *matte*, rarement *brillante*; ce qui provient toujours de quelque mélange de spath calcaire.

Sa cassure est toujours *compacte*, communément *écailleuse*; elle passe aussi quelquefois aux cassures *conchoïde*, *inégale* et *terreuse*; rarement elle semble prendre la cassure *schisteuse*.

Ses fragmens sont *indéterminés*, *à bords peu aigus*.

Elle est communément un peu *translucide sur les bords*, rarement opaque.

Elle est *demi-dure*, et passe quelquefois au *ten-*

dre; — *aigre;* — *facile à casser;* — *maigre au tou-* *cher;* — *un peu froide ,* donnant une *raclure* d'un *blanc grisâtre;* — *médiocrement pesante.*

PIERRE
CALCAIRE.

Pes. spéc. 2,600 à 2,700.

Caractères chimiques.

Elle se dissout dans les acides avec effervescence ; elle est infusible au chalumeau ; elle s'y calcine et devient chaux vive (*).

Parties constituantes.

La base principale de cette pierre est le carbonate de chaux ; mais il est toujours plus ou moins mélangé d'alumine.

Gissement et localités.

La pierre calcaire compacte commune forme des montagnes stratiformes particulières très-étendues ; ses couches alternent le plus souvent avec la marne, certains grès, la pierre puante, le schiste marneux bitumineux, rarement avec le mandelstein (au Derbyshire), et très - rarement avec le charbon de terre ; elle est souvent mélangée de fer spathique, de pyrites, etc. quelquefois traversée de petits filons de spath calcaire ou de quartz.

Elle renferme très-souvent des pétrifications ; ce sont principalement des coquillages de toute espèce.

(*) Ce que l'on reconnaît en ce que, placée sur la langue ou sur la peau un peu humectée, elle y paraît brûlante.

Lorsque la pierre calcaire compacte commune est mélangée d'argile, elle passe alors insensiblement à la marne.

Cette pierre constitue une partie des montagnes de l'intérieur de la France, entr'autres toute la chaîne du Jura, une partie des Pyrénées, où on la rencontre sur les sommités les plus élevées. Les montagnes basses de la Suisse, celles qui entourent les Hautes-Alpes, en sont formées. On trouve aussi des montagnes semblables en Saxe, en Bohême, en Bavière, en Tirol, en Carinthie, en Suède, et généralement dans presque tous les pays où il y a des montagnes stratiformes.

Usages.

Les pierres calcaires compactes communes sont tellement répandues, qu'elles servent presque partout de pierres à bâtir. Elles sont d'ailleurs assez faciles à tailler (*).

En les calcinant, on les réduit à l'état de chaux vive, qui est la base essentielle de tous les mortiers.

Elles sont aussi employées en métallurgie, comme fondant dans le traitement de certaines mines de

---

(*) La pierre nommée *travertino* par les Italiens, dont l'église de Saint-Pierre de Rome est bâtie, paraît être une pierre calcaire compacte ; cependant Napione et quelques autres minéralogistes la regardent comme un tuf calcaire. (*Voyez* ce qui est dit des tufs à l'article *stalactite*.)

fer, qu'un mélange de silice et d'argile rend difficiles à fondre. C'est ce que les Français nomment *castine*, par corruption du mot allemand *kalkstein*.

La pierre calcaire compacte commune, lorsqu'elle est susceptible de poli, fournit aussi la plupart des pierres connues dans les arts sous le nom de *marbres*. (*Voyez* la remarque ci-après.)

REMARQUES.

Le nom de *marbre*, en général, désigne ordinairement dans les arts des pierres polissables, susceptibles d'être employées, soit pour la sculpture, soit pour les décorations d'architecture. Parmi les pierres rangées sous cette dénomination, le minéralogiste reconnaît à la vérité un grand nombre de pierres calcaires, mais aussi il y rencontre d'autres pierres très-différentes, telles que des serpentines, des poudingues, des brèches, des basaltes, etc. Ainsi, par exemple, les marbres verts d'Italie, qui sont si recherchés, sont pour la plupart des serpentines mélangées seulement de quelques venules de pierre calcaire. Il y a aussi parmi les *marbres calcaires* une distinction très-importante à faire. Les uns sont des *pierres calcaires compactes*, et les autres des *pierres calcaires grenues*. C'est à cette dernière espèce qu'appartiennent les *marbres blancs* de *Carare* et de *Paros*, le *marbre cipolin* qui est mélangé de veines de mica, et autres marbres précieux. Les pierres calcaires compactes fournissent des marbres dont les couleurs sont plus mélangées et le poli moins brillant, et qui, étant beaucoup plus communs, sont bien moins estimés. Chaque pays a les siens, qui y sont connus sous des noms particuliers, et il serait presqu'impossible d'en donner une nomenclature, qui d'ailleurs n'aurait aucun but d'utilité pour le minéralogiste.

Il y a néanmoins quelques espèces de marbre qui méritent, plus que les autres, de fixer l'attention du minéralogiste. On peut citer principalement le *marbre de Florence* et le *marbre lumachelle*.

Le *marbre de Florence* ou *marbre ruiniforme* est une pierre calcaire compacte commune très-argileuse. On y remarque des dessins anguleux bizarres, d'un brun jaunâtre sur un fond gris, qui ressemblent assez à des tours ou des maisons *ruinées*. Dolomieu, qui a observé le gissement de cette pierre, pense qu'elle a éprouvé dans l'origine un retrait et des fentes dans différens sens ; que ces fentes se sont remplies postérieurement par un ciment de spath calcaire qui a réuni les parties séparées par le retrait ; qu'ensuite des eaux ferrugineuses s'infiltrant dans certaines parties, non dans toutes, suivant que les cloisons de spath calcaire, qui ne s'imbibent pas facilement, ont laissé quelques interstices, ont donné ces nuances de couleurs différentes qui font rechercher cette pierre. (Journal de Physique, 1793, T. 2, p. 285.) Quelques minéralogistes regardent la *pierre de Florence* comme une marne endurcie.

Le *marbre lumachelle* ou la *lumachelle* est une pierre calcaire compacte renfermant des coquillages qui ont conservé leur couleur et leur éclat. Celle que l'on a trouvée en Carinthie a un éclat nacré et un chatoyement très-brillant ; aussi est-elle très-estimée.

Quant au *marbre élastique*, il en sera question à la suite de la pierre calcaire grenue.

(b)

ROOGENSTEIN. — L'OOLITE.

Calcareus marmor densum oolitus.

Id. Emm. T. 1 , p. 442. — *Id.* Wid. p. 511. — *Id.*
W. P. p. 313. — Variété du *dichter kalkstein*, M. L. p.
240. — *Id.* Lenz, p. 397 — *Stalactites... Oolithus ,*
var. *b , c. d*, Wall. T. 2 , p. 384. — *Oviform limestone ,*
Kirw. T. 1 , p. 91.— *Tufo oolitico*, Nap. p. 353.— *Chaux
carbonatée globuliforme*, Haüy. T.

Caractères extérieurs.

SES couleurs sont *le gris jaunâtre* ou *le gris de
fumée* très-foncé, le *brun de cheveux*, le *brun rougeâtre.* (Les grains sont ordinairement rouges ou
bruns; la pâte qui les sépare est grise.)

On ne la trouve qu'*en masse.*

A l'intérieur, elle est *matte.*

Sa cassure est *compacte ,* mais la petitesse des
grains empêche de déterminer l'espèce de cassure
compacte.

Ses fragmens sont *indéterminés , à bords obtus.*

Elle se présente toujours *en pièces séparées grenues sphériques ,* qui sont réunies de nouveau en
petites boules. (La grosseur des grains varie , depuis celle d'une lentille , jusqu'à celle d'une graine
de pavot.)

Elle est *opaque*, très-rarement *un peu translucide
sur les bords* (c'est celle à grains fins) ; — elle est
tendre , passant au *demi-dur ;* — *médiocrement pesante.*

Minéral. élém. Tome I. L l

Caractères chimiques.

Ils sont les mêmes que ceux de la pierre calcaire compacte commune.

Usage.

On emploie quelquefois l'oolite comme pierre à bâtir, mais elle se décompose et se dégrade facilement. Lorsqu'elle est décomposée, on s'en sert pour amender les terres au lieu de marne. On la polit aussi lorsqu'elle a un grain fin, et elle forme un beau *marbre* (*).

Gissement et localités.

On trouve des oolites en Suède, en Suisse, et surtout en Thuringe (Eisleben, Artern, Kloster-roda) ; elle forme des couches assez puissantes au milieu des montagnes de pierre calcaire stratiforme ou de gypse.

REMARQUE.

On a regardé long-tems l'oolite comme étant une réunion d'œufs de poisson pétrifiés ; mais cette idée est sans fondement : ce sont des grains arrondis de pierre calcaire compacte , agglutinés ensemble par un ciment marneux. Aussi M. Karsten pense-t-il qu'on devrait considérer l'oolite comme un *agglomérat* , et par conséquent la renvoyer avec toutes les autres pierres mélan-

---

(*) Le mot *marbre* est pris ici sous l'acception qu'on lui donne ordinairement dans les arts. (*Voy.* ci-dessus, page 527).

gées, et ne plus en former une espèce particulière parmi les minéraux simples ; mais M. Werner n'a point encore adopté cette opinion.

IIᵉ. SOUS-ESPÈCE.

BLÆTTRIGER KALKSTEIN. — LA PIERRE CALCAIRE LAMELLEUSE.

Calcareus marmor lamellosum.

Cette sous-espèce se partage en deux sections ; la première (a) comprend la *pierre calcaire grenue*, et la seconde (b) le *spath calcaire*.

(a)

KŒRNIGER KALKSTEIN. — PIERRE CALCAIRE GRENUE.

Calcareus marmor lamellosum granulare.

Id. Emm. T. 1 , p. 445. — Lenz , T. 1 , p. 399. — W. P. p. 313. — M. L. p. 241. — Wid. p. 496. — *Calcareus micans*, Wall. T. 1, p. 126. — *Calcareus inaquabilis*, ibid. p. 128. — *Marmor unicolor album*, ibid. p. 133. — *Pietra calcarea cristallina*, Nap. p. 337. — *Foliated* ou *Granular limestone*, Kirw. T. 1, p. 84. — *Marbre statuaire et marbre salin*, R. d. L. T. 1 , p. 574. — *Chaux carbonatée saccharoïde*, Haüy. T.

Caractères extérieurs.

SES couleurs les plus ordinaires sont le *blanc de neige*, les *blancs grisâtre*, *jaunâtre*, *verdâtre*, rarement *rougeâtre* ; quelquefois le *gris de fumée*, le *gris de perle*, les *gris bleuâtre*, *verdâtre* ou *rougeâtre* ; les *noirs grisâtre* ou *bleuâtre*, le *jaune-isabelle*, le

PIERRE
CALCAIRE.

rouge de chair, le *rouge brunâtre* et le *brun rougeâtre*. La pierre calcaire grenue est assez ordinairement d'une seule couleur, quelquefois néanmoins elle est *tachetée*, *veinée* ou *rubanée*.

On ne la trouve jamais qu'*en masse*; elle varie entre l'*éclatant* et le *très-brillant*; son éclat tient le milieu entre le *nacré* et le *vitreux*.

Sa cassure est *lamelleuse*, toujours *à lames droites*; mais souvent leur petitesse empêche de les distinguer.

Ses fragmens sont *indéterminés*, *à bords peu aigus*.

Elle se présente en *pièces séparées grenues*, à *petits grains* ou à *grains fins*.

Elle est communément *translucide*; les variétés grise et noire ne le sont que sur les bords.

Elle est *demi-dure*; — *aigre*; — *maigre au toucher* et *un peu froide*; — *médiocrement pesante*.

Pes. spéc. 2,700 à 2,800.

Caractères chimiques.

Elle a les mêmes caractères chimiques que la pierre calcaire compacte commune. Cependant il y a des espèces qui ne font point effervescence avec les acides, ou du moins qui n'en sont attaquées que très-lentement. (*Voyez* ci-après les remarques.)

Parties constituantes.

Ses parties constituantes sont beaucoup moins mélangées que celles de la pierre calcaire compacte. Les

variétés blanches sont du carbonate de chaux presque
pur ; aussi les chimistes et les pharmaciens les calcinent,
pour en retirer la chaux qui doit servir de base à toutes
leurs préparations calcaires.

Caractères physiques.

Certaines variétés, surtout celles nommées *do-lomies* (*voyez* les remarques), donnent une lueur
phosphorique lorsqu'on les gratte un peu forte-
ment dans l'obscurité.

Gissement et localités.

La pierre calcaire lamelleuse grenue appartient
exclusivement aux montagnes primitives (*) : elle
y forme ou des montagnes entières, ou le plus souvent des *couches subordonnées* dans les montagnes
de gneiss, de thonschiefer, de glimmerschiefer :
on y trouve quelquefois d'autres substances disséminées ; les principales sont le mica, le quartz, la
hornblende, le strahlstein, l'asbeste, le hornstein,
le grenat, la serpentine, la galène, la blende, les
pyrites, le fer magnétique ; cependant elle est en
général bien moins mélangée que la pierre calcaire
compacte commune.

On en trouve en Italie (Carare, etc.), dans les
îles de l'Archipel (Paros), en Saxe, en Bohême,
en Suède , en Norwége , en Angleterre , en
France , etc.

(*) A moins qu'elle ne provienne de filons, comme celle
que l'on a citée , qui était mélangée de pétrifications.

Usages.

La pierre calcaire lamelleuse grenue sert aux mêmes usages que la pierre calcaire compacte commune. (*Voyez* plus haut, p. 523). Cependant il faut observer que, ses couleurs étant plus brillantes, plus uniformes, ou mélangées plus réguliérement, les *marbres* qu'elle fournit sont plus recherchés. Ceux de *Carare* et de *Paros*, si connus des artistes, sont des pierres calcaires grenues. Ils ont toujours été employés presque exclusivement par les sculpteurs anciens et modernes; aussi ont-ils été appelés *marbres statuaires*, ou quelquefois *marbres salins*, à cause de leur tissu grenu, semblable à celui d'un sel-cristallisé.

REMARQUES.

1°. Le citoyen Dolomieu est le premier (*) qui ait observé que plusieurs pierres calcaires ne faisaient point effervescence avec les acides, si ce n'est très-lentement, et après avoir été pulvérisées auparavant (**). C'est parmi les monumens antiques de Rome qu'il trouva d'abord des pierres de ce genre. Il en reconnut ensuite beaucoup de semblables dans les montagnes du Tirol, et depuis dans les Alpes. Ces sortes de pierres calcaires se rapportent essentiellement à la pierre calcaire grenue; cependant elles se distinguent des autres par un grain beaucoup plus fin et par une contexture qui ressemble

---

(*) Il paraît que Linnæus en avait déjà fait mention.
(**) *Voyez* le J. de Phys. 1791, T. 2, page 3.

assez à celle du grès ; elles ne sont pas très-solides et s'égrènent assez facilement. Elles sont susceptibles de devenir élastiques. (*Voyez* ci-après). Théodore de Saussure a donné à cette variété de pierre calcaire grenue le nom de *Dolomie*, du nom de celui qui en a fait la découverte ; et ce faible hommage rendu aux talens d'un de nos plus grands géologues a été approuvé de tous les naturalistes qui ont adopté cette dénomination. Th. de Saussure, ayant analysé cette pierre, a obtenu pour résultat, 44,29 de chaux, 5,86 d'alumine, 1,4 de magnésie, 46,1 d'acide carbonique et 0,74 de fer. (J. de Ph. 1792, T. 2, p. 167.)

2°. On a donné le nom de *marbres élastiques* à certaines *pierres calcaires grenues* qui, taillées en plaques minces, ont la propriété de se laisser plier sans se casser, et de revenir ensuite à leur première position. Le premier marbre de cette espèce a été découvert à Rome dans le palais Borghèse ; il provenait d'un bâtiment antique. Dolomieu avait pensé que cette flexibilité provenait d'un desséchement. Fleuriau de Bellevue (*), ayant trouvé depuis un autre marbre élastique au Saint-Gothard, et ayant fait des recherches sur la cause de cette singulière propriété, a confirmé l'explication donnée par Dolomieu, en parvenant à rendre élastiques des marbres blancs (qui sont des pierres calcaires grenues) en les chauffant. Il a réussi, par le même procédé, à rendre flexibles d'autres pierres ; mais il a observé qu'il fallait que leur tissu ne fût point compacte, et que les pierres calcaires compactes n'étaient point susceptibles d'acquérir cette propriété. Le marbre élastique naturel qu'il

______

(*) J. de Ph. 1792, T. 2, p. 86 et 91.

a trouvé au Saint-Gothard, était une *dolomie*. (*Voyez la remarque ci-dessus.*)

On avait découvert antérieurement un *grès élastique* qui avait été rapporté du Brésil. L'analyse qu'en a faite Klaproth n'y a reconnu aucune différence chimique qui le distingue des autres grès. Il y a trouvé 0,96 de silice, un peu d'alumine et d'oxide de fer. (Klap. T. 2, p. 116.)

(b)

KALKSPATH. — LE SPATH CALCAIRE.

Calcareus marmor lamellosum spathum.

Id. Emm. T. 1, p. 455. — Lenz, T. 1, p. 402. — W. P. T. 1, p. 315. — M. L. p. 243. — Variété du *blættriger kalkstein*, Wid. p. 427. — *Spathum*, Wall. T. 1, p. 140. — *Common spar*, Kirw. T. 1, p. 86. — *Spatho calcareo*, Nap. p. 341. — *Calcaire cristallisé*, Lam. p. 29. — *Chaux carbonatée cristallisée*, Haüy. T.

Caractères extérieurs.

SA couleur la plus ordinaire est le *blanc*, dont les variétés sont les *blancs grisâtre*, *rougeâtre*, *verdâtre* ou *jaunâtre*. Il a aussi d'autres couleurs, telles que le *verd-poireau*, le *verd-olive*, le *verd-pistache*; rarement le *jaune de miel*, le *jaune d'ochre*, le *jaune de vin*, le *jaune de cire*; assez souvent le *rouge de chair*, le *rouge brunâtre*; quelquefois le *rouge de rose*, le *gris de fumée*, les *gris verdâtre* et *jaunâtre*; très-rarement le *bleu violet* et le *brun jaunâtre*.

On remarque quelquefois à sa surface un *jeu de couleurs*, surtout dans les cristaux.

On le trouve ou *en masse* ou *disséminé*, rarement sous des formes *imitatives*, *cellulaires*, *stalactiformes*, *réniformes*, *globuleuses*, *amygdaliformes*; mais le plus souvent le spath calcaire est *cristallisé*, et présente des variétés de formes nombreuses, dont voici la description (*).

I. La *pyramide à 6 faces*, *aiguë*; elle est, ou *simple* A, ou *double* B.

    A. *Simple*. Les pyramides simples ne sont autre chose que des sommets de pyramides doubles, ou des pointemens de cristaux dont tout le reste est engagé dans une gangue.

(*) Il faut se rappeler que M. Werner décrit un cristal, en y considérant une *forme principale* ou *dominante* (p. 91). Pour appliquer cette méthode à la description des nombreux cristaux de spath calcaire, il fallait les rapporter à différentes *formes principales*, en réunissant ensemble ceux qui se rapportent à la même forme, et indiquant les *variations* et les *altérations* qui la modifient (p. 94 et 98). Tel est le plan que M. Karsten a suivi dans le muséum de Leske, et M. Werner lui-même dans le cabinet de Pabst. Tous les minéralogistes allemands l'ont adopté à de légers changemens près, et c'est celui que l'on va trouver ici. On voit que tous les cristaux de spath calcaire y sont rapportés à cinq formes principales, qui sont : 1°. *la pyramide à six faces*; 2°. *le prisme à six faces*; 3°. *la table à six faces*; 4°. *la pyramide à trois faces*; 5°. *l'hexaèdre*, qui comprend le rhomboïde et le cube.

a. Une *pyramide à 6 faces , simple , parfaite ,* ayant toutes ses *faces* et tous ses *angles latéraux égaux* (*).

b. Une *pyramide à 6 faces , simple , parfaite ,* ayant toutes ses *faces égales ,* mais réunies *alternativement* sous un *angle aigu* et sous un *angle obtus.*

c. Une *pyramide à 6 faces , simple ,* ayant les *angles de sa base tronqués.*

d. Une *pyramide à 6 faces , simple ,* portant *un pointement obtus à 3 faces un peu convexes.*

e. Une *pyramide très-aiguë à 6 faces , simple , renversée* (**) , ayant alternativement *3 faces concaves* et *3 convexes ,* et portant à sa base *un pointement obtus à 3 faces , placées sur les 3 faces latérales concaves.*

f. Une *pyramide à 6 faces , renversée ,* ayant la surface de sa base *drusique.*

B. *Double.*

a. Deux *pyramides* A, *b* , réunies par leurs *faces , à jointure oblique.* (Le contour de la jointure commune forme un zigzag.)

b. Le même cristal dans lequel les *bords* de la *base commune* sont *tronqués.*

(*) Je ne connais dans le spath calcaire , aucune pyramide à 6 faces , dont les angles latéraux soient égaux.(*Voyez* la note qui termine cette description.)

(**) *Voyez* l'exposition des caractères extérieurs, p. 96.

c. Une *pyramide à 6 faces, double,* et dont les angles de la *base commune* sont *tronqués.*

d. Le cristal précédent dont chaque *sommet* porte un *pointement obtus à 3 faces* un peu *convexes, placées sur 3 bords latéraux* alternans (*).

II. *Le prisme à 6 faces.*

a. Portant *à chaque extrémité un pointement assez aigu à 6 faces, placées sur les bords latéraux* (**).

b. Le même cristal portant sur chaque *sommet des pointemens* un second *pointement obtus à 3 faces, placées sur 3 bords du premier pointement* en alternant.

c. Le même prisme portant *à chaque extrémité un pointement obtus à 3 faces, placées sur les faces latérales en alternant.*

Trois des faces portent un des pointemens , et les 3 autres portent le pointement opposé. (Lorsque le prisme

---

(*) Emmerling et Lenz citent encore une pyramide à 6 faces, double , dans laquelle les faces d'une pyramide correspondent aux bords latéraux de l'autre , et dont les angles sur sa base commune sont tronqués. (J'ai peine à reconnaître cette forme pour un cristal de spath calcaire)

(**) Les faces terminales sont des quadrilatères que l'on prendrait pour des rhombes , et les faces latérales des hexagones alongés , qui n'ont que leurs deux côtés verticaux parallèles. Cette forme est le prisme hexagone combiné avec la pyramide I, A, *b.*

est très-court, cette forme passe à la pyramide à 3 faces
double, ou plutôt au rhomboïde obtus.

d. La même forme que celle du cristal *c*,
excepté que le pointement est aigu.

Les faces du pointement sont quelquefois convexes,
et les bords qui le séparent des faces latérales sont
arrondis.

e. Le prisme *c*, dont les sommets des pointemens sont tronqués.

f. Le *prisme à 6 faces, portant à chaque
extrémité un pointement à 3 faces, placées
sur les bords latéraux en alternant.* Trois
des bords portent un des 2 pointemens, et
les 3 autres portent le pointement opposé.

g. Le *prisme à 6 faces* (3 plus larges et 3
plus étroites alternativement), *portant des
deux côtés un pointement aigu à 3 faces,
placées sur les faces plus larges*, et sur
celui-ci un autre *pointement un peu obtus,
à 3 faces* placées sur celles du premier,
dont les bords sont aussi remplacés par un
biseau.

h. Le *prisme à 6 faces, parfait.*

i. Le même, *tronqué sur tous ses angles.*

k. Le *prisme à 6 faces* (3 plus larges et 3
plus étroites en alternant), *tronqué* sur les
bords terminaux de ses faces plus larges.

III. Une *table à 6 faces* ; elle est, ou parfaite, à

côtés égaux ou inégaux, ou arrondie, ou enfin *lenticulaire*.

IV. La *pyramide à 3 faces* (*).

  A. *Simple*.

    a. Une *pyramide à 3 faces, aiguë, parfaite*.

    b. Une *pyramide à 3 faces, obtuse, parfaite*.

    c. Une *pyramide à 3 faces, aiguë,* tronquée sur les 3 angles de la base.

    d. Une *pyramide à 3 faces, aiguë,* portant un pointement obtus, dont les faces correspondent à ses faces latérales.

  B. *Double* (*Voyez* la note ci-dessus).

    a. Une *pyramide à 3 faces, obtuse, double* (les faces de l'une placées sur les bords de l'autre).

    b. Le précédent cristal , dans lequel les angles de la jointure commune sont tronqués fortement .

    c. Une *pyramide à 3 faces, aiguë, double,* les faces de l'une sur les bords de l'autre.

    d. Le précédent cristal ayant les bords latéraux des deux pyramides tronqués, ou remplacés par un bisellement.

(*) Les *pyramides à 3 faces simples* sont des pointes ou sommets de rhomboïdes , dont l'autre sommet est engagé dans une gangue , et les *pyramides à 3 faces doubles* sont de véritables rhomboïdes complets. (*Voyez* à la fin de la page 93.)

V. L'hexaèdre.

  A. Le rhomboïde.

    a. Le rhomboïde parfait.

    b. Le rhomboïde, avec des faces convexes.

    c. Le rhomboïde *a*, ayant ses 6 bords obtus, opposés, tronqués. (Ils sont réunis 3 à 3 en un même point, et on peut considérer le cristal comme une pyramide double, composée de deux pyramides à 3 faces, opposées faces contre bords, ayant leurs bords latéraux tronqués, et ceux de la jointure commune intacts.)

    d. Le cristal précédent, qui, en le considérant encore comme une pyramide double, a les angles de la jointure comme tronqués.

  B. Le cube (ce n'est point un cube parfait, mais un rhomboïde. *Voyez* la note ci-après).

Telles sont les variétés de forme que présentent les cristaux de spath calcaire (*) : on en trouve de tous les degrés de grosseur.

(*) En parcourant toutes les variétés de spath calcaire que l'on rencontre dans les collections, on en trouverait peu que l'on ne pût rapporter à quelqu'une des descriptions précédentes. Cependant on serait obligé de rapporter plusieurs variétés très-différentes à une même description. Cette espèce d'irrégularité dans la méthode descriptive de M. Werner, provient de ce qu'il n'a pas tenu compte de la mesure des angles et de la relation des formes *secondaires* à la forme

La manière dont ils sont groupés mérite aussi quelqu'attention, attendu que les mêmes formes

primitive. La désignation d'*obtus* ou *aigu*, appliquée à un pointement, à une pyramide double, peut suffire dans les descriptions des espèces qui n'offrent pas des variétés de cristaux nombreuses. Mais dans le spath calcaire, dont la nature se plaît à modifier les formes de tant de manières, on voit qu'elle n'a pas une précision suffisante.

Ainsi, par exemple, on a observé six rhomboïdes différens dans le spath calcaire, et il n'y en a que quatre tout au plus qui soient compris dans les descriptions précédentes, (sous les numéros IV B *a*, IV B *c*, V A et V B). — Il y a aussi deux sortes de prismes à 6 faces, et trois sortes de pyramides à 6 faces.....

C'est principalement au citoyen Haüy que l'on est redevable de la découverte des caractères géométriques qui distinguent si essentiellement les formes du spath calcaire en apparence semblables. On les trouvera exposés dans son Traité, avec cette clarté et cette précision qui leur sont propres. Cependant il m'a paru qu'il ne serait pas inutile de donner ici un aperçu de ses résultats, au moins quant à ce qui concerne les formes principales.

Pour ne pas m'écarter de la méthode descriptive de M. Werner, je rapporterai tous les cristaux à des formes principales ; mais je les réduirai à trois : le *rhomboïde*, le *prisme à 6 faces* et la *pyramide à 6 faces* ; la pyramide à 3 faces étant réunie au rhomboïde, et la table à 6 faces au prisme à 6 faces.

1°. Le *rhomboïde*. Il est bon d'annoncer que le rhomboïde doit être considéré, non pas comme un hexaèdre, mais comme *une pyramide à 3 faces, double, bord contre face*,

 affectent assez ordinairement les mêmes groupes,
surtout dans un même endroit.

---

en prenant pour *sommet* l'angle solide qui est formé de la
réunion de trois angles plans égaux. Les trois bords qui se
joignent au sommet seront les *bords latéraux*, et les autres
les *bords de la jointure commune*. On distingue dans le spath
calcaire six variétés de rhomboïdes. *a.* Un rhomboïde ayant
son angle au sommet de 101° 32′ 13″. C'est la forme primitive du spath calcaire, puisque le *clivage* se dirige parallélement à ses faces. Les autres vont être distingués de même
par la valeur de leur angle au sommet, et par la direction
du clivage ; ce qui donnera leur correlation avec la fo me
primitive. — *b.* Angle au sommet 87° 42′ 30″. Clivage
dirigé obliquement sur les trois bords latéraux. C'est cette
forme que l'on a prise pour un *cube*, dont elle ne diffère en
effet que de deux degrés. (*Voyez* ci-dessus la forme V B).
— *c.* Angle au sommet 114° 18′ 56″. Clivage passant par
deux diagonales obliques des faces voisines. — *d.* Angle au
sommet 75° 31′ 20″. Clivage dirigé parallélement à chacun
des 3 bords latéraux. — *e.* Angle au sommet 45° 34′ 22″.
Clivage dirigé par chaque diagonale horizontale en s'incli-
nant. — *f.* Angle au sommet 37° 31′ 4″. Clivage dirigé
comme dans le rhomboïde *b*, mais plus obliquement, eu
égard aux bords latéraux.

2°. Le *prisme à 6 faces :* il y en a deux variétés, qui ont
tous deux leurs angles latéraux de 60° chacun, mais qui diffèrent en ce que, dans l'un *a*, le clivage se dirige sur 3 faces
latérales alternativement, et dans l'autre *b*, sur 3 bords latéraux alternativement. Le premier est très-commun, et le
second au contraire est très-rare.

3°. *La pyramide à 6 faces.* On ne la considère que comme

Les

Les pyramides à *6* faces simples sont souvent réunies en forme de *boules*, de *faisceaux* ou d'*étoiles*.

---

double. Il y en a trois espèces, qui toutes ont cela de commun, qu'elles ont deux sortes d'angles latéraux placés alternativement, et que la jointure commune des deux pyramides est en zigzag ; la première *a*, a son plus grand angle latéral de 144° 20′ 26″, et le plus petit de 104° 28′ 40″. Le clivage se dirige par deux bords contigus de la jointure commune. C'est cette forme que l'on a nommée *spath à dent de cochon*, et qui est décrite plus haut sous le n°. I B, *a*. — La seconde *b*, a son plus grand angle de 153° 13′ 58″, et son plus petit de 92° 3′ 10″. Le clivage se dirige vers chacun des 3 bords latéraux aigus obliquement. Cette forme a été décrite et représentée par le citoyen Haüy. (Jou*r*n. des M. n°. 14, p. 11).—La troisième *c*, n'a pas encore été trouvée complète. Son plus grand angle latéral est de 159° 11′ 34″, et son plus petit angle de 137° 39′ 26″. Le clivage passe par deux des bords latéraux aigus. On voit que, dans cette dernière, les angles latéraux sont peu différens, ce qui les aura fait croire égaux ; et c'est probablement la forme décrite plus haut I A *a*.

Telle est la détermination exacte et géométrique des formes principales du spath calcaire ; ceux qui ne connaissent pas la théorie du citoyen Haüy, seront étonnés de voir les valeurs des angles déterminées à moins d'une seconde près ; mais ils seront convaincus, par son ouvrage, de l'exactitude de ces résultats, qui sont d'ailleurs constamment d'accord avec ceux du goniomètre.

Quant aux *altérations* que subissent ces *formes principales*, elles ont été indiquées plus haut. Il est bon cependant d'observer que les faces des troncatures ou pointemens qu'elles

Il en est de même des pyramides à 3 faces simples.

Les pyramides à 6 faces, doubles, sont, ou engagées par un de leur sommet, ou adhérentes latéralement; elles sont, dans ces deux cas, disposées *par rangs* ou *en roses*.

Les prismes à 6 faces sont souvent amoncelés *les uns sur les autres* en *forme d'escalier,* ou *en faisceaux* ou en *masses réniformes*. On en peut dire autant des rhomboïdes et des cubes, qui néanmoins sont souvent superposés de même que les pyramides à 6 faces.

On a trouvé des spaths calcaires en pyramide à 3 faces, aigus, *creux*. On a aussi cité des prismes dont le centre était d'une autre couleur.

La surface des cristaux est le plus souvent *lisse ;* du reste, leur éclat extérieur varie depuis le *mat* jusqu'au *très-éclatant*. Ils sont cependant ordinairement *éclatans*.

A l'intérieur, ils sont ordinairement *très-éclatans* ou *éclatans ;* c'est l'éclat du *verre,* quelquefois l'éclat *nacré*.

La cassure est constamment *lamelleuse,* à lames *droites* ou *planes ;* très-rarement à *lames sphériques*.

---

subissent, appartiennent presque toujours à une autre forme principale ; qu'ainsi la plus grande partie des variétés de formes observées dans le spath calcaire, sont des *combinaisons de plusieurs formes principales ensemble, dont une est dominante*.

Le clivage est triple ; les 3 sens de lames sont bien déterminés ; aussi les fragmens sont-ils toujours rhomboïdaux (*).

Le spath calcaire en masse se présente communément en *pièces séparées, grenues, à gros* et *très-gros grains;* rarement à *petits grains,* quelquefois en *pièces séparées, testacées, minces,* ou *scapiformes parfaites* ou *cunéiformes.* Celles-ci sont *striées en longueur.*

La transparence varie beaucoup. Il en est de parfaitement diaphanes, qui donnent très-bien l'effet de la *double image* (**) : il y en a d'autres qui ne sont que translucides.

Il est *demi-dur,* passant au *tendre;* — *aigre;* — *facile à casser;* — *médiocrement pesant.*

Pes. spéc. environ 2,700.

(*) *Voyez,* dans la note précédente. L'inclinaison de chaque sens de lame, relativement à l'axe de chaque forme principale, est toujours de 45° dans tous les cristaux de spath calcaire.

(**) Le spath calcaire est la première substance minérale dans laquelle on ait observé la propriété de la double image; aussi on l'avait nommé *doppelspath* ou *spath doublant.* Cette propriété singulière a exercé la sagacité de Newton, Huygens, Buffon et autres savans physiciens. Le citoyen Haüy se propose, dans son ouvrage, de développer les résultats de leurs recherches, et de celles qu'il a faites lui-même sur cet objet.

Caractères physiques.

Quelques variétés de spath calcaire, surtout ceux du Derbyshire, sont phosphorescens sur les charbons ardens. (HAUY).

Caractères chimiques.

Ils sont les mêmes que ceux des autres pierres calcaires. Lorsque le spath calcaire est transparent, il ne contient uniquement que de la chaux et de l'acide carbonique, dans la proportion de 55 à 34 sur 100. L'eau de cristallisation forme les $\frac{11}{000}$ restans d'après Bergmann.

Usage.

On n'emploie guère le spath calcaire que pour en retirer, soit l'acide carbonique, soit la chaux dans un état de pureté parfaite pour les préparations chimiques.

Gissement et localités.

Le spath calcaire se trouve, soit dans les filons des montagnes primitives, soit dans de petites cavités au milieu des pierres calcaires stratiformes. C'est dans les filons qu'on le trouve le plus abondamment, et en cristaux de formes plus variées et mieux déterminées. Il y est accompagné de quartz, de spath fluor, de spath pesant, de feldspath, de pyrites, de galène et de beaucoup d'autres substances métalliques.

Il est d'ailleurs très-commun, et on aurait peine à citer quelques pays où il n'ait pas été trouvé. Les cristaux les plus beaux viennent de l'Islande, du Derbyshire, du Harz : on en trouve aussi beaucoup en Saxe, en France, en Espagne, etc.

Les gros rhomboïdes de spath calcaire transparens qui nous viennent d'Islande, et qu'on a nommés *spaths d'Islande*, sont ordinairement le produit de la rupture de cristaux en pyramides doubles à *6* faces.

Les cristaux que l'on a appelés *grès cristallisés de Fontainebleau*, sont de véritables rhomboïdes (*voyez* ci-dessus p. *546*, forme *d*) de spath calcaire, qui, en cristallisant, ont été pénétrés de molécules de grès.

Le spath calcaire se rapproche souvent beaucoup du *braunspath* et du *fer spathique*.

IIIe. SOUS-ESPÉCE.

FASRIGER KALKSTEIN. — LA PIERRE CALCAIRE FIBREUSE *ou* LA STALACTITE CALCAIRE.

Calcareus marmor stalactites.

Id. Emm. T. 1, p. 469. — *Strahliger kalkstein*, M. L. p. 265. — *Kalksinter*, ibid. p. 267. — *Id.* W. P. p. 328. — *Id.* Lenz, p. 409. — *Id.* Wid. p. 505. — *Stalactites.... Stiria fossilis*, Wall. T. 2, p. 386. — *Stalagmites*, ibid. p. 387. — *Stalactites.... incrustatum*, ibid. p. 380. — *Stalactite* et *stalagmite*, R. D. L. T. 1, p. 554. — *Fibrous limestone*, Kirw. T. 1, p. 88. — *Tartaro calcareo fibroso*, Nap. p. 347. — *Chaux carbonatée stalactite, coralloïde* et *incrustante*, Haüy. T.

Caractères extérieurs.

SA couleur la plus ordinaire est le *blanc*, soit le *blanc de neige*, soit le *blanc grisâtre*, *verdâtre* ou *jaunâtre*; rarement le *verd-serin*, le *jaune de vin* ou *de miel*, le *jaune-isabelle*; le *brun jaunâtre* ou *rougeâtre*, le *rouge fleur de pêcher*, le *gris jaunâtre*, etc. quelquefois les stalactites sont *rubanées* ou *veinées*.

On la trouve très-rarement *en masse*; le plus souvent elle est *en couche superficielle* ou elle se présente sous beaucoup de *formes imitatives*. Il y a des stalactites *rameuses* ou *coralloïdes* (le flosferri), *uviformes*, *réniformes*, *globuleuses*, *tuberculeuses*, *cylindriques*, *tubiformes*, *claviformes*, *cellulaires*, etc.

Sa surface est ordinairement *rude*, souvent *drusique*, rarement *lisse*.

A l'intérieur, elle est ordinairement *brillante*, quelquefois *un peu éclatante*, quelquefois aussi *matte*; c'est un *éclat soyeux*.

Sa cassure est *fibreuse*, à *fibres capillaires* presque toujours *droites*, ordinairement réunies en *faisceaux* ou *en étoiles*, rarement *parallèles*; quelquefois la cassure est *rayonnée*.

Elle ne se présente point communément en *pièces séparées*: cela a lieu néanmoins quelquefois. Elles sont ou *testacées concentriques*, ou rarement *grenues à gros grains*.

Ses fragmens sont *cunéiformes* et *esquilleux*, rarement *indéterminés*, à bords assez aigus.

Le plus souvent elle n'est que *translucide*; quelquefois même seulement *sur les bords*; rarement *demi-diaphane*. (L'albâtre).

Elle tient le milieu entre *le demi-dur* et *le tendre*; — elle est *aigre*; — *facile à casser*; — *un peu froide*; — *médiocrement pesante*.

Pes. spéc. GMELIN , 2,728.

Caractères chimiques.

Elle a les mêmes caractères chimiques que les pierres calcaires précédentes. Bergmann y a trouvé 64 de chaux, 34 d'acide carbonique et 2 d'eau.

Usages.

On calcine quelquefois les stalactites calcaires, pour en faire de la chaux. On les polit aussi comme marbres (*voyez* ci-dessus p. 534) lorsqu'elles se rencontrent en assez grandes masses. Ces *marbres* ont souvent reçu, surtout chez les anciens, le nom d'*albâtre*; mais on verra ci-après, que le gypse compacte poli est aujourd'hui dans les arts la substance à laquelle on donne le plus ordinairement ce nom.

L'*albâtre calcaire*, dont il est ici question, est distingué assez souvent de l'*albâtre gypseux* par le

 nom d'*albâtre oriental*. (*Voyez* R. d. L. T. 1,
p. 561) (*).

Gissement et localités.

La stalactite calcaire est un dépôt de parties
calcaires, formé peu à peu par les eaux qui filtrent
continuellement dans les cavités et les grottes si
fréquentes dans les montagnes calcaires stratiformes. Elles y sont déposées, ou par couches sur le
sol dont elles prennent la forme, ou suspendues au
toît de ces grottes ; c'est surtout dans ce dernier
cas, qu'elles prennent toutes ces *formes imitatives*
singulières dont il a été question plus haut, et
dans lesquelles l'imagination a souvent cru trouver
de la ressemblance avec des êtres organisés. On
peut voir à cet égard les descriptions qu'on a
données des grottes d'Auxelles, d'Arcy et d'Anti-
paros, etc.

Outre ces grottes fameuses, on peut en citer
encore d'autres, telles que celles de Baumann au
Harz, celle de Balme en Savoie, décrite par de
Saussure, etc.

Beaucoup de sources, surtout celles d'eaux
chaudes, forment aussi, dans les lieux où elles pas-

(*) Quelques stalactites ont la propriété de laisser filtrer
l'eau, et sont employées comme *pierres filtrantes*.

Les *tufs* (*voyez* la remarque ci-après) possèdent aussi
très-souvent la même propriété.

sent, des dépôts calcaires, qui doivent être re-gardés comme des variétés de stalactites. On peut citer particuliérement celles de Carlsbad en Bohême (*) et de Saint-Philippe en Toscane (**).

PIERRE CALCAIRE.

R E M A R Q U E S.

On a vu, par la description de cette sous-espèce, qu'elle ne renferme que les pierres nommées communément *stalactites*.... que sa cassure est toujours *fibreuse*, etc. Cependant il y a des pierres calcaires qui ne peuvent se rapporter à aucune des précédentes, qui se rapprochent au contraire beaucoup de celle-ci, mais qui n'ont pas comme elle la *cassure fibreuse*..... Tels sont entr'autres les *tufs calcaires*, les *ostéocolles* et autres dépôts semblables formés par les eaux, soit dans leur lit, soit sur des branches d'arbres et autres débris de végétaux : Widenmann les a compris dans une sous-

---

(*) Il faut bien distinguer les stalactites de Carlsbad d'avec les pisolites du même lieu, qui forment la sous-espèce suivante.

(**) On a profité très-ingénieusement de cette propriété des eaux de Saint-Philippe, en suspendant au parois des bassins dans lesquels elles tombent, des moules creux de bas-reliefs. Au bout d'un certain tems on a retiré ces moules entiérement recouverts d'un dépôt solide très-blanc et très-fin qui, se détachant facilement, présente l'empreinte des bas-reliefs.

On assure qu'il existe dans plusieurs églises de Lima au Pérou, des statues, des vases et des bénitiers très-beaux, qui ont été moulés d'une manière semblable, à l'aide d'une fontaine incrustante qui se rencontre près de Guankabelika.

espèce particulière, sous le nom de *stalactite compacte*, (*Dichter kalksinter*) pag. 508, à laquelle il réunit la pisolite. Napione a suivi la même méthode, si ce n'est qu'il sépare les vraies stalactiques compactes des tufs dont il fait une espèce particulière, et dans laquelle il comprend le *travertino* des environs de Rome, que d'autres minéralogistes regardent comme une pierre calcaire compacte. (*Voyez* ci-dessus pag. 526). D'un autre côté, en cherchant dans le vocabulaire de Reuss le mot *tuf* (tuphstein), ou les *tofs* de Vallérius, il renvoie à la *pierre calcaire fibreuse*, qui est la stalactite..... ce qui n'est pas exact, au moins d'après la description ci-dessus, qui est tirée d'Emmerling; car il aurait fallu ajouter qu'elle se trouve souvent sous forme *cellulaire* ou *cariée*; que sa cassure est, dans certains cas, *terreuse* ou *inégale*; qu'elle renferme souvent des débris végétaux, qui caractérisent un dépôt fluviatile, et autres indications qui se rapportent aux *tufs* et non aux vraies *stalactites*.

J'adopterais donc volontiers la division de Widenmann, à moins qu'on voulût ne pas admettre les tufs dans l'oryctognosie, et les renvoyer à la géognosie. (*Voyez* l'Introd. §§. 3 et 31.) Mais il faudrait en agir de même relativement à l'agaric minéral, à la lave, à la pierre-ponce, etc. ce qui serait contraire aux principes de Werner, qui veut que tout minéral simple en apparence trouve sa place en oryctognosie.

IVe. SOUS-ESPÈCE.

ERBSENSTEIN. — LA PIERRE DE POIS

OU LA PISOLITE.

Calcareus marmor pisolithus.

Id. Emm. T. 1, p. 475. — Lenz, T. 1, p. 411. — W. P. T. 1, p. 330. — M. L. p. 270. — *Dichter kalksinter,* Wid. p. 508. — *Stalactites pisolithus,* Wall. p. 384. — Var. du *oviform limestone,* Kirw. T. 1, p. 91. — Var. du *tartaro calcareo denso,* Nap. p. 349. — Var. de la *chaux carbonatée globuliforme,* Haüy. T.

Caractères extérieurs.

Sa couleur est le *blanc,* soit le *blanc de neige,* soit le *blanc grisâtre, rougeâtre* ou *jaunâtre;* ce dernier passe souvent au *jaune-isabelle* et au *brun jaunâtre.*

On ne le trouve qu'*en masse;* dans les cavités qui s'y rencontrent, sa surface est *uviforme* ou *réniforme.*

A l'intérieur, elle est *matte.*

Sa cassure est assez difficile à déterminer; elle paraît être *unie.*

Ses fragmens sont *indéterminés, à bords assez aigus.*

Elle se présente *en pièces séparées, testacées, concentriques, minces,* qui se réunissent, et for-

 ment des *pièces séparées grenues*, *à gros grains*
ou *à petits grains* (*).

Elle est *opaque*, très-rarement *un peu translucide
sur les bords* ; — *tendre* ; — *aigre* ; — *peu froide* ;
— *médiocrement pesante*.

Gissement et localités.

La pisolite se trouve à Carlsbad en Bohême,
où elle est connue depuis long-tems, et où on en
a trouvé derniérement une couche entière en creu-
sant les fondations d'une nouvelle église.

Chacun des grains de la pisolite a pour noyau
un grain de sable ; ce qui explique son origine d'une
manière assez vraisemblable, en supposant que ces
grains de sable ont été d'abord suspendus au milieu
de l'eau, où ils se sont incrustés peu à peu, et d'où
ils se sont précipités lorsqu'ils sont devenus trop
pesans. Les sources d'eaux chaudes qui abondent à
Carlsbad rendent cette opinion encore plus probable.

On a trouvé aussi des pisolites en Hongrie et en
Silésie (Perscheesberg).

REMARQUE.

Quelques minéralogistes regardent les incrustations
globuleuses dites *dragées de Tivoli*, *confetti di Tivoli*,
comme des pisolites ; d'autres au contraire les réunissent
aux stalactites.

(*) Ou autrement en grains ronds, composés de couches concentriques ; ils ont dans le milieu un grain de sable,
en quoi ils diffèrent beaucoup de l'*oolite*. (*V.* le gissement).

QUATRIÈME ESPÈCE.

SCHAUMERDE. — L'ÉCUME DE TERRE.

CALCAREUS TERROSUS NITIDUS.

Id. Emm. T. 1, p. 484. — *Schaumkalk*, Lenz, p. 392.

Caractères extérieurs.

SA couleur varie entre le *blanc jaunâtre* et le *blanc verdâtre*; quelquefois elle est d'un *blanc d'argent.* Sa consistance est entre *le solide* et *le friable.*

On la trouve *en masse* ou *disséminée.*

A l'intérieur, elle est *éclatante*, mais le plus souvent *peu éclatante*; c'est un éclat nacré qui passe à l'éclat demi-métallique.

Les variétés solides ont une cassure lamelleuse un peu courbe.

Leurs fragmens sont indéterminés, à bords obtus. Elles se présentent en pièces séparées *grenues*, *à grains plus ou moins gros.* Les variétés friables sont composées de parties *écailleuses.*

L'écume de terre est *opaque*; — *tachante*; — toujours *agglutinée*; — *très-tendre*, passant au *friable*; — *douce* et un *peu grasse* au toucher, ou plutôt *soyeuse*; — *légère.*

Caractères chimiques et parties constituantes.

L'écume de terre fait une effervescence vive

avec les acides, et s'y dissout. Wiegleb, qui l'a analysée, n'y a trouvé que de la chaux et de l'acide carbonique.

Gissement et localités.

On l'a trouvée en Allemagne, à Gera en Misnie et à Eisleben en Thuringe, dans des montagnes de cette pierre calcaire stratiforme, que l'on a appelée dans le pays *rauchwacke*. (On n'en donne pas de plus ample désignation.)

REMARQUES.

Werner, dans sa traduction de la minéralogie de Cronstedt, avait rangé l'écume de terre avec le talc terreux (talkerde) ; mais l'analyse de Wiegleb l'a déterminé à en former une espèce particulière dans le genre calcaire. Emmerling pense qu'on devrait peut-être la réunir au *schieferspath*.

Widenmann et Napione la regardent comme une variété d'*agaric minéral*.

CINQUIÈME ESPÈCE.

SCHIEFERSPATH. — LE SPATH SCHISTEUX
ou LE SCHIEFERSPATH.

CALCAREUS SCHISTO-SPATHOSUS.

Id. Emm. T. 1, p. 477. — Lenz, T. 1, p. 412. — Wid. p. 513. — W. P. T. 1, p. 331. — M. L. p. 272. — *Schisto spatho*, Nap. p. 355. — *Argentine*, Kirw. T. 1, p. 105. — *Schiffer-spath*, Lam. T. 2, p. 385.

Caractères extérieurs.

SA couleur est le *blanc grisâtre, rougeâtre, verdâtre* ou *jaunâtre.*

On ne le trouve qu'*en masse* ou *disséminé.*

A l'intérieur, il est *éclatant,* passant au *peu éclatant,* d'un *éclat nacré.*

Sa cassure est *lamelleuse, à lames courbes* et *ondulées* ; en grand, elle est *schisteuse.*

Ses fragmens sont le plus souvent *en forme de plaques,* rarement *indéterminées, à bords assez obtus.*

Il se présente *en pièces séparées grenues, à gros* et *très-gros grains,* rarement *à petits grains* ; quelquefois aussi *en pièces séparées, testacées, courbes* et *minces.*

Il est toujours un peu *translucide sur les bords ;* — *tendre ;* — *aigre* et *facile à casser ;* — *un peu gras au toucher ;* — *médiocrement pesant.*

Caractères chimiques.

Il fait une vive effervescence avec les acides, et beaucoup plus même que le spath calcaire.

Gissement et localités.

On a trouvé le schieferspath à Bermsgrün près de Schwarzenberg en Saxe, dans une couche de pierre calcaire, où il est accompagné de galène et

SCHIEFERSPATH de blende brune : on en trouve aussi à Kongsberg en Norwége (*).

REMARQUE.

On le rangeait autrefois parmi les spaths calcaires, mais il en diffère essentiellement par ses caractères extérieurs ; et peut-être trouvera-t-on quelque jour qu'il en diffère aussi dans ses parties constituantes. Il paraît d'ailleurs avoir beaucoup de rapports avec le *schaumerde* et le *braunspath*.

SIXIÈME ESPÈCE.

BITTERSPATH. — LE SPATH MAGNÉSIEN
ou LE BITTERSPATH.

Id. Emm. T. 3, p. 353. — Lenz, T. 1, p. 389. — Wid. p. 518. — *Spato magnesiano*, Nap. p. 358. — *Cristallized muricalcit*, Kirwan, T. 1, p. 92. — *Bitterspath*, Lam. T. 2, p. 347. — *Chaux carbonatée magnésiée*, Haüy. T.

Caractères extérieurs.

SA couleur est le *blanc grisâtre*, qui passe quelquefois au *gris de fumée*, au *gris de perle*, au *gris jaunâtre*, au *jaune d'ochre*, au *jaune de miel*, au *brun de gérofle*, ou enfin au *brun jaunâtre* ou *rougeâtre*.

On le trouve *en masse*, ou *disséminé* en pièces

(*) Napione en a trouvé en Sardaigne, dans la mine d'Iglesias.

subrhomboïdales

subrhomboïdales au milieu d'une roche talqueuse, bitterspath.
ou enfin évidemment *cristallisé*.

Ses formes sont :

a. Le *rhomboïde*, ou *parfait*, ou *arrondi*, ou faiblement *tronqué*.

Ses cristaux sont le plus souvent *implantés* et *disséminés*, rarement *groupés*. Il y en a de très-petits et de moyenne grosseur.

Leur surface extérieure est *un peu éclatante*, ou seulement *brillante*, (le plus souvent elle est recouverte de talc ou d'asbeste).

A l'intérieur, le bitterspath est *éclatant*, et passe au *très-éclatant*.

C'est un éclat *vitreux* qui passe à l'éclat *nacré*.

Sa cassure est *lamelleuse*, *à lames droites*. Le clivage est *triple*.

Ses fragmens sont *rhomboïdaux*.

Le bitterspath non cristallisé n'est que *translucide sur les bords*, rarement entiérement *translucide*. Les cristaux sont quelquefois *demi-diaphanes*.

Il donne une *raclure* presque d'un *blanc de neige* ; — il est *demi-dur*, plus que le spath calcaire ; — *aigre* ; — *facile à casser* ; — *médiocrement pesant*.

Pes. spéc. D'après klaproth, 2,480.

Caractères chimiques.

Traité au chalumeau sans addition, il devient gris ou brun, sans éclater et sans se fondre. Il ne bitterspath. blanchit pas non plus comme le spath calcaire. Il ne fait point ou presque point d'effervescence avec les acides ; il faut pour cela qu'il ait été réduit en poudre auparavant.

Parties constituantes.

D'après l'analyse de KLAPROTH, T. 1 , p. 304.

Celui du Tirol.   *Celui de Suède.*

	Celui du Tirol	Celui de Suède
Carbonate de chaux	52	73.
Carbonate de magnésie	45	25.
Oxides de fer et de mangan..	3	2.25.
	100.	100.25.

Gissement et localités.

Les montagnes du Tirol et du Salzbourg, le Taberg dans le Wermeland en Suède, sont les principaux lieux où on a trouvé le bitterspath : on en a cité aussi à Brienz en Suisse.

Il est toujours accompagné de substances minérales du genre magnésien, telles que l'asbeste, la trémolithe et le talc. Il se trouve disséminé dans des roches de chloritschiefer, de serpentine et de talc endurci.

REMARQUES.

Son nom de *bitterspath* lui vient de ce qu'il contient de la magnésie, qui est souvent nommée *bittersalzerde*, ou *terre du sel amer*, nom qu'a porté long-tems le sulfate de magnésie. C'est donc à tort qu'on a traduit

le mot *bitterspath* par *spath amer*. Estner l'a nommé *talk-* BITTERSPATH.
spath ou *spath talqueux*, d'après le même principe.

Quelques minéralogistes allemands regardent le *bit-terspath* comme une variété de *braunspath*, et en cela ils s'accordent avec les minéralogistes français, qui regardent l'un et l'autre comme des spaths calcaires accidentellement mélangés; opinion qui est appuyée sur la conformité de leurs formes cristallines avec celles du spath calcaire, mais il paraît qu'elle n'a pas encore été adoptée par Werner.

SEPTIÈME ESPÈCE.

BRAUNSPATH. — LE SPATH BRUNISSANT
ou LE BRAUNSPATH.

CALCAREUS SPATHUM BRUNESCENS.

Id. Emm. T. 1, p. 479. — Lenz, T. 1, p. 413. — Wid. p. 515. — W. P. T. 1, p. 331. — M. L. p. 273. — *Brunispato*, Nap. p. 356. — *Sidero-calcite*, Kirw. T. 1, p. 105. — *Spath perlé*, R. d. L. T. 1, p. 605. — *Chaux manganésiée*, D. B. T. 1, p. 334. — *Chaux carbonatée ferrifère*, Haüy. T.

Caractères extérieurs.

SES couleurs les plus ordinaires sont le *blanc de lait*, le *blanc grisâtre*, *jaunâtre* ou *rougeâtre*; il passe quelquefois au *rouge de rose*, au *rouge de chair*, au *rouge de sang* et au *rouge brunâtre*.

L'exposition à l'air change peu à peu sa couleur: il devient d'un *gris jaunâtre* ou d'un *jaune-isabelle*,

BRAUNSPATH. ou enfin d'un *brun noirâtre, jaunâtre* ou *rougeâtre*. Ces altérations de couleur pénètrent souvent jus-qu'à l'intérieur.

On le trouve en *masse* ou *disséminé,* ou plus rarement en pièces *réniformes, globuleuses* ou *cariées*. Toutes ces formes extérieures imitatives ont une *surface drusique*. On le trouve très-souvent aussi *cristallisé*.

Ses formes sont :

a. La *lentille parfaite*.

b. Le *rhomboïde,* ou *parfait,* ou avec des faces *cylindriques, convexes* ou *concaves*.

c. La *pyramide double, composée de deux pyramides à 3 faces obtuses*.

d. La *pyramide simple à 3 faces, aiguë*.

e. La *pyramide simple à 6 faces, aiguë,* ayant alternativement *un angle aigu et un angle obtus* (*).

Ces cristaux sont ou *petits et très-petits,* ou de *moyenne grandeur*.

La surface des cristaux est *drusique,* rarement *lisse*.

A l'extérieur, ces cristaux sont *éclatans* ou *peu éclatans,* rarement *très-éclatans*.

A l'intérieur, le braunspath est *peu éclatant* ou *éclatant;* c'est un *éclat nacré,* qui passe quelquefois à l'éclat *vitreux*.

(*) On peut remarquer que ces cristaux appartiennent tous au spath calcaire.

Sa cassure est *lamelleuse*, mais moins que celle BRAUNSPATH. du spath calcaire ; les lames sont toujours plus ou moins *courbes*. Il y a trois sens de lames (ou un *clivage triple*).

Ses fragmens sont *rhomboïdaux*, ayant *toutes leurs faces miroitantes*.

Il se présente *en pièces séparées* ; elles sont *grenues*, à *grains plus* ou *moins gros*, rarement *testacées*.

Il n'est le plus souvent *translucide* que *sur les bords* ; — *demi-dur*, un peu plus que le spath calcaire ; — *aigre* ; — *facile à casser*, donnant une *raclure* d'un *blanc grisâtre* ; — *médiocrement pesant*.
Pes. spéc. 2,837.

Caractères chimiques.

Traité au chalumeau il ne se fond pas ; et loin de blanchir, comme le spath calcaire, il noircit au contraire, et s'endurcit ; il ne fait qu'une lente effervescence avec les acides ; il faut qu'il ait été un peu pulvérisé auparavant.

Parties constituantes.

Carbonate de chaux......	50	
Oxide de fer...........	22	BERGMANN.
Oxide de manganèse......	28	
	100.	

Usage.

Emmerling dit que le braunspath calciné et mêlé avec du sable, forme un mortier excellent

 qui peut être employé avec avantage dans les constructions sous l'eau.

Gissement et localités.

On trouve du braunspath en Bohême, en Saxe,
en France, au Harz, en Souabe, en Suède, en
Hongrie, etc.

Il est en quelques endroits presque plus abondant que le spath calcaire ; en Saxe, il constitue
plusieurs filons puissans, très-riches en métaux ; il
est ordinairement accompagné de quartz, de spath
calcaire, de spath fluor, de spath pesant, de blende
jaune et noire, de galène, de fer spathique, de
pyrites, de différentes mines d'argent, même d'argent natif.

REMARQUES.

Il est souvent très-difficile de distinguer le braunspath d'avec certains spaths calcaires, ou d'avec le fer
spathique, avec lesquels il a beaucoup de rapports.
L'on observe de fréquens passages de l'un à l'autre.

C'est cette substance que l'on a désignée long-tems
en France sous le nom de *spath perlé*, en la considérant comme une simple variété de spath calcaire.
(*Voyez* la remarque qui termine l'espèce précédente.)

HUITIÈME ESPÈCE.

STINKSTEIN. — LA PIERRE PUANTE.

CALCAREUS SUILLUS.

Id. Emm. T. 1, p. 487. — Lenz, T. 1, p. 417. — Wid. p. 521. — W. P. T. 1, p. 335. — M. L. p. 276. — *Spathum frictione fœtidum, lapis suillus*, Wall. T. 1, p. 148. — *Swinestone,* Kirw. T. 1, p. 89. — *Pierre calcaire puante* ou *pierre puante*, Lam. T. 2, p. 58. — *Chaux carbonatée fétide*, Haüy. T.

Caractères extérieurs.

Sa couleur est le *noir grisâtre* ou le *gris de fumée foncé*; elle passe quelquefois au *gris jaunâtre*, au *jaune-isabelle* ou au *brun noirâtre*.

On ne la trouve qu'*en masse*.

A l'intérieur, elle n'est que *brillante*, quelquefois même *matte*.

Sa cassure est tantôt *écailleuse*, à *fines écailles* (les variétés, jaune-isabelle, noires et grises ; la noire passe à la cassure *conchoïde*), tantôt *terreuse* ou *inégale*, à *grain fin* (les variétés, d'un gris jaunâtre) ; quelquefois elle prend un aspect *lamelleux*, qui donne souvent, *en grand*, une cassure *schisteuse*.

Ses fragmens sont tantôt *esquilleux*, tantôt *en forme de plaques*, tantôt *indéterminés*.

Elle se présente quelquefois en *pièces séparées grenues*, à *petits grains*.

Elle est le plus souvent *opaque*; très-rarement un peu *translucide sur les bords*.

Elle donne une *raclure* d'un *blanc grisâtre*.

Elle est *demi-dure*, quelquefois *tendre*; — *aigre*; — *facile à casser*; — *peu froide au toucher*; lorsqu'on la frotte, elle dégage une forte odeur *urineuse*; — *médiocrement pesante*.

Caractères chimiques.

Elle perd par le feu sa couleur et son odeur; elle blanchit et devient chaux vive; elle fait beaucoup d'effervescence avec les acides.

Parties constituantes.

La pierre puante doit sa solidité à la présence d'un hydrosulfure dont elle est mélangée, et non à des parties bitumineuses (*).

Usages.

On en fait à peu près les mêmes usages que de la pierre calcaire commune: la chaux qu'elle donne par la calcination, est d'une excellente qualité (**).

Gissement et localités.

On trouve la pierre puante en couches entières

(*) Aussi la pierre puante doit-elle être distinguée de certains marbres ou pierres calcaires compactes qui sont bitumineuses.

(**) On a reconnu cette pierre en France dans plusieurs monumens gothiques, à Paris et ailleurs. (R. d. L. T. 1, p. 574.)

dans les montagnes calcaires stratiformes. C'est ainsi qu'elle a été trouvée en France, en Saxe, en Suède, etc.; elle est souvent traversée de petits filons de spath calcaire.

REMARQUES.

M. Napione, ainsi que beaucoup d'autres minéralogistes, regarde cette pierre comme n'étant qu'une variété de la pierre calcaire compacte commune.

On lui a quelquefois donné le nom de *pierre de porc*.

NEUVIÈME ESPÈCE.

M E R G E L.   —   LA MARNE.

C A L C A R E U S   M A R G A.

M. Werner partage cette espèce en 2 sous-espèces, dont l'une est la marne à l'état terreux ou friable, et l'autre la marne à l'état solide.

Ire. SOUS-ESPÈCE.

M E R G E L E R D E.   —   LA MARNE TERREUSE.

Calcareus marga friabilis.

Id. Emm. T. 1, p. 491. — Lenz, T. 1, p. 419. — Wid. p. 523. — M. L. p. 279. — *Marga argillacea*, Wall. T. 1, p. 72. — *Marga cretacea* et *marga arenacea*, *ibid.* p. 75. — *Marga soluta*, *ibid.* 78. — *Marna terrosa*, Nap. p. 360. — *Earthy marl.* Kirw. T. 1, p. 54.

Caractères extérieurs.

SA couleur la plus ordinaire est le *gris jaunâtre*,

MARNE. qui passe quelquefois au *jaune-isabelle*, ou le *gris de cendre*, le *blanc jaunâtre* et le *blanc grisâtre*.

Elle est *matte*, et composée de parties pulvérulentes, incohérentes ou agglutinées.

Elle est *un peu tachante;* — *maigre* et un peu *rude au toucher;* — *légère*.

Caractères chimiques.

(*Voyez* la sous-espèce suivante.)

Usage.

On l'emploie souvent dans les fabriques de poterie; mais son principal usage est pour l'agriculture : on la répand sur certaines terres pour les amender; ce que l'on appelle *marner*.

Gissement et localités.

On la trouve en beaucoup d'endroits, tant en Allemagne qu'en France, et ailleurs, où elle est une richesse précieuse pour le cultivateur; elle se rencontre par couches dans les montagnes calcaires stratiformes, quelquefois immédiatement à la surface de la terre ou dans le voisinage des basaltes et des grès. Emmerling soupçonne avec raison qu'elle doit toujours son origine à la décomposition de la marne endurcie. (*Voyez* la sous-espèce suivante.)

———————

IIᵉ. SOUS-ESPÈCE.

VERHÆRTETER MERGEL. — LA MARNE ENDURCIE.

Calcareus marga indurata.

Id. Emm. T. 1, p. 493. —· Lenz, T. 1, p. 421. — Wid. p. 524. — W. P. T. 1, p. 336. — M. L. p. 280. — *Marna indurita*, Nap. p. 361. — *Indurated marl*, Kirw. T. 1, p. 95.

Caractères extérieurs.

SA couleur est tantôt le *gris jaunâtre* ou le *gris de fumée*, tantôt le *gris bleuâtre* ou *noirâtre*, quelquefois le *blanc jaunâtre*, passant au *jaune-isabelle*; elle a souvent dans ses fentes des *couleurs superficielles* brunes ou rouges, qui sont dues à un dépôt ferrugineux; rarement des *dendrites.*

On la trouve en *masse* (*).

Elle est *matte.* Néanmoins la surface des fentes est un *peu éclatante.*

Sa cassure est le plus souvent *terreuse*, quelquefois *écailleuse* ou même *conchoïde*, souvent aussi *schisteuse.*

Ses fragmens sont *indéterminés, à bords assez obtus* ou *en forme de plaques.*

Elle se présente (quoique très-rarement) *en*

(*) Emmerling et autres ajoutent qu'on l'a trouvée en pseudo-cristaux, ayant la forme d'une pyramide à 4 faces, double.

MARNE. *pièces séparées, scapiformes, prismatiques* (*), ou plus rarement encore, en pièces séparées *cubiques*. (*Ludus helmontii. Voyez* les remarques.)

Elle est *opaque* ; — elle donne *une raclure* d'un *blanc grisâtre* ; — elle est *tendre* ou *très-tendre* ; — *peu aigre* ; — *facile à casser* ; — *médiocrement pesante.*

Caractères chimiques.

Elle se fond au chalumeau sans addition, en une scorie d'un noir grisâtre ; elle fait une vive effervescence avec les acides.

Usages.

On l'emploie comme la marne terreuse pour l'amendement des terres : on l'emploie aussi quelquefois comme pierre à bâtir ou comme pierre à chaux (**), mais c'est faute de meilleure pierre calcaire ; elle sert de fondant dans le traitement de quelques mines de fer.

Gissement et localités.

La marne endurcie se trouve en divers endroits de la Bohème, de la Saxe, de l'Italie, de la Suède,

______

(*) C'est une disposition semblable à celle des basaltes en prismes : on trouve des marnes de cette espèce à Argenteuil près Paris. M. Reuss en a aussi observé en Bohème.

(**) M. G. R. T. 1, p. 275 et suiv.

de la France, etc. ; elle ne se rencontre que dans des montagnes stratiformes, tantôt en nids, tantôt en couches plus ou moins puissantes ; elle accompagne le plus souvent les pierres calcaires, les charbons de terre, les basaltes. M. Reuss ajoute même qu'il a vu des passages de la marne au basalte (*) ; elle forme aussi le ciment de quelques grès.

REMARQUES.

Les pierres appelées *ludus helmontii*, qu'on trouve auprès d'Anvers et ailleurs, ne sont autre chose que la marne endurcie en pièces séparées de forme cubique, entre lesquelles se trouvent interposées des stalactites calcaires. Cette contexture particulière est l'effet d'un retrait.

La marne paraît n'être qu'un mélange de pierre calcaire et d'argile ; aussi il y a plusieurs qualités de marne, que l'on nomme marne calcaire ou marne argileuse, suivant que la chaux ou l'argile paraît y dominer davantage. Les cultivateurs savent très-bien distinguer ces sortes de marnes, et les employer selon la qualité des différentes terres qu'ils veulent amender.

Le citoyen Haüy pense que la marne ne doit être considérée que comme un mélange, et qu'elle ne doit pas former une espèce en minéralogie.

______

(*) M. G. T. 2, p. 363.

DIXIÈME ESPÈCE.

BITUMINŒSER MERGELSCHIEFER.

LE SCHISTE MARNO-BITUMINEUX.

CALCAREUS ARDESIA MARGACEA.

Id. Emm. T. 1 , p. 498. — Lenz, T. 1 , p. 424. — Wid. p. 526. — W. P. T. 1 , p. 336. — *Schisto marno-bituminoso* , Nap. p. 363. — *Bituminous marlite* , Kirw. T. 1 , p. 103.

Caractères extérieurs.

Sa couleur est le *noir grisâtre* ou *brunâtre*.

On le trouve *en masse*.

La surface de sa cassure est tantôt *rude , matte ,* et rarement *brillante ;* tantôt *lisse , un peu éclatante* et presque *éclatante ;* le premier cas a lieu lorsque les *feuillets* sont *plats ,* le second lorsqu'ils sont *courbes.*

Sa cassure est *schisteuse ,* à feuillets *plats* ou *ondulés.*

Ses fragmens sont *en forme de plaques.*

Il est *opaque ;* — il prend un peu d'éclat par la raclure, et conserve sa couleur ; — il est *tendre ;* — *un peu doux ;* — *facile à casser ;* — assez *maigre au toucher ;* — *médiocrement pesant.*

Caractères chimiques.

Le schiste marno-bitumineux fait toujours effer-

vescence avec les acides. Au chalumeau il s'en-
flamme un peu, donne une odeur bitumineuse, et
se fond ensuite en une scorie noire.

Usage.

Comme il est souvent très mélangé de mines
de cuivre, quelquefois même à l'état natif, on l'exploite pour en retirer ce métal. Il n'est d'ailleurs
d'aucun autre usage, si ce n'est comme pierre à
bâtir.

Gissement et localités.

Le *schiste marno-bitumineux* se trouve à Rie-
gelsdorf dans la Hesse, à Eisleben, Sangerhau-
sen, Ilmenau, etc. dans la Thuringe, etc.

Il ne se rencontre que dans les montagnes calcaires stratiformes, en couches particulières, qui
reposent souvent sur une espèce de grès que l'on
a appelé *rothe tœdte liegende* (base stérile rouge).
Il est souvent très-mélangé (surtout dans les couches inférieures) de pyrites cuivreuses, de cuivre
vitreux, de mine de cuivre panaché, et rarement
d'azur ou de verd de cuivre, ou enfin de cuivre
natif ; aussi on l'exploite comme mine de cuivre,
et on l'a nommé quelquefois *kupferschiefer* ou
schiste cuivreux.

Une particularité qui le caractérise, est la quantité de poissons pétrifiés et de plantes marines
qu'il contient, non pas disséminés sans ordre, mais

rangés pour ainsi dire par bandes, suivant leur espèce. Ces poissons ont presque toujours une position forcée, qui semble annoncer qu'ils ont péri d'une mort violente (*).

On y a trouvé aussi l'empreinte d'un os de mammifère.

ONZIÈME ESPÈCE.

ARRAGONIT. — *L'ARRAGONITE.*

Id. Emm. T. 3, p. 357. — *Arragon spar*, Kirw. T. 1, p. 87. — *Arragonite*, Haüy. T.

Caractères extérieurs.

SA couleur est tantôt le *blanc grisâtre* ou *verdâtre*, tantôt le *verd de montagne pâle* : dans le milieu elle est souvent d'un *bleu violet* ou d'un *rouge brunâtre*.

On ne la trouve que *cristallisée.* Ses formes sont :

a. Un *prisme à 6 faces, équiangle, parfait.*

b. Un *prisme à 6 faces,* dont deux plus larges opposées, auxquelles correspondent les deux faces d'un biseau aigu qui termine le prisme. Les bords du biseau sont aussi tronqués.

(*) Emmerling, dont j'ai extrait ce qui concerne ces poissons, attribue leur mort au cuivre dont ce schiste est rempli, et dont ils sont eux-mêmes imprégnés.

Les

Les cristaux sont ou *petits* ou de *moyenne gran-* ARRAGONITE.
deur, diversement *groupés*, communément en
forme de croix (*).

Les faces des cristaux sont presque toujours *dru-
siques* ou *striées* en longueur, rarement entiérement *lisses*.

A l'extérieur comme à l'intérieur, l'arragonite
est peu *éclatante* ou *éclatante*, ou quelquefois *très-
éclatante*; c'est l'*éclat du verre*.

La cassure est *lamelleuse*, souvent mal *déterminée* (**); elle passe alors à la cassure *imparfaitement conchoïde*.

L'arragonite se présente ordinairement à l'intérieur, en *pièces séparées*, *scapiformes minces*; ce
qui lui donne un aspect fibreux qui la caractérise.

Elle est *très-translucide* et presque *demi-diaphane* (***); — elle est *demi-dure*, beaucoup plus
que le spath calcaire, et presque *dure*; — *aigre*; —
facile à casser; — *médiocrement pesante*.

Pes. spéc. GELLERT, 2,778.

(*) Souvent, en fendant un cristal, on trouve qu'il est
formé de la réunion de deux cristaux qui se sont pénétrés à
angle droit, et dont un seul a pris la forme extérieure.

(**) Le citoyen Haüy a observé que la direction du clivage avait lieu parallélement à l'axe, et sur deux sens inclinés
l'un à l'autre de 116° ½. (*Voyez* les remarques ci-après.)

(***) Le citoyen Haüy y a observé le phénomène de la
double image.

Minéral. élém. Tome I.   O o

Caractères chimiques.

L'arragonite fait effervescence avec les acides. Au chalumeau elle pétille et éclate beaucoup, mais elle finit par se calciner comme le spath calcaire.

Parties constituantes.

Klaproth n'a trouvé dans l'arragonite que de la chaux combinée avec l'acide carbonique, comme dans le spath calcaire. Le citoyen Thenard a répété cette analyse, et malgré de nombreux essais faits avec beaucoup de sagacité, il n'a jamais pu y découvrir aucun principe étranger qui pût expliquer les différences qui la distinguent du spath calcaire, relativement aux caractères extérieurs.

Gissement et localités.

L'arragonite a été trouvée d'abord dans la province d'Arragon en Espagne, d'où elle a tiré son nom ; elle y est accompagnée de gypse lamelleux et fibreux, dans lequel ses cristaux sont implantés.

On l'a trouvée aussi en d'autres pays, en France, dans les Pyrénées, à Léogang dans le pays de Salzbourg, tantôt dans une roche argileuse fendillée, tantôt dans une roche de quartz, accompagnée de spath calcaire et de pyrites.

REMARQUES.

On a vu que l'arragonite avait absolument les mêmes parties constituantes que le spath calcaire, et les mêmes caractères chimiques ; qu'elle donnait également la double image, et que cependant, d'un autre côté,

elle offrait *un clivage absolument différent*, celui du spath ARRAGONITE.
calcaire étant triple et incliné de 45° à l'axe, sans parler de beaucoup d'autres différences essentielles dans
les autres caractères extérieurs, comme dans la dureté, etc.

C'est la première anomalie de ce genre qui se soit
offerte au citoyen Haüy dans toutes ses recherches
sur les cristaux, et jusqu'ici il n'a pu encore en trouver l'explication. Peut-être les chimistes la feront connaître quelque jour, en découvrant dans l'arragonite
un principe nouveau qui jusqu'ici a échappé à leurs
essais; aussi le citoyen Haüy a-t-il séparé dans son
Traité, l'arragonite du spath calcaire.

IIe. SECTION DU GENRE CALCAIRE.

Chaux phosphatée.

Cette section ne comprend que deux espèces, qui seront probablement réunies en une. (*Voyez* les remarques à la fin de l'article *pierre d'asperge.*)

DOUZIÈME ESPÈCE.

APATIT.   —   L'APATITE.

CALCAREUS APATITES.

M. Werner partage cette espèce en deux sous-espèces, dont l'une est l'apatite cristallisée, depuis long-
tems connue en Saxe et en Bohême; et l'autre est
cette substance terreuse trouvée dans l'Estramadure,
qui est, comme l'apatite, composée de chaux et d'acide
phosphorique.

O o 2

Ire. SOUS-ESPÈCE.

GEMEINER APATIT. — L'APATITE COMMUNE.

Id. Emm. T. 1 , p. 502. — Lenz, T. 1 , p. 427. — Wid. p. 528. — W. P. T. 1 , p. 336. — M. L. p. 283. — *Phospholite,* Kirw. T. 1 , p. 128. — *Apatite,* Lam. T. 2 , p. 85. — *Fosforite lamellare,* Nap. p. 367. — *Chaux phosphatée ,* Haüy. T.

Caractères extérieurs.

SES couleurs les plus ordinaires sont le *verd de montagne ,* le *verd-olive ,* le *verd de poireau clair,* le *blanc verdâtre ,* le *bleu violet ,* le *rouge de rose ,* le *brun de gérofle ;* rarement le *gris de perle ,* le *gris verdâtre ,* le *bleu de ciel ,* le *bleu de Prusse ,* le *rouge de chair.* Il y a des cristaux qui réunissent plusieurs de ses couleurs, d'autres qui sont *irisées.*

On ne la trouve presque jamais que *cristallisée ,* rarement *disséminée.* Les formes de ces cristaux sont:

a. Un *prisme à 6 faces* (court) *, équiangle,* par-*fait* (il est rare).

b. Le même prisme, *tronqué* sur ses *bords latéraux.*

c. Le même *prisme , tronqué* sur ses *bords laté-raux ,* ainsi que sur ses *angles* et ses *bords terminaux.*

d. Le même *prisme ,* portant un *biseau* sur cha-cun de ses *bords latéraux.*

e. Le même *prisme ,* portant à une ou à deux extrémités un *pointement obtus* et *régulier à 6 faces,* *qui correspondent aux faces latérales ,* dont le *som-*

met est faiblement *tronqué.* (Cette forme en apatite. outre porte souvent les troncatures des cristaux *b, c, d.*)

f. Un *prisme à 3 faces,* ayant des *biseaux* sur ses *bords latéraux,* et des *troncatures* sur ses *bords terminaux.*

g. Une *table à 6 faces,* ayant ses *bords terminaux* fortement *tronqués,* et ses *bords latéraux* faiblement *tronqués.*

(Cette cristallisation en *table* et quelques autres semblables ne sont autre chose qu'un prisme très-court.)

h. Une *table à 8 faces,* ayant 4 bords *terminaux, opposés, tronqués* (*).

Ces cristaux sont communément *petits* et *très-petits,* rarement de *moyenne grosseur ;* ils sont presque toujours *groupés les uns sur les autres* sans ordre, rarement *implantés* isolément.

Les faces des cristaux sont *lisses,* excepté les faces latérales des prismes, qui sont quelquefois *fortement striées* en longueur.

A l'extérieur, les cristaux d'apatite sont *éclatans,* et fort souvent *très-éclatans.*

(*) Cette dernière forme est décrite par Karsten dans le catalogue de Leske, et d'après lui elle se trouve citée dans Emmerling, Widenmann et Lenz. Werner n'en indique aucune de cette espèce dans le catalogue de Pabst. Je ne sais si l'on ne doit pas soupçonner ici une erreur.

APATITE.   A l'intérieur, l'apatite commune est *éclatante ;* c'est un *éclat gras* un peu *vitreux.*

La cassure en travers (c'est-à-dire parallélement aux bases du prisme) est *lamelleuse, à lames droites* (non *miroitantes*) ; dans les autres sens, la cassure est *inégale, à petits grains,* quelquefois *imparfaitement conchoïde.*

Ses fragmens sont *indéterminés, à bords un peu aigus.*

Elle est communément *demi-diaphane,* passant néanmoins, soit au *diaphane,* soit au *translucide.*

Elle est *demi-dure,* mais un peu moins que le spath-fluor ; — *aigre ;* — *facile à casser ;* — médiocrement pesante.

Pes. spéc. Celle de Saxe, d'après GELLERT, 3,218.

Caractères chimiques.

Jetée sur des charbons ardens, l'apatite commune donne une lueur phosphorique verdâtre. Traitée au chalumeau, elle est infusible sans addition ; elle perd seulement sa couleur (*) ; elle est dissoluble presqu'en entier dans l'acide nitrique.

Parties constituantes.

D'après Klaproth, l'apatite est composée de 0,55 de chaux, et 0,45 d'acide phosphorique.

____

(*) Widenmann dit qu'elle finit par se fondre en un verre blanc-sale. (?)

Caractères physiques.

C'est à tort que plusieurs minéralogistes ont annoncé que l'apatite était électrique par chaleur ; elle n'acquiert cette propriété que par le frottement.

Gissement et localités.

L'apatite a été trouvée à Ehrenfriedersdorf et Schneeberg en Saxe, à Kuttenberg et Schlackenwalde en Bohême. C'est dans des mines d'étain qu'elle se rencontre (*) ; elle y est accompagnée de spath-fluor, de quartz, de braunspath, de wolfram, de molybdène, de lithomarge, de stéatite, de pyrites cuivreuses et arsenicales.

R E M A R Q U E S.

On l'a regardée d'abord, les uns comme un schorl, les autres comme un spath-fluor ; le plus grand nombre la rangeait avec l'aigue-marine ou béril. On soupçonnait néanmoins qu'elle en différait essentiellement. En 1788, l'analyse qu'en a faite Klaproth a confirmé cette opinion ; et Werner, en ayant fait une espèce particulière, lui a donné le nom d'*apatite*, du mot grec ἀπατάω, qui signifie *tromper*, à cause de sa ressemblance trompeuse avec d'autres substances si différentes.

____

(*) Probablement dans des filons.

APATITE.

IIᵉ. SOUS-ESPÈCE.

ERDIGER APATIT. — L'APATITE TERREUSE.

Id. Emm. T. 1 , p. 508, et T. 3 , p. 294. — Lenz , T. 1 ,
p. 426. — Wid. p. 531. — *Apatite mélangée* , Lam. p. 88.
— *Fosforite compatta* , Nap. p. 365. — *Chaux phosphatée
grossière* , Haüy. T.

Caractères extérieurs.

SA couleur est le *blanc jaunâtre* ou *grisâtre.*

On la trouve *en masse,* ayant peu de consistance. — Elle est *matte.*

Sa cassure est *terreuse* , passant à l'*inégale* à
grains fins.

Ses fragmens sont *indéterminés* , à *bords obtus* ,
quelquefois *cunéiformes.*

Elle est *opaque;* — *demi-dure;* — souvent *friable;*
— *aigre;* — *facile à casser;* — *maigre* et *rude* au
toucher; — *médiocrement pesante.*

Pes. spéc. 2,824. PELLETIER.

Caractères chimiques.

Traitée au chalumeau, elle donne une lueur
phosphorique et fond en un verre blanc (*); elle
donne aussi la même lueur phosphorique sur des

(*) C'est M. Proust qui donne ce caractère ; mais Pelletier dit au contraire qu'il n'a jamais pu la fondre ni sans
addition ni avec des flux.

charbons allumés (*); elle se dissout dans les acides; apatite. avec l'acide sulfurique elle donne des vapeurs blanches. (PELLETIER.)

Parties constituantes.

Chaux . . . . 59.
Silice. . . . . 2.   PELLETIER,
Acide phosphorique . . . . 34.   J. d. Ph.
Acide fluorique. . . . . 2. 5   1790, T. 2,
Acide carbonique. . . . . 1.   p. 161 et
Acide muriatique. . . . . 0. 5   suiv.
Oxide de fer. . . . . 1.

           100.

Gissement et localités.

Ce minéral a été trouvé en Espagne à Logrosan, près de Truxillo dans la province d'Estramadure. Il y était connu depuis long-tems des habitans du pays, pour sa propriété de donner sur les charbons une lueur phosphorique; mais ce n'est qu'en 1788 que M. Proust en a fait connaître la nature (**).

Il se trouve en couches entremêlées de quartz et en grande abondance, puisqu'il constitue une montagne entière.

(*) Une chose très-remarquable, c'est que l'apatite terreuse, qui est presqu'entièrement composée de phosphate de chaux, est phosphorique, tandis que le phosphate de chaux factice ne possède point cette propriété.

(**) *Voyez* sa lettre à Darcet, J. d. Ph. Avril 1788, p. 241.

TREIZIÈME ESPÈCE.

SPARGELSTEIN. — LA PIERRE D'ASPERGE.

Id. Emm. T. 3 , p. 359. — *Chaux phosphatée verte,*
Haüy. T.

Caractères extérieurs.

Sa couleur ordinaire est un *verd d'asperge,* qui
passe tantôt au *verd-pistache,* tantôt au *blanc verdâtre.*

On ne l'a encore trouvée que *cristallisée.* Ses
cristaux sont des *prismes à 6 faces ,* terminés par *un pointement un peu obtus à 6 faces,*
placées sur les faces latérales. Les *bords latéraux*
sont quelquefois *tronqués.*

Les cristaux sont *petits* et *très-petits ,* rarement
de *moyenne grosseur ,* et paraissent être *superposés.*

Les faces latérales sont un peu *striées en longueur,*
les autres sont *lisses.*

A l'extérieur , la pierre d'asperge est tantôt *écla-*
tante , tantôt *très-éclatante.*

A l'intérieur , elle est toujours *très-éclatante ;*
c'est un *éclat gras.*

La cassure en travers est *imparfaitement con-*
choïde , mais en longueur elle est *lamelleuse ;* elle
a un *clivage triple ,* parallélement à 3 de ses faces
latérales.

Ses fragmens sont *indéterminés , à bords peu aigus.*

Elle est communément *diaphane*, souvent aussi elle n'est que *demi-diaphane* ou même *translucide* (ce qui provient de ce qu'elle est fendillée).

Elle donne une *raclure* d'un *blanc grisâtre*; — elle est *demi-dure*; — *aigre*; — *facile à casser*; — *médiocrement pesante*.

Pes. spéc. D'après WERNER, 3,098.

Caractères chimiques.

La pierre d'asperge se dissout dans l'acide nitrique avec effervescence; mise sur des charbons allumés, elle ne donne pas de lueur phosphorique; elle est infusible au chalumeau.

Parties constituantes.

D'après l'analyse de Vauquelin, la pierre d'asperge est entiérement composée de phosphate de chaux dans la proportion de 53,32 de chaux, sur 45,72 d'acide phosphorique; ce qui s'accorde parfaitement avec l'analyse de l'apatite commune, par Klaproth, rapportée ci-dessus. (*Voyez* J. d. M. n°. 37, p. 19.)

Localités.

La pierre d'asperge a été trouvée à Caprera près le cap de Gates, dans le royaume de Murcie en Espagne. On ne dit pas quel est son gissement.

Celle rapportée d'Espagne par Launoy, et analysée par Vauquelin, se trouve en cristaux disséminés, au milieu d'une pierre toute *bulleuse* et *cariée*, que beaucoup de minéralogistes français regarderaient comme une lave poreuse, mais dont je n'ose indiquer la place dans la nomenclature de Werner.

On a trouvé derniérement à Langloe près d'Arendal en Norwége, des pierres d'asperges d'un bleu de ciel.

REMARQUES.

Cette substance est ce que Romé Delile a nommé *chrysolite* (T. 2, p. 271); M. Werner la nomme pierre d'asperge d'après sa couleur. Cependant on a vu qu'elle était quelquefois d'un *verd-pistache*, et celles analysées par Vauquelin étaient toutes de cette couleur.

On a vu plus haut que les parties constituantes de cette pierre étaient absolument les mêmes que celles de l'apatite commune. On a dû remarquer aussi une identité semblable entre leurs formes cristallines. On peut voir (J. de M. n°. 37, pag. 21) que les résultats que le citoyen Haüy avait obtenus, relativement à la forme primitive de ces deux substances, avait démontré leur identité chimique avant qu'elle eût été reconnue par Vauquelin; ce qui est une des preuves les plus marquantes de l'exactitude rigoureuse de ses calculs cristallographiques. Aussi ces deux substances ne forment plus qu'une seule espèce dans sa minéralogie.

IIIe. SECTION DU GENRE CALCAIRE.

Chaux boratée.

Cette section ne comprend qu'une seule espèce.

QUATORZIÈME ESPÈCE.

BORAZIT. — LA BORACITE.

CALCAREUS BORACITES.

Id. Emm. T. 1, p. 509. — Lenz, T. 1, p. 434. — Wid. p. 533. — *Spath boracique*, Daub. — *Chaux boracique*, D. B. T. 1, p. 370. — *Boracite*, Kirw. T. 1, p. 172. — *Id.* Lam. T. 2, p. 89. — *Boracite*, Nap. p. 370. — *Chaux boratée*, Haüy. T.

Caractères extérieurs.

SA couleur ordinaire est le *gris de cendre* ou le *gris jaunâtre*, quelquefois le *blanc grisâtre* ou le *blanc verdâtre.*

On l'a toujours trouvée *cristallisée.*

Ses formes sont :

a. Un *cube* portant une *troncature* sur chacun de ses *bords* et sur *quatre* de ses *angles ;*

Mais de manière que, de deux angles qui terminent une grande diagonale ou un axe du cube, il n'y en a jamais qu'un seul de tronqué.

b. Un *cube* portant une *troncature* sur chacun de ses *bords* et sur *chacun de ses angles ;*

Mais avec cette différence essentielle que, des huit angles, il y en a quatre simplement tronqués et quatre autres qui, outre la troncature, portent *trois* petites facettes, joignant la facette de troncature avec les *trois*

BORACITE. faces du cube adjacentes (*). Deux angles de même espèce ne se correspondent jamais aux deux extrémités d'un même axe du cube. (*Voyez* l'article caractères physiques.)

Nota. J'ai observé un autre cristal de boracite que l'on pourrait appeler *cubo-octaèdre* ; c'est le cube tronqué sur les angles ; mais les faces de troncature sont si grandes, qu'elles effacent presqu'entiérement celles du cube, qui sont très-petites.

Les cristaux sont communément *petits*, rarement *très-petits.*

La surface extérieure est le plus souvent *lisse*, rarement *rude.*

Dans le premier cas, elle est *éclatante*, ou même *très-éclatante* ; dans le second, *matte* ; c'est l'*éclat du diamant.*

A l'intérieur, la boracite est *éclatante*, d'un *éclat gras.*

La cassure paraît être *conchoïde*, *à petites cavités.*

Les fragmens sont *indéterminés*, *à bords aigus.*

Elle est quelquefois *demi - diaphane* ou *translucide* ; mais le plus souvent elle est *opaque.*

Elle est *demi-dure*, presqu'autant que le spath-fluor ; — *aigre* ; — *peu difficile à casser* ; — *médiocrement pesante.*

Pes. spéc. D'après WESTRUMB, 2,566.

(*) Ces facettes sont souvent très-petites, au point de n'être pas aperçues facilement sans une loupe ; mais elles existent toujours lorsque les huit angles sont tronqués.

Caractères chimiques.

Traitée au chalumeau sans addition, la boracite fond en bouillonnant, et donne un émail jaunâtre, hérissé de petites pointes qui, en continuant le feu, sont lancées comme des étincelles.

Parties constituantes.

Chaux...............	11.0	
Silice................	2.0	D'après WESTRUMB,
Alumine.............	1.0	Mém. de la Soc. des
Magnésie............	13.5	Amis de la Nature de
Oxide de fer.........	0.7	Berlin, T. 3.
Acide boracique.......	68.0	
	96.2	

Caractères physiques.

Le citoyen Haüy a découvert en 1785, que les cristaux de boracite avaient, comme la tourmaline, la propriété de s'électriser par la chaleur, et de présenter à la fois chacune des deux espèces d'électricités (*positive* ou *négative*, *vitrée* ou *résineuse*), à des points constans opposés. Ces pôles électriques sont les extrémités des axes du cube, en sorte que chaque axe donne, d'un côté, l'électricité positive, et de l'autre l'électricité négative; et non pas indifféremment, car il y a une correlation invariable entre la nature de l'électricité et la forme cristalline, l'électricité positive étant donnée dans la forme *a* par les angles *tronqués*, et dans la forme *b* par les angles *simplement tronqués*. (*Voyez* ci-dessus.)

Gissement et localités.

On ne l'a trouvée encore qu'à Lunebourg en Basse-Saxe , dans une montagne presqu'entiérement composée de gypse. Ses cristaux sont isolément empâtés dans un gypse lamelleux , à grains fins , et s'en détachent assez facilement lorsqu'on le brise.

REMARQUE.

M. Werner a donné à ce minéral le nom de boracite, à cause de l'acide boracique qu'elle contient. Il avait été précédemment désigné sous les noms de *quartz cubique de Lunebourg* ou de *spath boracique.*

IVe. SECTION DU GENRE CALCAIRE.

Chaux fluatée.

Cette section ne comprend qu'une seule espèce.

QUINZIÈME ESPÈCE.

FLUSS. — LE FLUOR.

CALCAREUS FLUOR.

M. Werner partage cette espèce en trois sous-espèces ; la première est *terreuse* , la seconde est *comp...* et la troisième, qui est cristallisée, est connue depuis long-tems sous le nom de *spath-fluor.*

Ire. SOUS-ESPÈCE.

FLUSSERDE. — LE FLUOR TERREUX.

Calcareus fluor terræformis.

Id. Emm. T. 1 , p. 515. — Lenz, T. 1 , p. 439. — Wid. p. 537. — *Fluorite terrea*, Nap. p. 373. — *Sandy* ou *Earthy fluss*, Kirw. T. 1 , p. 126. — *Fluate mélangé*, Lam. T. 2 , p. 85. — *Chaux phosphorée terreuse*, D. B. p. 365. — *Chaux fluatée amorphe* , Haüy.

Caractères extérieurs.

SA couleur est un *blanc verdâtre*, qui passe quelquefois au *verd bleuâtre.*

Il est composé de *parties pulvérulentes un peu agglutinées.*

Il est *mat*, ou tout au plus *très-peu brillant*; — *un peu tachant*; — *rude au toucher*; — *médiocrement pesant.*

Caractères chimiques.

Jeté sur les charbons ardens, il donne une belle lueur phosphorique d'un verd bleuâtre.

Parties constituantes.

M. Klaproth a reconnu le premier, que cette substance était un fluate de chaux mêlé d'un peu de phosphate de chaux. Mais Pelletier l'a analysée depuis, et y a trouvé 21 de chaux, 15 d'alumine, 31 de silice, 28 d'acide fluorique, 1 d'acide phosphorique, 1 d'acide muriatique, 1 d'oxide de fer et 1 d'eau.

Minéral. élém. Tome I. P p

            Gissement et localités.

Le fluor terreux a été trouvé à Kobola-Pojana près de Sigeth, dans le comitat de Marmaros, dans la Haute - Hongrie, dans un filon puissant, avec du quartz.

I Iᵉ. SOUS-ESPÈCE.

DICHTER FLUSS.   — LE FLUOR COMPACTE.

Calcareus fluor densus.

Id. Emm. T. 1, p. 516. — Lenz, T. 1, p. 440. — Wid. p. 542. — M. L. p. 294. — *Fluor solidus*, Wall. T. 1, p. 179. — *Fluorite compatta*, Nap. p. 374. — *Compact fluor*, Kirw. T. 1, p. 127. — *Chaux fluatée amorphe*, Haüy. T.

Caractères extérieurs.

Sa couleur est un *gris verdâtre clair*, qui passe ou au *verd de gris* ou au *blanc verdâtre*. Plusieurs de ces couleurs sont souvent mélangées et présentent des *dessins tachetés*.

On ne le trouve jamais qu'*en masse*.

A l'intérieur, il est *mat*, quelquefois un peu *brillant*; d'un éclat *gras*.

Sa cassure est *unie*, quelquefois *conchoïde*, très-rarement *un peu écailleuse*.

Ses fragmens sont *indéterminés*, *à bords aigus*.

Il est plus ou moins *translucide*; — *il prend un*

peu d'éclat par la raclure ; — il est dur; — facile à FLUOR. *casser ; — médiocrement pesant.*

Caractères chimiques.

Il est un peu phosphorescent sur les charbons ardens.

Gissement et localités.

On a trouvé le fluor compacte au Hartz (Stoll-berg et Strasberg), en Suède (Yxsio) et en Si-bérie ; il accompagne toujours le spath-fluor.

REMARQUE.

Au premier coup-d'œil on le confond souvent avec d'autres substances minérales , surtout avec le horn-stein et la pierre calcaire compacte.

IIIᵉ. SOUS-ESPÈCE.

FLUSS-SPATH.   —   LE SPATH-FLUOR.

Calcareus fluor spathosus.

Id. Emm. T. 1 , p. 519. — Lenz, T. 1 , p. 441. — Wid. p. 538. — W. P. T. 1 , p. 340. — M. L. p. 295. — *Fluor spathosus. Fluor granularis* et *Fluor cristallisatus ,* Wall. T. 1 , p. 180, 182 et 183. — *Fluorite lamellare,* Nap. p. 375. — *Foliated* ou *Sparry fluor,* Kirw. p. 127. — — *Fluor,* Lam. p. 78. — *Chaux fluorée ,* D. B. T. 1 , p. 355. — *Spath fusible* ou *vitreux ,* R. d. L. T. 2 , p. 1. — *Chaux fluatée cristallisée ,* Haüy.

Caractères extérieurs.

IL n'est peut-être aucun minéral qui présente

FLUOR. des couleurs aussi belles et aussi variées que le spath-fluor; les principales sont le *blanc verdâtre*, *grisâtre* ou *jaunâtre*; le *gris de perle* ou le *gris de fumée*; le *bleu violet* souvent très-foncé, le *bleu de smalt*, le *bleu de ciel*; le *verd de pré*, le *verd d'asperge*, le *verd-émeraude*; le *jaune de vin*, le *jaune de miel*, le *jaune de cire*; le *brun jaunâtre*, etc.

Ces couleurs sont très-souvent mélangées plusieurs ensemble dans le même morceau, et présentent des *dessins rubanés*, *tachetés* et autres; quelques-unes, surtout le bleu de ciel, sont sujètes à s'altérer par l'exposition à l'air ou par la chaleur.

On trouve le spath-fluor, ou *en masse*, ou *disséminé*, mais le plus souvent *cristallisé*. (Jamais sous des *formes imitatives*.)

Ses formes cristallines sont:

1°. *Le cube*, qui subit les *altérations* suivantes:

a. Le *cube parfait*.

b. Le *cube* ayant tous ses *bords tronqués* (*).

c. Le *cube* ayant tous ses *angles tronqués*.

d. Le *cube* ayant tous ses *bords* remplacés par un *biseau*, quelquefois *les faces du biseau* font disparaître celles du cube. Elles forment alors, par

---

(*) Lorsque les faces de troncatures sont très-grandes, elles font quelquefois disparaître celles du cube; alors on a un solide à douze faces ou un véritable *dodécaèdre rhomboïdal*. Cette forme très-rare du spath-fluor a été trouvée en France près le Breuil, aux environs de Châlons-sur-Saô e.

leur réunion sur chacune des faces, *un pointement* fluor. *obtus à 4 faces*; ce qui donne un cristal à 24 faces triangulaires.

e. Le *cube* ayant sur chacun de ses angles *un pointement à 3 faces, qui correspondent aux faces du cube.*

2°. L'*octaèdre*, qui subit les *altérations* suivantes :

a. L'octaèdre *parfait*.

b. L'octaèdre, ayant ses *angles* ou ses *bords*, ou souvent tous les deux à la fois, *tronqués* (*).

Les cristaux de spath-fluor sont *petits* ou de *moyenne grosseur*, rarement *gros*. Leur *surface* est *lisse*, *éclatante* ou *très-éclatante*, quelquefois *drusique*.

A l'intérieur, le spath-fluor est d'autant plus *éclatant*, qu'il est plus lamelleux, souvent *très-éclatant*; c'est l'éclat du verre, quelquefois l'éclat nacré, rarement l'éclat du diamant.

Sa cassure est toujours *lamelleuse*, à *lames plates* ou très-rarement *courbes*; elle présente un *clivage quadruple* dans la direction des faces de l'octaèdre régulier (**).

(*) Les troncatures sur les *six* angles de l'*octaèdre* sont les *six* faces du *cube*, de même que les troncatures sur les *huit* angles du cube sont les *huit* faces de l'octaèdre. On trouve des cristaux qui participent également de ses deux formes principales : on les a nommés *cubo-octaèdre*.

(**) On pourrait ajouter : *ou dans la direction de celles du tétraèdre régulier*, puisque ces deux directions sont les

FLUOR. Ses fragmens sont tantôt *tétraèdres*, tantôt *octaèdres*, tantôt *rhomboïdaux* (*).

Le spath-fluor se présente quelquefois en *pièces séparées*, qui sont *grenues*, à *grains* plus ou moins *gros*, rarement *testacées* ou *scapiformes*.

Sa transparence varie beaucoup; le plus souvent il n'est que *très-translucide*, mais il y en a qui sont parfaitement *diaphanes*, et d'autres seulement *translucide sur les bords*.

Il est *demi-dur*, plus que le spath calcaire; — *aigre*; — *facile à casser*; — *assez froid au toucher*; — *médiocrement pesant*.

Pes. spéc. depuis 3,100 jusqu'à 3,200.

Caractères chimiques.

Le spath-fluor, traité au chalumeau sans addi-

---

mêmes, les angles solides de l'octaèdre (qui sont de 109° 28′ 16″) étant supplément des angles solides du tétraèdre (qui sont de 70° 31′ 44″). On peut se convaincre de cette vérité en appliquant un tétraèdre sur un octaèdre, face contre face : il y aura continuité entre les trois faces adjacentes des deux solides.

(*) Cette triple forme de fragmens est une suite du clivage quadruple indiqué ci-dessus. En effet, comme il a été dit, ce clivage conduit indistinctement au tétraèdre et à l'octaèdre ; et quant au rhomboïde, il peut être considéré comme produit par la réunion de deux tétraèdres appliqués sur deux faces parallèles opposées d'un octaèdre, ce qui peut se supposer sans changer la direction du clivage quadruple ; seulement il y a, dans ce cas, un des sens de clivage (celui des faces d'application) qui devient nul.

tion, pétille et éclate très fortement, et finit par FLUOR. se fondre en un émail d'un blanc grisâtre ; placé sur des charbons ardens, il donne une lueur phosphorique. Deux morceaux frottés l'un contre l'autre brillent dans l'obscurité.

Parties constituantes.

C'est dans cette substance minérale que le célèbre Scheele a découvert cet acide particulier, qu'on a nommé acide *fluorique* , du nom du spath-*fluor*. Voici le résultat de son analyse :

        Chaux . . . . 57.
        Acide fluorique. . . . . 16.
        Eau . . . . 27.

Usage.

Le spath-fluor est employé avec beaucoup d'avantage, comme fondant dans le traitement des mines de cuivre, de fer et d'argent, et c'est de là probablement que lui est venu son nom. Lorsqu'il est en masse un peu considérable, on en fait des plaques, des pyramides et des vases que la beauté de leur couleur fait beaucoup rechercher par les curieux. Il prend un très-beau poli. (*Voyez* l'article *Remarques.*)

Gissement et localités.

Le spath - fluor se rencontre presque toujours dans des filons ; quelquefois cependant, mais très-rarement, en couche ; c'est la plus commune de

FLUOR. toutes les sous-espèces de fluor. Les substances qui l'accompagnent le plus souvent, sont le quartz, le spath calcaire, le spath pesant, le braunspath, le mica, les pyrites, la galène, le fahlerz, le fer spathique, la blende brune et noire, quelques mines d'argent, et plus rarement le talc, l'apatite, la mine d'étain, etc.

Il est d'ailleurs assez commun : on en trouve en Saxe, en Souabe, au Hartz, en Angleterre (le Derbyshire et le Cornouailles), en France, etc. On trouve à Chamouni en Savoie, des spaths-fluors octaèdres d'un rouge rose.

REMARQUES.

Indépendamment des usages indiqués ci-dessus, le spath-fluor est employé par les chimistes pour en retirer l'acide fluorique, cet acide que la nature ne nous a encore offert que dans cette substance et dans la *chryolite* ou *fluate d'alumine* (*voyez* l'Appendice), et qui se distingue de tous les autres acides par sa propriété d'attaquer le verre.

On a profité de cette propriété de l'acide fluorique pour opérer sur le verre, des gravures à la manière de celles que l'on fait sur le cuivre avec l'eau-forte. C'est à Puymaurin que l'on est redevable de cette ingénieuse application des connaissances chimiques aux arts.

Vᵉ. SECTION DU GENRE CALCAIRE.

Chaux sulfatée.

Cette section comprend deux espèces.

SEIZIÈME ESPÈCE.

GIPS.   —   LE GYPSE.

CALCAREUS GYPSUM.

M. Werner partage cette espèce en 4 sous-espèces,
dont la distinction est fondée sur leur contexture *terreuse* ou *compacte*, *fibreuse* ou *lamelleuse*.

Iʳᵉ. SOUS-ESPÈCE.

GIPSERDE.   —   LE GYPSE TERREUX.

Calcareus gypsum terræforme.

Id. Emm. T. 1 , p. 527. — Lenz, T. 1, p. 446. —
Wid. p. 543. — *Gypsum terrestre farinaceum. Farina fossilis*, Wall. T. 1 , p. 36. — *Farinaceous gypsum*, Kirw.
T. 1, p. 120. — *Gesso terroso*, Nap. p. 379. — *Chaux sulfatée niviforme*, Haüy. T.

Caractères extérieurs.

SA couleur est le *blanc*, tirant au *gris* ou au *jaune*.

Il est composé de *parties pulvérulentes*, *plus* ou
moins agglutinées. — Il est *mat*, ou un *peu brillant* en quelques endroits. — Il est *rude* et *maigre
au toucher*, moins cependant que l'agaric minéral;
— *médiocrement pesant.*

REMARQUES.

Les caractères chimiques du gypse terreux sont les
mêmes que ceux des autres sous-especes de gypse.

GYPSE. Cette substance est d'ailleurs fort rare. Elle a été trouvée en Saxe (près de Zella et Œpitz dans le cercle de Neustadt, où on l'emploie pour amender les terres) : on en a aussi trouvé à Montmartre près de Paris.

Le gypse terreux ne se rencontre jamais que dans des fentes ou des endroits creux, dans le voisinage des montagnes qui contiennent du gypse. Il paraît qu'il y est produit journellement par le dépôt successif qu'y forment les eaux des particules de gypse qu'elles ont entraînées d'ailleurs. Ce qui confirme cette opinion, c'est qu'on le voit se former où il n'existait pas auparavant, et que les habitans ont observé qu'à la fin des années pluvieuses ils en trouvent ordinairement une plus grande quantité.

On peut donc avancer que le *gypse terreux* est au *gypse* ce que l'*agaric minéral* est à la *pierre calcaire ;* savoir : le produit de sa destruction. On l'appelle quelquefois *guhr gypseux*, de même qu'on appelle l'agaric minéral *guhr calcaire.*

On l'a aussi nommé souvent, d'après Wallerius, *farine fossile.*

IIe. S O U S - E S P È C E.

DICHTER GIPS.   —   LE GYPSE COMPACTE.

Calcareus gypsum densum.

Id. Emm. T. 1, p. 529. — Lenz, T. 1, p. 447. — Wid. p. 544. — M. L. p. 284. — *Dichter gipsstein*, W. P. T. 1, p. 337. — M. L. p. 284. — *Gypsum alabastrum et Gypsum aquabile*, Wall. T. 1, p. 161 et 162. — *Gesso compatto alabastro*, Nap. p. 384. — *Compact gypsum*, Kirw. T. 1, p. 121. — *Alabastrite*, Lam. T. 2, p. 76. — *Chaux sulfatée compacte*, Haüy. T.

Caractères extérieurs.

SES couleurs ordinaires sont le *blanc jaunâtre* et *grisâtre* (*) ; le *gris de cendre*, le *gris de fumée*, le *gris jaunâtre* ; quelquefois le *jaune de miel* et le *rouge de chair.*

Plusieurs de ces couleurs sont souvent mélangées, et présentent des *dessins rubanés.*

On le trouve *en masse.*

A l'intérieur, il est *peu brillant*, presque *mat.*

Sa cassure est *compacte*, tantôt *unie*, tantôt *esquilleuse*, tantôt passant à la cassure *lamelleuse.*

Ses fragmens sont *indéterminés*, à *bords obtus.*

Il est *translucide* ; quelquefois seulement *sur les bords* ; — *tendre* ; — *doux* ; — *facile à casser* ; — *maigre* et *peu froid au toucher* ; — *médiocrement pesant.*

Pes. spéc. environ 2,300 (**).

(*) On peut ajouter le *blanc de neige.*

(**) La pesanteur spécifique de cette substance est quelquefois beaucoup plus grande. Celle d'un échantillon décrit dans le muséum de Leske, sous le n°. 1551, p. 286, a été reconnue par Kirwan, de 2,939. Karsten annonce que le gypse y est mélangé d'un peu de pierre puante ; il provient d'Ilmenau. Une autre variété de gypse compacte, provenante de Vulpino dans le Bergamasque, et décrite par Fleuriau de Bellevue dans le Journal de Physique, 1798, T. 2, p. 99, s'est trouvée avoir une pes. spéc. de 2,878 ; et cependant, d'après l'analyse de Vauquelin, cette pierre est un gypse

Caractères chimiques.

(*Voyez* le gypse lamelleux.)

Usages.

Le gypse compacte est employé en architecture et en sculpture, sous le nom d'*albâtre*. On a vu (p. 551) que certaines stalactites calcaires avaient aussi reçu ce nom.

Gissement et localités.

Le gypse compacte forme des couches quelquefois assez puissantes, surtout dans les montagnes stratiformes. On en rencontre très-souvent dans le voisinage des sources salées. On en trouve dans le Derbyshire, en Italie, en Allemagne, en France, en Espagne, etc.

IIIᵉ. SOUS-ESPÈCE.

FASRIGER GIPS. — LE GYPSE FIBREUX.

Calcareus gypsum fibrosum.

Id. Emm. T. 1, p. 536. — Lenz, T. 1, p. 451. — Wid. p. 546. — M L. p. 289. — W. P. T. 1, p. 339. — *Gypsum striatum*, Wall. T. 1, p. 167. — *Gesso fibroso*, Nap. p. 386. — *Fibrous gypsum*, Kirw. T. 1, p. 122. — *Chaux sulfatée fibreuse*, Haüy. T.

---

pur, mélangé de 0,08 de silice...... Cette augmentation de pesanteur ne peut être attribuée à ce mélange : il faut donc en chercher la raison dans un rapprochement de molécules dont jusqu'ici on n'a pas encore eu d'exemple.

Caractères extérieurs.

SA couleur ordinaire est le *blanc de neige* ou le *blanc grisâtre*, *jaunâtre* ou *rougeâtre*; plus rarement le *gris de cendre clair*, le *rouge de chair*, le *jaune de miel* ou le *jaune de cire pâle*. Plusieurs de ces couleurs réunies ensemble forment souvent des *dessins rubanés*.

On le trouve *en masse*, mais seulement en couche mince.

Il est *éclatant*, passant au *peu éclatant*; c'est un *éclat nacré*.

Sa cassure est *fibreuse*, à *fibres parallèles* droites ou courbes, ordinairement *très-fines*. Il y a des variétés dont la cassure est *lamelleuse* dans un sens, et *fibreuse* dans un autre, faisant un angle droit avec le premier.

Ses fragmens sont *esquilleux*, *alongés*.

Il est *translucide*; — *très-tendre*; —*facile à casser*; — *peu froid*; — *médiocrement pesant*.

Gissement et localités.

Le gypse fibreux se trouve en petites couches minces dans le voisinage des autres espèces. Il est en général moins abondant que le gypse lamelleux. (*Voyez*, pour tout le reste, la sous-espèce suivante.)

IVᵉ. SOUS-ESPÈCE.

BLÄTTRIGER GIPS. — LE GYPSE LAMELLEUX.

Calcareus gypsum lamellosum.

Id. Emm. T. 1, p. 532. — Lenz, T. 1, p. 449. — Wid. p. 548. — M. L. p. 286. — W. P. T. 1, p. 338. — *Gypsum lamellare*, Wall. T. 1, p. 165. — *Gesso lamellare*, Nap. p. 381. — *Granularly foliated gypsum*, Kirw. T. 1, p. 123.

Caractères extérieurs.

SES couleurs ordinaires sont le *blanc de neige*, le *blanc grisâtre*, *jaunâtre* ou *rougeâtre* ; le *gris de fumée*, le *gris de cendre*, le *gris jaunâtre* ou *noirâtre* ; plus rarement le *rouge*, le *brun* ou le *jaune*. Plusieurs de ces couleurs sont souvent réunies, et présentent des *dessins tachetés*, *rubanés* ou *veinés*.

On le trouve, ou *en masse*, ou *disséminé*, ou enfin *cristallisé* (*). Sa forme est :

(*) Emmerling, qui décrit cette cristallisation, l'a copiée mot à mot dans le catalogue de Pabst ; ainsi elle est bien véritablement reconnue par Werner. Je rapporte donc ici cette cristallisation, quoiqu'en l'admettant il me semble que cela détruit tout-à-fait la différence entre le gypse lamelleux et la sélénite, qui tous deux ne sont autre chose que du gypse, l'un lamelleux grenu, l'autre lamelleux et cristallisé, et qui sont l'un à l'autre ce que la pierre calcaire grenue est au spath calcaire. On peut en conclure, à plus forte raison, que la sélénite ne devrait pas former une espèce séparée des autres gypses.

a. Un *prisme à 6 faces*, terminé à chaque extré- GYPSE.
mité par un *biseau obtus*. Ils sont presque toujours
réunis deux à deux, et forment des cristaux doubles.

A l'intérieur, il varie de l'*éclatant* au *très-brillant ;* c'est un *éclat nacré.*

Sa cassure est le plus souvent *lamelleuse*, à clivage simple ; quelquefois rayonnée, à *rayons divergens.*

Ses fragmens sont *indéterminés, à bords assez*
obtus.

Il se présente communément en *pièces séparées*
grenues, de différente grosseur. Celui à petits grains
a quelquefois si peu de consistance, qu'il se réduit
en poussière très-facilement, souvent même sous
les doigts ; celui à cassure rayonnée a souvent des
pièces séparées scapiformes.

Il est (suivant sa couleur) plus ou moins *translucide,* rarement *demi-diaphane* (*) ; — *très-tendre ;*
— *doux ;* — *facile à casser ;* — *peu froid au toucher ;* — *médiocrement pesant.*

Caractères chimiques.

Tous les gypses diffèrent très-peu l'un de l'autre
dans leurs caractères chimiques. Traités au chalumeau sans addition, ils blanchissent promptement,
et finissent par donner un émail blanc qui, au
bout de 24 heures, tombe en poudre. (LELIÈVRE.)

____

(*) Il produit l'effet de la double image. (HAÜY.)

 Ils ne font point effervescence avec les acides lorsqu'ils sont purs ; mais ils sont souvent mélangés de carbonate de chaux, ce qui occasionne quelquefois une effervescence.

Parties constituantes.

Le gypse en général est une combinaison de chaux et d'acide sulfurique plus ou moins mélangée accidentellement. (*Voyez* l'article *sélénite.*)

Usage.

Le gypse (en général) est une des substances minérales les plus utiles par l'excellent ciment, connu sous le nom de plâtre, qu'il fournit lorsqu'il a été calciné. C'est le gypse lamelleux qui est le plus employé à cet usage. Cependant l'on a observé que ce n'est pas le gypse le plus pur qui donne le meilleur plâtre, mais que celui qui est un peu mélangé de pierre calcaire est préférable.

Gissement et localités.

Le gypse (en général) forme, ou des montagnes particulières , ou des couches subordonnées , au milieu de celles de grès ou de pierre calcaire stratiforme.

(*Voyez*, pour ses caractères géologiques , l'article *gypse* dans le Traité des roches, T. II.)

REMARQUES.

1°. On a donné le nom de *leberstein* ou *pierre hépatique* , à un gypse mélangé de poix minérale. Mais plusieurs

plusieurs autres substances, telles que des pierres cal- gypse.
caires compactes, et surtout certains spaths pesans,
ont aussi porté ce nom.

2°. La pierre nommée *muriacite*, trouvée à Hall en
Tirol, est composée en grande partie de gypse lamelleux; mais le muriate de soude dont elle est melangée,
lui donnant sa contexture cubique, elle doit être réunie
à ce sel. (*Voyez* l'art. *muriate de soude.*)

DIX-SEPTIÈME ESPÈCE.

FRAUENEIS. — LA SÉLÉNITE (*).

CALCAREUS SELENITES.

Id. Emm. T. 1, p. 540. — Lenz, T. 1, p. 452. —
M. L. p. 290. — W. P. T. 1, p. 340. — *Gypsum selenites*,
Wall. T. 1, p. 165. — *Broadfoliated gypsum*, Kirw. p. 123.
— *Sélénite*, R. d. L. T. 1, p. 441. — *Chaux sulfatée cris-
tallisée*, Haüy. T. (**).

Caractères extérieurs.

SA couleur ordinaire est le *blanc*, soit *jaunâtre*
ou *grisâtre*, soit le *blanc de neige*; quelquefois le
gris de fumée, le *gris de cendre*, le *gris jaunâtre*, le
jaune de miel, ou enfin le *brun*. Elle donne souvent
un *jeu de couleurs irisées.*

(*) Littéralement, *fraueneis* signifie *miroir de femme.*
(**) Widenmann et Napione regardent la sélénite comme
une variété de gypse lamelleux. (*Voyez*, à cet égard, la note
ci-dessus, p. 606.)

Minéral. elém. Tome I.   Q q

 On la trouve communément *en masse*, souvent aussi *cristallisée*.

Ses formes sont :

a. Un *prisme à 6 faces* (assez équiangle, mais ayant 2 faces plus larges et 4 plus petites opposées), terminé aux deux extrémités par un *biseau oblique*, dont les faces correspondent *aux faces latérales* les plus larges. (Les faces d'un des biseaux sont parallèles à celles de l'autre. Ce cristal a un aspect tout-à-fait rhomboïdal.)

b. Le même prisme, mais terminé aux deux extrémités par un *pointement à 4 faces*, placées sur les 4 *bords latéraux* qui terminent les deux faces plus larges.

c. Des cristaux doubles composés de deux des cristaux précédens, réunis ensemble par leur plus petites faces latérales, de manière que les sommets réunis forment d'un côté un angle saillant, et de l'autre un angle rentrant.

d. La *lentille*, sphéroïdale ou conique : le plus souvent elles sont réunies deux à deux latéralement, de manière à former un cristal double semblable au précédent, dont les faces auraient été arrondies.

On trouve souvent ces cristaux en groupes *divergens*, réunis en *faisceaux* ou en *étoiles*.

Des 6 faces du prisme, deux opposées sont *lisses*, les deux autres sont *striées en longueur*.

Il y a des cristaux de toute grosseur. Leur sur- SÉLÉNITE.
face varie du *peu éclatant* au *très-éclatant*.

A l'intérieur, la sélénite est *très-éclatante* et *miroitante*, quelquefois aussi seulement *éclatante ;* c'est l'*éclat vitreux* ou l'*éclat nacré*.

Sa cassure est *lamelleuse*, à *lames plates* ou *courbes*. Elle présente *un clivage triple*, ou 3 *sens de lames*, dont un seul est bien déterminé, et coupe les deux autres à angles droits ; les deux autres sont *très-peu déterminés*, et se coupent obliquement.

Ses fragmens sont *rhomboïdaux*, *miroitans sur deux faces*, *striés* sur les deux autres.

Lorsqu'elle est *en masse*, elle se présente en *pièces séparées*, qui sont, ou *grenues à gros* et *très-gros grains*, ou quelquefois *scapiformes minces* ou *testacées*.

Elle est communément *diaphane*, quelquefois aussi seulement *translucide ;* — *très-tendre ;* — un *peu douce ;* — flexible dans les plaques minces, mais non élastique ; — *facile à casser ;* — *peu froide ;* — *médiocrement pesante.*

Pes. spéc. 2,322.

Caractères chimiques.

La sélénite se comporte au chalumeau comme les gypses ; seulement elle se lève par feuillets blancs, et se fond plus facilement.

Q q 2

Parties constituantes.

D'après Bergmann, elle contient :

Chaux................................ 32.
Acide sulfurique..................... 46.
Eau.................................. 22.
                                    ————
                                     100.

Usage.

On la calcine, et le plâtre qui en résulte, étant pur et d'un blanc de neige, est employé pour modeler. Il n'a pas autant de solidité que celui qui provient des gypses calcinés. (*Voyez gypse.*)

Gissement et localités.

On trouve la sélénite en couches assez puissantes dans les montagnes de gypse, surtout dans celles où il alterne avec l'argile et le grès. Souvent aussi elle est disséminée par nids au milieu de l'argile. On l'a aussi rencontrée, mais très-rarement, dans des filons avec de la galène, du fahlerz et des pyrites ; elle est quelquefois mélangée avec de la pierre puante. Elle se trouve en abondance à Montmartre auprès de Paris, en Thuringe, en Saxe et ailleurs. (*Voyez* l'article *gypse*, dans le Traité des roches.)

SEPTIÈME GENRE.

LE GENRE BARYTIQUE.

PREMIÈRE ESPÈCE.

WITHERIT. — LA WITHÉRITE.

PONDEROSUS WITHERITES.

Id. Emm. T. 1 , p. 546. — Lenz , T. 1 , p. 461. — Wid. p. 554. — *Barolite* , Kirw. T. 1 , p. 134. — *Baryte aérée* , D. B. T. 1 , p. 267. — *Witerite*, Nap. p. 387. — *Withérite*, Lam. T. 2 , p. 20. — *Baryte carbonatée* , Haüy. T.

Caractères extérieurs.

LA withérite a une couleur d'un *gris jaunâtre* clair , qui passe plus ou moins au *blanc grisâtre* ou au *jaune de cire pâle.*

On la trouve, ou *en masse*, ou *disséminée*, ou *cristallisée* (très-rarement). Ses formes sont :

a. Un *prisme à 6 faces*, portant un *pointement à 6 faces*, *placées sur les faces latérales.*

b. Le même prisme, dans lequel les bords qui séparent les faces latérales et celles du pointement, sont fortement *tronqués* ou *arrondis.*

c. Une *pyramide double à 6 faces* (*).

____

(*) MM. Widenmann , Lenz et Emmerling décrivent tous trois ainsi les formes de la withérite ; mais M. Estner y ajoute encore ce qui suit :

1°. Les prismes sont assez aplatis , ayant alternativement

Les cristaux sont *petits* ou *très-petits*, ou très-rarement de *moyenne grandeur*, le plus souvent *implantés* dans la withérite même; tantôt groupés en *faisceaux* ou *croisés*; leur surface est *lisse*; quelquefois néanmoins elle est recouverte d'une enveloppe rude, comme s'ils étaient décomposés.

Dans la cassure principale, les cristaux de withérite sont *éclatans*; du reste, elle est *peu éclatante*; c'est un *éclat gras*.

Sa cassure tient le milieu entre la cassure *rayonnée* et la cassure *lamelleuse*, du moins dans un sens; car en sens contraire elle est *inégale*, *à grains fins*.

Les fragmens de la withérite en masse sont *cunéiformes*.

Elle se présente (celle en masse) en *pièces séparées*, qui sont *scapiformes*, *minces*, *cunéiformes*.

Elle est *très-translucide*, passant au *demi-diaphane*; — *demi-dure*, passant au *tendre*; — *aigre*; — *facile à casser*; — *maigre au toucher*; — *pesante*, un peu moins que le spath pesant.

Pes. spéc. 4,300 à 4,338.

---

une face grande et une petite; et les troncatures (cristal *b*.) sont quelquefois si fortes, que les faces qui en résultent, sont plus grandes que celles du pointement.

2°. On trouve aussi la withérite en petites pyramides à 3 faces.

Caractères chimiques.

Traitée au chalumeau sans addition, la withérite pétille un peu d'abord, et fond ensuite en une espèce d'émail blanc. Elle se dissout dans les acides avec effervescence (*).

Parties constituantes.

KLAPROTH, T. 2, p. 86.		PELLETIER, J. d. M. n°. 21, p. 46.	
Carbonate de baryte....	98,246	Baryte.......	62.
Carbonate de strontiane.	1,703	Acide carbon.	22.
Alumine ferrugineuse...	0,043	Eau.........	16.
Carbonate de cuivre....	0,008		
	100.		100.

Usages.

La withérite a beaucoup d'action sur l'économie animale. On a essayé de l'employer en médecine ; mais il faut en user avec précaution ; car, d'après quelques essais faits sur des animaux, on a reconnu que c'est un poison très-actif. Cette propriété de la withérite était connue depuis longtems à Anglezark où elle se trouve, puisqu'elle y était employée pour faire mourir les rats.

Gissement et localités.

Il ne s'agit, dans toute cette description, que de

____

(*) Un papier trempé dans sa dissolution par l'acide nitrique, ne donne pas, en brûlant, une lueur purpurine, comme cela a lieu pour la strontianite, mais une lueur jaune.

 cette substance qui a été trouvée par le docteur *Withering* à Anglezark, dans le comté de Lancastre en Angleterre, et à laquelle M. Werner a cru devoir donner le nom de son inventeur. Elle s'y rencontre avec du spath pesant, de la galène, de la blende, de la calamine, dans un des filons qui coupent une montagne composée de couches de grès, de schieferthon, de charbon de terre, et par conséquent dans un terrain de formation stratiforme.

REMARQUES.

On a trouvé aussi de la withérite en deux autres endroits ; savoir : auprès de Neuberg dans la Haute-Styrie, et à Schlangenberg en Sibérie.

La première se trouve tantôt en masses *cellulaires* ou *cariées*, tantôt en cristaux peu différens de ceux d'Angleterre ; elle se rencontre dans une couche de fer spathique.

Celle de Sibérie est d'un verd sale ou d'un blanc grisâtre ; elle a assez l'aspect d'une calcédoine, ou d'une stalactite ou de toute autre incrustation : on ne dit pas qu'elle soit cristallisée.

M. Napione a aussi trouvé de la withérite dans une mine de plomb, près de Saint-Asaph dans le Flintshire au pays de Galles. (Berg. J. 1790, tom. 2, p. 217.)

On a dit aussi qu'on avait trouvé la withérite dans les montagnes de la Saxe ; mais, d'après Klaproth, ce fait n'a pas encore été bien constaté.

M. Estner fait une sous-espèce de withérite sous le nom de *withérite terreuse* ; elle accompagne celle

de Styrie et paraît être le produit de sa décomposition;
elle est d'un blanc plus ou moins sale, tirant au gris
ou au jaune; elle enveloppe les cristaux et remplit les
cavités de la withérite en masse; elle est tendre,
presque friable; matte, maigre au toucher, etc. etc.

SECONDE ESPÈCE.

SCHWER SPATH. — LE SPATH PESANT.

PONDEROSUS VITRIOLATUS.

M. Werner partage cette espèce en huit sous-espèces (*), qui diffèrent entr'elles principalement par
la forme ou la contexture sous laquelle elles se présentent.

Ire. SOUS-ESPÈCE.

SCHWERSPATH-ERDE. — LE SPATH PESANT TERREUX.

Ponderosus vitriolatus friabilis.

Id. Emm. T. 1, p. 550. — Lenz, T. 1, p. 463. —
Wid. p. 558. — M. L. p. 302. — *Baryte vitriolée terreuse*,
D. B. T. 1, p. 268. — *Baryte vitriolata terrea*, Nap. p.
402. — *Earthy baroselenite*, Kirw. T. 1, p. 158.

Caractères extérieurs.

SA couleur est le *blanc de neige* ou le *blanc grisâtre*, *jaunâtre* ou *rougeâtre*.

(*) On verra que ce nombre peut être réduit à sept, le
spath pesant fibreux étant reconnu comme étant du sulfate
de strontiane.

On le trouve *en masse*.

Il est *mat* ou très-peu *brillant;* — il est composé de *parties pulvérulentes* assez grosses, un peu *agglutinées;* — il est peu *tachant;* — *maigre* et *rude* au toucher; — *pesant.*

REMARQUE.

Cette substance est fort rare : on l'a trouvée aux environs de Freyberg en recouvrement sur des groupes de spath pesant, dans le Derbyshire et le Staffordshire en Angleterre, à Geroldseck en Brisgaw, à Falkenstein en Tirol, en Bohême, en Hongrie et en Transylvanie.

IIe. SOUS-ESPÈCE.

DICHTERSCHWERSPATH. — LE SPATH PESANT COMPACTE.

Ponderosus vitriolatus densus.

Id. Emm. T. 1, p. 552. — Lenz, T. 1, p. 364. — Wid. p. 559. — M. L. p. 303. — *Baryte vitriolée compacte,* D. B. T. 1, p. 268. — *Barite vitriolata compatta,* Nap. p. 400. — *Compact baroselenite,* Kirw. T. 1, p. 138. — *Baryte sulfatée compacte,* Haüy. T.

Caractères extérieurs.

SA couleur est tantôt le *blanc jaunâtre* ou *grisâtre,* tantôt le *gris de fumée* ou le *gris jaunâtre,* tantôt le *jaune-isabelle* ou le *jaune d'ochre,* quelquefois aussi le *rouge de chair pâle.*

On le trouve *en masse,* souvent aussi en *mor-*

ceaux *réniformes* ou *demi-globuleux*, portant quel-
quefois des empreintes cubiques.

A l'intérieur, il est le plus souvent *brillant*;
quelquefois *mat*, quelquefois aussi *un peu éclatant*.

Sa cassure est tantôt *terreuse à gros grains*, tantôt
inégale; elle paraît aussi quelquefois devenir un
peu *lamelleuse*.

Ses fragmens sont *indéterminés*, *à bords peu aigus*.

Il est *opaque*, quelquefois *un peu translucide sur
les bords*; — *tendre* ou *très-tendre*; — *peu aigre*;
— *facile à casser*; — *maigre au toucher*; — *un
peu froid*; — *pesant*.

R E M A R Q U E.

Le spath pesant compacte se rencontre en Saxe auprès de Freyberg, dans des filons. M. Struve en a
trouvé auprès de Servoz en Savoie, dans des couches
de thonschiefer : on en a cité aussi en Angleterre et
en Bohême (*).

(*) Emmerling cite du spath pesant terreux auprès de
Paris. Probablement il a voulu désigner celui qu'on a trouvé
à Montmartre, et qui serait plutôt un spath pesant compacte;
mais depuis quelque tems Vauquelin, ayant analysé cette
substance, a reconnu que c'était un sulfate de strontiane,
et non un sulfate de baryte.

IIIe. S O U S - E S P È C E.

KŒRNIGER SCHWERSPATH. — LE SPATH PESANT GRENU.

Ponderosus vitriolatus granularis.

Id. Emm. T. 1, p. 556, et T. 3, p. 304. — Lenz, T. 1, p. 466. — W. P. T. 1, p. 351. — Var. du *blattriger schwerspath*, Wid. p. 561.

Caractères extérieurs.

Sa couleur est le *blanc de neige* ou le *blanc de lait*, ou un *blanc* tirant vers le *gris*, le *jaune* ou le *rouge*, quelquefois le *gris de cendre* foncé ; il porte souvent à sa surface des taches jaunes ou brunes.

On le trouve *en masse*.

Il est *brillant*, presqu'*éclatant*, d'un éclat *gras* ou *nacré*.

Sa cassure est *lamelleuse*, à *lames minces*, passant souvent aux cassures *inégale* ou *esquilleuse*.

Ses fragments sont *indéterminés*, *à bords assez obtus*.

Il se présente en *pièces séparées*, *grenues*, *à grains fins*. — Il est plus ou moins *translucide*; — *tendre* et presque *demi-dur*; — *peu aigre*; — *facile à casser*; — *pesant*.

Pes. spéc. D'après KLAPROTH, 3,800.

Parties constituantes.

Baryte................ 60
Acide sulfurique........ 30 } KLAPR. T. 2, p. 70.
Silice................ 10
————
100.

Localités.

Le spath pesant grenu que Klaproth a analysé, venait de Peggau en Styrie, où il se trouve dans des couches avec de la galène à grains fins.

M. Werner, dans son catalogue de Pabst, en cite trois échantillons, l'un d'auprès de Freyberg en Saxe, le second du cercle de Neustadt, et le troisième de Schlangenberg en Sibérie, où il est mélangé avec du verd de cuivre et de l'argent natif.

R E M A R Q U E S.

Le spath pesant grenu a beaucoup de ressemblance avec la pierre calcaire grenue, et il est facile de les confondre ; mais la pesanteur seule suffit pour les distinguer.

On peut dire que ce spath pesant grenu est au précédent ce que la pierre calcaire, lamelleuse, grenue est à la pierre calcaire compacte.

I V^e. S O U S - E S P È C E (*).

KRUMM-SCHAALIGER SCHWERSPATH.—LE SPATH PESANT TESTACÉ COURBE *ou* LE SPATH PESANT LAMELLEUX.

Ponderosus vitriolisatus lamellosus.

Id. Reuss. p. 18 — *Blättriger schwerspath*, Emm. T. 1, p. 553. — *Id.* W. P. T. 1, p. 350. — *Id.* Lenz, T. 1, p. 465. — *Id.* Wid. p. 561. — *Id.* M. L. p. 303.

(*) Werner donnait autrefois à cette sous-espèce le nom de spath pesant *lamelleux*, *blättriger :* ce n'est que depuis

Caractères extérieurs.

SA couleur est tantôt le *blanc jaunâtre*, *rougeâtre* ou *grisâtre*; tantôt le *gris jaunâtre*, *rougeâtre* ou le *gris de fumée*; tantôt le *rouge de chair*, le *rouge de sang* ou le *rouge brunâtre*.

Il a quelquefois dans les fentes une couleur accidentelle de *rouge* ou de *brun*.

On le trouve *en masse* et *en morceaux réniformes*, *globuleux et cellulaires*, qui sont quelquefois une réunion de *tables à 4 faces* ou de *lentilles*. Leur surface est presque toujours *drusique*.

A l'extérieur, ils sont tantôt *brillans*, tantôt *peu éclatans* ou presqu'*éclatans*; c'est un *éclat nacré* qui passe à l'*éclat vitreux*.

La cassure de ce spath pesant est *lamelleuse*, *à lames courbes floriformes*, quelquefois assez *imparfaite* et passant à l'*esquilleuse*.

Ses fragmens sont *indéterminés*, *à bords peu aigus*, quelquefois *cunéiformes*.

Il se présente communément en *pièces séparées*, *testacées*, *courbes*, *épaisses* (*), qui sont striées

---

qu'il lui a donné le nom de *krummschaaliger* ou *testacé à lames courbes*, par opposition au spath pesant cristallisé, qu'il appelle *testacé à lames droites*, *geradschaaliger*. Je lui ai conservé en français son nom de *lamelleux*, à cause de la difficulté de traduire briévement celui de *geradschaaliger*.

(*) C'est là l'origine du nom de *krummschaaliger* ou *tes-*

dans leur longueur. (Emmerling ajoute qu'elles coupent le sens des lames à angle droit.)

Il est peu *translucide*, et souvent *seulement sur les bords*; — il est *tendre*; — *peu aigre*; — *facile à casser*; — *pesant*.

Localités.

On trouve le spath pesant lamelleux en Saxe (à Freyberg, Gersdorf, Memmendorf, Marienberg), en Angleterre (le Staffordshire), en Transylvanie, à Wolfstein dans le Palatinat, à Bleyberg et Huttenberg en Carinthie.

REMARQUES.

Le spath pesant lamelleux se rapproche tantôt du spath pesant commun, tantôt du spath pesant compacte; aussi est-on souvent embarrassé pour décider si un spath pesant appartient à l'une ou à l'autre de ces sous-espèces; et les auteurs allemands ont souvent décrit l'une pour l'autre. C'est dans la crainte de faire une confusion semblable, que je n'ai pas voulu compléter la synonymie des deux dernières sous-espèces, et que je me suis borné à celle indiquée dans les auteurs allemands. Widenmann décrit à la fois ce spath pesant avec le précédent et le suivant, sous le nom de spath pesant lamelleux.

---

tacé courbe, qui s'applique aux pièces séparées. (*Voyez* le tableau des caractères extérieurs particuliers. ✛ VII , A , 2 , *a* , *b*¹.)

V^e. SOUS-ESPÈCE.

GEBADSCHAALIGER SCHWERSPATH. — LE SPATH PESANT
TESTACÉ A LAMES DROITES *ou* LE SPATH PESANT
COMMUN (*).

Pondcrosus vitriolisatus testaceus.

Id. Reuss. p. 18. — *Gemeiner schwerspath*, Emm. T.
1, p. 557. — *Id.* W. P. p. 352. — *Schaaliger schwerspath*,
Lenz, p. 467. — M. L. p. 305. — Var. du *Blattriger
schwerspath*, Wid. p. 561. — (**) *Gypsum spathosum*,
Wall. T. 1, p. 168. — *Baryte vitriolée spathique*, D. B.
T. 1, p. 270. — *Barita vitriolata lamellare*, Nap. p. 395.
— *Spath pesant* ou *séléniteux*, R. d. L. T. 1, p. 577. —
Barytite, Lam. T. 2, p. 8. — *Foliated baroselenite*, Kirw.
T. 1, p. 140. — *Chaux sulfatée cristallisée*, Haüy.

Caractères extérieurs.

SA couleur la plus ordinaire est le *blanc*, soit
le *blanc de neige*, soit le *blanc de lait*, soit le
blanc grisâtre, *jaunâtre* ou *rougeâtre*; très-souvent le *rouge de chair*, passant au *rouge brunâtre*;
rarement (et toujours dans des cristaux) le *jaune
de vin*, le *jaune de miel* et le *jaune de cire*, le
brun jaunâtre, le *verd-olive* ou le *verd de gris*, le

(*) J'ai conservé le nom de spath pesant *commun*, *gemeiner schwerspath*, que Werner donnait autrefois à cette
sous-espèce, par les motifs que j'ai indiqués au commencement de l'espèce précédente.

(**) La plupart des auteurs qui suivent ont réuni les
deux sous-espèces précédentes sous le même nom que celle-
ci, et souvent les deux suivantes.

gris

gris de perle, le *gris de fumée*, les *gris jaunâtre* et spath pesant.
verdâtre, etc. elle passe aussi quelquefois au *bleu*.
Ces couleurs, en se mélangeant, présentent souvent
des dessins *tachetés*.

On le trouve, ou *en masse*, ou *disséminé*, et
très-souvent *cristallisé*.

Voici l'énumération de ses nombreuses formes
cristallines, rapportées à 7 formes principales (*).
I. Une *pyramide double à 4 faces*.

    a. Terminée par *un point*.

    b. Terminée par *une ligne*.
II. Un *prisme à 4 faces*.

  1. *Rectangulaire*.

    a. Parfait.

    b. Terminé par un *pointement à 4 faces*, qui
      se termine en *une ligne*.

    c. Terminé par un *biseau*, dont les faces sont
      placées sur deux *bords latéraux opposés*.

  2. *Obliquangle* (**).

    a. Terminé aux deux extrémités par un *bi-*
      seau un peu *aigu*, dont les faces sont pla-
      cées sur les *bords latéraux aigus*, *opposés*.

(*) Cette description des cristaux du spath pesant est
extraite d'Emmerling et de Lenz, qui tous deux ont pris
pour modèle celle qui se trouve dans le muséum de Leske
par Karsten : j'y ai fait très-peu de changemens.

(**) C'est la forme primitive. (*Voyez* ci - après le
clivage.)

Minéral. élém. Tom. I.   R r

b. Le même cristal, portant un second *biseau* placé sur le premier.

c. Le même cristal, ayant de plus un *biseau* sur chacun des deux *angles terminaux obtus.*

d. Terminé aux deux extrémités par un *pointement* à 4 *faces*, placées sur les *bords latéraux* (*).

III. Une *table à* 4 *faces, obliquangle.*

a. *Parfaite.*

b. Ayant un *biseau* sur les *bords terminaux obtus*, dont les faces correspondent aux *faces latérales.*

c. Le cristal précédent, ayant une *troncature* sur le bord du *biseau.*

d. Ayant des *troncatures* sur tous les *angles* et sur les *bords latéraux obtus.*

e. Ayant le *biseau* du cristal *b*, et de plus une *troncature* sur les *angles* des *bords terminaux aigus.*

f. Le cristal précédent, ayant de plus un second *biseau* sur le premier, et quelquefois une faible *troncature* sur les *bords terminaux aigus.*

(*) Emmerling et Lenz ajoutent encore une variété dont la forme est un prisme à 4 faces, obliquangle, terminé par un pointement très-obtus à 3 faces. (???)

IV. Un *prisme à 6 faces.*

    a. Parfait.

    b. Un peu large, *tronqué* sur ses deux *angles terminaux aigus.*

    c. Un peu *large*, ayant aux deux extrémités un *biseau*, dont les faces sont placées sur les faces larges.

    d. Un peu *large*, ayant aux deux extrémités un *biseau*, dont les faces sont placées sur les *bords latéraux aigus.* De plus, le *bord propre du biseau* ou ses *bords latéraux sont tronqués.*

    e. Ayant un *pointement à* 4 *faces*, dont deux sur les *bords latéraux aigus*, et deux sur les *faces latérales larges ;* il se termine en *une ligne.* (C'est une des cristallisations les plus communes.) Quelquefois les *bords latéraux aigus* sont tronqués.

V. Une *table à* 4 *faces, rectangulaire.*

    a. Parfaite.

    b. Ayant un *biseau* sur toutes ses *faces terminales*, quelquefois seulement sur deux.

    c. Le cristal précédent, dont chaque biseau a son *bord propre* tronqué.

    d. Un peu alongée, ayant un *biseau aigu* sur ses *faces latérales* oblongues, un *biseau obtus* sur ses *faces latérales* courtes, et le *bord propre* de chaque *biseau tronqué.*

R r 2

 VI. Une *table à 6 faces*.

    a. *Parfaite*, *alongée*.

    b. Ayant sur chacune de ses *faces terminales* un *biseau*, dont le *bord propre* est souvent *tronqué*.

    c. Ayant sur deux *bords terminaux opposés* un *biseau*, dont les *faces* sont placées sur les *faces latérales*.

VII. Une *table à 8 faces*, *alongée*.

    a. *Tronquée* sur tous ses *bords latéraux*.

    b. Ayant un *biseau* sur deux *faces terminales opposées*.

    c. Ayant sur chacune de ses *faces terminales* un *biseau*, dont le *bord propre* est souvent *tronqué*.

Ces cristaux sont différemment groupés. Les prismes sont, ou *croisés*, ou *placés* les *uns à côté des autres*. Les tables sont accolées par leurs *faces latérales*, et forment des groupes *globuleux* ou *réniformes*.

La surface des cristaux est le plus souvent *lisse*, quelquefois *rude* et *drusique*.

A l'extérieur, ils sont ordinairement *très-éclatans*; mais ils passent aussi à l'*éclatant*, au *brillant* ou même au *mat*.

A l'intérieur, le spath pesant commun est *éclatant*, rarement *très-éclatant*; c'est un éclat *nacré* ou un éclat *gras*.

Sa cassure est plus ou moins *parfaitement lamel-leuse*, *à lames droites*, rarement *un peu courbes*. Elle présente un *clivage triple*, parfait, dont les 3 sens se coupent presqu'à angle droit (*).

Les fragmens s'approchent de la forme rhom-boïdale.

Il se présente souvent en *pièces séparées*, *tes-tacées*, *plates*. Les variétés en masse sont *trans-lucides*. Les cristaux varient du *diaphane* au *demi-diaphane*, et même au *translucide*.

Il est *tendre*; — *aigre*; — *facile à casser*; — un peu *froid* au toucher; — *pesant*.

Pes. spéc. 4,300 à 4,500.

Caractères chimiques.

Le spath pesant (en général) traité au chalu-meau sans addition, est fusible en un émail blanc solide, qui n'est jamais parfaitement globuleux, et qui, si on le mouille légérement, donne cette odeur connue sous le nom d'*odeur de foie de soufre*. Il ne fait point effervescence avec les acides, à moins qu'il ne soit mélangé.

Parties constituantes.

Le spath pesant (en général) est composé d'acide

(*) Ceci n'est pas très-exact. Un seul coupe les deux autres à angle droit, et ceux-ci font entr'eux des angles de 101° $\frac{1}{2}$ et de 78° $\frac{1}{2}$. Ainsi la forme primitive n'est pas un rhomboïde, mais un prisme droit rhomboïdal.

 sulfurique et de baryte. Lorsqu'il est pur, Bergmann a trouvé qu'il contenait 0,84 de baryte, sur 0,13 d'acide sulfurique, et 0,03 d'eau.

M. Klaproth a trouvé dans beaucoup de spaths pesans un mélange d'environ 2 ou 3 centièmes de sulfate de strontiane, de silice, d'oxide de fer et d'alumine.

Quelques chimistes soupçonnent que la baryte n'est point une terre, mais un oxide métallique, que par conséquent le spath pesant n'est qu'un métal à l'état de sulfate..... Mais jusqu'ici on n'a pu démontrer cette opinion. Pelletier avait fait beaucoup d'expériences relatives à cette recherche.....

Usage.

Le spath pesant n'a encore été employé jusqu'ici que comme fondant dans le traitement de quelques mines.

On l'emploie aussi en chimie pour en retirer la baryte pure.

Gissement et localités.

Le spath pesant est une substance très-commune, néanmoins elle ne se trouve pas encore en aussi grande quantité que le spath calcaire et le quartz. Il se trouve toujours dans des filons, principalement dans des montagnes primitives, et quelquefois aussi dans des montagnes stratiformes. Il accompagne très-souvent les substances métalliques, et il est rare qu'il n'en soit pas mélangé : les plus ordinaires sont les mines d'argent, de cuivre, de plomb et de cobalt. Il se trouve aussi très-souvent mélangé de spath-fluor, de spath calcaire, spath pesant. de quartz, etc. Le spath pesant se rencontre donc dans presque tous les pays de montagnes; les plus beaux cristaux viennent du Hartz, de la Saxe, etc.

REMARQUES.

M. Werner faisait autrefois une sous-espèce particulière du spath pesant, sous le nom de *mulmiger schwerspath, spath pesant terreux;* elle se trouve dans le catalogue de Pabst (T. 1, p. 358), et dans Emmerling (T. 1, p. 568). Mais il paraît que depuis peu, ayant reconnu que cette substance n'était autre chose que le produit de la décomposition du spath pesant commun, il l'a réunie à cette sous-espèce dont il fait alors deux sections, sous les noms de *frischer* (frais, ou récent ou intact) et de *mulmiger* (*terreux*, de *mulm*, qui signifie *terreau*). Voici un précis des caractères extérieurs de ce dernier.

Il est d'un *blanc de neige* ou d'un *blanc jaunâtre :* sa consistance tient le milieu entre le *solide* et le *friable;* il se trouve en *masse* dans les mines de Freyberg, accompagné de spath-fluor et de pyrites.

VIe. SOUS-ESPÈCE.

STANGENSPATH. — LE SPATH PESANT EN BARRES.

Ponderosus vitriolatus scapiformis.

Id. Emm. T. 1, p. 569. — Lenz, T. 1, p. 474. — W. P. T. 1, p. 359. — Var. du *Blattriger schwerspath*, Wid. p. 561. — *Baryte sulfatée bacillaire*, Haüy. T.

Caractères extérieurs.

SA couleur est un *blanc de neige*, presque le

 blanc d'argent ou le *blanc grisâtre* ou *verdâtre;* quelquefois ausssi le *gris de fumée* et le *rouge de chair pâle,* le *verd-olive.* On ne l'a trouvé jusqu'ici que cristallisé. Ses formes sont :

a. Un *prisme à* 4 *faces, obliquangle.*

b. Le même *prisme,* terminé par un *biseau très-aigu,* dont les faces sont placées sur les *bords latéraux aigus ;* les *bords latéraux obtus* sont *tronqués.*

c. Le même *prisme,* terminé par un *pointement à* 4 *faces,* placé sur les *bords latéraux ;* les *bords latéraux obtus* sont *tronqués.*

d. Un *prisme à* 6 *faces,* terminé par un *biseau.*

Les cristaux sont très-minces et en forme d'aiguille ; ils sont réunis en groupes *scapiformes* ou en *barres,* lesquels sont de nouveau réunis en *faisceaux.*

Leur surface est *éclatante* ou peu *éclatante.*

A l'intérieur, le *stangenspath* est *éclatant.* La cassure est *rayonnée* en longueur, *unie* en travers.

Il se présente en *pièces séparées, scapiformes minces ;* — il est *translucide ;* — *tendre ;* — *aigre ;* — *facile à casser ;* — *pesant.*

R E M A R Q U E S.

On trouve le stangenspath en Saxe, à Freyberg, Marienberg, Scharfenberg, avec d'autres spaths pesans, du quartz et du spath-fluor : on en a aussi trouvé dans le Derbyshire. Ses caractères chimiques et ses parties constituantes sont les mêmes que ceux de l'espèce précédente.

Werner a séparé ce spath pesant d'avec le spath

pesant commun , à cause de la contexture particulière spath pesant.
sous laquelle il se présente , qui l'a souvent fait prendre
pour un schorl ou pour un plomb blanc.

***

VIIe. SOUS-ESPÈCE.

BOLOGNESER SPATH. — LE SPATH DE BOULOGNE
ou LA PIERRE DE BOULOGNE.

Ponderosus vitriolatus bononiensis.

Id. Reuss. p. 18. — *Bologneser stein* , Emm. T. 1 , p.
572. — *Id.* Lenz, T. 1 , p. 477. — M. L. p. 315. — Var.
du *Blättriger schwerspath* , Wid. p. 561. — *Gypsum spathosum opacum semipellucidum* , Wall. T. 1 , p. 169. —
Litheosphore , Lam. T. 2 , p. 24. —*Baryte sulfatée rayonnée* ,
Haüy. T.

Caractères extérieurs.

SA couleur ordinaire est un *gris de fumée* , qui
passe au *gris de cendre* et au *gris jaunâtre.*

Elle se trouve en *morceaux arrondis* de moyenne
grandeur.

Leur surface est *inégale* à l'extérieur. Ils sont
mats ou un peu *brillans.*

A l'intérieur, la pierre de Boulogne est *éclatante* ou peu *éclatante ;* c'est un éclat qui tient
le milieu entre celui du *diamant* et l'éclat *nacré.*

Sa cassure est *rayonnée* , à *rayons parallèles* ou
divergens ; quelquefois elle passe tantôt à la cassure *fibreuse* , tantôt à la cassure *lamelleuse.*

 Ses fragmens sont *esquilleux* ou *indéterminés*, ou quelquefois ils tendent à la forme rhomboïdale.

Elle se présente communément en *pièces sépa-rées, grenues*, à gros et *très-gros grains*.

Elle est *très-translucide;* — *tendre;* — *assez aigre;* — *facile à casser;* — *pesante.*

Pes. spéc. 4,440 à 4,496.

Caractères chimiques.

Cette pierre est connue depuis long-tems par la propriété qu'elle a de briller dans l'obscurité, lorsqu'elle a été chauffée auparavant sur des char-bons. Il paraît que quelques autres spaths pesans ont aussi cette propriété.

Parties constituantes.

Sulfate de baryte....... 62,0		
Silice 16,0		
Argile............. 14,75	ARVIDSON,	
Gypse.............. 6,0	Chem. Annal. 1788,	
Oxide de fer.......... 0,25	T. 2, p. 205.	
Eau 2,0		
100.		

Gissement et localités.

Cette pierre se trouve à Monte - Paterno près de Bologne en Italie. Elle s'y trouve (comme il a été dit) en morceaux arrondis et hors de place; ils ont une surface inégale, qui prouve évidem-ment que leur arrondissement n'est pas un effet

du transport, mais que cette forme leur est propre,
et qu'ils l'ont eue originairement dans leur position première. Il paraît qu'ils sont empâtés dans
une roche argileuse ou marneuse, qui est une espèce de mandelstein, d'où les eaux les détachent
peu à peu. (EMMERLING.)

REMARQUES.

1°. Je trouve encore, dans les auteurs allemands, une
huitième sous-espèce de spath pesant qu'ils attribuent
à Werner. C'est le *spath pesant fibreux*, *fasriger
schwerspath*.

D'après MM. Emmerling et Lenz, c'est un minéral
fibreux d'un bleu de ciel, rapporté de Frankstown en
Pensylvanie ; mais, par une analyse de Klaproth, ce minéral a été reconnu depuis pour être du *sulfate de
strontiane*, et il en sera question ci-après à l'article *cœlestine*. Aussi M. Emmerling a-t-il supprimé de son tableau
de classification le *spath pesant fibreux*.

Cependant, dans le vocabulaire de M. Reuss, on
trouve également le *sulfate de strontiane* ou *cœlestine*,
et néanmoins toujours le *spath pesant fibreux*. L'auteur,
il est vrai, a soin d'avertir que ce n'est pas celui de
Pensylvanie, mais un minéral trouvé en Sicile.

Mais la description que M. Lenz nous donne de
ce *spath pesant fibreux* de Sicile, ne laisse aucun doute
qu'il ne soit aussi, comme celui de Pensylvanie, du
sulfate de strontiane, puisqu'on y trouve la ressemblance la plus complète avec celui rapporté de Sicile
par le citoyen Dolomieu, et analysé par le citoyen
Vauquelin. Il a, comme lui, la cassure fibreuse ; il est
d'un blanc jaunâtre. Sa surface est éclatante. Il est ac-

 compagné de gypse et de soufre natif, avec des *cristaux de spath pesant commun*, etc...... Ces prétendus cristaux de spath pesant commun sont des cristaux de strontiane sulfatée..... *Voyez* ci-après l'article *cœlestine.*

2°. Il n'a pas été question plus haut de cette variété de spath pesant en stalactite, trouvé principalement à Wieliczka en Gallicie, ne sachant à quelle sous-espèce elle doit être rapportée. On lui a quelquefois donné le nom de *pierre de trippes*, parce que sa forme noueuse et contournée ressemble aux circonvolutions des intestins (D. B. tom. 1, p. 269). On a trouvé aussi d'autres spaths pesans en stalactites, qui imitent très-bien les albâtres calcaires et gypseux (R. d. L. T. 1, p. 612). On en a trouvé en Saxe et au Derbyshyre. Le citoyen Haüy les a tous décrits sous le nom de *baryte sulfatée concrétionnée.*

3°. Il y a encore une variété de spath pesant qui mérite que l'on en fasse mention; elle se rapporte, je crois, au spath pesant commun ; c'est le minéral nommé *leberstein* ou *pierre hépatique*, par Cronstedt. Elle exhale en effet, par le frottement, l'odeur hépatique ; elle est d'une couleur grise jaunâtre sale : on la trouve en masse. Sa cassure est lamelleuse ou striée; elle est assez brillante....... etc. On en a trouvé en plusieurs endroits, entr'autres à Lublin en Gallicie, à Kongsberg en Norwége, Andrarum en Scanie, etc.

HUITIÈME GENRE.

LE GENRE STRONTIANIEN.

PREMIÈRE ESPÈCE.

STRONTIANIT. — LA STRONTIANITE.

Id. Emm. T. 1, p. 576. — *Id.* Reuss. p. 19. —*Kohlen-saurer strontianit* ou *Strontiane carbonatée*, Emm. T. 3, p. 310. — *Strontianit*, Lenz, T. 1, p. 458. — *Id.* Wid. p. 571. — *Id.* Kirw. T. 1, p. 332. — *Strontianite*, Nap. p. 391. — *Strontianite*, Lam. T. 2, p. 130. — *Strontiane carbonatée*, Haüy. T.

Caractères extérieurs (*).

Sa couleur est un *verd d'asperge clair*, qui passe tantôt au *gris verdâtre*, tantôt au *blanc verdâtre* et au *blanc jaunâtre*; quelquefois un peu au *verd-pomme*.

On la trouve *en masses* un peu *fendillées*, qui présentent des empreintes pyramidales et autres cavités remplies de petits *cristaux* en *aiguilles* qui se réunissent en *groupes*, dont la forme se rapproche du *prisme à 4 ou à 6 faces*.

Sa cassure est *inégale*, peu *éclatante* ou seulement *brillante*.

A l'intérieur, elle est *éclatante* et *peu éclatante*;

(*) Cette description est d'Estner.

 son éclat tient le milieu entre l'*éclat gras* et l'*éclat nacré*.

Sa cassure principale est *rayonnée*, à *rayons droits*, *divergens en faisceaux*; elle passe à la *fibreuse*. En travers au contraire elle est *inégale*, à *grains fins*, passant à l'*esquilleuse*.

Ses fragmens sont, ou *cunéiformes*, ou *indéterminés*, à bords assez aigus.

Elle se présente communément en *pièces séparées*, *scapiformes*, *minces*, *cunéiformes*.

Elle est plus ou moins *translucide*, passant au *demi-diaphane* dans les petits morceaux; — elle est *demi-dure*; — *aigre*; — *facile à casser*; — un peu *onctueuse* et *froide* au toucher; — *médiocrement pesante* et presque *pesante*.

Pes. spéc. KLAPROTH, 3,675. KIRWAN, 3,400 à 3,644.

Caractères chimiques.

Traitée au chalumeau sans addition, elle blanchit sans se fondre, et si on l'expose ensuite à l'air elle tombe en poussière. Elle n'a pas les mêmes propriétés vénéneuses que la withérite. Elle se dissout dans les acides avec effervescence (*).

(*) Si on trempe un papier dans sa dissolution par l'acide nitrique, qu'on le laisse ensuite sécher et qu'on l'allume, il brûle avec une lueur purpurine. Ce caractère est très-bon pour distinguer la strontianite de la withérite, avec laquelle

Parties constituantes.

KLAPROTH, T. 1, p. 270. PELLETIER, J. d. M. 21, p. 46.

Strontiane......... 69.5 62
Acide carbonique... 30 0 30
Eau............... 0.5 8

______________   ______________

100   100.

Gissement et localités.

La strontianite a été ainsi nommée parce qu'elle se trouve auprès de Strontian en Ecosse, dans un filon d'une montagne de gneiss. Elle y est accompagnée de spath pesant, de spath calcaire, de galène et de pyrites sulfureuses.

On l'a aussi trouvée à Leadhills dans le même pays. (Pelletier, J. de M. n°. 22, pag. 24.) Jusqu'ici ce minéral est très-rare.

REMARQUE.

Ce n'est que depuis quelques années que l'on a découvert dans ce minéral une terre inconnue aux anciens chimistes, et à laquelle il a donné son nom. C'est aux recherches successives de MM. Crawford, Hope et Klaproth que l'on en est redevable. On a long-tems soutenu que cette terre était la même que la baryte; et en effet, elles ont beaucoup de rapports entr'elles; mais les chimistes paraissent s'accorder aujourd'hui à les regarder comme différentes.

____

elle a beaucoup de ressemblance ; ce le-ci, soumise à la même épreuve, donne une flamme jaunâtre.

On observe les mêmes différences en faisant brûler de l'alcool mélangé de la dissolution de l'une ou l'autre substance dans l'acide muriatique. (PELLETIER.)

SECONDE ESPÈCE.

CŒLESTIN. — LA CŒLESTINE (*).

Id. Reuss. p. 19. — *Schwefelsaurer strontianit* , Emm.
T. 3 , p. 212. — Estner, Minéralogie , T. 2 , p. 1185. —
Strontiane sulfatée , Haüy. T.

Caractères extérieurs (**).

SA couleur est un *bleu de ciel pâle* , ou une couleur qui tient le milieu entre le *bleu d'indigo* et le *gris bleuâtre* : il y a aussi quelquefois des bandes *blanchâtres* ou des taches d'un *brun jaunâtre*.

On la trouve *en masse* , et il paraît qu'elle forme de petites couches minces semblables à celles du gypse fibreux.

A l'extérieur, elle est tantôt *matte* , tantôt un peu *brillante* ; mais à l'intérieur elle est *un peu éclatante* dans le sens de la cassure principale, et *éclatante* dans le sens de la cassure en travers. C'est un éclat qui tient le milieu entre l'*éclat gras* et l'*éclat nacré*.

(*) J'ignore quelle est l'étymologie de ce mot que je ne trouve indiqué que dans le vocabulaire de Reuss, comme ayant été donné par Werner au sulfate de strontiane.

(**) Il est bon d'observer que cette description, tirée de la minéralogie d'Estner, ne se rapporte qu'à la cœlestine ou strontiane sulfatée de Frankstown en Pensylvanie. Il sera parlé dans les remarques, de celles trouvées en France et en Sicile.

Sa cassure principale est *fibreuse*, à *fibres droites* et *parallèles*, plus ou moins *épaisses*, rarement un peu *courbes*. Dans un sens contraire, sa cassure est *lamelleuse*, *indéterminée*.

Ses fragmens sont *indéterminés*, à *bords obtus*, souvent aussi *esquilleux*, *minces* et presque *cunéiformes*.

Elle est composée de *pièces séparées, scapiformes minces* ; — elle est plus ou moins *translucide* ; — elle est *tendre*, passant au *très-tendre* ; — *aigre* ; — *très-facile à casser* ; — *médiocrement pesante*, plus néanmoins que l'espèce précédente.

Pes. spéc. KLAPROTH, 3,830.

Caractères chimiques.

La cœlestine, traitée au chalumeau, colore légérement en rouge la flamme bleue.

Parties constituantes.

KLAPROTH, T. 2, p. 92.

Strontiane.................................... 58
Acide sulfurique et un peu d'oxide de fer....... 42
____
100

R E M A R Q U E S.

Depuis que M. Klaproth a découvert la sulfate de strontiane dans cette substance dont on vient de lire la description, et qui avait été trouvée en Pensylvanie, on a reconnu le même composé chimique dans trois autres substances minérales, qui doivent aussi être rangées en minéralogie, sous le nom spécifique de *stron-*

CŒLESTINE. *tiane sulfatée* ou *cœlestine*. Comme ces variétés de cœlestine présentent dans leurs caractères des différences remarquables d'avec ceux qui viennent d'être exposés, il est nécessaire d'en donner ici quelqu'idée.

1°. *Strontiane sulfatée*, ou *cœlestine de Bouvron* près Toul en France. Celle-ci a beaucoup de ressemblance avec celle de Pensylvanie : sa couleur est un *bleu de ciel clair*; elle se trouve *en masse*; elle forme des couches minces comme le gypse fibreux ; sa cassure est en effet *fibreuse*, à *fibres droites* et *roides ;* elle est assez *éclatante* dans certaines directions, *brillante* dans d'autres ; elle est *translucide sur les bords*, *demi-dure*, *aigre*, peu *difficile à casser ;* elle pèse à peu près comme le spath pesant. Le citoyen Vauquelin y a trouvé 83 de sulfate de strontiane, 10 de carbonate de chaux et 6 d'eau (J. d. M. n°. 57, p. 6).

2°. *Strontiane sulfatée* ou *cœlestine de Montmartre* près Paris. Sa couleur est un gris bleuâtre ; elle se trouve *en masse ;* elle est *matte ;* sa cassure est *compacte* et un peu *esquilleuse ;* elle est *opaque*, *demi-dure*, passant au *tendre*, *peu aigre*, *peu difficile à casser ;* elle paraît peser au moins 3,500; elle ressemble beaucoup à une pierre calcaire compacte. Il paraît qu'elle se trouve en rognons informes isolés, et qu'elle ne forme pas de couches suivies. D'après Vauquelin, elle contient 91,42 de sulfate de strontiane, 8,33 de carbonate de chaux et 0,25 d'oxide de fer (J. d. M. n°. 53, p. 355). Ce minéral était connu depuis long-tems des minéralogistes de Paris, mais on le regardait comme du spath pesant.

3°. *Strontiane sulfatée* ou *cœlestine de Sicile*. C'est celle qui mérite le plus l'attention des minéralogistes, en ce qu'elle est plus pure et qu'on l'a trouvée cristallisée.

Sa couleur varie entre le *blanc de lait*, le *blanc grisâtre*

et le *blanc rougeâtre.* — On la trouve *en masse* et *cris-* CÆLESTINE.
tallisée. — Ses formes sont toutes semblables à celles
du spath pesant. Les principales sont : *a.* Une *table à
6 faces.* — *b.* Un *prisme à 4 faces, portant à son extrémité
un pointement à 4 faces, placées sur les bords latéraux ; le
sommet se termine en une ligne dans le sens des bords latéraux aigus. Souvent ces bords latéraux aigus sont tronqués, et quelquefois aussi les bords latéraux du pointement.*
— Ces cristaux sont communément *implantés* et *groupés
en faisceaux.* Les variétés non cristallisées sont *brillantes,*
et leur cassure est *fibreuse,* à *fibres divergentes en faisceaux.*
— Les cristaux sont au contraire *très-éclatans :* leur cassure est *lamelleuse,* à *lames droites ;* celle des groupes
est *rayonnée.* — Le *clivage* est *triple :* la forme primitive
qui en résulte, est un prisme droit à base rhombe,
comme dans le spath pesant (*Voyez* ci-dessus, p. 629);
mais avec cette différence que l'angle obtus du rhombe
est de 104° 48′ au lieu de 101° 30′. — Elle est *diaphane*
dans les cristaux, *translucide* dans les autres variétés; —
demi-dure; — assez facile à casser; — aigre; — médiocrement pesante. — Elle est ordinairement accompagnée de gypse fibreux en faisceaux et de soufre natif.

Le citoyen Dolomieu a rapporté cette pierre de
Sicile ; il la rangeait parmi les spaths pesans; mais l'analyse du citoyen Vauquelin l'a reconnue pour une véritable strontiane sulfatée cristallisée (*).

(*) Je pense que cette description ne doit plus laisser
aucun doute sur ce qui a été avancé plus haut (p. 635) relativement au spath pesant fibreux de MM. Reuss et Lenz.

Il me semble que, d'après les principes de M. Werner,
on doit faire à l'avenir trois sous-espèces de cœlestine. 1°. La

CŒLESTINE.   Il est à remarquer que le citoyen Haüy, qui connaissait cette substance avant qu'on en eût déterminé la nature chimique, avait observé la différence de trois degrés, qui distingue ses cristaux de ceux du spath pesant, et qu'il avait soupçonné qu'une différence essentielle de composition devait sans doute causer cette anomalie, qu'il ne pouvait accorder avec les principes de sa théorie cristallographique.

Au reste, on a déjà cité, dans le cours de cet ouvrage, plus d'un exemple qui prouve l'importance des services que les découvertes cristallographiques du cit. Haüy ont déjà rendus et rendront encore à la minéralogie. On peut consulter principalement à cet égard les articles *zéolithe*, *spath calcaire*, *apatite* et *pierre d'asperge*, le *strahlstein vitreux*, etc.

---

cœlestine terreuse : c'est celle de Montmartre. 2°. La *cœlestine fibreuse :* ce sont également celle de Frankstown et celle de Bouvron. 3°. La *cœlestine lamelleuse :* c'est celle de Sicile.

N. B. L'abondance des matières contenues dans ce volume a forcé de rejeter dans le second l'*Appendice* de la classe des pierres, annoncé dans l'Introduction, §. 28, p. 51. Il sera réuni avec ceux relatifs aux autres classes, et ils seront donnés tous ensemble à la fin de cet ouvrage.

FIN DE LA CLASSE DES PIERRES

ET

DU TOME PREMIER.

A PARIS, DE L'IMPRIMERIE DE H. AGASSE.

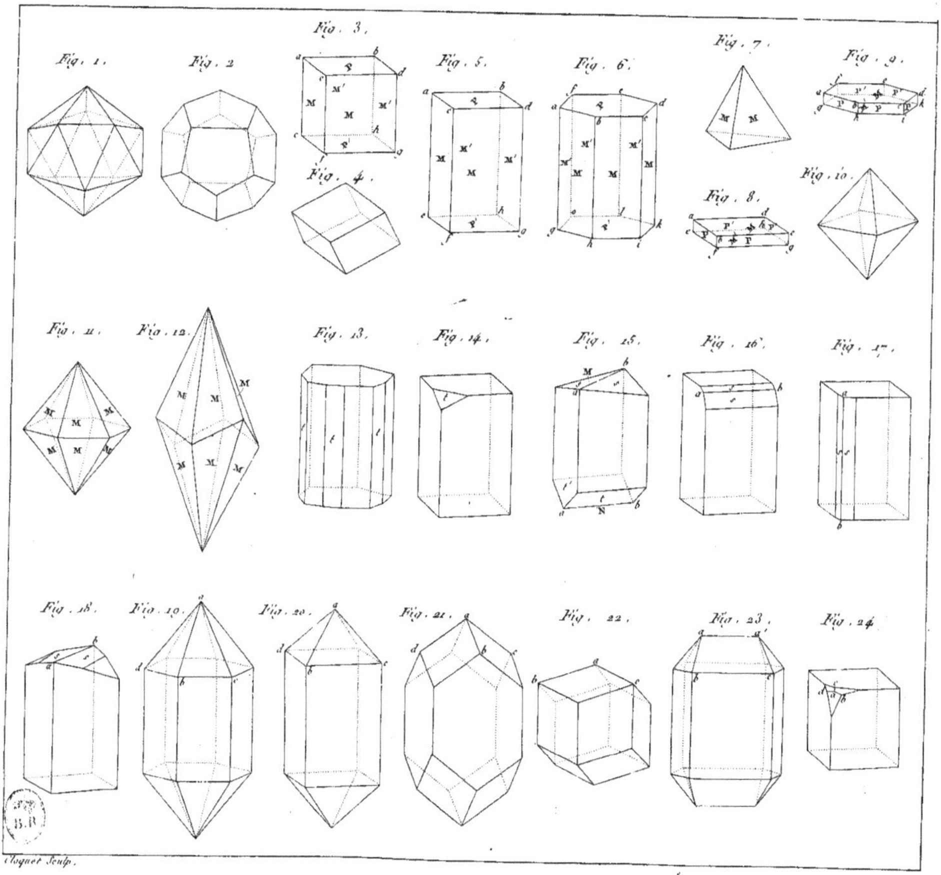

Fig. 1.
Fig. 2.
Fig. 3.
Fig. 4.
Fig. 5.
Fig. 6.
Fig. 7.
Fig. 8.
Fig. 9.
Fig. 10.
Fig. 11.
Fig. 12.
Fig. 13.
Fig. 14.
Fig. 15.
Fig. 16.
Fig. 17.
Fig. 18.
Fig. 19.
Fig. 20.
Fig. 21.
Fig. 22.
Fig. 23.
Fig. 24.
Cloquet Sculp.

www.ingramcontent.com/pod-product-compliance
Lightning Source LLC
LaVergne TN
LVHW010558180726
843502LV00001B/67